Excel 기반
기초통계학

김수택 · 이계민 지음

자유아카데미

머리말

지식정보화 사회라고 하는 현대사회에서 통계학은 그 활용도가 증대되고 있다. 이러한 사회적 필요성에 따라 각 대학에서는 통계학을 기본 공통과목으로 지정하고 있으며, 대부분의 학생들이 수강하고 있는 실정이다. 그런데 우리나라 대학교 신입생들은 수학에는 익숙하지만 통계학은 낯설어하며 심지어는 통계학을 수학의 일부분으로 생각하는 경향이 있다. 필자들은 그런 대학 새내기들을 대상으로 꼭 알아야 할 통계학의 기본 개념을 이해시키고 자료의 분석과 해석에 낯설어 하지 않도록 해야겠다는 생각에서 이 책을 저술하게 되었다.

통계자료의 분석에는 반드시 분석도구가 필요한데 이 책에서는 자료의 분석에 Excel을 활용하고 있다. 사실, Excel은 통계분석용으로는 미흡하고 불편한 점이 많은 분석도구이지만 Minitab, SPSS, SAS 등의 다양한 통계분석 도구들을 제치고 Excel을 선택하게 된 것은 대부분의 컴퓨터에 Excel이 장착되어 있어서 그 이름이 사람들에게 익숙하고, 문서 작성에 널리 활용되고 있다는 생각 때문이었다.

통계분석 도구는 자료와 자료의 특성에 적합한 분석방법을 제시하면 그에 따라 계산된 결과를 내놓는 도구일 뿐이다. 분석방법을 제시하고 분석결과를 해석하는 것은 온전히 사람의 몫이다. 이를 위해서는 통계학의 기본 개념, 분석방법 및 해석에 대한 이해가 선행되어야 한다. 분석도구의 사용법을 익히는 것이 쉽지는 않겠지만 독자들이 Excel의 기본지식은 있을 것으로 생각하여 기본적인 Excel 사용법의 설명에는 지면을 할애하지 않았다. 그러나 각 장의 끝에 예제와 관련된 Excel 코드를 제시하여 Excel만으로 기본적인 통계분석이 가능하도록 하였다. 다만, Excel에서 제공되지 않거나 책의 전개에 필요하다고 생각될 때는 미니탭을 이용한 분석결과를 일부 제시하였음을 양지하여 주시길 바란다.

이 책은 이러한 필자들의 생각에 따라 7개의 장으로 구성되어 있는데, 기술통계학에 관한 1장, 확률과 확률분포에 관한 2~3장, 통계적 추론의 개념과 자료분석에 관한 4~7장의 세 부분으로 구분할 수 있다. 2~3장의 내용을 최소화하여 3학점 한 학기 과목으로 강의하기에 적절할 것으로 사료된다.

출간 후 나올 수 있는 수정 사항이나 책 관련 파일은 자유아카데미 홈페이지(www.freeaca.com) 자료실에 제공할 예정이니 참조하기를 바라며, 끝으로 이 책의 출판을 허락해 주신 자유아카데미의 임철석 사장님 이하 여러분들께 깊은 감사의 말씀을 전한다.

2020년 8월 가좌벌에서 코로나19 종식을 기원하며

김수택, 이계민

목 차

제5장 정규모집단에 대한 추론

제6장 여러 모집단의 비교
- 분산분석과 범주형 자료분석 -

제7장 상관분석과 회귀분석

제1장 자료의 요약과 기술

1.1 통계와 통계학

우리는 일상생활 속에서 統計라 불리는 각종 형태의 숫자들을 접하고 있다. 신문, 방송과 같은 대중매체 및 인터넷 등을 통하여 수많은 통계를 만나게 된다. 이렇게 우리가 보고, 듣는 흔히 통계라 불리는 것들은 “이 달의 실업률”, “올해의 양파 생산량” 등과 같은 수치인데, 이런 수치들을 우리는 보통 통계라 부르고 있다. 통계 또는 통계수치는 어떤 개체를 단순히 관찰한 숫자와는 다른 숫자이다. 예컨대, 한 사람의 취업상태를 0(취업)과 1(실업)의 두 숫자로 나타낼 때 박 아무개의 관측치 1이라는 수치는 단순히 박 아무개가 실업자임을 나타내는 수치일 뿐이다. 단 하나의 관측치 만으로는 관측 대상의 상태 이외에는 아무런 말도 할 수 없다. 그렇다면 많은 사람들의 취업상태를 관찰하여 모아 놓은 숫자들의 묶음 $\{1, 0, 0, 1, \cdots, 1, 0, 1\}$을 보면 더 많은 이야기를 할 수 있는가? 대답은 “아니올시다.”이다. 무엇인가를 관찰하여 얻은 수치들의 묶음을 자료 또는 데이터(data)라 하는데, 자료는 수줍어서 자신의 모습을 쉽게 드러내지 않는다. 자료를 뭉치게 하여 개별 자료가 아닌 전체 자료의 모습으로 드러나게 할 때 자료는 비로소 속내를 드러낸다.

자료가 품고 있는 속내가 잘 드러나도록 원시자료(raw data)로 빚어 놓은 수치가 바로 통계 또는 통계수치이고, 수치를 두려워하는 사람들을 위하여 통계를 그림이나 그래프로 보여준다. 통계학자는 data를 요리하여 맛있는 통계를 만들어내는 chef들이다. 그러나 모든 사람이 같은 통계에서 같은 양의 정보를 파악해내고 있는 것은 아니다. 통계청에서는 한국통계월보에 매월 우리나라의 주요도시별 소비자 물가지수를 발표하고 있다. [표 1.1.1]은 1995년 10월 한국통계월보에서 발췌한 우리나라 주요 도시별 소비자물가지수

[표 1.1.1] 도시별 소비자물가지수 (1995.10, 기준년도 1990년)

	종합	식료품	주거비	광열 수도	가구 가사	피복 신발	보건 의료	교육 교양	교통 통신	기타 잡비
서울	129.0	134.8	132.0	126.8	115.7	116.1	117.1	131.5	130.5	122.8
부산	131.1	135.6	133.7	121.0	119.5	117.4	120.5	133.9	143.7	125.3
대구	130.2	136.9	139.7	121.0	116.2	122.9	117.3	132.0	126.1	124.6
인천	128.4	136.3	130.2	121.0	119.3	118.5	121.9	132.0	121.8	120.2
광주	128.9	138.2	131.8	117.7	112.5	115.5	117.6	131.8	126.6	121.4
대전	133.7	142.5	133.1	122.2	130.1	127.4	116.9	138.2	125.6	124.5
전주	132.2	140.4	120.0	123.7	123.3	126.2	121.7	132.5	143.5	121.6
춘천	131.2	136.3	129.9	119.7	113.7	117.0	121.5	146.7	131.4	123.3
청주	126.8	134.1	127.6	118.3	118.0	116.6	117.2	128.7	132.2	117.2
수원	131.5	137.3	139.8	123.3	115.6	121.6	120.5	136.6	129.9	118.4
마산	126.7	136.4	121.4	121.9	114.2	120.6	120.1	133.0	125.5	117.2

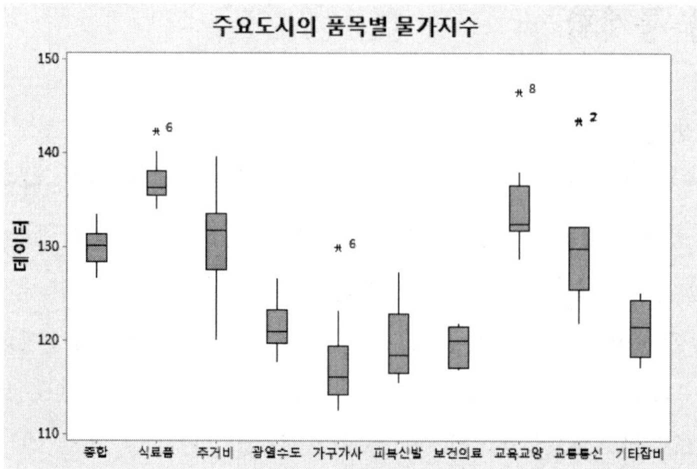

[그림 1.1.1] 주요도시의 품목별 소비자물가지수의 분포

이다. [표 1.1.1]에 있는 수치들은 서울을 포함한 32개 도시에서 470개의 상품과 서비스 품목에 대한 가격을 월 3회 조사하여 얻어진 자료를 가공한 통계수치이다. [표 1.1.1]을 처음 보면 어지럽다는 느낌이 먼저 든다. 그러나 조금만 참고 자세히 들여다보면 물가가 크게 오른 영역과 그렇지 않은 영역으로 구분할 수 있음을 알 수 있다. 또, 어떤 이야기를 할 수 있을까?

도시별 종합물가지수를 크기순으로 나열해 보면, 1990년을 기준으로 한 1995년 10월의 소비자물가지수는 마산이 126.7로 가장 작고, 대전이 133.7로 가장 크며, 대구가 130.2로 중간임을 알 수 있다. 즉, 전국 11개 도시에 대한 1995년 10월의 소비자물가지수는 130.2를 중심으로 126.7과 133.7 사이에 널려 있다. 직관적으로 각 영역의 11개 값을 크기순으로 늘어놓았을 때 그 중간에 놓여 있는 값(중간값) 주변에 11개 도시의 물가지수가 널려 있다고 말할 수 있으므로 각 영역별 중간값을 비교해 보면 어느 영역에서 물가가 많이 오르고 어느 영역에서 덜 올랐는지 알 수 있다.

맛있는 요리에 멋진 장식을 더하면 더 맛있어 보인다. 이제, 통계 chef가 [표 1.1.1]의 자료를 make-up한 [그림 1.1.1]을 보라. [표 1.1.1]이 여러 요리재료가 장바구니에 담겨 있는 모습이라면 [그림 1.1.1]은 food artist가 멋지게 장식한 요리 한 접시라는 생각이 들지 않는가? Statistician은 chef이자 artist로 요섹남! 맛있는 요리도 아는 만큼 더 맛있다고 한다. [그림 1.1.1]의 요리를 맛있게 먹을 수 있는 방법을 배우고 싶지요? 조금만 맛을 보자. [그림 1.1.1]에서 각 상자 안에 그려진 선은 앞에서 언급한 영역별 중간값을 나타내고 있다. 따라서 각 영역별 중간값을 나타내는 선을 보면 식료품, 교육교양, 주거비, 교통통신 등의 품목이 물가상승을 주도하였으며, 가구가사, 피복신발, 보건의료, 광열수도 등의 품목이 물가상승을 억제하였음을 알 수 있다. 여기까지만. 다음 절에서 우리는 한 묶음의 데이터를 요리하여 맛있게 먹는 통계적 방법에 대하여 논의할 것이다.

초창기의 통계학은 국가를 경영하는데 필요한 인구, 경제 등의 상태에 관한 정보를 지표나 도표로 나타내는 것으로 생각하였다. 통계학(statistics)이란 단어도 국가의 의미를 갖는 라틴어 'status'의 영어판 'state'와 학문을 뜻하는 접미사 'istics'를 합친 것이다. 요즈음도 대다수의 사람들은 자료를 정리, 요약하여 나타내는 통계수치, 통계표, 그래프나 그림 등을 다루는 것이 통계학이라고 생각하고 있다.

의학이 인체를, 화학이 물질의 특성을 다루는 학문이라면, 통계학은 데이터를 다루는 학문이라고 할 수 있다. 그러나 아무리 훌륭한 chef라 하더라도 허접한 재료로 맛있는 요리를 만들어 낼 수 없듯이 통계학에서 다루는 자료도 양질의 것이어야 한다.

"Garbage in, Garbage out!"

따라서 양질의 데이터를 얻어내는 자료수집법이 통계학에서는 대단히 중요한 연구 분야가 된다. 이런 관점에서 통계학은 데이터를 얻어내는 과정(process)을 포함한 소위 "**실험**(experiment)"을 다루는 학문이라고 볼 수 있다. 실험은

"무엇을 알기 위한 일정한 목적 하에서 일련의
잘 정의된 행위를 통해 결과를 관측하는 과정"

으로 정의할 수 있다. 이 때, 일정한 목적이라 함은 미지의 상태를 파악하기 위하여 모든 학문에서 정하는 것이며, 일련의 잘 정의된 행위란 누구나 언제 어디서든지 동일한 실험을 되풀이하여 시행할 수 있도록 객관적인 것이어야 한다는 말로 객관성과 반복성을 갖는 과학성을 의미한다. 실험은 그 절차가 잘 정의됨으로써 객관성을 보장 받는다. 그리고 실험에서 관측된 결과를 우리는 흔히 데이터라 부른다.

통계학은 이렇게 실험이 연구대상인 학문인 바 실험이 연구의 방편인 모든 학문에서 통계학의 기법을 응용해야함은 당연하다 할 것이다. 여기서의 실험은 자연과학의 실험뿐만 아니라 사회과학에서 행하는 표본조사도 포함한다. 왜냐하면 연구대상인 집단에서 표본을 추출하고 이로부터 실측, 설문, 면접 등으로 데이터를 수집하는 것은 잘 정의된 방법에 의하여 객관적으로 행해지면 반복성이 있기 때문이다. 따라서 사회과학에서도 광의의 실험을 행하는 것으로 볼 수 있다.

실험을 통해 수집된 데이터가 꼭 숫자일 필요는 없다. 그러나 데이터의 분석을 위해서

는 데이터를 숫자화 하는 것이 편리하다. 통계학에서는 수치 데이터를 주로 다룬다. 그런데, 수집된 원시 데이터는 요리(정리, 요약)해야 쓸모 있는 것이 된다. 즉, 데이터의 분량을 축소시키는 자료요약(data reduction)을 거쳐서 양적으로 단순화한 후에야 이를 이해하고 활용할 수 있게 된다. chef가 칼, 도마, 솥 등등의 여러 도구를 이용하여 요리를 하듯이 통계 chef도 여러 도구를 이용하여 자료를 요리한다.

통계자료를 분석할 때 쓸 수 있는 도구로 **계산기, Excel, Minitab, SPSS, SAS** 등 여러 가지가 있다. 본 chef는 많이 사용되고 있는 엑셀을 기본으로 하고 엑셀에서 제공되지 않는 기능들에 대해서는 미니탭을 활용하여 자료를 요리하고 장식하려 한다. 엑셀은 사무실에서 자료의 정리 및 요약을 위하여 개발된 것으로 후에 기본적인 통계분석 기능이 추가되어 널리 사용되고 있다. 따라서 이 책에서는 엑셀을 사용하는 기본적인 방법에 대하여 다루지 않는다. 다만, 통계분석에 필요한 엑셀의 기능과 실행방법을 각 장의 말미에 제공할 것이다. 엑셀은 기본적인 통계분석 기능만 제공하므로 다양한 통계분석이 필요한 사람은 미니탭이나 SAS 등의 사용방법에 대하여 익히기 바란다.

수집된 자료는 **기술통계**(記述統計, descriptive statistics)라 부르는 수치나 그래프의 형태로 요약되어 표현된다. 즉, 몇 개의 "대표"되는 수치로 전체 데이터의 특징을 묘사하거나 그래프로 나타내서 데이터의 전체적인 상태를 파악할 수 있도록 해준다.

한편, 자연과학의 실험은 아무리 많이 반복하여도 그 결과가 꼭 같을 수는 없으며 일어날 수 있는 모든 가능한 경우에 대하여 관찰할 수는 없다. 즉, 한정된 횟수의 실험을 통하여 가능한 결과들 중의 일부만을 관찰하는 셈이다. 마찬가지로 사회과학의 표본조사에서도 연구대상이 되는 모든 개체를 조사할 수는 없다. 그러므로 자료를 수집하기 위한 광의의 실험에서는 대부분이 모든 관찰 가능한 결과들(outcomes) 중에서 일부만을 관찰하여 자료를 수집한다. 따라서 통계학에서 실험결과(자료)의 분석이라 함은 실험에서 관찰 가능한 모든 결과들의 일부분을 이용하여 전체에 대한 결과를 추측하는 것이다. 즉, 실험에서 생기는 모든 가능한 결과를 설명하기 위하여 그 일부를 관찰, 분석함으로서 전체에 관해 추측하게 된다. 이런 관점에서 이를 **추측통계학**(推測統計學, inferential statistics)이라 한다.

조사 또는 실험에서 직접 관찰되지 않은 것을 포함한 모든 관찰 가능한 결과들의 집단을 **모집단**(population)이라 부른다. 따라서 조사나 실험결과로 얻은 자료는 하나의 표본(sample)이고, 이 표본은 모집단의 일부가 된다. 통계학에서는 양질의 표본자료를 통해서 모집단의 특성을 추론하고자 한다. 사실, 통계학에서의 추측이나 점쟁이의 예언은 다를 바 없다. 점쟁이의 예언은 맞아도 틀려도 그만이고, 점쟁이의 예언이 어느 정도로 믿을만한 것인가를 계산할 수도 없다. 그러나 통계학에서의 추론이 점쟁이의 그것과 같아서는 과학이라고 할 수 없다. 통계학에서의 모든 추측이나 결론에는 오차와 함께 확률이라는 단위를 이용하여 추론의 확실성 또는 불확실성의 정도가 함께 기술되어야 한다. 즉, 통계적 추론은 **확률적 서술**(probabilistic statement)이어야 한다.

현대통계학에서는 실험의 계획(자료의 수집 방법)으로부터 시작하여 얻어진 자료를 정리, 분석하여 자료의 양상을 설명해 주며, 표본(실험에서 관측된 일부)을 통하여 모집단(실험에서 직접 관찰되지 않은 것을 포함한 전체)의 특성을 추측하게 되는데, 이 때 범할 수 있는 오류 또는 추론의 불확실성 정도를 확률이라는 객관적 척도로 나타내 주고 있다. 현대통계학은 이러한 추론기법을 중심으로 발전하고 있다.

1.2 자료의 척도

수치의 형태로 수집된 원시자료(raw data)는 강조하여 전달하려는 메시지(message)에 따라 여러 형태로 요약할 수 있다. 원시자료에 내재된 정량적 정보를 전달하기 위한 요약된 형태의 자료를 우리는 보통 통계 또는 통계자료라 한다. 통계자료는 구조화한 통계표, 통계표의 함의(含意)를 시각화하여 전달하려는 그래프 및 그림이나 요약된 몇 개의 수치 등으로 제시된다.

수집된 한 묶음의 자료에 대한 전체적인 분포 모습이나 분포의 형태를 기술하기 위하여 자료를 요약한 그림이나 그래프, 요약된 몇 개의 수치 등을 구해내는 분야의 통계학을 기술통계학(記述統計學, descriptive statistics)이라 한다. 기술 통계는 다양한 통계분석용 소프트웨어를 활용하면 쉽게 구할 수 있지만 자료의 속성이나 통계기법에 대한 이해의 부족으로 인하여 부적절한 방법으로 자료를 요약하거나 분석하는 경우가 자주 나타나고 있음에 주목할 필요가 있다. 이 절에서는 수집된 원시자료의 특성에 따라 자료를 구분하고 그에 따른 자료의 요약 및 해석에 대하여 살펴보고자 한다.

자료란 조사대상이 지닌 고유의 특성을 구체화하여 수치로 나타낸 것이다. 조사대상의 특성은 일정한 규칙에 따라 부여된 수치로 나타나는데 이러한 과정을 **측정**이라 한다. 따라서 측정의 결과는 숫자로 나타나고 그 숫자의 성질에 따라 자료의 속성이 정해진다. 사람을 성별, 인종 또는 취업상태 등으로 분류하는 것은 수치화 작업이 아니므로 분류 또는 범주화 작업을 측정에 속하지 않는다고 할 수 있겠으나 각 분류항목이나 범주에 숫자를 부여할 수 있으므로 조사대상의 분류 또는 범주화도 측정으로 간주한다.

관측대상의 특성을 측정하기 위해서는 일정한 규칙에 따라 숫자나 기호가 대응되는 장치나 도구 및 방법이 필요하다. 그러한 도구, 장치 및 방법 등을 **척도**(尺度, scale)라 한다. 척도는 조사대상에 부여되는 숫자들 간의 관계를 나타내는 도구인데, 길이나 거리를 측정하는 자(尺)나 무게를 다는 저울 등이 척도의 좋은 예이다. 우리는 자, 저울, 온도계, 혈압계 등의 척도를 사용하여 측정 대상에 대한 관심변수인 키, 몸무게, 체온, 혈압 등을 숫자로 나타낸다. 척도란 결국 일정한 규칙에 따라 연속체 상에 나열되어 표시된 숫자나 기호의 배열이라 할 수 있다. 따라서 관측대상에 수치를 부여하는 측정도구로 이용되는 척도는 기본적으로 연속성을 지녀야 한다.

척도는 척도에 의하여 부여된 수치의 특성에 따라 명목척도(名目尺度, nominal scale),

순서척도(順序尺度, ordinal scale), 구간척도(區間尺度, interval scale), 비(율)척도(比率尺度, ratio scale)의 네 가지로 구분된다. 네 가지 척도들에는 각기 다른 특징이 있으며 척도의 종류에 따라 자료 분석에 사용되는 통계적 방법이 다를 수 있다.

1.2.1 명목척도

관측대상의 특성이 몇 개의 서로 다른 범주 중의 하나에 속할 때 관측대상이 속할 수 있는 가능한 범주에 부여하는 수치를 **명목척도**라 한다. 이 때 관측대상의 측정값은 관측대상이 속하는 범주에 부여된 수치가 된다. 명목척도는 단순히 분류의 목적으로 사용되는 척도로서 척도값은 서로 다른 범주에 대한 표지(標識, label)일 뿐 양적 의미를 지니지 않는다. 명목척도에서 사용되는 범주들은 상호 배타적이어야 하며 관측대상이 속하지 않는 범주가 없도록 해야 한다. 선거여론조사에서 흔히 사용되는 다음과 같은 설문

> 예) 이번 총선에서 귀하는 어떤 정당의 후보를 지지하십니까?
> ① A당 ② B당 ③ C당 ④ 기타 정당 ⑤ 지지정당 없음

에서 사용되고 있는 척도가 전형적인 명목척도이다. 응답자들은 이 질문에 대한 응답으로 1부터 5 중의 하나를 선택하게 되는데, 여기서 숫자 1, 2, 3, 4, 5는 응답자가 지지하는 정당을 나타내는 표지일 뿐이지 정당지지 순위를 의미하는 것은 아니다. 또한, 1과 2의 합이 3이라고 하여 A당과 B당의 합이 C당이라거나 1의 3배가 3이므로 A당의 3배가 C당이라는 것과 같은 연산의 법칙이 적용될 수 없다. 물론, 응답 항목에는 응답자의 해당 선거구에 후보를 낸 정당이 모두 포함되어 있어야 한다. 일반적으로 명목척도로 측정된 자료는 각 측정값을 범주별로 분류하여 범주별 발생빈도로 정리한 일원 또는 다원 분류표(contingency table)로 요약된다.

1.2.2 순서척도

순서척도는 측정대상 속성의 가능한 범주를 나열하고 각 범주에 특정 속성의 강도에 따라 매겨진 순위를 부여한 척도로 서열척도라고도 한다. 따라서 순서척도는 특성의 강도에 따른 순위범주를 나타낼 뿐이며, 범주에 부여된 수치 간의 차이는 의미가 없고 범주 간의 대소만을 나타낸다. 순서척도는 명목척도가 갖고 있는 분류의 기능과 더불어 순위를 정하는 서열성을 지니고 있기 때문에 서로 비교하여 순위를 매길 수 있는 변수의 측정에 사용된다. 통계청에서 실시하는 인구 및 주택 총 조사의 설문지에 포함된 다음과 같은 문항

> 예) 현재 직업에 종사하고 있는 기간은 얼마입니까?
> ① 1년 미만 ② 1년 이상 3년 미만 ③ 3년 이상 5년 미만
> ④ 5년 이상 10년 미만 ⑤ 5년 이상 15년 미만 ⑥ 15년 이상 20년 미만
> ⑦ 20년 이상

은 순서척도를 이용하여 응답 결과를 측정하고 있는 전형적인 예이다. 위 설문의 각 응답항목에 부여된 수치는 종사기간에 따른 순위를 표시하는 순서척도이다. 따라서 순서척도는 단순 분류기능만 지닌 명목척도보다 더 많은 정보를 제공하는 상위척도임을 알 수 있다. 순서척도는 시장조사나 여론조사 등의 설문에서 자주 사용되는 척도이다.

1.2.3 구간척도

구간척도는 측정대상의 순위를 나타내는 급간의 차이가 일정한 척도이다. 즉, 순서척도에 의한 인접 수치 간의 차이는 동일하다고 할 수 없지만 구간척도에서의 인접 수치 간의 차이는 동일하다. 따라서 이 척도를 **등간척도**(等間尺度)라 부르기도 한다. 예컨대, 구간척도 1, 2, 3, 4, 5에서 1과 2, 2와 3, 3과 4, 4와 5의 간격은 각각 1만큼의 동일한 차이를 갖는 것으로 본다. 그러나 4가 2의 또는 2가 1의 두 배라는 비(比)의 개념은 의미가 없다. 전형적인 구간척도의 예로는 섭씨나 화씨온도 등을 들 수 있다. 예컨대, 30℃는 10℃ 보다 20℃ 만큼 더 많은 양일 뿐 세 배 만큼 더 더운 것이 아니다.

구간척도에서 0은 어떤 기준점을 나타내는 표시일 뿐 양적 의미를 지니지 못하므로 임의영점(零點) 또는 가상 영점이라고 한다. 0℃는 온도가 없음을 의미하는 것이 아니라 1기압하에서 물이 어는 빙점일 뿐이다. 따라서 구간척도에서는 양적 의미를 지니는 절대 0이 존재하지 않는다.

구간척도에서는 거리가 동일한 두 점간의 차이는 직선상의 어디에서나 같은 의미를 지닌다. 따라서 덧셈과 뺄셈의 연산 법칙이 적용될 수 있다. 이런 의미에서 임의의 두 점에 덧셈 또는 뺄셈의 연산 법칙을 적용할 수 있는 척도는 구간척도가 된다. 예컨대, 30℃와 40℃와의 차이는 80℃와 90℃와의 차이와 양적으로 같은 크기이다. 즉,

$$(40-30)=(90-80)=10$$

이다. 그렇다면, IQ지수 60과 50의 차이는 150과 140의 차이와 수치적으로 같은가? 다시 말해서, IQ지수가 낮은 쪽에서 10만큼으로 나타난 지능지수의 차이가 높은 쪽에서 10만큼으로 나타난 지능지수의 차이와 동일한 지적 능력의 차이를 나타내는 것으로 볼 수 있는 것

인가? 실제로 두 차이의 양적 크기는 같지만 동일한 의미를 지닌다고 볼 수는 없다. 즉, 지능지수는 지적 능력의 높고 낮음만을 나타내는 순서척도일 뿐이다. 시험성적도 학업능력의 높고 낮음을 나타내는 순서척도일 뿐이다. 그렇지만 표준화된 지능지수나 시험성적 등은 다수의 문항으로 측정된 것이기 때문에 보통은 구간척도로 간주한다.

1.2.4 비(율)척도

비척도 또는 **비율척도**는 구간척도가 지닌 모든 성질들에 더하여 절대 0의 값을 가짐으로서 비 또는 비율이 의미를 지닌 척도이다. 절대 0이란 측정하려는 특성이 전혀 없음을 의미한다. 섭씨나 화씨온도 0도는 절대 0의 온도가 아니지만 Kelvin온도에서 0°K는 에너지가 없는 상태를 나타내는 절대 0이므로 Kelvin 온도는 비율척도이다.

비율척도는 비 또는 비율이 의미를 지니는 척도이므로 곱셈이나 나눗셈의 연산이 가능하다. 즉, 길이 1m인 철선은 길이 2m인 철선의 절반이며, 체중이 80kg인 사람은 체중이 40 kg인 사람에 비하여 몸무게가 2배만큼 무겁다. 그러나 100℃ 물의 뜨겁기가 50℃ 물의 뜨겁기의 두 배라고 말할 수는 없다. 엄밀한 의미에서 구간척도와 비율척도는 서로 다른 척도이지만 통계분석에서는 두 척도로 측정된 자료의 척도를 동일시하고 있다.

이상에서 네 가지 척도에 대해 살펴보았는데 측정의 척도는 측정대상의 특정한 특성을 측정하는 방법에 따른 것이지 측정대상 그 자체에 기인하는 것은 아니다. 예컨대, 경상대학교 재학생에 대하여 체온이나 혈압은 구간 및 비율척도로 측정하고, 남자는 1, 여자는 0으로 측정했다면 이것은 성별을 명목척도로 측정한 것이다. 또한, 이들을 성적 평균평점에 따라 최상위(1), 상위(2), 중상위(3), 중하위(4), 최하위(5)로 구분한다면 이들의 학업성취도를 순서척도로 측정하려는 것이다.

모든 종류의 데이터는 네 가지 척도 중의 하나로 측정된 것이다. 어떤 척도를 사용할 것인가는 측정대상에서 얻고자 하는 정보의 형태와 양 등을 고려하여 명확히 해야 한다. 측정의 척도에 의하여 데이터의 속성이 정해지며 어떤 분석방법을 사용할 것인가도 결정되기 때문이다. 통계적 방법에 의하여 자료를 요약, 분석할 때는 자료의 척도에 가장 적합한 통계적 기법을 사용하여야 한다.

여러 형태로 수집된 자료는 통계분석을 위하여 일차적으로 수치자료의 형태로 정리되어야 한다. 그렇게 정리된 자료가 통계분석을 위한 원시자료이다. 겉으로 보기에 같은 숫자라 하더라도 그 성격이 전혀 다를 수 있으므로 자료를 정리하고 요약하여 자료의 특성을 제대로 기술하기 위해서는 먼저 자료의 척도를 파악해야 한다.

자료는 자료값으로 부여된 수치가 지니는 의미에 따라 **양적**(量的, quantitative) **자료**와 **질적**(質的, qualitative) **자료**의 두 가지로 구분된다. 자료의 값으로 부여된 수치가 크기를 나타내는 수량적 의미를 지니면 양적 자료라고 하고, 수치가 단순히 범주를 나타내거나 순서만을 나타내면 질적 자료라 한다. 자료의 척도로 보면 구간이나 비율척도로 측정된 자료가 양적 자료이고, 명목척도나 순서척도로 측정된 자료가 질적 자료인데, 질적 자료는 흔히 범주형 자료(categorical data)이다. 예컨대, 종교, 혈액형, 교육정도 등은 질적 자료이고, 몸무게, 월수입, 강수량, 불량품의 수, 교통사고 건수 등은 양적 자료이다. 양적 자료는 다시 관측대상에 대한 측정 가능한 값이 불량품의 수, 교통사고 건수 등과 같이 셀 수 있는 이산형 자료(discrete data)와 강수량, 체중 등과 같이 직선 구간의 한 값으로 셀 수 없는 연속형 자료(continuous data)로 구분된다.

질적 또는 범주형 자료의 요약에는 각 범주별 빈도수를 제시하는 분류형 도수분포표가 주로 활용되며, 이를 그림으로 나타낼 때에는 막대그림, 원그림 등이 사용되며, 양적 자료의 요약에는 도수분포표, 줄기와 잎 그림, 히스토그램, 상자그림 등이 사용된다. 한편, 양적 자료에 대해서는 분포 모습을 도표로 제시할 뿐만 아니라 몇 개의 요약된 수치를 이용하여 자료의 특성이나 분포의 특징적인 모습을 기술한다.

1.3 범주형 자료의 도표화

사회, 인구학적 특성과 관련된 사회조사 자료를 보면 성별, 식업, 출신지역, 학력 등과 같이 질적 변수에 대한 것이 대부분이다. 이런 범주형 자료에 대해서는 범주별로 빈도수를 제시하는 분할표(分割表, contingency table)-분류형 도수분포표(frequency table)-를 통한 자료 요약을 생각할 수 있다. 또한, 분할표의 내용은 막대그래프나 파이차트를 이용하여 시각적으로 나타낼 수 있다.

1.3.1 분할표

진주시의 평거동(A) 지역과 도동(B) 지역에서 각각 200가구를 뽑아 대기오염으로 인해 고통을 느낀 적이 있는지에 대해 질문을 하여 얻어지는 400개의 자료는

(A, 유), (A, 무), (B, 유), …, (A, 무), (B, 유), (B, 무),

와 같은 형태로 주어진다. 여기에는 어떤 가구가 어느 범주에 속하는가에 대한 정보만 있을 뿐이다. 이와 같은 자료는 [표 1.3.1]과 같은 표로 요약할 수 있다.

[표 1.3.1]과 같이 행에 한 변수의 각 범주를 나열하고, 열에 다른 변수의 각 범주를 나열한 다음 행 범주와 열 범주가 교차하는 칸에 속하는 자료의 개수를 기록한 표를 분할표, 분류표, 교차표 등으로 부른다. 분할표는 표에 사용된 범주형 변수의 수에 따라 일원분할표, 이원분할표 등으로 부른다. [표 1.3.1]은 이원분할표이다. 구간척도나 비율척도로 측정된 자료도 자료를 범주화하면 분할표를 작성할 수 있다. 여기에 대해서는 다음 절에서 논의한다.

분할표에 내재된 정보는 어떻게 하면 잘 읽어 낼 수 있을까? [표 1.3.1]의 오른쪽 '합계' 열은 각 행에서 열들의 합인데 여기서는 각 지역에서 조사한 가구 수를 나타낸다. 그리고 마지막 '합계' 행은 각 열에서 행들의 합인데, 이 행의 합들은 지역에 관계없이 고통을 느

[표 1.3.1] 분할표

지 역	대기오염에 의한 고통		합 계
	유	무	
평기동 (A)	43	157	200
도 동 (B)	81	119	200
합 계	124	276	400

[표 1.3.2] 이원분류표(단위: %)

<table>
<tr><th rowspan="2">지역</th><th colspan="2">대기오염에 의한 고통</th><th rowspan="2">합계</th></tr>
<tr><th>유</th><th>무</th></tr>
<tr><td>평거동(A)</td><td>① 34.677
② 21.500 (43)
③ 10.750</td><td>56.884
78.500 (157)
39.250</td><td>50.00 (200)</td></tr>
<tr><td>도 동(B)</td><td>65.323
40.500 (81)
20.250</td><td>43.116
59.500 (119)
29.750</td><td>50.00 (200)</td></tr>
<tr><td>합계</td><td>31.000 (124)</td><td>69.000 (276)</td><td>100.00 (400)</td></tr>
</table>

낀 적이 있는지의 유·무에 대한 분포를 나타낸다. 이 분포는 백분율로 나타내면 그 의미가 더 명확해진다. 유·무에 대한 분포를 %로 나타내면

$$\text{'유'의 백분율} = \frac{124}{400} = 0.31(31\%), \qquad \text{'무'의 백분율} = \frac{276}{400} = 0.69(69\%)$$

와 같다. 이원분류표는 보기보다 꽤 많은 정보를 지지고 있다. 이원분할표에서 [표 1.3.2]와 같이 여러 가지 백분율을 계산해 보면 범주형 변수들 간의 관계를 유추할 수 있다.

[표 1.3.2]에서 ③은 전체 자료의 수 400을 분모로 하여 구한 백분율이고, ①은 행의 합을, ②는 열의 합을 분모로 하여 계산한 것이다. 즉, A지역의 10.75%와 B지역의 20.25%가 고통을 느낀 적이 있어서 전체 400가구의 31%가 고통을 느낀 적이 있었다. 또, 지역별로만 보면 A지역은 21.5%가, B지역은 은 40.5%가 고통을 느낀 적이 있었다. 따라서 전체적으로 보나 지역별로 보나 A지역의 약 2배 정도 되는 B지역의 가구에서 고통을 느낀 적이 있다고 답하였으므로 지역과 공해 간에는 강한 연관성이 있음을 나타내고 있다. 그러나 전체에 대한 백분율만으로는 B지역의 공해의 심각성이 과소평가될 수 있음을 보여준다.

두 범주변수 사이의 연관관계는 잠재변수의 효과로 그 관계가 바뀌거나 거꾸로 될 수 있다. 다음의 예를 살펴보자.

예제 1.3.1

다음의 분류표는 피고인이 살인자라고 확신하는 326개 경우를 사형선고 여부와 피고인의 인종(흑인, 백인)에 따라 분류한 것이다. 이 분류표에서 인종별 사형 선고율을 계산하면 흑인이 10.2%, 백인은 11.8%가 된다. 어떤 판사가 이 자료를 근거로 사형선고에 흑백차별이 있다는

흑인 인권단체의 주장은 사실 무근이라고 주장한다. 이 판사의 주장은 옳은 것인가?

구분	흑인	백인	합계
사형 선고	17	19	36
사형 면함	149	141	290
합계	166	160	326

(풀이)

흑인 인권단체에서는 인종별 사형 선고율이 같은 것으로 조사된 연관성이 정확하다 하더라도 흑백 차별이 있다며 이에 대한 근거로 피고인 인종, 사형선고 여부, 희생자 인종에 따른 삼원분류표를 제시하였다. 삼원분류표는 세 번째 변수의 범주에 따라 이원분류표를 작성하면 된다. 이 경우에 제시된 삼원분류표는

피고인	판결	흑인 희생자	백인 희생자	합계
흑인	사형 선고	6	11	17
	사형 면함	97	52	149
	계	103	63	166
백인	사형 선고	0	19	19
	사형 면함	9	132	141
	계	9	151	160

인데, 이 삼원분류표를 보면 흑인을 살해한 백인들이 사형선고를 받은 경우는 한 건도 없다. 그러나 백인을 살해한 흑인들의 약 18% 정도가 사형선고를 받았다. 즉, 사형선고에서 흑백 인종을 차별하고 있음을 알 수 있다.

[예제 1.3.1]은 두 변수 사이에 강하게 작용하는 제 3의 변수 또는 잠재변수의 효과로 인하여 변수간의 연관성이 바뀌거나 거꾸로 될 수 있음을 보여주고 있다. 이것을 **심프슨의 역설**(Simpson's paradox)이라고 한다. 심프슨의 역설이란 두 집단을 특성에 따라 여러 범주로 분류하면 전체적으로 높은 비율을 갖는 집단이 각 범주에서는 낮은 비율을 가질 수도 있다는 것이다. 심프슨의 역설에 의하면 많은 변수들이 결과에 영향을 미치는 복잡한 상황에서 강한 연관성만으로 성급하게 결론을 내려서는 안 됨을 알 수 있다. 범주형 자료의 연관성에 관한 문제는 6장에서 논의한다.

1.3.2 파이차트와 막대차트

명목척도나 순서척도로 측정된 범주형 자료에서 각 범주의 구성비를 시각적으로 비교하

기 위하여 사용하는 그림그래프로 막대차트(bar chart), 파이차트(pie chart) 등이 있는데 이들은 각자 사용되기도 하지만 목적에 따라 서로 결합하여 여러 변형된 형태로 작성되고 있다.

막대차트는 각 범주의 도수 또는 상대도수에 비례하는 길이에 해당하는 같은 폭의 막대를 가로축에 나열한 그림이다. 막대차트의 세로축은 0의 값을 원점으로 삼아야 하지만 막대의 나열 순서에는 규칙이 없다. 최근에는 시각적 효과를 극대화시키기 위해 막대차트를 다양한 형태로 변형하는데 분할표가 지닌 원래의 정보가 왜곡되지 않도록 주의해야 한다.

파이차트는 전체를 나타내는 원을 그리고 각 범주의 구성비에 해당하는 부채꼴의 면적으로 해당 범주를 나타낸 그림이다. 따라서 이 그림은 각 범주의 구성비에 대한 시각적 비교에 유용하다. 엑셀에서는 다양한 형태의 파이차트와 막대차트를 제공하고 있다.

예제 1.3.2

다음의 [표]는 25~54세 기혼 비취업여성 현황과 기혼여성의 경력단절 사유에 대한 자료이다. 엑셀을 이용하여 이 자료로부터

① 연령대별 기혼여성 중 경제활동인구 현황
② 연령대별 기혼여성 중 비취업여성과 경력단절여성 현황
③ 25~54세 기혼 경력단절여성의 연령대 구성비 현황
④ 25~54세 기혼 취업여성의 연령대 구성비 현황
⑤ 30~39세 기혼 경력단절여성의 경력단절사유 분포

를 파악할 수 있는 적당한 그림그래프를 작성하여라.

[표 1] 연령대별 기혼 비취업여성 현황 (단위: 천명)

연령대	기혼여성	기혼 비취업 여성		
			실업자	비경제활동인구
25 ~ 29세	570	306	11	295
30 ~ 34세	1,403	763	20	743
35 ~ 39세	1,818	862	23	839
40 ~ 44세	1,989	687	28	659
45 ~ 49세	2,010	673	25	648
50 ~ 54세	1,983	727	20	707
계	9,773	4,018	127	3,891

※ 기혼여성은 취업여성과 비취업여성으로 분류됨

[표 2] 기혼 경력단절여성의 경력단절사유 분포 (단위: 천명)

연령대	개인·가족 관련 이유					육아	가사	합
		결혼	임신 출산	자녀 교육	기타			
25 ~ 29세	179	85	68	1	25	58	9	246
30 ~ 34세	430	220	137	10	63	189	21	640
35 ~ 39세	457	224	107	29	97	168	55	680
40 ~ 44세	339	149	38	24	128	71	74	484
45 ~ 49세	322	113	14	12	183	32	80	434
50 ~ 54세	323	8	10	7	218	20	78	421
계	2,050	879	374	83	714	538	317	2,905

※ 1) 기혼 경력단절여성은 기혼 비취업여성 중에서 개인·가족 관련 이유, 육아, 가사 등의 이유로 인해 직장을 그만둔 상태에 있는 여성임.

2) 경력단절 사유에 복수로 응답한 경우는 없음.

(풀이)

①

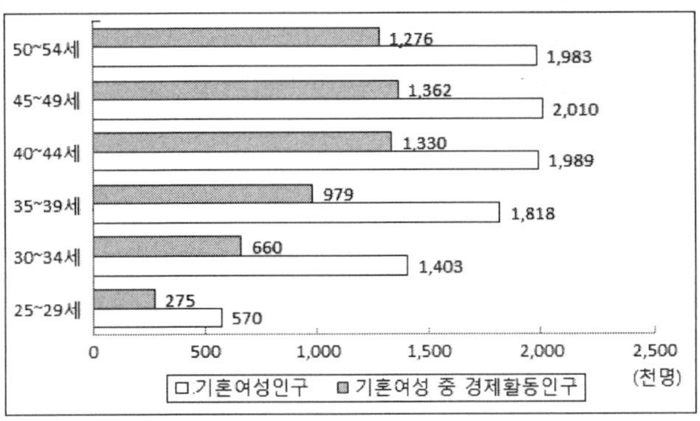

②

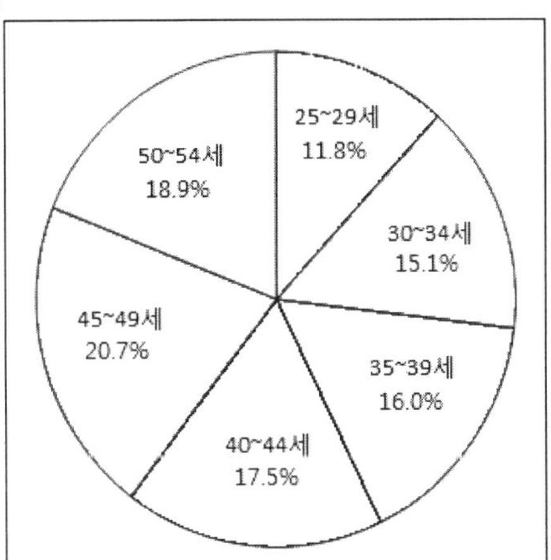

③

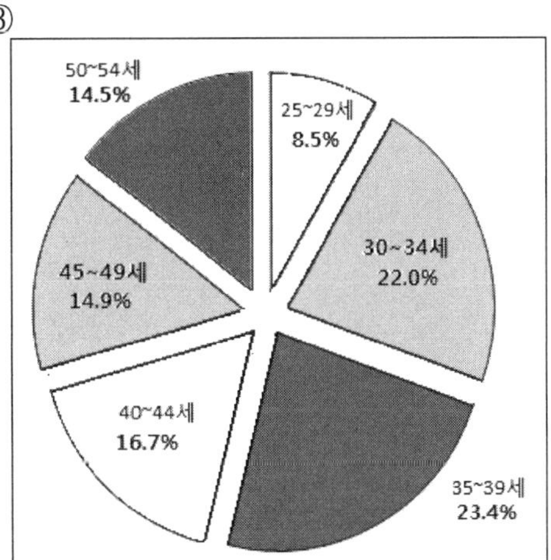

④

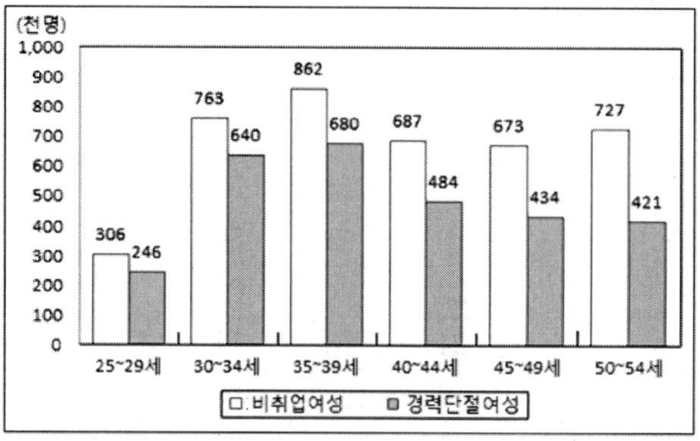
(천명)
1,000
900
800
700
600
500
400
300
200
100
0
306
246
763
640
862
680
687
484
673
434
727
421
25~29세
30~34세
35~39세
40~44세
45~49세
50~54세
비취업여성
경력단절여성

⑤

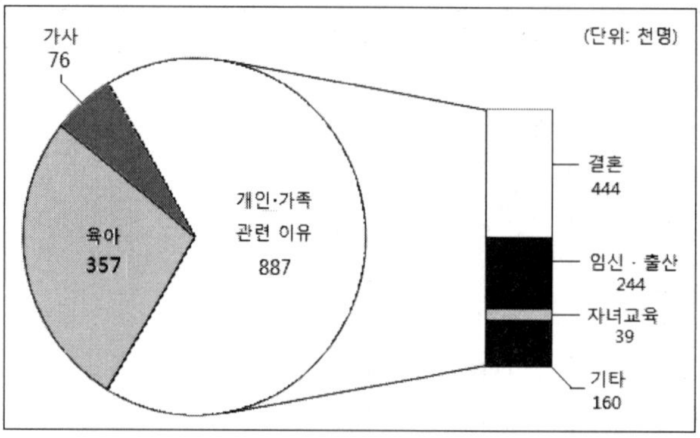
(단위: 천명)
가사
76
육아
357
개인·가족
관련 이유
887
결혼
444
임신 · 출산
244
자녀교육
39
기타
160

1.4 양적 자료의 도표화

질적 자료의 경우 변수 값의 범주가 몇 개로 제한되지만 양적 자료는 그렇지 않으므로 질적 자료의 요약방법과 약간의 차이를 보인다. 양적 자료의 요약은 자료의 분포(흩어져 있는 형태)를 파악하는 것과 분포의 특징을 몇 개의 수치에 의하여 기술하는 것이 핵심이다. 여기서는 분포의 전체적인 모습을 파악하기 위한 도수분포표와 히스토그램, 줄기와 잎 그림, 꺾은선 그래프 등을 소개한다.

1.4.1 꺾은선 그래프와 시도표

이차원 평면 위에 두 변수를 쌍으로 관측한 자료에 해당되는 점들을 표시한 그림을 **산점도**(scatter diagram)라 한다. 산점도의 각 점들을 선으로 연결하여 그린 그래프를 일반적으로 꺾은선 그래프라 하고, 특별히 수평축을 시간을 나타내는 축으로 하여 그린 꺾은선 그래프를 **시도표**(時圖表, time plot)라 한다.

주가지수, 연도별 미곡 생산량 등과 같이 시간의 흐름에 따라 관측된 자료를 시계열 자료 또는 종단면 자료(longitudinal data)라 한다. 시계열 자료의 특징으로는 시계열이 시간의 흐름에 따라 전체적으로 증가 또는 감소하는 경향을 띠는 **추세**(trend), 1년 이하의 주기를 가지고 반복되는 규칙적인 변화를 보이는 **계절변동**(seasonal variation) 등이 있고, 이러한 규칙적인 변동 이외의 다른 요인으로 인하여 시간의 흐름과는 무관하게(랜덤하게) 변하는 변동은 불규칙 변동(random variation)이라 한다. 시도표는 시계열 자료가 지닌 특성을 가장 잘 나타낼 수 있는 꺾은선 그래프이다.

[그림 1.4.1]은 매일 생산된 트럭에서 발견되는 대당 평균 결함수를 조사하여 작성한 시도표인데 불규칙 변동으로만 구성된 전형적인 시계열의 형태를 보이고 있으며,

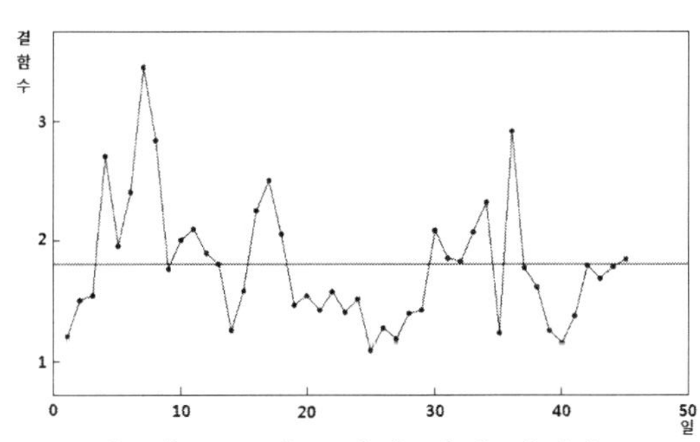

[그림 1.4.1] 트럭당 평균 결함수

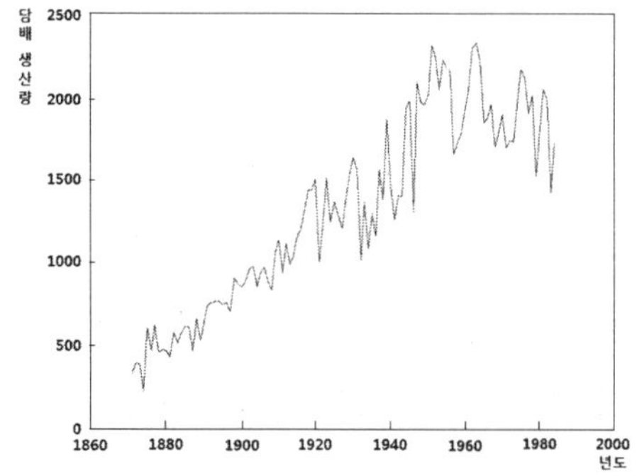

[그림 1.4.2] 연도별 담배 생산량

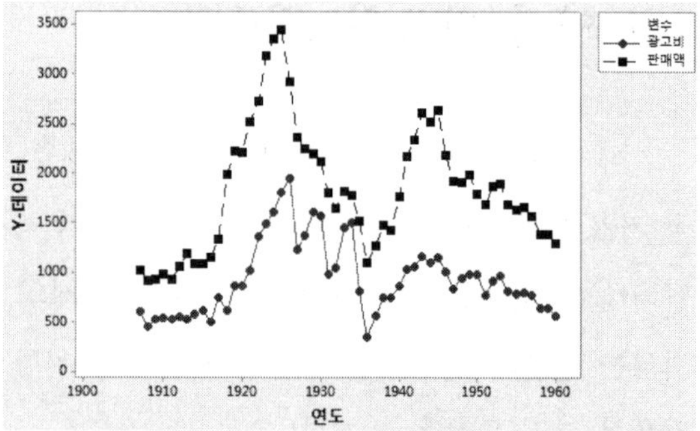

[그림 1.4.3] Lydia Pinkham 자료의 시도표

[그림 1.4.2]는 미국의 연도별 담배 생산량 자료로 그린 시도표로 선형추세를 지닌 전형적인 시계열의 모습을 보인다.

엑셀에서는 다양한 형태의 꺾은선 그래프를 제공한다. [표 1.4.1]은 잘 알려진 광고비와 판매액에 대한 Lydia Pinkham 자료인데, 미니탭을 이용하여 이 자료에 대한 시도표를 그린 것이 [그림 1.4.3]이다. 엑셀을 이용하여 [그림 1.4.3]과 같은 시도표를 그릴 수 있겠는가? [그림 1.4.3]을 보면 광고비와 판매액의 증가 또는 감소 추세에 따라 영업기간을 네 기간으로 구분할 수 있겠다. 이와 같이 꺾은선 그래프는 시간의 흐름에 따른 변화를 시각적으로 파악할 수 있는 장점이 있지만 시각적 효과로 인하여 과장된 정보를 전달할 수 있다. 꺾은선 그래프의 과장은 수직축의 단위 눈금으로 인하여 발생한다. 따라서 꺾은선 그래프를 그릴 때에는 시각적 효과를 고려하여 신중하게 눈금을 선택해야 한다.

[표 1.4.1] Lydia Pinkham 자료

연도	광고비	판매액	연도	광고비	판매액	연도	광고비	판매액	연도	광고비	판매액	연도	광고비	판매액
1907	608	1016	1908	451	921	1909	529	934	1910	543	976	1911	525	930
1912	549	1052	1913	525	1184	1914	578	1089	1915	609	1087	1916	504	1154
1917	752	1330	1918	613	1980	1919	862	2223	1920	866	2203	1921	1016	2514
1922	1360	2726	1923	1482	3185	1924	1608	3351	1925	1800	3438	1926	1941	2917
1927	1229	2359	1928	1373	2240	1929	1611	2196	1930	1568	2111	1931	983	1806
1932	1046	1644	1933	1453	1814	1934	1504	1770	1935	807	1518	1936	339	1103
1937	562	1266	1938	745	1473	1939	749	1423	1940	862	1767	1941	1034	2161
1942	1054	2336	1943	1164	2602	1944	1102	2518	1945	1145	2637	1946	1012	2177
1947	836	1920	1948	941	1910	1949	981	1984	1950	974	1787	1951	766	1689
1952	920	1866	1953	964	1896	1954	811	1684	1955	789	1633	1956	802	1657
1957	770	1569	1958	639	1390	1959	644	1387	1960	564	1289			

예제 1.4.1

다음 [표]는 2008년 A, B, C 지역의 기후자료이다. 이 자료에 근거하여 작성한 그래프로 옳지 않은 것은? 엑셀을 이용하여 그래프를 직접 그리고 보기와 대조하여라.

[표] A, B, C 지역의 기후자료

지역	기후 요소	겨울		봄			여름			가을			겨울	연간 합계
		1월	2월	3월	4월	5월	6월	7월	8월	9월	10월	11월	12월	
A	평균기온 (℃)	-0.2	1.8	6.8	12.9	17.5	21.6	25.2	25.6	20.8	14.6	8.0	1.8	-
	최고기온 (℃)	6.6	8.7	13.7	20.1	24.5	27.4	29.8	30.6	26.8	22.2	15.3	9.3	-
	최저기온 (℃)	-6.0	-4.4	0.3	5.7	10.7	16.6	21.4	21.5	15.8	8.2	1.8	-4.0	-
	강수량 (㎜)	22	30	54	105	104	201	242	230	136	50	43	17	1,234
	강수일수 (일)	3	4	5	7	7	9	11	10	7	4	4	2	73
B	평균기온 (℃)	1.6	3.2	7.4	13.1	17.6	21.1	25.0	25.7	21.2	15.9	9.6	4.0	-
	최고기온 (℃)	7.0	8.5	12.7	18.7	23.2	25.7	28.9	29.8	25.8	21.6	15.5	9.9	-
	최저기온 (℃)	-2.7	-1.3	2.7	7.7	12.3	17.1	21.7	22.3	17.4	11.0	4.8	-0.7	-
	강수량 (㎜)	38	42	72	108	101	185	195	233	166	61	51	24	1,276
	강수일수 (일)	4	5	6	8	9	10	12	11	8	5	4	3	85
C	평균기온 (℃)	-1.3	0.8	5.7	12.3	17.2	21.2	24.9	25.1	19.8	13.6	6.9	0.9	-
	최고기온 (℃)	4.8	7.1	12.4	19.4	24.3	27.1	29.5	30.2	26.0	21.3	14.0	7.6	-
	최저기온 (℃)	-6.5	-4.7	-0.3	5.1	10.1	16.0	20.6	20.9	14.8	7.3	1.0	-4.6	-
	강수량 (㎜)	24	27	49	76	79	141	200	204	129	41	38	15	1,023
	강수일수 (일)	3	4	5	5	6	8	10	9	7	3	3	2	65

[보기]

가. A지역의 월별 강수량 분포

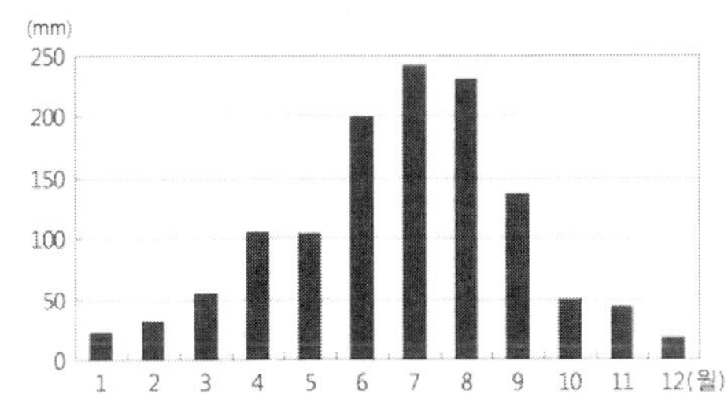

나. B지역의 월별 최고기온과 최저기온의 차이

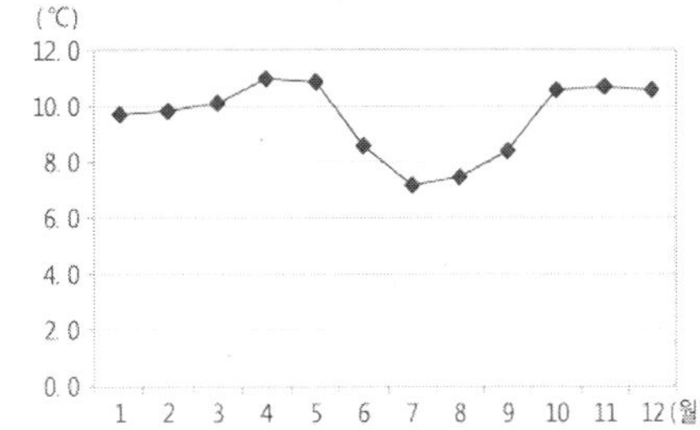

다. B지역과 C지역의 계절별 강수일수

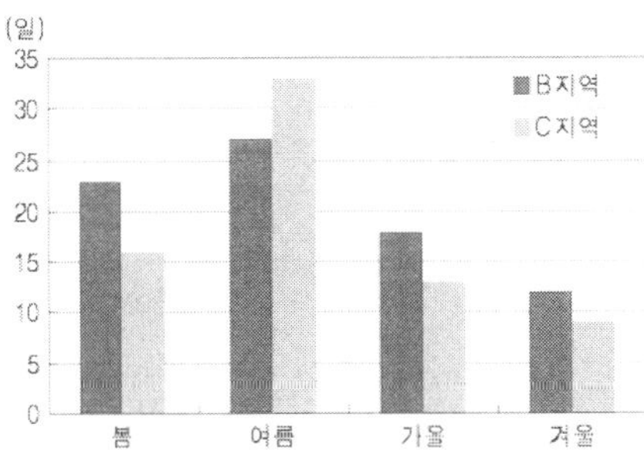

라. A지역의 계절별 강수량 분포

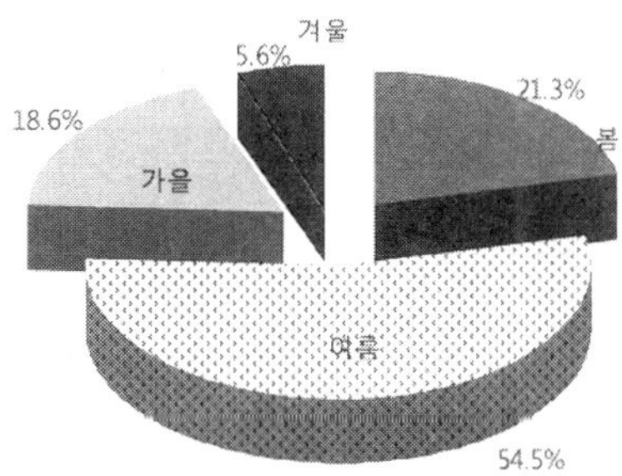

정답: 다

1.4.2 도수분포표와 히스토그램

양적 자료의 분포를 보기 위한 전통적 방법이 도수분포표와 히스토그램이다. 양적 변수를 측정한 자료의 경우 자료들이 속하는 범위를 몇 개의 계급구간으로 나누고 각 계급구간에 속하는 데이터의 개수를 세어서 전체 자료의 분포 양상을 파악할 수 있도록 작성된 표가 **도수분포표**(frequency table)이다.

도수분포표는 [표 1.4.2]와 같은 형태로 제시된다. [표 1.4.2]에서 계급도수는 해당 계급구간에 속하는 자료의 개수이고, 상대도수는 각 계급도수를 전체 자료의 개수로 나눈 값인데 이 값에 100을 곱한 백분율로 표시하기도 한다. 그리고 누적도수는 그 계급까지의 각 계급도수를 모두 더한 것이고, 누적상대도수는 누적도수를 전체 자료의 개수로 나눈 것이다. 도수분포표의 작성과정을 정리하면 다음과 같다.

1. **전체 자료의 수를 센다. 전체 자료의 개수는 n으로 나타낸다.**
2. **자료의 최댓값과 최솟값을 찾아서 자료의 범위를 구한다.**
3. **계급의 수와 폭을 정한다.**

   계급의 수는 경험적 식 $\sqrt{n} \pm (2 \sim 3)$을 이용하거나 6~15개 정도에서 알맞게 정한다. 계급의 폭은 가능하면 같도록 하고 각 관측 값이 한 계급에만 속하게 하기 위하여 측정값의 최소 단위보다 한 단위 더 낮은 단위로 계급의 경계값을 정하는 것이 좋다.
4. **각 계급에 속하는 자료의 개수를 세어서 도수, 상대도수, 누적도수 및 누적상대도수를 구하고 표로 정리한다.**

질적 자료에 대한 도수분포표를 막대그림으로 나타냈는데 양적 자료에 대한 도수분포표를 그림으로 나타낸 것이 **히스토그램**(histogram)이다. 히스토그램은 각 계급 구간 위에 그 계급의 상대도수에 비례하는 면적의 직사각형을 그린 그림이다. 따라서 직사각형의 높이는

[표 1.4.2] 도수분포표

계급구간	계급도수	상대도수	누적도수	누적상대도수
$a_1 \sim b_1$	f_1	f_1/n	f_1	f_1/n
$a_2 \sim b_2$	f_2	f_2/n	f_1+f_2	$(f_1+f_2)/n$
$\vdots$	$\vdots$	$\vdots$	$\vdots$	$\vdots$
$a_k \sim b_k$	f_k	f_k/n	n	1.00
합계	n	1.00		

상대도수를 계급의 폭으로 나누어 구하는데, 계급의 폭이 모두 동일할 때는 계급의 도수나 상대도수를 사용하여도 된다.

히스토그램은 자료의 분포 개형을 파악할 수 있는 기초적인 자료의 기술이라 할 수 있다. 따라서 작성된 히스토그램을 보고 자료의 중심위치 및 퍼짐도의 크기, 분포의 대칭성 여부 및 봉우리의 수, **이상점**(異常點, outlier)의 존재 여부 등을 면밀히 검토해서 자료 분포의 특징을 기술하여야 한다.

예제 1.4.2

어느 공업도시의 공기오염도를 파악하기 위하여 대기 중의 오존농도를 측정하여 얻은 자료가 다음과 같았다. 이 자료에 대한 도수분포표를 작성하고 히스토그램을 그려라. (단위: 100ppm)

3.5	6.8	2.4	6.8	5.5	6.2	5.7	9.4	6.8	6.6	5.6	4.0
1.4	2.5	3.0	1.7	1.1	7.5	5.8	3.4	3.1	4.4	3.4	11.7
6.6	5.4	5.6	5.3	5.1	6.2	3.1	5.8	4.7	5.7	6.6	4.1
6.0	4.4	4.7	4.7	5.6	6.0	5.8	7.6	3.8	4.5	6.6	3.7
4.2	5.4	6.5	7.4	5.5	5.8	1.6	1.4	5.9	3.7	7.6	4.8
4.4	4.7	3.0	6.0	1.4	2.8	2.5	3.7	3.3	9.4	6.2	3.7
5.3	3.5	4.1	6.7	3.9	6.1	8.1	2.0				

(풀이)

자료의 최솟값이 1.4이고 최댓값이 11.7이므로 계급의 폭이 1인 12개 계급구간을

$$[0.5,\ 1.5),\quad [1.5,\ 2.5),\quad \cdots,\quad [10.5,\ 11.5),\quad [11.5,\ 12.5)$$

와 같이 만들어서 도수분포표를 작성하면 다음과 같은 도수분포표가 구해진다.

계급	계급구간	도수	상대도수	누적도수	누적상대도수
1	0.5 ~ 1.5	4	0.0500	4	0.0500
2	1.5 ~ 2.5	4	0.0500	8	0.1000
3	2.5 ~ 3.5	10	0.1250	18	0.2250
4	3.5 ~ 4.5	15	0.1875	33	0.4125
5	4.5 ~ 5.5	11	0.1375	44	0.5500
6	5.5 ~ 6.5	19	0.2375	63	0.7875
7	6.5 ~ 7.5	10	0.1250	73	0.9125
8	7.5 ~ 8.5	4	0.0500	77	0.9625
9	8.5 ~ 9.5	2	0.0250	79	0.9875
10	9.5 ~ 10.5	0	0.0000	0	0.9875
11	10.5 ~ 11.5	0	0.0000	0	0.9875
12	11.5 ~ 12.5	1	0.0125	80	1.0000
합 계		80	1.0000		

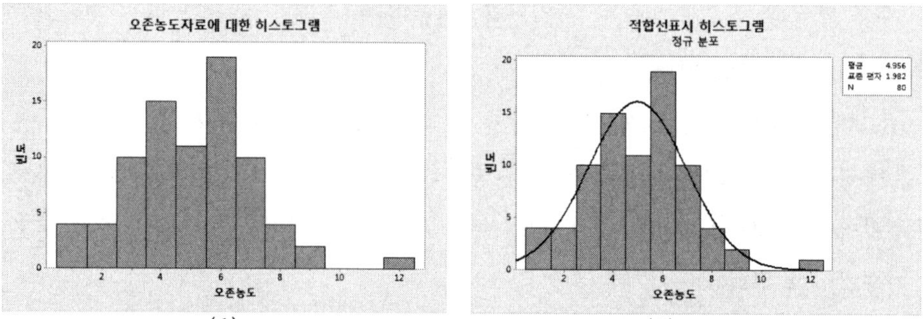

(1) (2)

[그림 1.4.4] 오존자료에 대한 도수분포표와 히스토그램

[그림 1.4.4]는 미니탭으로 작성한 도수분포표와 히스토그램이다. 독자들은 엑셀을 이용하여 도수분포표와 히스토그램을 작성해 보기 바란다. [그림 1.4.4]의 히스토그램을 보면 1번 계급과 6번 계급의 빈도가 조금 커 보이지만 이상점으로 보이는 12번 계급의 11.7을 제외하면 관측자료가 전체적으로 종모양의 곡선을 따라 분포하고 있음을 알 수 있다.

히스토그램에서 각 계급구간의 계급값에 해당되는 막대 상단의 중간 지점을 직선으로 연결하여 그린 꺾은선 그래프를 **도수다각선**(frequency polygon)이라 하며, 누적도수를 이용한 도수다각선을 **누적도수다각선**이라 한다. [그림 1.4.5]는 [예제 1.4.2]에서 작성한 도수분포표의 도수 및 누적도수를 이용하여 그린 도수다각선이다. 계급의 도수를 이용하여 그린 [그림 1.4.5]의 (1)은 관측값들의 변화에 따른 계급도수의 변화를 잘 보여주고 있는데 도수다각선은 다음 절에 나오는 자료의 집중된 위치, 산포의 정도, 치우친 정도 등을 유추할 때 히스토그램보다 더 유용하게 쓰일 수 있다. 한편, 누적도수를 이용한 누적도수다각선을 보면 계급의 상대도수가 가장 큰 구간에서 누적도수다각선의 기울기가 최대임을 알 수 있다. 즉,

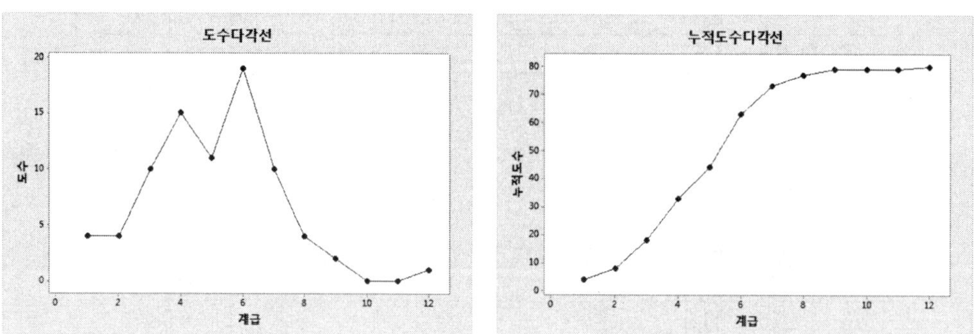

(1) 도수다각선 (2) 누적도수다각선

[그림 1.4.5] 오존자료에 대한 꺾은선 그래프

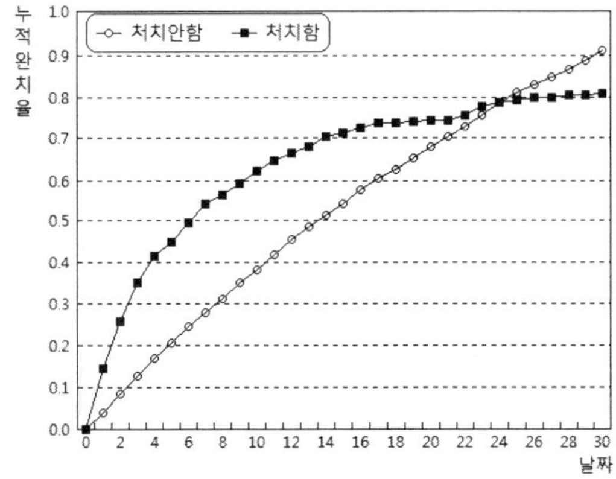

[그림 1.4.6] 날짜별 누적완치율

누적도수다각선에서 경사가 가장 급한 곳이 최대 도수인 계급구간을 나타내며, 각 계급의 도수가 비슷하면 누적도수다각선의 그래프는 기울기가 일정한 직선의 형태를 보인다. [그림 1.4.6]은 질병으로 인해 발생한 300명의 환자에 대하여 응급처치를 실시한 100명과 응급처치를 실시하지 못한 200명을 30일 동안 관측하고 그 결과를 누적완치율로 표시한 것이다. 이 그림을 보면 응급처치를 한 경우에 처음 10일 동안은 일일 완치율이 높았으나 10일 후에는 낮은 완치율을 보이고 있는 반면에 응급처치를 하지 않은 경우에는 누적완치율을 그린 그래프가 직선의 형태를 띠고 있으므로 일일완치율이 대체로 일정함을 알 수 있다.

예제 1.4.3

다음 [그림 1]과 [그림 2]는 우리나라 수산양식 품종별 생산액과 주요 품목별 총자산수익률을 나타내고 있다. 이에 대한 [보기]의 설명 중 옳은 것을 모두 고르면?

[그림 1] 우리나라 수산양식 품종별 생산액 (2005년 기준)

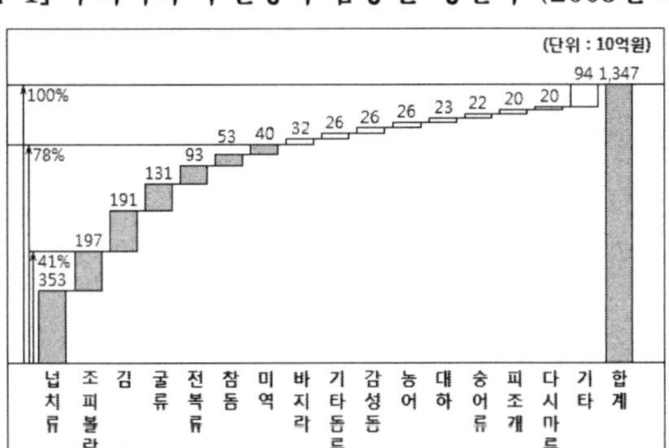

주) 어류: 넙치류, 조피볼락, 참돔, 감성돔, 기타 돔류, 농어, 숭어류
해조류: 김, 미역, 다시마 류, 패류 : 굴 류, 전복류, 바지락, 피조개, 갑각류: 대하

[그림 2] 우리나라 수산양식 품종별 총자산수익률 (2005년 기준)

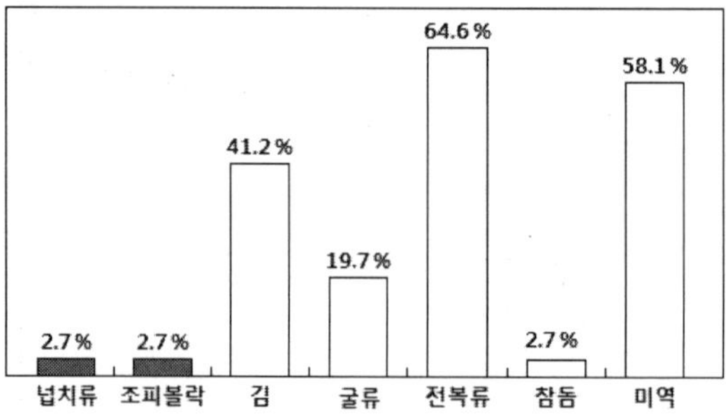

주) 총자산수익률은 순수익을 총자산으로 나눈 값

[보기]

가. 수산양식 총자산수익률을 가장 높이기 위해서 우리나라 수산양식은 상위 7개 품종인 넙치류, 조피볼락, 김, 굴류, 전복류, 참돔, 미역 위주로 하고 그 외 해조류나 패류는 수산양식에서 제외하거나 생산액을 줄여야 한다.

나. 우리나라 수산양식의 총 생산액에서 넙치류와 조피볼락의 생산액이 전체의 약 41%를 차지하고 있으나, 이들 양식어종의 총자산수익률은 김이나 미역보다 낮다.

다. 우리나라 수산양식의 총생산액에서 수익성이 낮은 넙치류와 조피볼락 및 참돔의 생산액이 전체 생산액의 절반 이상을 차지하고 있다.

라. 우리나라 수산양식의 총생산액에서 넙치류 등 상위 7개 품종의 양식 생산액이 전체의 약 78%를 차지하고 있고 이 중 패류나 해조류의 수익성은 어류에 비해 높은 편이다.

(풀이)

가. 총자산수익률은 총생산액과는 관계가 없다. 따라서 총자산수익률을 높이기 위해서는 총자산수익률이 높은 해조류나 패류의 생산량을 늘려야 한다.

나. [그림 1]에서 보면 넙치류와 조피볼락의 생산액은 전체의 약 41%이고, [그림 2]에서 보면 넙치류와 조피볼락의 총자산수익률은 2.7%로 해조류나 패류에 비하여 아주 낮다.

다. 넙치류와 조피볼락 및 참돔의 생산액은

$$353+197+53=603<1347\times 0.5$$

으로 전체 생산액의 50% 미만이다.

라. [그림 1]에서 상위 7개 품종의 양식 생산액은 전체의 약 78%이고, [그림 2]를 보면 패류 및 해조류의 수익성이 어류보다 높다.

정답: 나, 라

1.4.3 줄기와 잎 그림

도수분포표와 히스토그램에 의하여 자료를 요약하는 전통적인 방법은 관측값을 범주화하는 것이므로 정보의 손실을 초래하게 된다. 또한, 도수분포표를 구한 후에 히스토그램을 작성하게 되는 두 단계의 작업이 필요하다. John Tukey는 도수분포표와 히스토그램의 단점을 해결할 수 있는 자료 요약방법으로 **줄기-잎 그림**(stem and leaf)을 제시하였다.

다음과 같은 자료

168	175	166	183	172	176	173	190	181	178
165	172	176	180	171	193	161	177	175	170
158	169	174	178	186	175	177	169	176	174

에 대한 줄기-잎 그림을 작성하는 방법에 대하여 알아보자. 이 자료는 30명 학생들의 키를 ㎝단위로 측정한 것이다. 이 자료는 150㎝대에서 190㎝대까지의 자료로 나눌 수 있는데, 160㎝대의 자료

168 165 169 166 161 169

를 보면 처음 두 자리 16은 공통이고 끝의 한 자리 수는 0에서 9 중의 하나이다. 따라서 위의 160㎝대 자료는 공통부분인 앞의 두 자리 16을 줄기로, 끝의 한 자리는 잎으로 생각하여 줄기 16 옆에 잎 8, 5, 9, 6, 1, 9를 크기 순서로 나열하여

16 | 8 6 5 1 9 9

와 같은 그림으로 나타낼 수 있다. 150㎝대나 190㎝대의 자료에 대해서도 줄기만 바꾸고 같은 방법으로 잎을 나열한 그림으로 나타낼 수 있다. 이와 같이 자료의 값을 줄기와 잎으로 분해하여 해당 줄기 옆에 잎을 크기 순서로 나열한 그림을 줄기-잎 그림이라 한다. 줄기-잎 그림을 작성할 때는 먼저 줄기를 결정하여 오름차 또는 내림차순에 따라 세로로 나열하고 각 자료의 잎을 해당 줄기 옆에 나열한 다음 줄기에 매달린 잎들을 크기순으로 정렬하여 나열한다. [그림 1.4.7]은 위의 자료를 줄기-잎 그림으로 나타내는 과정을 보여주고 있다. [그림 1.4.7]을 보면, 줄기-잎 그림 자체가 히스토그램 역할을 할 뿐 아니라 원래 자료를 그대로 보존하고 있기 때문에 각 관측치의 순위까지 알 수 있다. 따라서 전체 자료의 총수가 크지 않을 때는 이 그림이 매우 유용함을 알 수 있다.

```
15 |       15 | 8                      15 | 8
16 |       16 | 865199                 16 | 156899
17 |       17 | 52638261750485764      17 | 01223445556667788
18 |       18 | 3106                   18 | 0136
19 |       19 | 03                     19 | 03
```

[그림 1.4.7] 줄기-잎 그림 작성과정

```
줄기-잎 그림: 오존농도

줄기-잎 그림: 오존농도  N = 80
잎 단위 = 0.10
   6   1   144467
  11   2   04558
  26   3   001134455777789
  39   4   0112444577778
(17)   5   13344556667788889
  24   6   0001222566667888
   8   7   4566
   4   8   1
   3   9   44
   1  10
   1  11   7
```

[그림 1.4.8] 오존자료에 대한 줄기-잎 그림

[예제 1.4.2]의 오존 자료에 대하여 미니탭로 그린 줄기-잎 그림이 [그림 1.4.8]인데 이 그림에서 왼쪽 첫 번째 열의 (17) 위쪽은 작은 값에서 오름차순으로의 누적도수를. 아래쪽은 큰 값에서 내림차순으로의 누적도수를 각각 나타낸다. 그리고 줄기 5에 매달린 잎의 수가 17개이고 중앙값이 이 줄기 내에 있음을 (17)로 표시하고 있다.

히스토그램이나 줄기-잎 그림에서 계급구간이나 줄기의 수는 전체적인 분포 모습이 좌우 대칭인 종모양이 되도록 정하는 것이 좋다. 줄기-잎 그림에서 줄기의 수가 너무 적거나 많을 때는 줄기의 수를 늘리거나 줄여서 분포 형태를 종 모양에 가깝게 만들 수 있다. 줄기를 늘려 펴는 방법으로는 잎이 (0, 1, 2, 3, 4)인 자료의 줄기를 ・로, (5, 6, 7, 8, 9)인 자료의 줄기는 *로 하여 하나의 줄기를 두개로 늘려 펼 수 있다. [그림 1.4.9]의 왼쪽

```
2| 12444445666666677788999        2・ | 1244444
3| 00001123334444445567788 8       * | 566666677788999
4| 0111112589                     3・ | 0000112333444444
5|                                 * | 55677888
6| 0112                           4・ | 0111112
7| 4                               * | 589
                                  5・ |
                                   * |
                                  6・ | 0112
                                   * |
                                  7・ | 4
                                   * |
```

[그림 1.4.9] 줄기의 수 늘리기

남자배우		여자배우
	· 2 ·	1244444
	* *	566666677788999
44332210	· 3 ·	0000112333444444
99888888775555	* *	55677888
4433332211110000	· 4 ·	0111112
99988887665	* *	589
321	· 5 ·	
6665	* *	
210	· 6 ·	0112
	* *	
	· 7 ·	4
6	* *	

[그림 1.4.10] 등을 맞댄 줄기-잎 그림

줄기-잎 그림은 줄기의 수를 늘리는 것이 필요해 보인다. [그림 1.4.9]의 왼쪽에서 하나의 줄기를 2개로 늘린 줄기-잎 그림이 [그림 1.4.9]의 오른쪽 줄기-잎 그림이다. 줄기의 수를 줄이면 원래 자료의 값이 훼손될 수 있으므로 주의하여야 한다. 줄기의 수를 줄이는 방법에 대해서는 관련 서적을 참고하기 바란다.

등을 맞댄 줄기-잎 그림에 의하면 두 집단의 분포를 비교할 수 있다. 어느 극단의 남·여 배우의 연령에 대한 자료를 등을 맞댄 줄기-잎 그림으로 나타낸 [그림 1.4.10]을 보면 남우는 주로 30대와 40대이고 여우는 주로 20대와 30대로 남우의 배우수명이 여우보다 더 긴 것을 알 수 있다.

양적 자료에서 관측치의 개수가 많지 않으면 **점도표**(dot diagram)를 이용하여 자료의 전체적인 분포 양상을 파악할 수 있다. 점도표는 모든 자료를 나타낼 수 있도록 눈금을 표시한 수평선을 그리고 눈금 위에 해당되는 관측값의 수만큼 점을 표시한 그림이다. [예제 1.4.2]의 자료에 대하여 미니탭으로 그린 점도표가 [그림 1.4.11]이다.

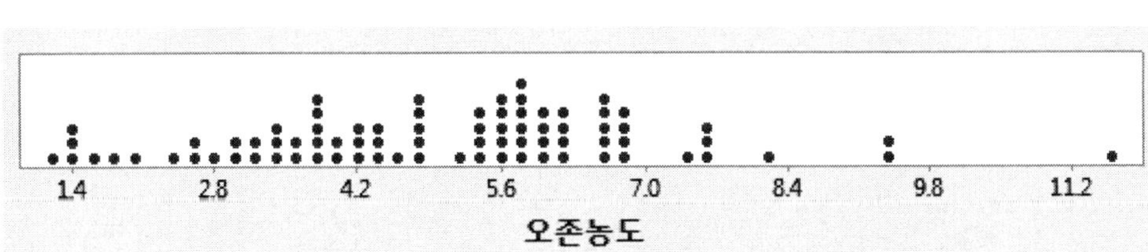

[그림 1.4.11] 오존자료에 대한 점도표

예제 1.4.4

다음 [표]와 [그림]은 어느 대학교 학과 학생들이 보고한 체중의 분포를 표현하고 있는 도수분포표와 줄기-잎 그림이다. 이 두 표현법은 동일한 데이터의 분포를 나타내는 서로 다른 방법이다. 이에 대한 [보기]의 설명 중 옳지 않은 것은?

[표] 체중의 도수분포표

계급구간	도수	상대도수
87.5 ~ 102.5	2	0.022
102.5 ~ 117.5	(A)	0.098
117.5 ~ 132.5	19	0.206
132.5 ~ 147.5	( )	( )
147.5 ~ 162.5	( )	( )
162.5 ~ 177.5	( )	( )
177.5 ~ 192.5	8	0.087
192.5 ~ 207.5	1	0.011
207.5 ~ 222.5	1	0.011
합 계		

[그림] 체중의 줄기-잎 그림

줄기	잎
9	5
10	288
11	002556688
12	00012355555
13	0000013555688
14	00002555558
15	0000000000355555555557
16	000045
17	000055
18	0005
19	00005
20	
21	5

[보기]

가. 표의 (A) 안에 들어갈 숫자는 9이다.

나. 총 인원수는 92명이다.

다. 학생들은 자신의 몸무게를 5파운드씩 끊어서 보고하는 경향이 있다.

라. 몸무게가 177.5파운드 이상이라고 보고한 학생은 전체의 10%를 넘는다.

마. 가장 빈도수가 높은 계급구간은 132.5이상 147.5미만이다.

(풀이)

가. 102.5 이상 117.5 미만인 자료의 수는 9개이다.

나. 총 자료의 개수는 92개이다.

다. 전체 자료의 $\frac{7}{9}$이 5의 배수이다.

라. 177.5 파운드 이상인 학생은 전체의 $\frac{10}{92}(> 10\%)$이다.

마. 빈도수가 가장 높은 계급은 147.5 이상 162.5 미만이다.

정답: 마

1.5 수치에 의한 자료의 요약

중·고교 시절에 시험을 치른 후 자신의 점수뿐만 아니라 자기 반 또는 자기 학년 전체의 평균 점수는 얼마나 되는가에 관심을 기울였을 것이다. 이 때, 평균 점수라는 것은 전체 자료를 이해하기 위한 하나의 요약된 수치라고 볼 수 있다. 이 절에서는 몇 개의 요약된 수치들을 구하여 자료의 특징을 기술하는 방법에 대하여 살펴보고자 한다. 통상적으로 사용하고 있는 수치요약 값으로는 자료의 **중심화 경향**(中心化 傾向, central tendency)을 파악하기 위한 대푯값 및 자료들이 대푯값 주변에 흩어진 정도를 나타내는 **산포도**(散布度, measure of dispersion) 등을 들 수 있다.

1.5.1 다섯 수치 요약과 상자그림

[그림 1.4.10]의 줄기-잎 그림을 보면 대체적으로 남자배우의 연령이 여자배우의 연령보다 많아 보이는데 얼마나 더 많다고 할 수 있는가? 간단한 방법으로 남자배우들을 연령이 높은 집단과 낮은 집단으로 나누는 중간에 위치하는 **중앙값**(median)을 구하고, 이 중앙값을 남자배우들의 연령을 대표하는 값으로 생각하여 여자배우들의 연령을 대표하는 중앙값과 비교하면 된다. **중위수**(中位數) 또는 **중간값** 등으로 부르는 중앙값은 자료를 크기순으로 나열하였을 때 중간 위치에 있는 값으로 정의한다. 따라서 자료의 크기를 n이라 할 때, n이 홀수이면 중간 위치는 $(n+1)/2$이므로 크기순으로 정렬된 자료의 최솟값 쪽에서 $(n+1)/2$번째 위치에 해당되는 값이 중앙값이다. n이 짝수일 때는 중간 위치가 $n/2$과 $(n/2)+1$의 두 곳이므로 두 위치에 있는 값의 평균을 중앙값으로 정의한다.

줄기-잎 그림은 자료의 분포 형태를 파악하는 것 외에 개별 자료의 순위를 파악하는 데에도 쓸모가 있다. [그림 1.4.10]의 여자배우 쪽 줄기-잎 그림을 보면 20세 이하인 자료 값이 $7+15=22$개, 34세 이하가 $22+16=38$개임을 알 수 있다. 따라서 여자배우 61명의 연령을 크기순으로 나열한 자료에서 $(61+1)/2=31$번째 위치에 있는 중앙값은 30세와 34세 사이에 있을 것이다. 줄기 3·에 달린 잎

$$0,\ 0,\ 0,\ 0,\ 1,\ 1,\ 2,\ 3,\ 3,\ 3,\ 4,\ 4,\ 4,\ 4,\ 4,\ 4$$

에서 31번째 잎은 3이므로 중앙값은 33이다. 남자배우 쪽 줄기-잎 그림에서는 40세 미만인 자료가 22개, 44세 이하인 자료가 38개이므로 30(=60/2)번째 값과 31번째 값은 40세와 44세 사이에 있다. 줄기 4·에 달린 잎

0, 0, 0, 0, 1, 1, 1, 1, 2, 2, 3, 3, 3, 3, 4, 4

에서 30번째 잎은 1, 31번째 잎은 2이므로 중앙값은 41과 42의 평균인 41.5가 된다. 따라서 남자배우의 연령이 여우에 비하여 대략 8.5세 정도 높다고 말할 수 있겠다.

이상에서 논의한 바에 의하면 중앙값을 이용하여 남·여별 연령 분포에 대한 중심은 비교할 수 있다. 그러나 일반적으로 자료는 한 곳에 뭉쳐 있지 않으므로 대표되는 하나의 값만으로 전체 자료가 충분히 요약되었다고 수는 없다. 자료에는 어느 정도 퍼짐이 있기 마련인데 대푯값만으로는 퍼짐의 정도, 즉, 산포도는 알 수 없다. 자료의 산포에 대한 측도로

$$R = \textbf{자료의 최댓값} - \textbf{자료의 최솟값}$$

와 같이 정의하는 **범위**(範圍, range)를 생각할 수 있다. 그런데 최솟값과 최댓값을 이용하여 구한 범위는 자료의 값들이 위치하는 구간의 크기만을 보여줄 뿐이다. [그림 1.4.10]의 줄기-잎 그림에서 남자배우의 연령 범위는

$$R_m = 76 - 30 = 46$$

이고, 여우의 연령 범위는

$$R_f = 74 - 21 = 53$$

이므로 여자배우의 연령이 남자배우보다 더 넓은 구간에 흩어져 있다. 그러나 줄기-잎 그림을 보면 남우의 연령은 30~45세에, 여우의 연령은 20~35세에 집중되어 있는데 최저 연령과 최대 연령으로 구한 범위는 이런 산포에 대한 정보를 충분히 제공하지 못한다. 그렇다면 자료의 산포에 대한 정보를 효과적으로 나타낼 수 있는 수치는 어떤 것이 있을까? 중앙값이 크기순으로 나열된 전체 자료를 반으로 나누는 값이므로 나누어진 자료를 다시 반으로 나누는 값을 생각하자. 크기순 자료의 반을 다시 반으로 나누는 값은 전체 자료를 사등분하는 위치에 있는 값이므로 이러한 요약 통계를 **사분위수**(四分位數, quartile)라 한다. 사분위수에는 제1사분위수 Q_1, 제2사분위수 Q_2, 제3사분위수 Q_3가 있는데, 제2사분위수 Q_2는 중앙값과 같다. 크기 n인 자료의 사분위수는

$$Q_1 = \textbf{오름차순에서 } (n+1)/4\textbf{번째 위치에 있는 값},$$

$$Q_3 = \textbf{내림차순에서 } (n+1)/4\textbf{번째 위치에 있는 값}$$

으로 정의한다. [그림 1.4.10]의 자료에서 여우 연령 자료의 사분위수를 구하여 보자. 전체 자료의 개수는 $n=61$이므로 오름차순에서 $(61+1)/4=15.5$번째 값이 제1사분위수이다. 그런데 15.5번째에는 실제 자료의 값이 없으므로 15번째 값과 16번째 값에 0.5씩의 가중치를

부여하여 가중평균을 구한다. 가중치가 동일하면 가중평균은 평균(산술평균)과 같다. 여우의 자료에서 Q_1은 오름차순의 15번째 값 27과 16번째 값 27의 평균 27이다. 마찬가지로 Q_3는 내림차순의 15번째 값 40과 16번째 값 38의 평균 39가 된다.

남자배우의 경우에는 $n=60$이므로 오름차순에서 $(60+1)/4=15.25$번째 값이 제1사분위수가 된다. 따라서 Q_1은 오름차순의 15번째 값 38과 16번째 값 38에 0.25와 0.75의 가중치를 부여하여 구한 가중평균

$$Q_1=38\times\frac{3}{4}+38\times\frac{1}{4}=38$$

이고, 같은 방법으로 남우의 제3사분위수를 구하면

$$Q_3=47\times\frac{1}{4}+48\times\frac{3}{4}=47.75$$

인데 48이라고 해도 되겠다.

제1사분위수와 제3사분위수 사이에는 전체 자료의 50%가 흩어져 있으므로

$$\mathrm{IQR}=Q_3-Q_1$$

으로 정의하는 **사분위수 범위**(inter-quartile range) 및 최솟값, 사분위수, 최댓값을 이용하면 자료의 분포(흩어진 모양)을 기술할 수 있다. 남·여 배우의 연령 자료에서 각각의 사분위수 범위를 구하여 보면

$$\mathrm{IQR}_m=48-38=10,\quad \mathrm{IQR}_f=39-27=12$$

이므로 남·여 배우의 연령은 각각의 중앙값에서 ±5~6 사이에 전체 자료의 50%가 밀집되어 분포하고, 분포의 양쪽 꼬리부분의 모습은 최대, 최소 및 사분위수로 미루어 짐작할 수 있다. 남우의 연령은 30~38과 48~76에 여우의 연령은 21~27과 39~74에 각각 25%의 자료가 놓여 있으므로 남·여 연령자료의 왼쪽 꼬리분포 모습은 비슷하고 오른쪽 꼬리분포 모습은 여우가 남우보다 더 길게 늘어져 있음을 짐작할 수 있다.

이상에서 보면 5개의 수치, 즉, 최솟값, 제1사분위수, 중앙값, 제3사분위수, 최댓값을 이용하여 한 묶음의 자료에 대한 분포를 효과적으로 기술할 수 있음을 알 수 있다. 분포를 기술하는데 사용되는 5개의 수치를 **다섯 수치 요약**(five number summary)이라 하고

(최솟값, 제1사분위수, 중앙값, 제3사분위수, 최댓값)

으로 나타낸다. 남·여 배우 연령 자료에 대한 각각의 다섯 수치 요약은 다음과 같다.

남자배우 : (30, 38, 41.5, 48, 76), **여자배우** : (21, 27, 33.0, 39, 74).

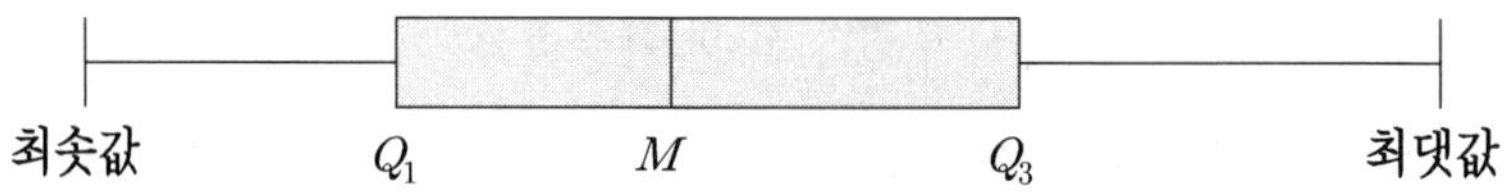

[그림 1.5.1] 상자그림

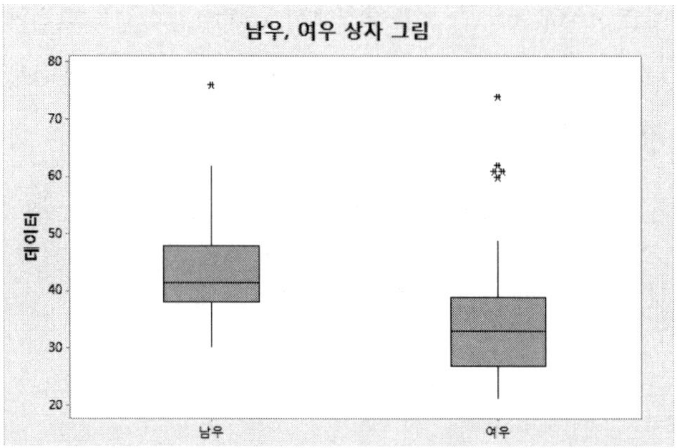

[그림 1.5.2] 남·여배우 연령 자료에 대한 상자그림

다섯 수치 요약으로 그린 그림을 **상자-수염 그림**(box-and-whisker plot) 또는 간단히 상자그림이라고 한다. [그림 1.5.1]과 같이 상자그림은 Q_1에서 Q_3까지 그린 상자, 상자 안에 중앙값을 표시하는 선 및 사분위수에서 양 끝까지 그은 선으로 작성된다. 상자그림은 가로나 세로 어느 쪽으로도 그릴 수 있는데 그림에는 수치 눈금이 표시되어야 한다. 미니탭에서는 이상치를 '*'로 표시하여 상자그림을 제공한다.

상자그림을 볼 때는 먼저 분포의 중심을 나타내는 중앙값의 위치를 살펴보아야 한다. 다음으로 중간 50% 자료의 산포를 나타내는 상자의 크기를 본 다음 양쪽 꼬리를 비교해서 자료 분포의 대칭성을 파악한다. [그림 1.4.10]의 연령자료에 대하여 미니탭으로 그린 상자그림이 [그림 1.5.2]인데, 여우에 대한 상자그림을 보면 여배우의 연령은 이, 삼십대에 집중되어 있고 60대 4개와 70대 1개의 자료가 이상치임을 알 수 있다. 상자그림은 줄기-잎 그림을 더 압축한 그래프이므로 자료의 세부적인 모습을 보여주지 못한다. 따라서 [그림 1.5.2]와 같이 상자그림은 여러 분포를 나란히 비교하는데 주로 사용된다, 그러나 자료의 개수가 크지 않으면 [그림 1.4.10]과 같은 맞댄 줄기-잎 그림이 상자그림보다 더 유용하다 하겠다.

1.5.2 평균과 표준편차

다섯 수치 요약과 상자그림이 자료의 분포를 기술할 수 있는 간단한 방법이지만 분포의 중심위치를 나타내는 값으로는 관측치들의 **산술평균**(算術平均, arithemetic mean)이, 퍼짐의 정도를 나타내는 값으로는 표준편차가 가장 많이 쓰이는 기술통계이다.

산술평균은 간단히 평균이라고 한다. n개의 자료 $x_1, x_2, \cdots, x_n$의 평균은 이들의 총합을 자료의 총 개수 n으로 나눈 값인데, 기호 $\overline{x}$('x-바(bar)'라 읽는다.)로 나타낸다. 즉, $\overline{x}$는

$$\overline{x} = \frac{\text{자료값들의 총합}}{\text{자료의 개수}} = \frac{1}{n}(x_1 + x_2 + \cdots + x_n) = \frac{1}{n}\sum_{i=1}^{n} x_i$$

로 정의한다. [그림 1.4.10]의 남자배우 연령자료에 대한 평균을 구해 보면

$$\overline{x} = \frac{30 + 31 + \cdots + 62 + 76}{50} = \frac{2608}{50} = 43.47$$

이다. 이 값은 남자배우 60명의 평균 연령을 나타내는데 연령 분포의 중심위치를 나타내는 대푯값이다. 남자배우 연령자료를 점도표로 나타내면 [그림 1.5.3]과 같은데, 수평막대의 각 관측치 위치에 관측치의 무게와 같은 추를 올려놓는다면 평균의 위치는 수평막대가 좌우 평형이 되는 무게중심이 바로 평균값에 해당된다.

관측된 자료의 평균은 자료의 분석이나 통계적 추론에서 가장 널리 사용되는 통계수치이다. 그러나 각 관측값이 동일한 비중으로 반영되는 평균은 극단적으로 아주 작거나 큰 이상치에 영향을 많이 받기 때문에 이상치가 있는 자료의 대푯값으로 평균을 사용할 때는 주의하여야 한다.

다음은 평균에 관한 몇 가지 유용한 성질들이다.

(i) $x_1, x_2, \cdots, x_n$의 평균을 $\overline{x}$라 할 때

$$y_i = a x_i + b, \ a, b\text{는 상수}, \quad i = 1, 2, \cdots, n$$

의 평균 $\overline{y}$는 $\overline{y} = a\overline{x} + b$이다.

(ii) 크기 n_i인 자료의 평균이 $\overline{x}_i$, $i = 1, 2, \cdots, k$일 때 전체 자료의 평균 $\overline{x}$는

$$\overline{x} = \frac{1}{n}\sum_{i=1}^{k} n_i \overline{x}_i, \quad n = \sum_{i=1}^{k} n_i.$$

와 같이 구한다. 특별히, n_i들이 모두 동일하면 $\overline{x}$는 다음과 같이 구할 수 있다.

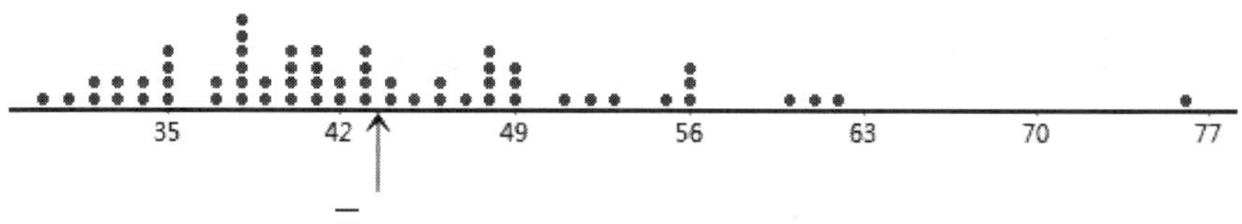

[그림 1.5.3] 남자배우 연령자료에서 평균값의 위치

$$\overline{x} = \frac{1}{k}\sum_{i=1}^{k}\overline{x}_i.$$

(iii) 편차 $x_i - \overline{x}$의 합은 0이다. 즉, $\sum_{i=1}^{n}(x_i - \overline{x}) = 0$이다.

(iv) $\sum_{i=1}^{n}(x_i - a)^2$은 $a = \overline{x}$일 때 최소이다.

예제 1.5.1

다음은 어느 중학교 3학년 2개 반의 국어, 영어, 수학 과목 시험성적에 관한 [표]이다. 이에 대한 내용으로 [보기] 중에서 옳은 것을 모두 고르면?

[표] 반별 · 과목별 시험성적 (단위: 점)

구분	평균				과목별 총점
	1반		2반		
	남학생(20명)	여학생(10명)	남학생(15명)	여학생(15명)	
국어	6.0	6.5	A	6.0	365
영어	B	5.5	5.0	6.0	320
수학	5.0	5.0	6.0	5.0	315

주) 각 과목의 만점은 10점임.

[보기]

가. A는 B보다 크다.

나. 국어의 경우 2반 학생의 평균이 1반 학생의 평균보다 낮다.

다. 3과목 전체 평균은 1반의 여학생 평균이 1반의 남학생 평균보다 높다.

라. 전체 남학생의 수학평균은 전체 여학생의 수학평균보다 높다.

(풀이)

가. 총점=(평균)×(학생 수)이므로 A와 B는 다음과 같이 구해진다.

$$60\times20 + 6.5\times10 + \mathrm{A}\times15 + 6.0\times15 = 365 \;\Rightarrow\; 15\mathrm{A} = 90 \;\Rightarrow\; \mathrm{A}=6.0,$$

$$\mathrm{B}\times20 + 5.5\times10 + 5.0\times15 + 6.0\times15 = 320 \;\Rightarrow\; 20\mathrm{B} = 100 \;\Rightarrow\; \mathrm{B} = 5.0.$$

나. 국어과목: 1반 평균$=\frac{6.0\times20+6.5\times10}{20+10}=\frac{185}{30}$ > 2반 평균$=6$

다. 3과목 전체: 남학생 평균$=\frac{6.0+5.0+5.0}{3}=\frac{16}{3}$ > 여학생 평균$=\frac{6.5+5.5+5.0}{3}=\frac{17}{3}$

라. 수학과목: 전체 남학생$=\frac{5.0\times20+6.0\times15}{20+15}=\frac{190}{35}$ > 전체 여학생$=\frac{5.0\times10+5.0\times15}{10+15}=\frac{125}{25}$

정답: 가, 나

자료의 중심위치를 평균으로 사용할 때 관측치의 변동은 관측치 x_i와 평균 $\overline{x}$의 차이로 나타난다. 이 차이 $x_i-\overline{x}$를 **편차**(偏差, deviation)라 하는데, 자료의 좌우 균형점(무게중심)을 계산해 내는 평균의 성질 때문에 개별 편차들의 합은 언제나 0이므로 원래의 편차로는 변동의 크기를 측정할 수 없다. 그런데, 이차원 공간상에서 점 $(x_i, 0)$과 $(\overline{x}, 0)$ 사이의 거리 d_i의 제곱은

$$d_i^2=\left(x_i-\overline{x}\right)^2, \quad i=1, 2, \cdots, n$$

이므로 편차의 제곱들에 대한 평균

$$s^2=\frac{1}{n-1}\sum_{i=1}^{n}\left(x_i-\overline{x}\right)^2$$

을 산포의 측도로 사용하며 이것을 **분산**(分散, variance)이라고 한다. 편차의 제곱들에 대한 평균 s^2을 구할 때 사용되는 정보의 수(편차의 수)는 n개인 것처럼 보이나 편차들의 합이 0으로 정보의 양이 하나 줄기 때문에 편차의 제곱합을 $n-1$로 나눈 값으로 분산을 정의한다. 이 때, $n-1$을 제곱합에 대한 **자유도**(自由度, degree of freedom)라 한다.

한편, 분산 s^2은 원래의 편차를 제곱한 것으로 구한 것이므로 실제의 흩어진 정도를 제곱한 꼴이다. 따라서 원래 자료의 흩어진 정도는 분산의 제곱근인 s이고 이 s를 **표준편차**(標準偏差, standard deviation)라 한다. 일반적으로 평균을 대푯값으로 사용할 때 자료의 산포도를 나타내기 위해 가장 널리 사용되는 산포의 측도가 바로 이 표준편차이다. 많은 자료의 평균과 표준편차는 손으로 계산하기가 쉽지 않고 요약된 통계만을 접하는 사람의 입장에서는 평균과 표준편차를 직접 구해야 할 경우는 거의 없을 것이므로 복잡한 계산공식 때문에 머리 아파하지 말자. 우리는 평균과 표준편차의 의미와 성질을 제대로 이해하는 것이 더 중요하다. 다음의 예제를 보자.

예제 1.5.2

야수선수 A와 B의 한 시즌 중 매 50타수 당 타율을 조사한 다음의 자료로부터 우리는 두 야구 선구의 실력이 같다고 할 수 있는가?

A : 0.28	0.32	0.30	0.31	0.29	0.30
B : 0.10	0.40	0.20	0.50	0.35	0.25

(풀이)

A와 B 각각의 평균 타율을 계산해 보면

$$\bar{x}_{\mathrm{A}}=0.30,\quad \bar{x}_{\mathrm{B}}=0.30$$

으로 같다. 그러나 A는 시즌 내내 안정적으로 3할 근처의 타율을 유지하였지만 B는 타율의 기복이 심함을 알 수 있다. 이러한 타율의 변동을 구체적으로 기술할 수 있는 요약된 수치가 바로 표준편차이다. 두 야구선수의 타율에 대한 표준편차를 계산해 보면

$$s_A=0.0141\approx 0.01,\quad s_B=0.1449\approx 0.1$$

이 된다. A의 타율은 0.3 ± 0.02에 분포되어 있고 B의 타율은 0.3 ± 0.2에 분포되어 있는데 0.02와 0.2는 각각의 표준편차의 두 배에 해당되는 값이다. 따라서 표준편차가 크면 타율의 변동이 심해진다는 것을 알 수 있다. 즉, B의 표준편차가 A보다 아주 크므로 B가 A에 비해 타격의 기복이 매우 심하다고 말할 수 있다. 당신이 구단주라면 어느 선수를 선택하겠는가?

표준편차의 의미는 체비쉐프 부등식(Tchebyshev's Inequality)으로 설명할 수 있다. 체비쉐프 부등식에 의하면 평균이 $\bar{x}$, 표준편차가 s인 자료에서 $k>1$일 때 전체 자료 n개 중 적어도 $100(1-1/k^2)\%$가 구간

$$\left(\bar{x}-ks,\ \bar{x}+ks\right)$$

에 속한다. 예컨대, $k=2$이면 자료의 75% 이상은 구간 $(\bar{x}-2s,\ \bar{x}+2s)$에 포함된다. 따라서 표준편차가 크면 자료가 평균을 중심으로 넓게 퍼져 있음을, 작으면 평균을 중심으로 조밀하게 분포되어 있음을 뜻한다. 다음의 [예제 1.5.3]은 표준편차의 의미를 잘 보여주는 것으로 Moore(2001)에서 인용한 것이다.

예제 1.5.3 투자수칙

이 예는 벌어들인 돈으로 무엇을 할 것인가에 대한 것이다. 높은 수익률을 가져오지만 위험성이 많은 곳에 투자할 때 지켜야 할 첫 번째 원칙은 적어도 장기간의 평균을 구하는 것이다. 전문 투자자는 투자한 것에 예측할 수 없는 수익률의 변화가 어느 정도인가로 위험성을 평가한다. 예금은 정부에 의해 보증된 것이고 위험성 없이 고정된 이자를 갖기 때문에 정확한 수익률을 알 수 있다. 그러나 새로운 회사의 주식은 한 주일 동안 급등하다가 다음 주에는 급락할 수 있을 것이므로 주식을 팔고 싶을 때의 가치를 예측할 수 없어서 위험성이 매우 높아진다.

투자자는 통계적 사고를 가져야 할 것이다. 연간 수익률의 분포를 고려해서 투자의 여부를 평가할 수 있다. 즉, 수익률의 형태에 대한 중심과 퍼짐을 살펴보는 것이다. 경험이 적은 투자자는 수익률이 얼마나 퍼져 있는지 또는 얼마나 자주 변하는지에 대한 위험성을 고려하지 않고 높은 평균 수익률을 가진 주식을 찾을 것이다. 전문 투자자는 투자에 대한 수익률을 설명할 수

```
-2| 6
-1| 500
-0| 98753
 0| 011456778
 1| 01224667999
 2| 01234455799
 3| 02222378
 4| 3
 5| 0
```

[그림 1.5.4] 50년 동안의 주식 수익률에 대한 줄기-잎 그림

있는 평균과 표준편차를 이용할 것이다. 오랫동안 표준편차는 너무 복잡해서 일반인에게 언급할 수 없다고 생각되어 왔지만 지금은 투자신탁 보고서에 표준편차를 기입한다. 1950년부터 1999년까지 50년 동안 세 종류 투자에 대한 연간 수익률의 평균과 표준편차는 다음과 같다.

투자	평균 수익률(%)	표준편차(%)
단기 채권	5.34	2.96
장기 채권	6.12	10.73
주식	14.62	16.32

위 표를 보면 경제이론의 주장처럼 평균 수익률이 올라가면 표준편차가 커져서 위험성도 커지는 것을 알 수 있다. 단기채권과 장기채권은 미국 정부에서 돈을 빌려주는 것이다. 단기채권은 일 년 후에 상환되므로 투자 비율에 따라 매년 수익률이 변한다. 장기채권은 30년 상환이다. 만약 은행 이자가 올라가면 장기 채권의 가치는 낮아지기 때문에 단기 채권보다 위험성이 너 크다. 주식 또한 위험성이 크다. 주식은 더 높은 수익률(장기간 동안의 평균)을 갖지만 등락이 매우 심하다. [그림 1.5.4]에서 알 수 있는 것처럼 50년 동안 연간 주식의 수익률은 50%까지 올랐으나 -26%까지 내려간 적도 있다.

자료의 대푯값으로 쓸 수 있는 또 다른 요약통계로는 **최빈값**(最頻값, mode)이 있다. 최빈값은 글자 그대로 최대 빈도인 자료값이다. 최빈값은 평균이나 중앙값과 달리 주로 이산형 자료나 범주형 자료에 대한 대푯값으로 사용된다. [그림 1.5.4]의 자료를 보면 가장 많이 관측된 값은 4번 관측된 32이므로 이 값이 주어진 자료에 대한 최빈값이다. 그런데 연속형 자료에서는 같은 값이 반복되어 나타나는 경우는 흔치 않기 때문에 원자료를 그대로 이용하여 최빈값을 구하는 것은 적절하지 못하다. 연속형 자료의 최빈값을 구하고자 할 때는 주어진 자료에 대한 줄기-잎 그림이나 도수분포표에서 빈도가 최대인 줄기나 계급구간의 중간값을 최빈값으로 정하는 것이 바람직하다. [그림 1.5.4]의 자료에 대한 점도표를 그

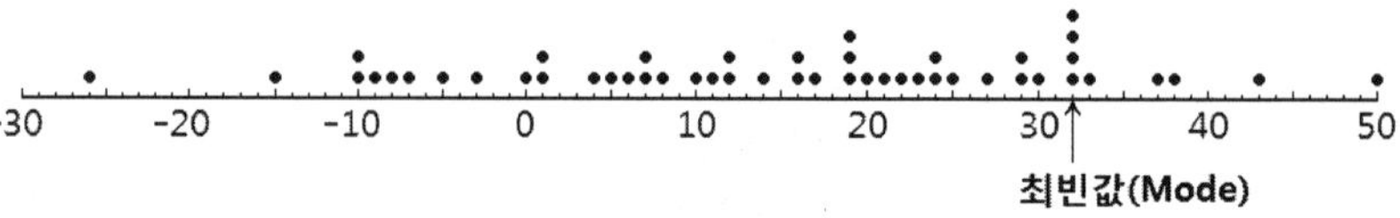

[그림 1.5.5] 50년 동안의 주식 수익률에 대한 점도표

린 [그림 1.5.5]를 보면 최빈값 32가 이 자료의 대푯값이라고 보기는 어렵다. [그림 1.5.4]의 줄기-잎 그림에서 빈도가 최대인 줄기는 10과 20의 두 개이므로 최빈값도 15와 25의 두 개가 된다. 즉, 최빈값은 하나 이상일 수 있다. 이 경우에는 최빈값을 15와 25의 중간값 20으로 정하는 것이 좋겠다.

자료의 대푯값과 산포를 나타내는데 자주 사용되는 (평균, 표준편차)와 (중앙값, 사분위수 범위)의 차이에 대하여 살펴보자. 예컨대, 6명의 월급(단위: 십만)이 28, 32, 30, 31, 29, 30일 때 이들의 평균 월급은 300만원이다. 그런데 여기에 천만 원의 월급을 받는 사람을 더한 7명의 평균 월급은 400만원이 된다. 이 경우에 월급이 평균 월급보다 작은 사람은 6명이고 많은 사람은 1명이다. 마찬가지로 여기에 백만 원의 월급을 받는 사람을 더한 7명의 평균은 271만원인데, 월급이 평균 월급보다 작은 사람은 1명이고 많은 사람은 6명이 된다. 그러나 어느 경우에도 중앙값은 삼백만 원이다. 이와 같이 평균은 길게 늘어진 오른쪽이나 왼쪽 꼬리에 위치한 이상점에 의해 매우 큰 영향을 받지만 중앙값은 그런 자료 값에 거의 영향을 받지 않는다. 표준편차도 평균과 마찬가지로 이상점에 의해 매우 큰 영향을 받지만 사분위수 범위는 그렇지 않다. 따라서 일반적으로 좌우 대칭형 분포에 대한 요약 통계로 평균과 표준편차를, 특이점이 있는 분포나 비대칭형 분포에 대한 요약 통계로 다섯 수치 요약을 사용한다.

비대칭형 분포가 [그림 1.5.6]의 오른쪽 분포처럼 왼쪽으로 꼬리가 늘어진 형태이면 평균

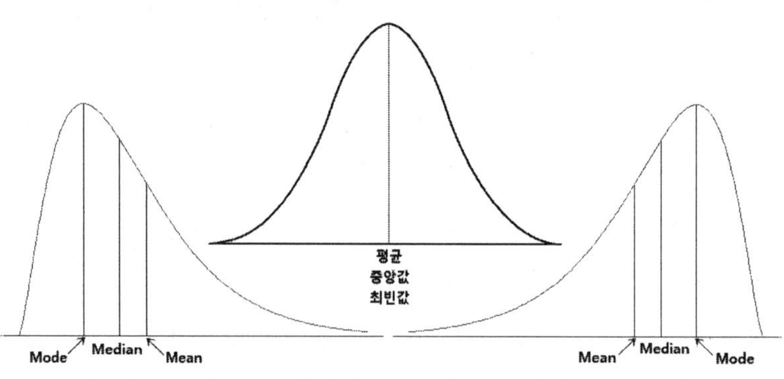

[그림 1.5.6] 분포 형태에 따른 평균, 중앙값 및 최빈값

은 작은 특이점 쪽으로 끌려가게 되어 중앙값보다 작아진다. 반대로 오른쪽으로 길게 늘어진 꼬리를 갖는 비대칭형 분포의 평균은 중앙값보다 커진다. 흔히, 평균이라고 하면 대략 자료의 절반 정도가 평균값보다 큰 값들이고 나머지 절반 정도가 평균값 보다 작은 값들이라고 생각하기 쉬운데, 이 말은 전체 자료의 분포가 평균을 중심으로 좌우 대칭적일 때만 옳다. 그러나 전체 자료의 분포가 대칭적이지 못하여 한쪽으로 치우친 경우나 자료에 극단적인 이상치가 존재하는 경우에는 자료의 대푯값으로 평균이 적절치 못함을 알 수 있다. 따라서 평균을 구하기 전에 히스토그램 등을 통하여 분포의 대칭성을 확인하고, 자료에 이상치가 포함되어 있는지를 살펴보아야 한다.

예제 1.5.4

30가구 구성된 어떤 마을의 가구당 연간 소득을 조사하여 마을의 연간 소득수준을 설명하려 한다. 다음 자료는 가구당 연간 소득의 평균값, 중앙값, 최빈값이다. 이 [표]에 대한 [보기]의 설명 중에서 옳은 것을 모두 고르면?

[표] 가구당 연간 소득 (단위: 백만원)

평균값	중앙값	최빈값
45.5	35.2	34.0

※ 최빈값은 구간 간격을 2백만 원으로 하는 도수분포표를 이용하였음.

[보기]

가. 평균값이 중앙값과 최빈값에 비해 큰 것은 연간 소득이 평균값 이상인 가구 수가 평균값 이하인 가구 수보다 많다는 의미이다.

나. 3천 4백만 원 이상의 연간 소득을 올리는 가구는 15가구 이상이다.

다. 다수의 자료에 비해 아주 작거나 아주 큰 값이 존재하는 자료를 요약할 때 평균값은 치우친 값들에 대해 매우 안정적이다.

(풀이)

가. 소득이 평균값보다 아주 큰 가구들이 존재한다는 의미이다.

나. 3천 5백 2십만원 이상인 가구가 50%(15 가구)이므로 3천 4백만 원 이상인 가구는 15가구 이상이다.

다. 중앙값이 치우친 값들에 대해 안정적이다.

전체 자료의 분포가 대칭적이지만 자료에 이상치가 있는 경우에는 이상점을 제외한 자료의 평균을 대푯값으로 사용할 수 있다. 자료를 크기 순서로 나열하여 작은 쪽과 큰 쪽의

α% 씩을 이상점으로 간주하여 이들을 제외한 나머지 자료의 평균을 **α%-절사평균**(絶捨平均, trimmed mean)이라 한다.

예제 1.5.5

5개 전구를 랜덤하게 추출하여 측정한 수명시간 자료가

967, 949, 940, 952, 922

시간이었다.

(1) 표본의 평균 수명시간을 구하여라.

(2) 949를 499로 잘못 기록했을 때 평균과 20%-절사평균을 구하여 (1)에서 구한 평균값과 비교하여라.

(풀이)

(1)
$$\bar{x}_1 = \frac{1}{5}(967 + 949 + 940 + 952 + 922) = 946(\text{시간})$$

(2) 잘못 기록한 자료의 평균은

$$\bar{x}_2 = \frac{1}{5}(967 + 499 + 940 + 952 + 922) = 856(\text{시간})$$

이고, 5개의 20%가 1개이므로 자료에서 가장 작은 값과 가장 큰 값 499와 967을 제외한 922, 940, 952의 평균

$$\bar{x}_3 = \frac{1}{5}(940 + 952 + 922) = 938(\text{시간})$$

이 20%-절사평균이다. 즉, 잘못된 평균과 정확한 평균의 차이는 90시간으로 꽤 크지만 절사평균과 원래 평균값의 차이는 별로 크지 않음을 알 수 있다.

어떤 학생 A가 이번 수학시험에서 반 평균점수 60보다 10점 더 높은 70점을 받았다고 할 때 A의 점수는 자기 반에서 높은 점수라고 말할 수 있겠는가? 이 반 학생들에 대한 수학점수 자료의 대부분(적어도 75% 이상)은 평균±(2×표준편차) 내에 있으므로 표준편차가 4점이라면 A의 점수는 이 반에서 상위 10% 이내에 속한다. 즉, A의 점수는 평균에서 표준편차의 2.5배 만큼 높은 쪽으로 떨어져 있으므로 A의 성적은 상위 10% 이내에 속한다고 말할 수 있다. 한 관측치 x_i의 편차 $x_i - \bar{x}$가 표준편차의 몇 배나 되는가를 나타내는 값

$$z_i = \frac{x_i - \bar{x}}{s}$$

를 x_i의 **표준점수**(標準點數, standard score)라 하고, 위와 같은 변환을 **표준화 변환**(標準化

變換)이라 한다. 표준점수는 그 절대치가 클수록 자료값이 평균에서 멀리 떨어진 값임을 의미하며, 표준점수의 부호가 양(+)이면 자료값이 평균보다 크고 음(-)이면 평균보다 작다.

다음과 같은 두 종류의 자료

자료 A	:	1.0	2.0	3.0	4.0	5.0
자료 B	:	0.1	0.2	0.3	0.4	0.5

의 산포를 비교하기 위하여 각 자료의 표준편차를 계산해 보면 $s_A = 1.58$, $s_B = 0.158$인데, 이를 근거로 자료 A의 산포도가 자료 B의 산포도 보다 더 크다고 할 수 있겠는가? 자료 A의 관측치 4.0에 대한 편차 1.0이 자료 B의 관측치 0.4에 대한 편차 0.1에 비하여 그 절대크기는 크지만, 편차 1.0의 평균 3.0에 대한 상대적 크기

$$\frac{4.0-3.0}{3.0} = 33.3(\%)$$

는 편차 0.1의 평균 0.3에 대한 상대적 크기와 같다. 따라서 측정단위가 다른 두 집단의 산포를 비교하기 위해서는 편차의 상대적인 크기를 이용한 산포의 측도가 요구된다. 그러한 측도로 평균에 대한 편차의 상대적인 크기를 제곱한 것들의 평균

$$c^2 = \frac{1}{n-1}\sum_{i=1}^{n}\left(\frac{x_i - \overline{x}}{\overline{x}}\right)^2 = \frac{1}{\overline{x}^2}\frac{1}{n-1}\sum_{i=1}^{n}(x_i - \overline{x})^2 = \left(\frac{s}{\overline{x}}\right)^2$$

을 생각할 수 있는데, 이 c^2을 **상대분산**(相對分散, relative variance)이라 하고 상대분산의 제곱근을 **변동계수**(變動係數, coefficient of variation)라 한다. 즉, 평균에 대한 표준편차의 상대적인 크기를 변동계수라 한다. 통상적으로 변동계수 c는 상대적인 크기를 백분율로 변환한 다음과 같은 식으로 표현된다.

$$c = \frac{s}{\overline{x}} \times 100(\%)$$

변동계수는 표준편차를 평균으로 나눈 것이기 때문에 자료의 측정 단위와 무관하게 사용할 수 있는 산포의 측도이다. 측정 단위가 다르거나 평균의 차이가 아주 큰 집단 간의 산포는 측정 단위와 무관한 변동계수를 이용하여 비교하여야 한다. 위에 나열한 두 자료의 경우에 표준편차만 보면 1.58과 0.158로 큰 차이가 나는 것처럼 보이지만 변동계수를 구해보면 52.7%로 동일하다. 즉, 두 자료 집단의 산포도는 서로 같다.

평균과 표준편차가 자료의 분포 모습에 대한 모든 정보를 완전하게 제공하지는 않는다.

자료 $x_1, x_2, \cdots, x_n$의 분산 s^2은 x_i들이 평균 $\overline{x}$에서 얼마나 떨어져서 분포하고 있는가에 대한 정보만을 제공할 뿐이고 자료들이 평균 주변에 대칭적으로 혹은 비대칭적으로 분포하고 있는가에 대한 정보를 제공하지는 않는다. 그런데, 평균의 성질에 의하면 편차의 합이 0이므로 특별히 자료가 평균 $\overline{x}$에 대하여 대칭적으로 분포하면

$$w = \frac{1}{n-1}\sum_{i=1}^{n}\left(x_i - \overline{x}\right)^3$$

은 0이 된다. 따라서 w를 분포의 **비대칭성**(非對稱性, skewness)에 대한 측도로 사용할 수 있다. 일반적으로 자료의 분포가 대칭이면 $w=0$이고, 오른쪽으로 편중된(skewed to the left) 분포일 때는 $w<0$, 왼쪽으로 편중된(skewed to the right) 분포에서는 $w>0$이 된다. 통상적으로 단위가 없는 $\eta_3 = w/s^3$을 **비대칭계수**(coefficient of skewness)라 부른다.

한편, 자료의 분포가 평균 주변에서 솟아 오른 정도를 **첨도**(尖度, kurtosis)라 하는데

$$\kappa = \frac{1}{n-1}\sum_{i=1}^{n}\left(x_i - \overline{x}\right)^4$$

을 첨도의 지표로 사용한다. 일반적으로 $\kappa_4 = \kappa/s^4 - 3$을 **첨도계수**(尖度係數, coefficient of kurtosis)라 부른다. 첨도계수가 양이면 자료의 분포는 평균 부근에서 정규분포에 비하여 더 뾰족한 모양을 하고 있으며, 음이면 정규분포에 비하여 더 납작한 모양의 분포가 된다. 정규분포를 따르는 자료의 첨도계수는 0이다.

예제 1.5.6

엑셀을 이용하여 [예제 1.5.3]에 주어진 50년 동안의 주식 수익률 자료에 관한 여러 기술통계를 구하고 분포를 파악하기 위한 그래프를 그려라.

(풀이)

미니탭으로 구한 결과는 다음과 같다. 독자들은 엑셀로 구해서 아래의 결과와 대조해 보라.

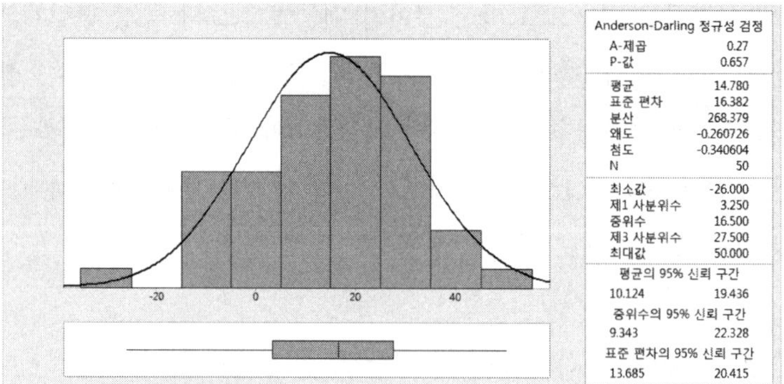

1.5.3 산점도와 상관계수

이 소절에서는 양적 자료에 대한 두 변수 사이의 연관성 방향 및 크기를 그림을 통해 파악하는 방법과 그 크기를 재는 측도에 대하여 살펴보고자 한다.

같은 척도로 측정된 두 양적 변수 사이의 연관관계를 도시하는데 사용되는 가장 보편적인 그림이 **산점도**(散點圖, scatter diagram)이다. 산점도는 n개의 개체로부터 두 양적 변수를 관측하여 얻은 n쌍의 관측값 $(x_1, y_1), (x_2, y_2), \cdots, (x_n, y_n)$을 2차원 평면상의 해당 좌표에 점이나 문자로 나타낸 그림으로 두 변수 사이의 관계를 시각적으로 보여준다.

산점도는 항상 설명변수를 x축으로 반응변수를 y축으로 삼아서 그려야 한다. 그러나 설명변수와 반응변수의 구별이 없을 때는 어느 변수를 x축으로 삼아도 무방하다. 산점도를 보면 두 변수 사이의 분포 형태(shape), 두 변수의 증감 방향(direction) 및 연관관계의 강도(intensity)를 설명할 수 있다.

분포 형태란 산점도가 어떤 모양(직선 또는 곡선 모양)의 분포를 띠고 있는가에 대한 것이고, 방향이란 두 변수의 변화 방향에 대한 일치성 여부에 관한 것이다. 한 변수의 평균보다 큰 값이 다른 변수의 평균보다 큰 값에 대응되고 작은 값끼리 대응되면 양(+)의 연관성을 가지고 있다고 말하며, 반대의 경우에는 음(−)의 연관성을 지니고 있다고 말한다. 그리고 관계의 강도는 관측치들이 얼마나 정확한 모양을 띠는가에 따라 결정된다. 또한 산점도를 보면 수치 자료에서 잡아내기 어려운 자료의 분포 모습뿐 아니라 전체적인 추이에서 이탈되어 있는 관측치들에 대한 정보를 효과적으로 찾아낼 수 있으며 각 관측점의 개별 상황도 살펴볼 수 있다.

예제 1.5.7

다음 쪽에 도시되어 있는 [그림 1.5.7]은 세계은행에서 얻은 각 나라의 GDP와 평균 수명에 관한 자료로 그린 산점도이다.(Moore, 2001) 여기서 독립변수는 한 국가의 富를 측정하는 기준으로 사용되는 1인당 GDP($)이고, 반응변수는 평균 수명이다. 이 산점도로부터 부유한 나라의 국민일수록 더 오래 살고 있음을 볼 수 있는데, 1인당 GDP가 $5,000 근방 까지는 평균 수명이 매우 급하게 증가하지만 그 이후는 GDP가 증가하여도 별 변화가 없다. 오히려 1인당 GDP가 $30,000에 가까운 미국의 평균 수명보다 $6,000 정도인 코스타리카의 평균 수명이 약간 더 길다. 아프리카에 위치한 세 나라(나미비아, 가봉, 보츠와나)의 경우는 이상점으로 보인다. [그림 1.5.7]에서 두 변수는 GDP $5,000 까지는 대단히 강한 양의 직선관계를, 그 이후는 아주 약한 양의 직선관계를 갖고 있는데, 전체적으로는 강한 양의 곡선관계를 갖는 것으로 보인다.

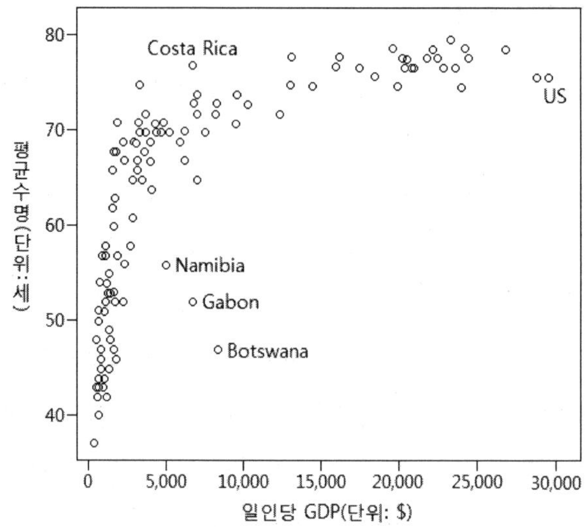

[그림 1.5.7] 각 나라의 1인당 GDP와 평균 수명에 대한 산점도

비교적 쉽게 파악할 수 있는 두 변수의 연관관계는 직선관계이다. 직선관계의 강도를 시각적으로 판단하는 것은 쉽지 않다. 두 양적 변수 사이의 직선관계를 나타내는 기술통계량이 피어슨(Pearson)의 **상관계수**(相關係數, correlation coefficient)이다.

두 변수에 대한 n개의 관측치 쌍을 (x_1, y_1), (x_2, y_2), $\cdots$, (x_n, y_n)이라 할 때, 관측치 $(x_i,\, y_i)$가 자료의 평균점 $(\overline{x}, \overline{y})$에서 떨어져 있는 정도는 두 점 사이의 거리의 제곱

$$d_i^2 = \left(x_i - \overline{x}\right)^2 + \left(y_i - \overline{y}\right)^2$$

보다 두 점을 맞꼭지점으로 하는 직사각형의 면적

$$A_i = \left(x_i - \overline{x}\right)\left(y_i - \overline{y}\right)$$

로 설명하는 것이 간편하고 더 많은 정보를 얻을 수 있다. 이런 면적들의 평균

$$s_{xy} = \frac{1}{n-1}\sum_{i=1}^{n}\left(x_i - \overline{x}\right)\left(y_i - \overline{y}\right)$$

를 관측 자료에 대한 **공분산**(共分散, covariance)이라 한다. 그런데, 두 변수의 측정 단위가 다를 수 있고 표준편차에 차이가 있을 수 있다. 따라서 단위를 없애고 표준편차가 1이 되도록 변환한 표준점수를 이용하여 구한 면적들의 평균

$$r = \frac{1}{n-1}\sum_{i=1}^{n}\left(\frac{x_i - \overline{x}}{s_X}\right)\left(\frac{y_i - \overline{y}}{s_Y}\right)$$

를 두 변수의 직선관계에 대한 방향과 강도를 나타내는 상관계수라 한다. 상관계수와 관련

된 제반 문제들은 7.2절에서 논의한다. 여기서는 계산기로 상관계수를 구하는 예만 살펴보기로 한다.

예제 1.5.8 상관계수 구하기

어떤 개념을 측정하기 위하여 10개의 문항으로 리커트 척도 NS를 구성하였다. 5명을 대상으로 타당성이 입증된 기존의 리커트 척도 OS와 새로 만든 척도 NS로 측정한 자료가 아래 표와 같을 때, NS와 OS의 상관계수를 구하여 NS의 타당성을 평가하여라.

번호	1	2	3	4	5
NS(x_i)	38	56	59	64	74
OS(y_i)	41	63	70	72	84

(풀이)

NS와 OS의 평균과 표준편차는

$$\text{NS: } \bar{x}=58.2, \quad s_X=13.20$$

$$\text{OS: } \bar{y}=66.0, \quad s_Y=15.89$$

이고, NS와 OS의 각 관측치에 대한 표준점수를 구하면

번호	x_i	y_i	① $=\dfrac{x_i-\bar{x}}{s_X}$	② $=\dfrac{y_i-\bar{y}}{s_Y}$	①×②
1	38	41	-1.530	-1.573	2.4067
2	56	63	-0.167	-0.189	0.0316
3	59	70	0.061	0.252	0.0154
4	64	72	0.439	0.378	0.1659
5	74	84	1.197	0.133	1.3562
합계	291	330	0.000	0.000	3.9758

이다. 따라서 NS와 OS의 상관계수는

$$r=\frac{3.9758}{4}=0.994$$

가 된다. 즉, 새로 구성된 척도 NS가 타당성이 입증된 기존의 척도 OS와 대단히 높은 상관관계를 가지므로 NS는 타당성이 매우 높은 척도로 평가할 수 있다.

예제 1.5.9

다음의 자료는 모 대학 입학시험에서 제2 외국어(불어, 독일어, 일어, 중국어, 서반아어, 한문)의 난이도에 대한 학생들의 반응 중 '어려웠다'는 비율과 채점 후 학교 측이 발표한 과목 평균과 표준편차이다.

[그림] 제2 외국어의 '어려웠다'는 비율과 평균점수

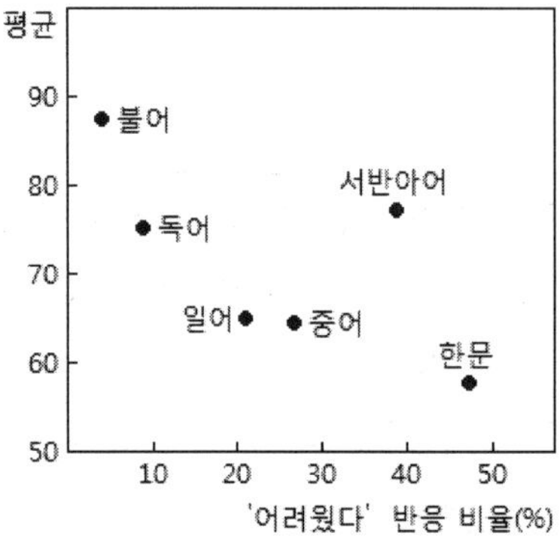

[표] 제2 외국어의 난이도에 대한 의견과 채점결과

제2외국어	'어려웠다'는 반응(%)	평균	표준편차
불어(n=125)	4.0	87.5	11.4
독일어(n=231)	8.9	75.1	16.5
일어(n=320)	21.0	65.0	11.9
중국어(n=178)	26.9	64.4	11.2
서반아어(n=54)	38.9	77.3	8.6
한문(n=129)	47.1	57.7	12.6

(1) 위 [표]에 대한 아래의 설명 중 옳은 것은?

가. 어려웠다고 느끼는 학생들의 비율이 작을수록 과목 평균점수가 올라가는 경향이 있다.

나. 표준편차가 제일 작은 서반아어는 이 과목에 대한 학업능력이 비슷한 학생들이 상대적으로 적었음을 의미한다.

다. 일어와 중국어의 난이도는 평균과 표준편차를 볼 때 유사하다고 볼 수 있다.

(풀이)

가. 그림을 보면 비율과 평균 간에는 음의 상관관계가 있다.

나. 표준편차가 작으면 성적이 고르다. 따라서 학업능력이 비슷한 학생이 많음을 의미한다.

다. 일어와 중국어의 평균과 표준편차가 비슷하므로 난이도는 유사하다.

(2) 위 그림에 대한 설명으로 옳은 것은?

가. 그림에서 표준편차의 의미를 알 수 있다.

나. 서반아어는 실제 평균과 '어려웠다'는 의견 사이에 나타나고 있는 경향에서 벗어난 과목이다.

다. 중국어는 제일 어렵다고 한 학생의 비율과 실제 평균점수가 모두 높았다.

라. 불어는 가장 어려운 과목이었다.

마. 일어는 서반아어에 비해 쉬운 과목이었다.

(풀이)

가. 이 그림에서는 표준편차의 의미를 알 수 없다.

나. 서반아어는 경향에서 벗어난 이상점이다.

다. 중국어의 평균점수가 제일 높지 않다.

라. 불어는 어렵다고 응답한 비율이 가장 낮다.

마. 일어의 평균이 서반아어보다 낮기 때문에 어렵다고 응답한 비율로 실제 난이도를 비교할 수 없다.

연 습 문 제

01. 다음 [표]에 주어진 자료는 40명을 랜덤하게 추출하여 조사한 설문조사 자료이다. 변수 1은 성별 변수로 1은 남자, 2는 여자를 나타낸다. 변수 2와 4는 각각 연령과 월 소득을 나타내는 변수이고, 변수 3은 학력 변수로 1은 초졸 이하, 2는 중졸, 3은 고졸, 4는 전문대졸, 5는 대졸 이상을 뜻한다. 여러 기술통계량과 그래프를 이용하여 변수별 자료의 특징을 기술하여라.

[표] 40명의 표본조사 자료

일련 번호	변수1 (성별)	변수2 (나이)	변수3 (학력)	변수4 (월소득)	일련 번호	변수1 (성별)	변수2 (나이)	변수3 (학력)	변수4 (월소득)
1	1	21	3	120	21	1	62	2	80
2	1	26	4	200	22	1	58	3	180
3	2	23	3	80	23	1	44	4	470
4	2	35	5	250	24	2	37	4	320
5	1	34	2	150	25	2	25	3	140
6	1	45	3	300	26	2	45	4	380
7	1	32	3	260	27	2	26	3	150
8	2	38	4	240	28	1	32	3	280
9	1	35	4	300	29	1	63	1	40
10	1	34	3	280	30	1	51	4	520
11	1	27	4	150	31	2	42	4	250
12	2	29	1	60	32	1	33	4	250
13	2	34	3	150	33	1	37	5	330
14	1	37	4	320	34	1	24	2	120
15	1	33	5	280	35	2	28	3	270
16	1	42	2	250	36	1	29	3	240
17	2	46	3	320	37	1	35	4	280
18	2	44	4	400	38	1	37	3	350
19	1	37	4	350	39	1	29	4	320
20	1	50	3	380	40	2	32	5	450

02. 어느 학생이 산길을 올라갈 때는 시속 4km, 내려올 때는 시속 6km로 걸었다. 평균 시속을 구하여라.

03. 어떤 철물점에서 10가지 길이의 못을 팔고 있다. 각 못의 길이에 대한 재고율이 다음과 같을 때 못의 길이에 대한 중앙값, 사분위수, 평균, 표준편차, 최빈수를 각각 구하여라.

못의 길이(cm)	2.5	3.0	3.5	4.0	4.5	5.0	5.5	6.0	6.5	7.0
재고율(%)	5	5	10	10	20	20	10	5	10	5

04. [표 1.1.1]의 자료를 이용하여 각 품목별 평균, 표준편차 및 다섯 수치요약을 구하고, 상자그림을 그려서 1995년 10월의 우리나라 주요 도시의 소비자 물가동향에 대하여 기술하여라.

05. 다음 [표]와 그림은 어느 대학교 학과 학생들이 보고한 체중의 분포를 표현하고 있는 도수분포표와 줄기-잎 그림이다. 이 두 표현법은 동일한 자료의 분포를 나타내는 서로 다른 방법이다. 도수분포표를 완성하고 엑셀로 구할 수 있는 모든 기술통계량을 구하여 해석하여라.

[표] 체중의 도수분포표

계급구간	도수	상대도수
87.5 ~ 102.5	2	0.022
102.5 ~ 117.5	( )	0.098
117.5 ~ 132.5	19	0.206
132.5 ~ 147.5	( )	( )
147.5 ~ 162.5	( )	( )
162.5 ~ 177.5	( )	( )
177.5 ~ 192.5	8	0.087
192.5 ~ 207.5	1	0.011
207.5 ~ 222.5	1	0.011
합 계		

[그림] 체중의 줄기-잎 그림

줄기	잎
9	5
10	288
11	002556688
12	00012355555
13	0000013555688
14	00002555558
15	0000000000355555555557
16	000045
17	000055
18	0005
19	00005
20	
21	5

06. 수학능력시험의 표준점수제는 선택영역이나 과목별 난이도에 따라 표준점수를 계산한다. 표준점수란 수험생 개인이 받은 원 점수에서 영역(과목)별 전체 응시생의 원 점수 평균을 뺀 값을 해당과목 표준편차로 나누는 과정을 통해 구한다. 수학능력시험의 언어·수리·외국어 영역 및 사회탐구·과학탐구영역·제2외국어·한문에 대한 표준점수를 구하는 산출 공식은 다음과 같다. 물음에 답하여라.

언어·수리·외국어 영역

$$\text{표준점수} = \frac{\text{원점수} - \text{응시집단 전체평균}}{\text{표준편차}} \times 20 + 100$$

사회탐구·과학탐구영역·제2외국어·한문 영역

$$\text{표준점수} = \frac{\text{원점수} - \text{응시집단 전체평균}}{\text{표준편차}} \times 10 + 50$$

가. 사회탐구영역 응시생 전체 원점수의 평균은 46점이고 표준편차가 2점이라고 한다.

원점수가 48점인 학생의 표준점수를 구하여라.

나. 수리영역 응시생 전체 원점수의 평균이 50점일 때 원점수가 75점인 학생은 다음 중 점수가 어떠한 분포를 나타낼 때 가장 높은 표준점수를 얻겠는가?

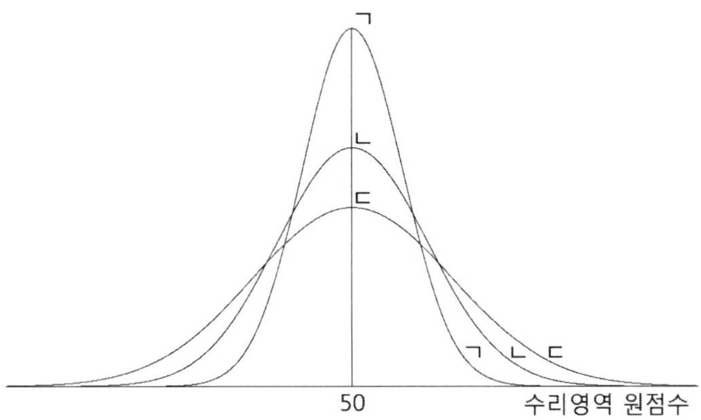

07. 다음 [그림]은 어느 대학의 통계학과 행정학에 대한 성적의 줄기-잎 그림이다. 괄호에 해당되는 값을 구하고, 엑셀로 구할 수 있는 모든 기술통계량을 구하여 두 분포를 비교하여라.

[그림] 과목별 수강자 성적 (줄기간격: 5, 잎 단위: 1)

과목 : 통계학			과목 : 행정학		
A	줄기	잎	A	줄기	잎
0	3		1	3	5
0	4		2	4	0
0	4		3	4	5
1	5	3	3	5	
3	5	79	8	5	56888
6	6	123	9	6	2
10	6	5678	13	6	5567
16	7	012344	17	7	0024
( )	7	578	( )	7	579
( )	8	14	( )	8	03334
( )	8	56779	( )	8	7
( )	9	134	( )	9	22
( )	9	8	( )	9	59

08. 다음 [표]는 성별 평균 독서량과 독서 실태를 조사한 자료이다. 도서를 연간 1권도 읽지 않은 사람을 제외한 남성 독서자와 여성 독서자의 1인당 연간 독서량을 구하여라. (단, 결과는 소수점 첫째자리에서 반올림함)

[표 1] 응답자의 성별 구성 및 평균 독서량 (단위: 명, 권)

구분	남성	여성
응답자 수	505	495
평균 독서량	8.0	10.0

※ 1) 평균 독서량은 도서를 1권도 읽지 않은 사람까지 포함한 1인당 연간 독서량을 의미함.
  2) 독서자는 1년 동안 도서를 1권 이상 읽은 사람임.

[표 2] 응답자의 연간 성별 독서 실태 (단위 : %)

구분	전체	성별	
		남성	여성
0권	23.2	23.2	23.4
1~ 2권	9.3	9.5	9.1
3~ 5권	19.6	19.6	19.6
6~10권	18.7	19.4	18.0
1~15권	8.9	8.3	9.5
16권 이상	20.2	20.0	20.4
계	100.0	100.0	100.0

09. 다음은 어느 수험생의 영어성적표 중 일부이다. 점수에 대한 해석으로 옳은 것은?

구 분	듣기영역 (110점 만점)	말하기영역 (90점 만점)	읽기영역 (80점 만점)	쓰기영역 (50점 만점)
원점수	91	64	71	41
T Score	50	67	48	52

※ $\text{T Score} = \dfrac{\text{원점수} - \text{응시집단 전체평균}}{\text{표준편차}} \times 10 + 50$

가. 이 수험생은 듣기영역에서 원점수가 가장 높지만 듣기영역이 다른 영역에 비하여 우수하다고 말할 수 없다.

나. 듣기영역의 응시집단 전체 평균점수는 90점보다 낮다.

다. 이 수험생의 쓰기영역의 점수는 해당 영역의 응시집단 전체 평균보다 높다.

라. 이 수험생의 읽기영역의 점수는 해당 영역의 응시집단 전체 평균보다 높다.

10. A, B 두 도시에서 각각 100명의 근로자를 추출하여 남녀별로 일당을 구해본 결과 다음과 같은 결과가 나왔다. 두 도시 전체 근로자의 평균 일당을 구하여라.

구분	남성근로자 평균 일당	표본수	여성근로자 평균 일당	표본수
A	76,000원	40명	39,000원	60명
B	87,000원	80명	40,000원	20명

11. 다음의 상관계수표에 대한 설명으로 옳은 것은?

[표] 상관계수표

	여성 노동참여율	카톨릭 신자비율	양성평등 정도
여성 노동참여율	1.000	-0.822	0.951
카톨릭 신자비율	-0.822	1.000	-0.957
양성평등 정도	0.951	-0.957	1.000

가. 카톨릭 신자비율이 낮은 국가일수록 양성평등정도가 높은 경향이 있다.

나. 여성노동참여율이 높은 국가일수록 양성평등정도가 높은 경향이 있다.

다. 양성평등정도를 나타내는 데에는 카톨릭 신자비율보다 여성노동참여율이 더 큰 영향력을 발휘한다.

12. 아래와 같이 구간별로 구분된 자료가 있다. 이 자료의 중앙값, 사분위수, 평균, 표준편차를 각각 구하여라.

구간	15~19	20~24	25~29	30~34	35~39	40~44	45~49	50~54	55~59	60~64
빈도	12	15	29	17	6	18	16	5	3	8

13. 10명의 학생이 지원했던 방학 아르바이트의 수를 조사하였더니 다음과 같았다. 비대칭계수를 구하고 이에 근거한 자료의 분포에 관한 설명으로 옳은 것은?

11, 10, 3, 3, 6, 4, 7, 5, 4, 6

① 비대칭계수의 값이 0에 근사하여 좌우 대칭형 분포를 나타낸다.

② 비대칭계수의 값이 양의 값을 나타내어 왼쪽으로 꼬리를 길게 늘어뜨린 모양을 나타낸다.

③ 비대칭계수의 값이 음의 값을 나타내어 왼쪽으로 꼬리를 길게 늘어뜨린 모양을 나타낸다.

④ 관측 값들이 주로 왼쪽에 모여 있어 오른쪽으로 꼬리를 길게 늘어뜨린 모양을 나타낸다.

14. 어느 중학교 1학년의 신장을 조사한 결과 평균이 136.5㎝, 중앙값은 130.0㎝이였다. 신장의 표준편차가 2.0㎝라면 이 분포에 대한 설명으로 옳은 것은?

가. 오른쪽으로 긴 꼬리를 갖는 비대칭분포이다.

나. 정규분포이다.

다. 왼쪽으로 긴 꼬리를 갖는 비대칭분포이다.

라. 이들 자료로는 분포를 알 수 없다.

15. 엑셀을 이용하여 다음과 같은 그래프를 작성하여 보아라.

[그림] 전체 고용률과 장년층 고용률 추이(2000~2014년)

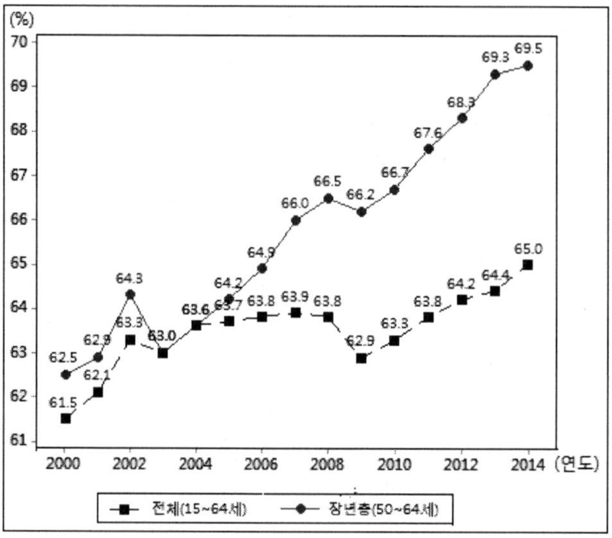

제1장 엑셀 코드

예제 1.4.1

[보기] 가.

1. Column A와 B에 A지역의 월별 강수량 자료를 입력, 입력된 자료 전체 선택

	A	B	C
1	1월	22	
2	2월	30	
3	3월	54	
4	4월	105	

2. 메뉴줄의 **삽입** 클릭 ⇒ 막대그래프 아이콘 클릭

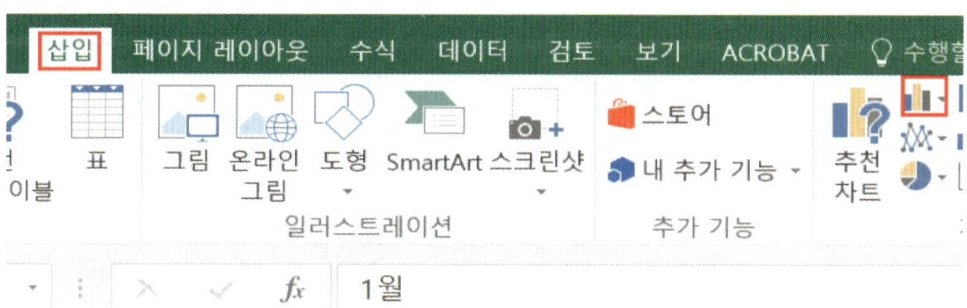

3. 막대 그래프의 세부그래프 중 첫 번째 그래프 클릭

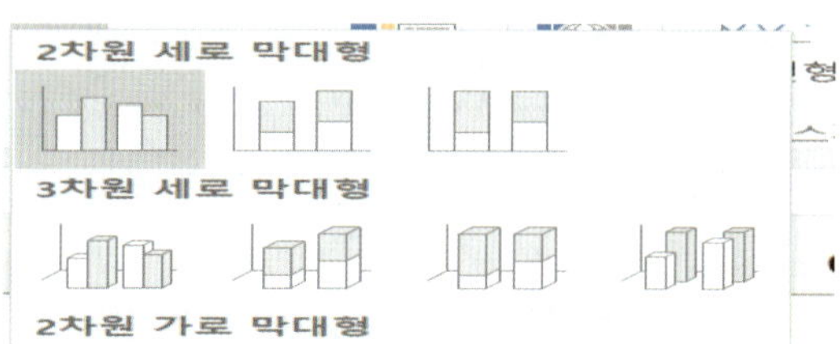

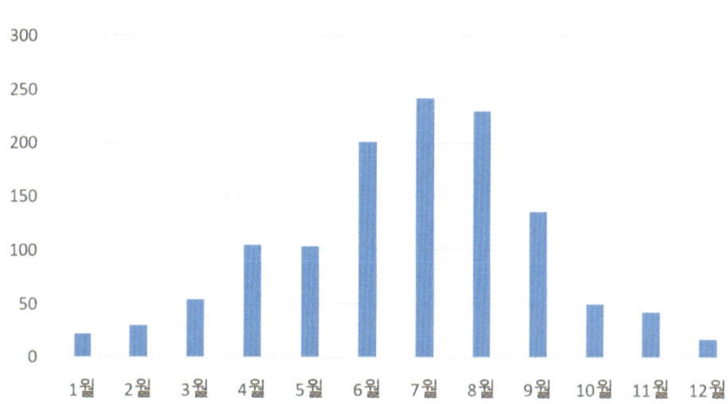

[보기] 나.

1. Column A~C에 B지역의 월별 최고 온도와 최저 온도 입력, D=B-C
   A1셀~A13셀 선택, Crtl키를 누른 상태에서 D1 셀부터 D13 셀까지 선택

	A	B	C	D
1		최고	최저	차
2	1월	7	-2.7	9.7
3	2월	8.5	-1.3	9.8
4	3월	12.7	2.7	10
5	4월	18.7	7.7	11

2. 메뉴줄의 **삽입** 클릭 ⇒ 꺾은선 그래프 아이콘 클릭

3. 꺾은선 그래프의 세부그래프 중 네 번째 그래프 클릭

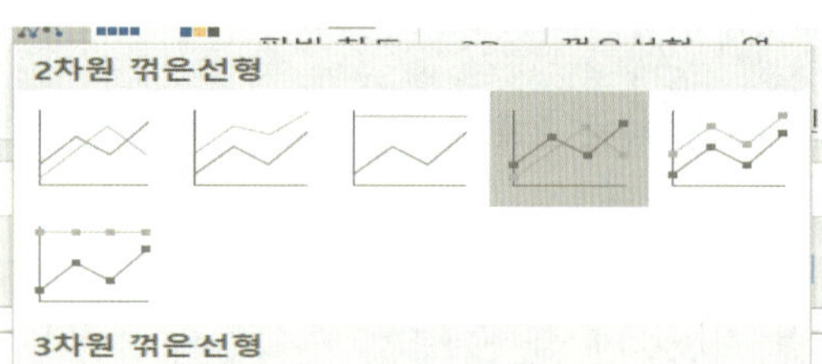

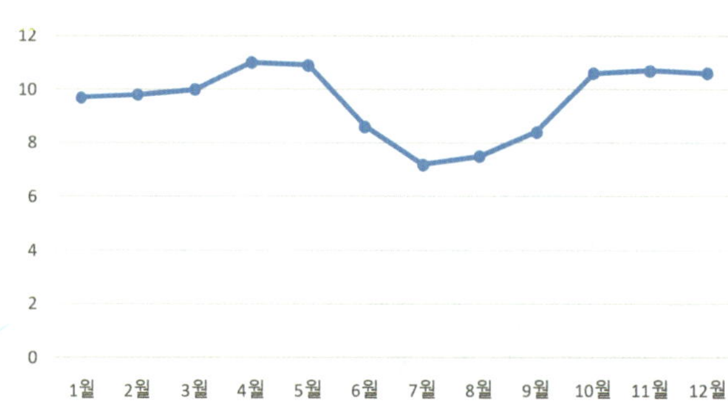

[보기] 다.

1. Column A~C에 B, C지역의 계절별 강수일수를 입력, 입력된 자료 전체 선택

	A	B	C
1		B지역	C지역
2	봄	23	16
3	여름	33	27
4	가을	17	13
5	겨울	12	9

2. 메뉴줄의 **삽입** 클릭 ⇒ 막대그래프 아이콘 클릭
3. 막대 그래프의 세부그래프 중 첫 번째 그래프 클릭

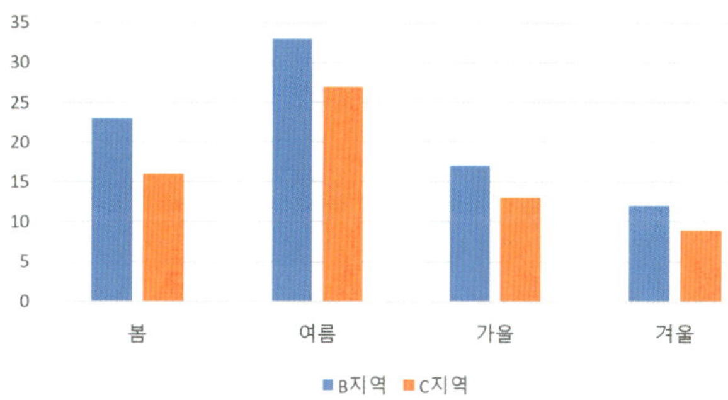

[보기] 라.

1. Column A~B에 A지역의 계절별 강수량 합계 입력, 입력된 자료 전체 선택

	A	B
1	봄	263
2	여름	673
3	가을	229
4	겨울	69

2. 메뉴줄의 **삽입** 클릭 ⇒ 원그래프 아이콘 클릭

3. 원그래프의 세부그래프 중 두 번째 줄의 첫 번째 그래프 클릭

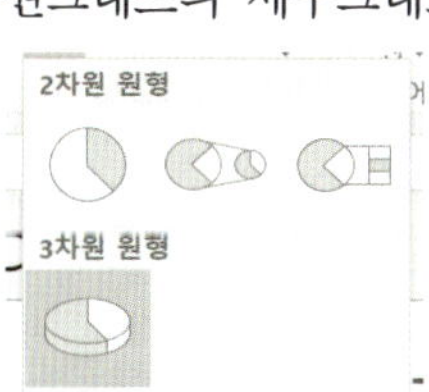

4. 메뉴줄의 **디자인** 아래 디자인들 중 두 번째 줄의 첫 번째 디자인을 클릭

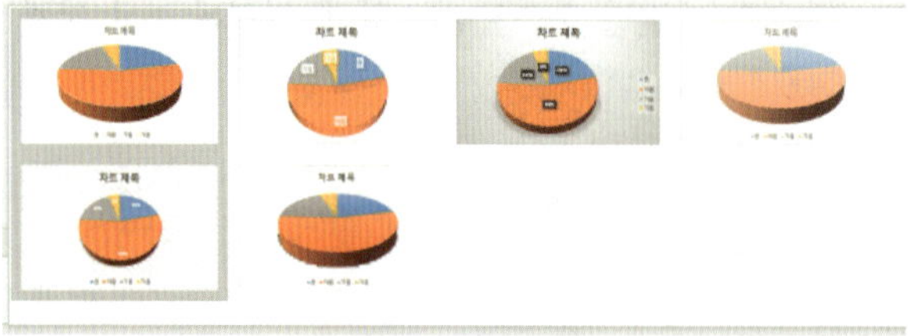

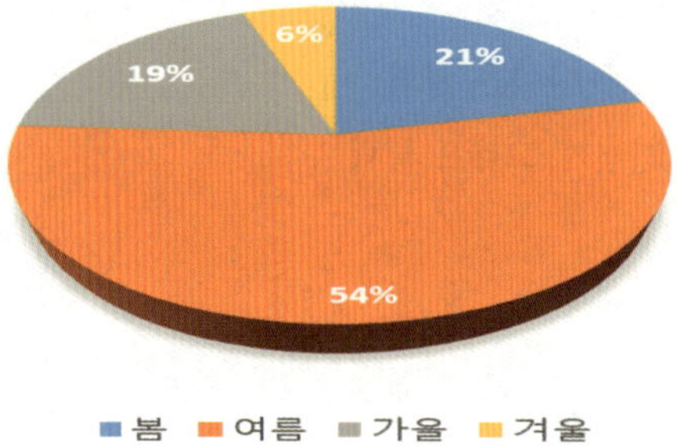

5. 위의 그림에서 54%를 클릭한 상태에서 마우스 오른쪽 버튼을 누른다.
   아래와 같은 그림이 나타나면 데이터 레이블 서식을 클릭한다.

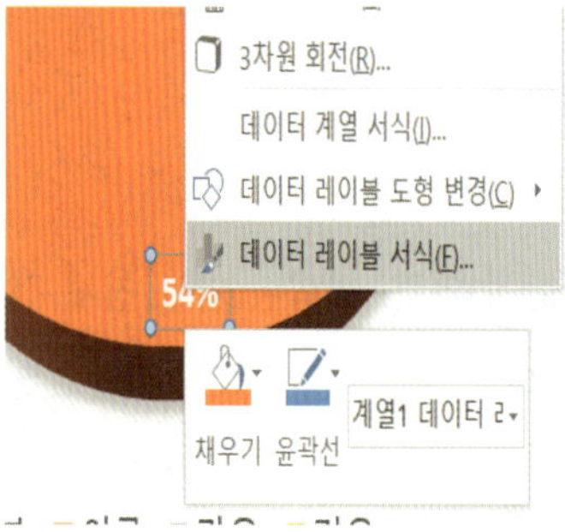

아래와 같이 표시형식의 소수 자릿수를 0에서 1로 바꾼다.

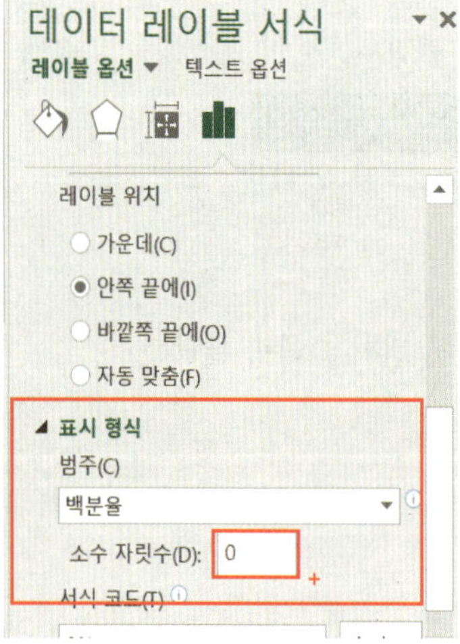

⇒

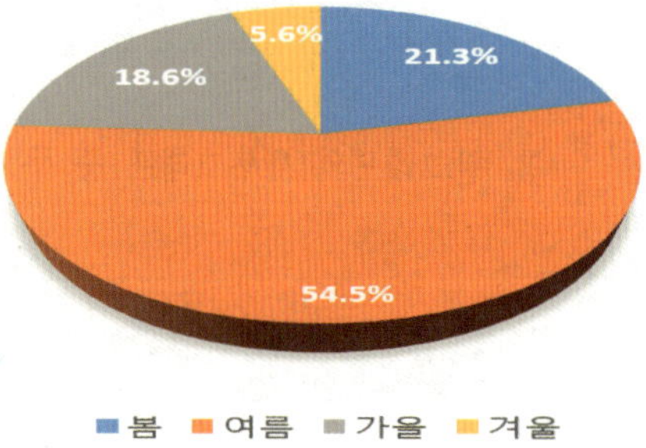

예제 1.4.2

[보기] 가.

1. Column A의 A2셀부터 A81셀까지 자료 입력

   Column C의 C2셀부터 C13셀까지 계급의 상한을 차례로 입력

	A	B	C
1	자료		계급상한
2	3.5		1.5
3	1.4		2.5
4	6.6		3.5

   D1셀부터 G1셀까지 “도수”, “싱대도수”, “누적도수”, “누적상대도수”를 입력

	D	E	F	G
1	도수	상대도수	누적도수	누적상대도수

2. ① F2셀 = A2셀~A81셀의 자료 중 C2셀보다 작은 자료의 개수를 세는 함수 입력

   ② F2셀의 가장 오른편 아래쪽 모서리로 마우스를 옮긴다.

   ③ 마우스 포인터가 검은 십자가로 변하면

   마우스 오른쪽 버튼을 누른 상태로 아래로 내린다. 이를 드래그 복사라 한다.

   $는 드래그 복사에서 변경시키지 않고 고정시킬 때 사용하는 명령어이다.

	F
1	누적도수
2	=COUNTIF($A$2:$A$81,"<"&C2)

   ④ 계급도수 구하기, 드래그 복사

	D	E
1	도수	상대도수
2	=F2	
3	=F3-F2	

   ⑤ 전체 자료의 개수 확인

	D	E
14	=SUM(D2:D13)	

   ⑥ 상대도수 구하기, 드래그 복사

1	상대도수
2	=D2/$D$14

⑦ 누적상대도수 구하기, 드래그 복사

	G
1	누적상대도수
2	=F2/$D$14

3. 도수분포표

C	D	E	F	G
계급상한	도수	상대도수	누적도수	누적상대도수
1.5	4	0.05	4	0.05
2.5	4	0.05	8	0.1
3.5	10	0.125	18	0.225

4. 위에서 얻은 값들을 J1셀~M13셀에 복사, N1셀에 "이론도수" 입력

	J	K	L	M
1	계급하한	계급상한	계급표시	도수
2	0	1.5	0~1.5	4
3	1.5	2.5	1.5~2.5	4
4	2.5	3.5	2.5~3.5	10

5. Q2셀과 Q3셀에 자료의 평균과 표준편차를 구한다.

	P	Q
1	평균	=AVERAGE(A2:A81)
2	표준편차	=STDEV(A2:A81)

5. 80개 자료의 도수분포에 대한 이론도수 구하기

$X \sim \boldsymbol{N}(\mu, \sigma^2)$일 때 $P(X \le x) = \text{NORM.DIST}(x, \mu, \sigma, 1)$ ⟸ 3장 엑셀 코드 참조

N2셀에 다음과 같이 입력하고 드래그 복사

	N
1	
2	=80*(NORM.DIST(K2,$Q$1,$Q$2,1)
3	-NORM.DIST(J2,$Q$1,$Q$2,1))

아래와 같이 얻어진 결과에서 L1셀~N13셀 마우스로 선택

	L	M	N
1	계급표시	도수	이론도수
2	0~1.5	4	2.753120076
3	1.5~2.5	4	5.363060294
4	2.5~3.5	10	9.890204609

6. ① 메뉴줄의 **삽입** 클릭, 차트 아이콘들이 모여 있는 곳에서 ⊙ 클릭

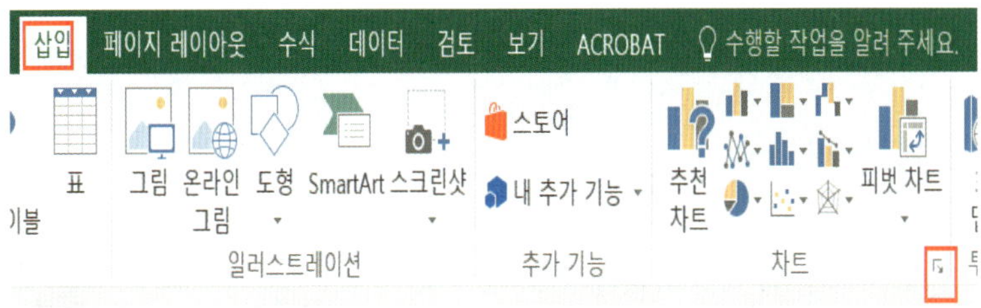

② **모든 차트** 클릭

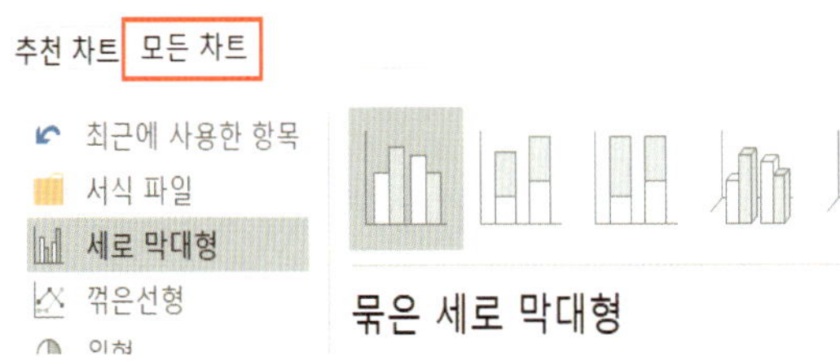

③ **콤보** 클릭, 이론도수 옆의 **곡선이 있는 분산형** 선택

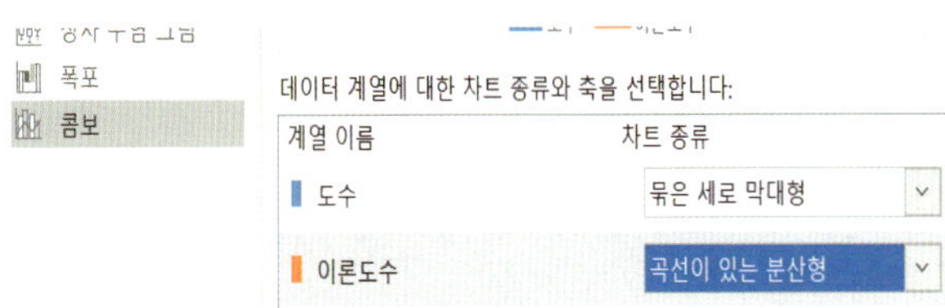

④ 출력된 그림

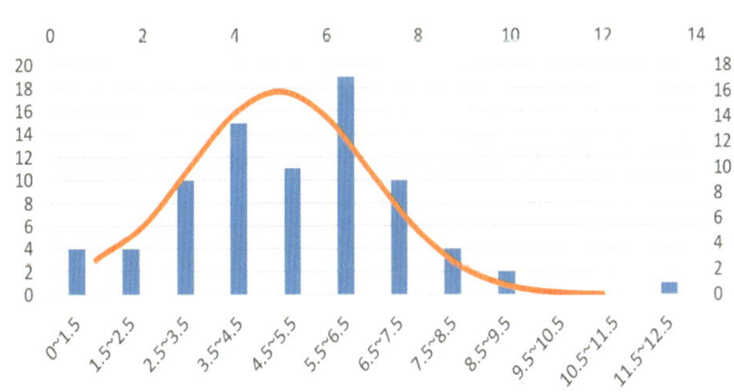

⑤ 출력된 그림에서 막대 하나를 더블 클릭

나타나는 화면에서 **간격 너비**를 0%로 변경, 아래의 빨간 박스 부분 클릭

나타나는 화면의 **테두리**에서 **실선(S)**을 선택

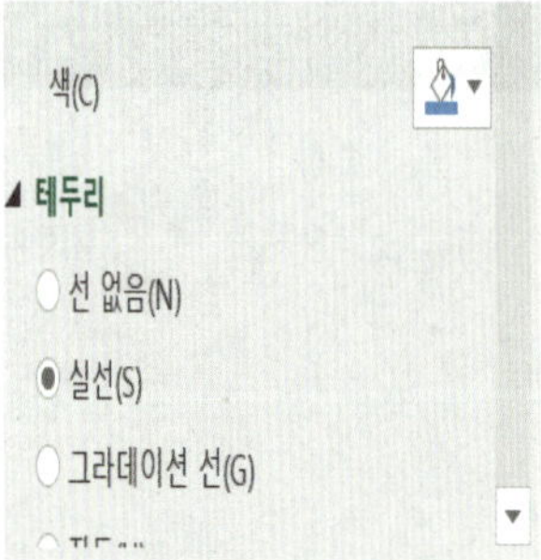

⑥ [그림 1.4.4]의 (2)

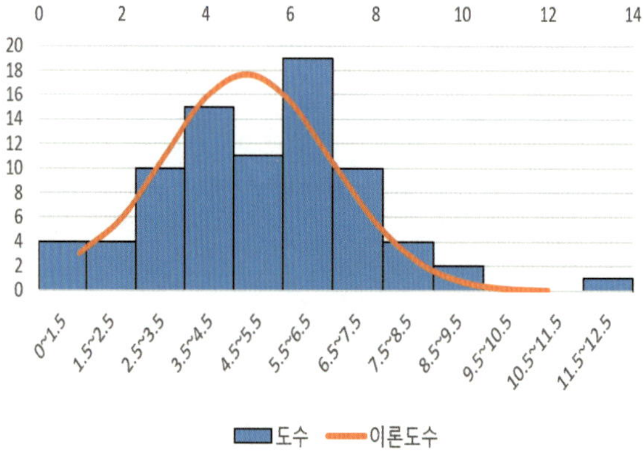

[그림 1.4.5] (1) 도수다각선 그리기

1. ① 아래와 같이 화면에 있는 자료들을 Z1셀~ AA13셀에 복사

   ② Y1셀에 "계급표시"라는 단어 입력, Y2셀~Y13셀에 1~12 숫자 입력

	Y	Z	AA
1	계급표시	도수	누적도수
2	1	4	4
3	2	4	8
4	3	10	18

   ③ Y1셀~Z13셀 마우스로 선택

	Y	Z	AA
1	계급표시	도수	누적도수
2	1	4	4
3	2	4	8
4	3	10	18

2. ① 메뉴줄의 **삽입** 클릭

   ② 차트 아이콘들 중에서 **분산형** 클릭

③ 두 번째 줄의 첫 번째 아이콘 클릭

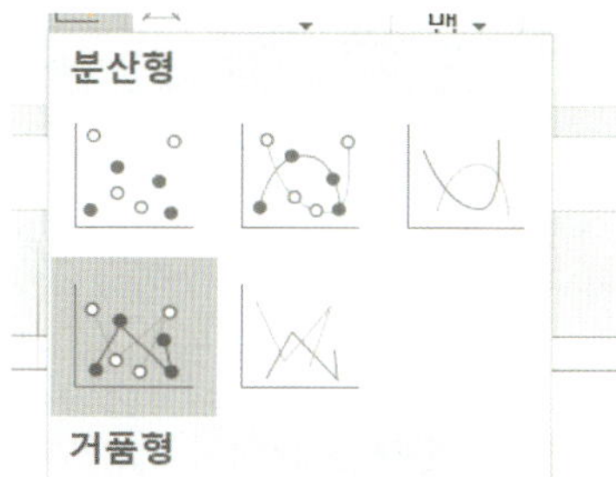

④ 출력된 그림

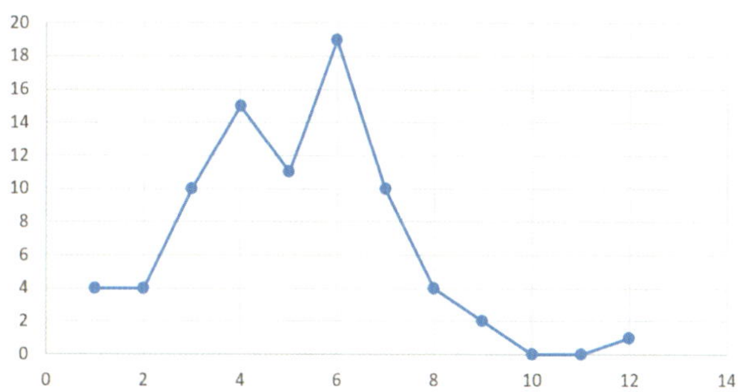

[그림 1.4.5] (2) 누적도수다각선 그리기

1. ① Y1셀~Y13셀 선택

   ② Ctrl키를 누른 상태에서 AA1셀 ~ AA13셀 선택

	Y	Z	AA
1	계급표시	도수	누적도수
2	1	4	4
3	2	4	8
4	3	10	18

2. ① 메뉴줄의 **삽입** 클릭

   ② 차트 아이콘들 중에서 **분산형** 클릭

   ③ 두 번째 줄의 첫 번째 아이콘 클릭

   ④ 출력된 그림

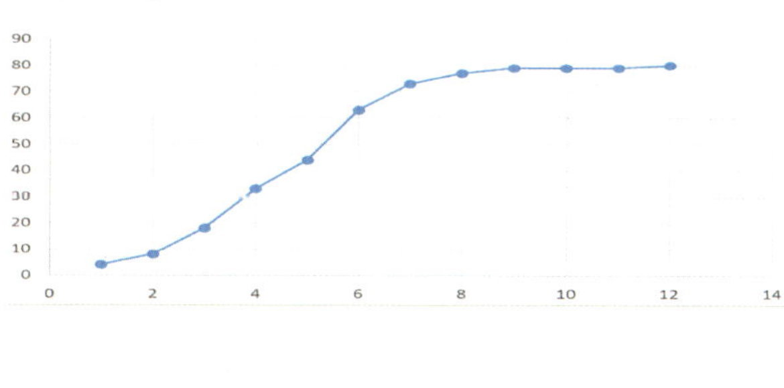

예제 1.5.6

1. Column A의 A2셀~A51셀에 주식수익률 자료 입력

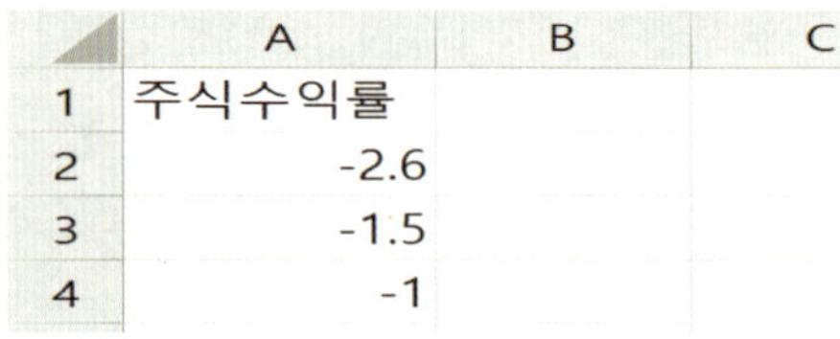

2. 메뉴줄의 **파일** 클릭 ⇒ 왼쪽 가장 아래쪽의 옵션 클릭
⇒ 왼쪽 아래편의 **추가기능** 클릭 ⇒ 빨간 상자로 표시된 **이동** 클릭

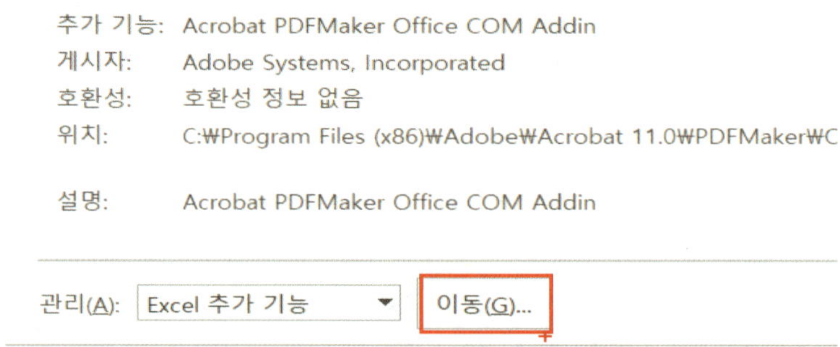

3. 추가기능 도구상자에서 **분석도구** 체크, **확인** 버튼 클릭

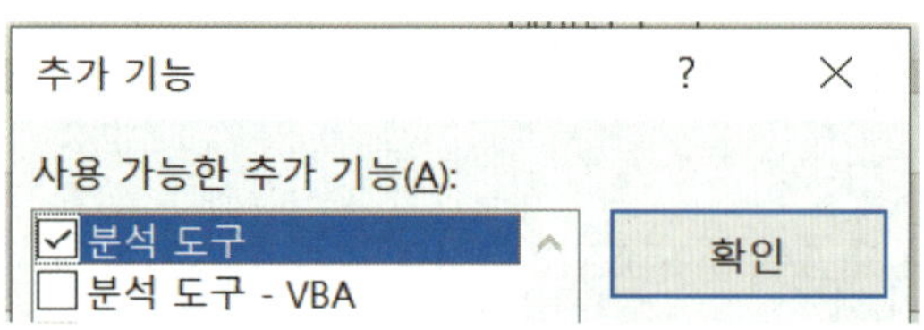

4. 메뉴줄의 **데이터** 클릭 ⇒ **데이터 분석** 아이콘 클릭

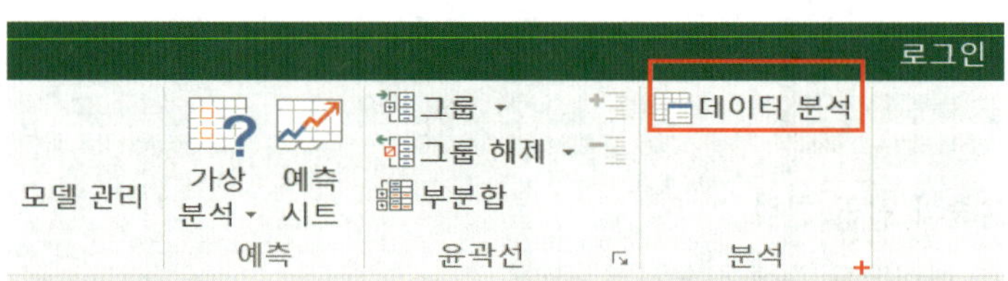

5. **통계 데이터 분석** 도구상자에서 **기술 통계법** 클릭

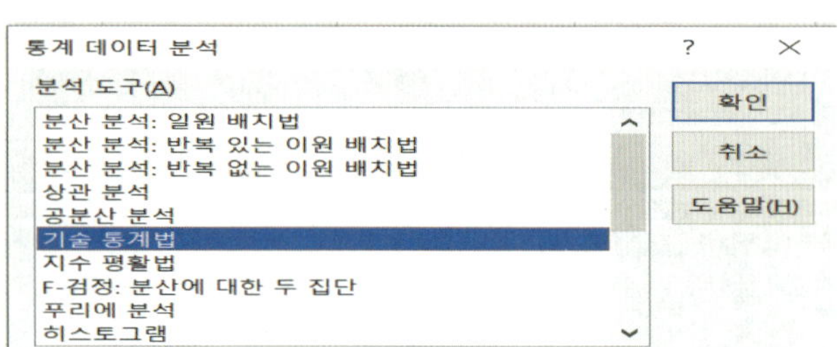

5. **기술 통계법** 도구상자에서

입력범위: 분석자료의 위치 지정, **첫 번째 행 이름표 사용** 체크

출력범위를 지정, 출력하려는 통계량 체크, **확인** 버튼 클릭

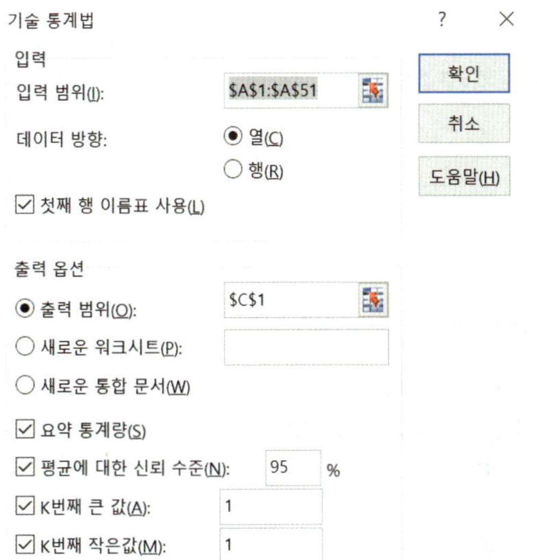

6. 출력 결과물

주식수익률	
평균	1.478
표준 오차	0.23168
중앙값	1.65
최빈값	3.2
표준 편차	1.638228
분산	2.683792
첨도	-0.3406
왜도	-0.26073
범위	7.6

[예제 1.5.6]의 **히스토그램 작성**: [예제 1.4.2] 비슷한 방법 사용

1. G2셀~G10셀에 -2.5부터 1간격으로 입력

	G
1	계급
2	-2.5
3	-1.5
4	-0.5

2. H1셀에 다음과 같이 입력하여 누적도수를 구한다.

	H
1	누적도수
2	=COUNTIF($A$2:$A$51, "<"&G2)

3. 아래와 같이 입력하여 도수를 구한다.

	I
1	도수
2	=H2
3	=H3-H2

4. 주식수익률 자료의 평균과 표준편차를 구한다.

	M	N
1	평균	=AVERAGE(A2:A51)
2	표준편차	=STDEV.S(A2:A51)

5. 정규분포의 가정 하에서 이론도수를 구한다.

1	이론도수
2	=50*(NORM.DIST(G2,$N$1,$N$2,1)
3	-NORM.DIST(G2-1,$N$1,$N$2,1))

6. 도수와 이론도수만 마우스로 선택한다.

	I	J
1	도수	이론도수
2	1	0.31990429
3	0	1.347986022
4	6	3.954633827

7. 메뉴줄의 **삽입** 클릭 ⇒ 차트 아이콘들의 상자에서 ⊙ 클릭 ⇒ **모든 차트** 클릭 ⇒ **콤보** 클릭 ⇒ **이론도수**에서 **곡선이 있는 분산형** 선택

8. 아래와 같이 나타난 그림에 막대하나를 더블 클릭

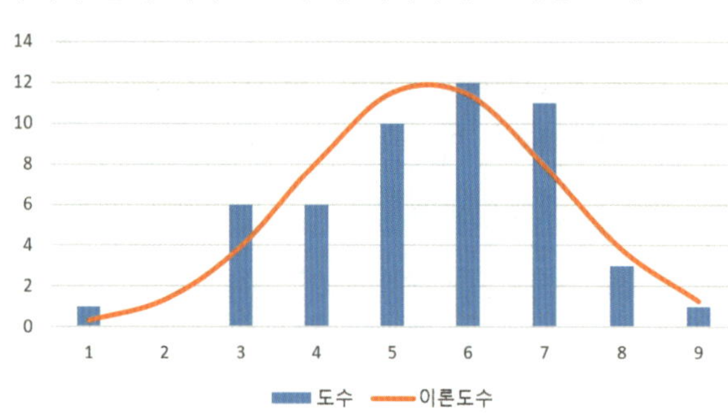

9. 나타나는 화면에서 **간격 너비**를 0%로 만들고 빨간색 상자로 표시된 아이콘 클릭

테두리 실선(S) 선택하면 아래 그림 출력

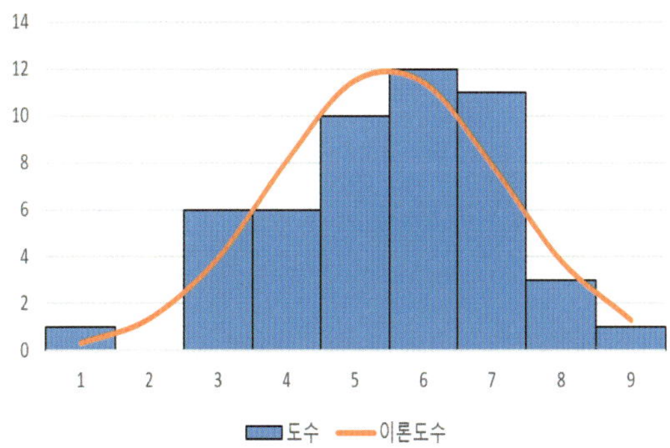

상자 그림 그리기

1. 주식수익률 자료를 모두 선택한다.

	A	B
1	주식수익률	
2	-2.6	
3	-1.5	
4	-1	

7. 메뉴줄의 **삽입** 클릭 ⇒ 차트 아이콘들의 상자에서 ⊙ 클릭 ⇒ **모든 차트** 클릭 ⇒ **상자 수염 그림** 선택

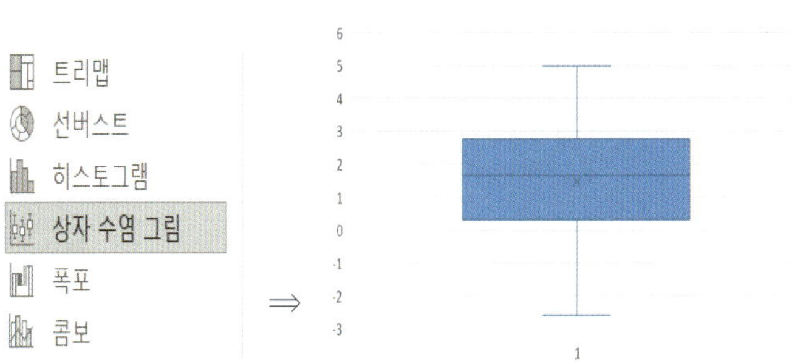

제2장
확률

2.1 확률의 개념

통계적 추론은 표본에서 얻은 부분정보를 근거로 모집단의 특성을 유추하는 귀납적 접근방법을 그 근간으로 한다. 따라서 통계적 추론에서는 불확실성의 개입을 피할 수 없다. 점쟁이의 예언은 어느 정도 믿을만한 것인가를 계산할 수 없다. 그러나 통계적 추론이 과학적이기 위해서는 통계적 추론의 결과가 가지는 불확실성의 정도를 평가할 수 있어야 한다. 그래야만 통계적 예측이나 결론에 대한 신뢰를 확보할 수 있고 그에 따른 객관성을 유지할 수 있게 된다. 통계적 추론에 의한 모든 예측이나 결론에 내재된 불확실성의 정도는 확률이라는 잣대를 이용하여 평가하고 그 정도를 수량화하여 객관성을 확보하게 된다. 따라서 통계적 추론의 결과는 항상 확률적 서술로 표현된다.

신생아의 성, 생산품의 불량률, 특정 TV 프로그램의 시청률 등과 같이 우리가 관심을 가지는 대부분의 사회 및 자연 현상은 오차가 없는 정확한 예측은 불가능하다. 이 장에서는 이와 같은 가변적이고 불확정적인 현상의 불확실성 정도를 수량화하기 위해 사용되는 확률에 대하여 논의한다.

2.1.1 우연실험과 사건

태어날 신생아의 성(sex)은 '남' 또는 '여' 둘 중의 하나인 줄은 알지만 어떤 성을 가진 아이가 태어날 것인가에 대해서는 사전에 정확히 예측할 수 없다. 통계학에서 다루는 자료는 이와 같이 불확정적인 상황에서 발생하는 현상을 관찰한 결과들을 수집한 것이다. 이와 같은 불확정적인 상황에서 우연히 발생하는 결과를 생성해 내는 과정을 **우연실험**(偶然實驗, random experiment)이라고 한다. 일반적으로 동일한 조건 하에서 독립적으로 반복된 시행이 가능하고 시행의 결과는 출현 가능한 여러 경우들 중의 하나이지만 시행결과를 오차 없이 예측할 수 없는 불확정적인 자료 생성과정을 우연실험이라 한다. 우연실험을 인위적으로 시행하는 경우가 있는데 우연실험이 공정성 및 신뢰성을 확보하기 위한 과학적 도구로 사용될 수 있기 때문이다. 예컨대, 로또 복권의 1등 당첨번호는 공정성 확보를 위한 우연실험의 시행결과로 결정된다. 또, 여론조사에서는 신뢰성 확보를 위한 방편으로 랜덤표본을 추출한다.

우연실험의 시행에서 나타날 수 있을 모든 가능한 출현결과들의 집합을 **표본공간**(標本空間, sample space)이라 한다. 표본공간은 보통 그리스 대문자 Ω(오메가)로 나타낸다. 표본공간 Ω의 임의의 부분집합을 **사건**(事件, event)이라 하는데 하나의 출현결과(원소)로 이루어진 사건을 근원사건(elementary event)이라 한다. 사건은 영문 대문자 E, F 등으로 나타내기로 한다. 우연실험에서 나타난 출현결과가 사건 E를 구성하는 원소들 중의 하나이면 '사건 E가 일어났다.'고 말한다.

예컨대, 주사위를 던져서 나타나는 면을 관찰하는 우연실험에서 표본공간은

$\Omega=\{$⚀, ⚁, ⚂, ⚃, ⚄, ⚅$\}$

이다. 이 때, 나타나는 면의 눈의 수가 홀수인 사건 E는

$E=\{$⚀, ⚂, ⚄$\}$

로 표본공간 Ω의 부분집합이다. 만약 주사위를 던져서 나타난 결과가 ⚂이라면

'사건 E가 일어났다.'

고 말하고, ⚁가 관찰되었다면

'사건 E가 일어나지 않았다.'

고 한다. 이 실험에서 실험결과를 주사위 윗면에 있는 눈의 수라 하면 표본공간은

$$\Omega=\{1, 2, 3, 4, 5, 6\}$$

이 된다. 이 표본공간은 6개의 원소로 구성되어 있으므로

$$E_i=\{i\},\ i=1, 2, 3, 4, 5, 6$$

와 같은 6개의 근원사건이 존재하고, 눈의 수가 홀수인 사건은 $E=\{1, 3, 5\}$는 3개의 근원사건 E_1, E_3, E_5의 합집합으로 이루어져 있다.

사건은 표본공간의 부분집합이므로 집합의 세 가지 기본연산인 합집합, 공통집합, 여집합에 의하여 새로운 사건을 정의할 수 있다.

표본공간 Ω의 부분집합으로 정의된 두 사건을 E와 F라 할 때

$$E\cup F=\{\omega \mid \omega\in E \text{ or } \omega\in F\}$$

를 두 사건 E와 F의 **합사건**,

$$E\cap F=\{\omega \mid \omega\in E \text{ and } \omega\in F\}$$

를 두 사건 E와 F의 **공통사건**,

$$E^c=\{\omega \mid \omega\notin E\}$$

를 사건 E의 **여사건**이라 한다. 그리고 두 사건 E와 F가 동시에 일어날 수 없다면, 즉,

$$E \cap F = \varnothing$$

이면 E와 F는 **서로 배반**(mutually exclusive)인 사건이라 한다.

주사위를 던지는 우연실험에서 사건 $E=\{1, 3, 5\}$의 여사건은 $E^c=\{2, 4, 6\}$이고 E와 E^c의 합사건은 표본공간 Ω와 일치한다. 따라서 표본공간 Ω도 사건인데, 이것은 우연실험에서 반드시 일어나는 사건이므로 Ω를 **확실한 사건**(sure event)이라 부르기도 한다.

2.1.2 확률의 정의와 계산

표본공간이 Ω인 우연실험에서 Ω의 부분집합으로 정의되는 사건 E가 일어날 가능성을 0과 1 사이의 수치로 나타낸 것을 E가 일어날 확률이라 부르고 $P(E)$로 나타낸다. 즉, 확률 $P(E)$는 사건 E에 하나의 수치를 대응시킨 것이므로 사건 E에 어떤 방법으로 하나의 수를 대응시킬 것인가가 확률의 정의에 관한 문제이다.

주사위를 던지는 우연실험에서 특정한 면이 나타나도록 하는 기막힌 손재주가 없다면 주사위의 특정한 면이 나올 가능성은 동일하다 할 것이다. 따라서 나타난 면의 눈의 수가 표본공간 $\Omega=\{1, 2, 3, 4, 5, 6\}$에 속하는 어느 하나일 가능성은 같으므로 직관적으로 각 근원사건 $E_i=\{i\}$에 같은 수 $\frac{1}{6}$을 대응시킬 수 있겠다. 즉, 각 근원사건이 일어날 확률은

$$P(E_i)=\frac{1}{6}, \quad i=1, 2, 3, 4, 5, 6$$

으로 정할 수 있다. 이런 방법에 의하여 사건 $E=\{1, 3, 5\}$가 일어날 확률을 구하여 보자. 사건 E는 서로 배반인 세 근원사건 E_1, E_3, E_5의 합사건이므로 E가 일어날 확률은 세 근원사건 각각이 일어날 확률의 합이 되어야 한다. 즉,

$$P(E)=P(E_1)+P(E_3)+P(E_5)=\frac{3}{6}$$

이 된다. 이와 같은 확률을 수학적 확률이라 한다.

표본공간이 유한집합 Ω인 우연실험에서 임의의 사건 E가 일어날 **수학적 확률**은

$$P(E)=\frac{|E|}{|\Omega|}$$

으로 정의하고, 이를 **등확률 모형**(equal probability model)이라 부른다. 여기서 $|\cdot|$는 해당 집합에 속하는 원소의 개수를 나타낸다. 등확률 모형에 의하면 표본공간 Ω의 각 개별 원소 $\omega(\in\Omega)$로 이루어진 근원사건 $\{\omega\}$에 대한 확률은

$$P(\{\omega\}) = \frac{1}{|\Omega|}$$

이다. 즉, 등확률 모형이란 우연실험의 출현 가능한 결과가 유한개이고 출현결과의 불확실성 정도로서 각 출현결과가 나타날 가능성이 동일하게 주어지는 현상을 모형화한 것이다. 등확률 모형은 현실적으로 가장 기본이 되는 중요한 확률모형이며 이 확률모형을 토대로 초기 확률론이 발전되었다. 이런 의미에서 등확률 모형 하에서 구해지는 확률을 고전적 확률(classical probability)이라고도 부른다. 그리고 주어진 실험이 등확률 모형임을 분명히 하기 위하여 관례적으로 "랜덤하게", "임의로", "무작위로" 또는 "우연히" 등과 같은 표현을 써서 실험을 기술하고 있다. 한편, 등확률 모형 하에서 어떤 사건이 일어날 확률을 구하기 위해서는 그 사건이 일어날 경우의 수를 구해야 한다.

등확률 모형에 의한 수학적 확률의 정의에서 핵심은 각 출현결과에 대한 출현 가능성이 동등하다고 가정하는 것이 타당한가에 있다. 신생아의 성별 문제에 이와 같은 수학적 확률을 적용할 수 있는지를 생각해 보자. 태아의 성은 난자와 정자의 유전자 결합에 의하여 결정된다. 성을 결정하는 성염색체로는 X염색체와 Y염색체가 있는데 난자는 X염색체만을 가지고 있고 정자에는 X염색체를 가진 것과 Y염색체를 가진 두 종류가 있다. 따라서 태아의 성은 어떤 성염색체를 지닌 정자가 난자와 결합하는가에 달려 있고 어떤 정자가 결합될 것인가는 순전히 동전 던지기와 같은 우연실험의 결과일 뿐이다. 따라서 X염색체를 지닌 정자가 난자와 결합할 가능성이 Y염색체를 지닌 정자가 난자와 결합할 가능성과 동일하다면 태아가 남자일 가능성과 여자일 가능성은 동등하다고 볼 수 있다. 즉, 태아가 남자일 확률이나 여자일 확률은 모두 $\frac{1}{2}$이다.

인간은 위와 같은 연역적 사고를 하는 한편 경험에 의해 축적된 지식을 토대로 한 귀납적 사고를 한다. 오래 전부터 태어나는 아이를 성별로 분류하여 헤아려 본 인류는 남자 아이의 비율이 0.5보다는 다소 크다는 것을 알게 되었다. 이러한 사실은 동물의 세계에서도 마찬가지인 것으로 알려져 있다. 남녀의 성비는 대략 51대 49인 것으로 알려져 있는데 이는 난자와 결합한 정자가 Y염색체를 지닌 정자일 가능성이 X염색체를 지닌 정자일 가능성보다 클 것이라는 개연성을 암시하고 있다.

우리나라 통계청 자료에 의하면 2002년에 태어난 아이는 494,625명이었다. 그 중에서 첫째 아이는 239,184명이었는데, 이 중 남자 아이는 123,355명으로 51.6%이었고 여자 아이는 115,829명으로 48.4%이었다. 남녀 아이의 비율 차이가 3.2%p라는 것은 대상 집단의 크기가 24만 정도인 것을 고려하면 이것은 심각한 성비 불균형을 나타낸다. 이 아이들이 1:1로 결혼한다고 가정하여도 7,500명의 남자 아이들은 제 짝을 찾지 못한다! 이런 사례들로 인해 다음과 같은 통계적 확률을 생각하게 된다.

어떤 우연실험을 N번 시행하여 그 결과를 관찰하였더니 사건 E가 n번 일어났다면 사건 E가 일어날 확률 $P(E)$를

$$P(E) = \frac{n}{N}$$

으로 정의하고 이를 **통계적 확률**이라 한다. 즉, 많은 횟수의 우연실험에서 사건 E가 관찰된 횟수에 대한 상대적인 비율을 사건 E가 일어날 확률로 간주한다.

통계적 확률에서의 핵심은 우연실험이 동일한 조건 하에서 반복적으로 시행될 수 있어야 한다는 것과 당연히 N이 커야 그 확률 값을 신뢰할 수 있다는 것이다. 프로 야구에서 타자들의 타율은 시즌 초에 들쑥날쑥하다가 타수가 늘어난 시즌 중반 이후에는 상당히 안정적인 값을 취하는 것을 볼 수 있다. 즉, 타자가 타석에 들어선 횟수 N이 커질수록 타율은 안정적인 값을 취하게 되고 그 값을 그 타자가 안타를 쳐낼 확률이라 할 수 있다.

뷔퐁(Count Buffon, 1707-1788)은 동전을 4,040번 반복해서 던졌더니 앞면이 2,048번이었고 그 비율은 0.5069이었으며, 피어슨(Karl Pearson)은 동전을 24,000번이나 반복해서 던진 결과로 앞면이 12,012번, 상대도수는 0.5005를 얻었는데, 동전을 던진 횟수가 증가할수록 앞면이 출현한 비율이 0.5에 더 가까운 값임을 알 수 있다. 그렇다면 평생 동안 동전던지기를 반복하지 않더라도 동전의 앞면이 나올 확률은 0.5라 할 수 있겠다. 그러나 동전던지기에서 앞면이 나올 확률이 0.5라고 하여 2번 중의 한 번은 앞면이 나온다는 것은 아니다. 동전던지기를 계속하였을 때 던진 횟수의 절반 정도가 앞면이 나올 것으로 기대된다는 것이다. 이와 같이 어떤 우연실험을 무한히 반복적으로 수행하였을 때 특정 사건이 발생하는 상대도수가 수렴하는 값을 그 사건이 일어날 확률로 해석하는 것이 통계적 확률의 개념이다. 이런 의미에서 통계적 확률을 **경험적 확률**이라고도 한다.

어떤 사건이 발생할 확률은 수학적 확률이든 통계적 확률이든 간에 그 사건이 발생할 상대적인 비율로 해석할 수 있으므로 사건발생 확률은 0과 1 사이의 값이어야 한다. 즉,

$$0 \le P(E) \le 1$$

이며, 어떤 사건의 확률이 1이라는 것은 우연실험의 출현결과가 반드시 표본공간 Ω에 속한다는 것이므로 확률이 1인 사건은 Ω이고, $P(\Omega)=1$이다. 또한, 어떤 사건의 확률이 0이라는 것은 사건에 속하는 원소들의 집합이 공집합($\varnothing$)임을 의미하므로 $P(\varnothing)=0$이다. 한편, 서로 배반인 사건의 합사건이 일어날 확률은 두 사건이 동시에 일어날 수는 없으므

로 각 사건이 일어날 확률의 합이 되어야 한다. 즉, 서로 배반인 두 사건 E와 F의 합사건 $E \cup F$가 일어날 확률은

$$P(E \cup F) = P(E) + P(F)$$

이 되어야 한다. 일반적으로 $E_1, E_2, \cdots, E_n$이 서로 배반인 사건들이면

$$P(E_1 \cup E_2 \cup \cdots \cup E_n) = P(E_1) + P(E_2) + \cdots + P(E_n)$$

이 되어야 한다. 이상으로부터 어떤 사건 E에 대응되는 확률은 기본적으로

(i) 확실한 사건 Ω에 대한 확률은 1이어야 한다.

(ii) 임의의 사건 E에 대한 확률은 0 이상의 값을 가져야 한다.

(iii) 서로 배반인 사건들의 합사건에 대한 확률은 개별 사건에 대한 확률의 합과 같아야 한다.

의 세 조건을 만족하여야 한다.

표본공간 Ω에서 정의되는 임의의 사건 E 및 서로 배반인 $E_1, E_2, \cdots$에 대하여

(i) $P(\Omega) = 1$

(ii) $P(E) \geq 0$.

(iii) $P(E_1 \cup E_2 \cup \cdots) = P(E_1) + P(E_2) + \cdots$

의 세 조건을 만족하는 집합함수 P를 확률측도(확률을 재는 측정도구) 또는 간단히 확률이라 한다. 이와 같이 정의하는 확률을 **공리적 확률**(axiomatic probability)이라 한다.

공리적 확률의 정의에 의하면 P는 [그림 2.1.1]과 같이 사건 E에 0과 1 사이의 숫자를 대응시키는 집합함수이다. 그러나 공리적 확률의 정의에는 확률측도 P가 만족해야 할 조건만 제시되어 있을 뿐이므로 어떤 사건이 일어날 확률을 직접 구할 수는 없다.

수학적 확률은 표본공간 Ω에 속하는 각 원소가 나타날 가능성이 동일하다는 전제에서 사건에 대한 확률을 계산할 수 있도록 정의한 것인데, 이것은 공리적 확률의 세 조건을 만족하는 하나의 확률측도이다. 일반적으로 공리적 확률의 정의에 제시된 세 조건을 만족하는 집

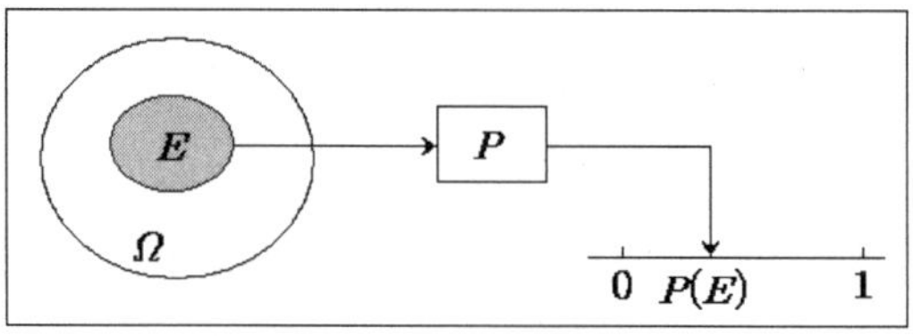

[그림 2.1.1] 확률측도

합함수는 확률측도가 될 수 있다.

공리적 확률의 정의에 의한 확률측도 P에 대하여

(i) $P(E^c)=1-P(E)$

(ii) $P(E\cup F)=P(E)+P(F)-P(E\cap F)$

와 같은 성질을 유도할 수 있다. 성질 (ii)는 n개의 사건인 경우로 확장할 수 있는데 세 사건의 합사건인 경우는 다음과 같다.

$$P(E\cup F\cup G)=P(E)+P(F)+P(G)$$
$$-[P(E\cap F)+P(F\cap G)+P(E\cap G)]+P(E\cap F\cap G).$$

예제 2.1.1

10개의 제품 중에 3개의 불량품이 있다고 한다. 이 중에서 2개의 제품을 동시에 택할 때 2개가 모두 불량품인 사건 E의 확률을 구하여라.

(풀이)

10개 중에서 2개를 택하는 경우의 수(표본공간 Ω의 크기)는 ${}_{10}C_2$이고, 불량품 3개 중에서 2개를 택하는 경우의 수(사건 E의 크기)는 ${}_3C_2$이므로 사건 E에 대한 확률은 다음과 같다.

$$P(E)=\frac{{}_3C_2}{{}_{10}C_2}=\frac{3}{45}=\frac{1}{15}.$$

예제 2.1.2

다음 표는 어느 회사의 사원 100명을 대상으로 승용차 구매 실태를 조사한 자료이다. 조사대상 100명 중에서 랜덤하게 뽑은 한 명의 사원이 남자인 사건을 E라 하고 뽑힌 사원이 중형차를 가지고 있는 사건을 F라 할 때, $E\cup F$에 대한 확률을 구하여라.

[표] 성별 차종별 자동차 수 (단위: 대)

성별 \ 차종	중형	소형	계
남	16	50	66
여	10	24	34
계	26	74	100

(풀이)

사건 E와 F의 합사건 $E\cup F$는 중형차를 소유하거나 남자인 사원 모두를 포함하는 사건이다. 조사대상 중 한 명을 랜덤으로 뽑는 실험에서 표본공간 Ω는 100명의 각 사원이 원소인

집합이고, $E \cup F$에는 표에서 빗금친 부분으로 중형차를 가진 남자사원, 소형차를 가진 남자사원과 중형차를 가진 여자사원이 포함된다. 여기에 포함되는 사원은 남자사원 66명에 중형차를 소유한 여자사원 10명을 더한 76명인데, 남자사원 66명에 중형차를 가진 사원 26명을 더한 다음 중복되어 포함된 중형차를 가진 남자사원 16명을 뺀 것과 같다. 즉,

$$|E \cup F| = n(E \cup F) = n(E) + n(F) - n(E \cap F) = 66 + 26 - 16 = 76$$

이므로 합사건 $E \cup F$의 확률은

$$P(E \cup F) = \frac{n(E \cup F)}{n(\Omega)} = \frac{76}{100}$$

이며, 다음과 같이 확률의 성질 (ii)가 성립함을 알 수 있다.

$$\begin{aligned} P(E \cup F) = \frac{|E \cup F|}{|\Omega|} = \frac{n(E \cup F)}{n(\Omega)} &= \frac{n(E) + n(F) - n(E \cap F)}{n(\Omega)} \\ &= \frac{n(E)}{n(\Omega)} + \frac{n(F)}{n(\Omega)} - \frac{n(E \cap F)}{n(\Omega)} \\ &= P(E) + P(F) - P(E \cap F). \end{aligned}$$

예제 2.1.3

어느 마을에서 고추를 재배하는 농가는 전체의 $\frac{2}{5}$, 인삼을 재배하는 농가는 전체의 $\frac{3}{4}$이고, 고추와 인삼을 모두 재배하는 농가는 전체의 $\frac{3}{10}$이다. 이 마을에서 랜덤하게 뽑은 한 농가가 고추 또는 인삼을 재배하는 농가일 확률을 구하여라.

(풀이)

랜덤으로 뽑은 한 농가가 고추를 재배하는 사건을 E, 인삼을 재배하는 사건을 F라 하면, 사건 E, F 및 $E \cap F$에 대한 확률은 각각

$$P(E) = \frac{2}{5}, \quad P(F) = \frac{3}{4}, \quad P(E \cap F) = \frac{3}{10}$$

이다. 따라서 구하는 확률 $P(E \cup F)$는 다음과 같다.

$$\begin{aligned} P(E \cup F) &= P(E) + P(F) - P(E \cap F) \\ &= \frac{2}{5} + \frac{3}{4} - \frac{3}{10} = \frac{17}{20}. \end{aligned}$$

예제 2.1.4

다음 [표]는 어느 병원에 1년 동안 찾아온 남자 당뇨병 환자에 대한 자료이다. 이 집단에서

임의로 뽑은 한 명이 중증의 당뇨병 환자일 사건을 E, 나이가 40세 미만일 사건을 F, 부모가 당뇨병 환자일 사건을 G라 할 때

(1) $P(E^c)$와 $P(E\cup G)$를 구하여라.

(2) 사건 $E^c\cup F^c$, $E^c\cap G^c$, $E^c\cap F^c\cap G^c$를 기술하고, 그 확률을 구하여라.

[표] 남자 당뇨병 환자 분류표 (단위: %)

당뇨병 \ 나이	경증		중증	
	부모의 당뇨병 유무		부모의 당뇨병 유무	
	유	무	유	무
40세 미만	15	10	8	2
40세 이상	15	20	20	10

(풀이)

(1) 사건 E, F 및 G의 확률은

$$P(E)=\frac{8+2+20+10}{100}=0.4,$$

$$P(F)=\frac{15+10+8+2}{100}=0.35,$$

$$P(G)=\frac{15+15+8+20}{100}=0.58$$

이고, 두 사건의 공통사건에 대한 확률은

$$P(E\cap F)=\frac{8+2}{100}=0.1,$$

$$P(F\cap G)=\frac{15+8}{100}=0.23,$$

$$P(E\cap G)=\frac{8+20}{100}=0.28$$

이다. 따라서 E의 여사건 E^c의 확률은

$$P(E^c)=1-P(E)=0.6$$

이고, E와 G의 합사건 $E\cup G$에 대한 확률은 다음과 같다.

$$P(E\cup G)=P(E)+P(G)-P(E\cap G)=0.4+0.58-0.28=0.7.$$

(2) $E^c\cup F^c$는 경증의 당뇨병 환자이거나 나이가 40세 이상인 환자일 사건이고, $E^c\cap G^c$는 경증의 당뇨병 환자이면서 부모는 당뇨병 환자가 아닌 사건이다. 그리고 $E^c\cap F^c\cap G^c$는 40세 이상인 경증의 당뇨병 환자이면서 부모는 당뇨병 환자가 아닌 사건이다. 그런데 드 모르강의 법칙에 의하면

$$E^c \cup F^c = (E \cap F)^c,$$

$$E^c \cap G^c = (E \cup F)^c,$$

$$E^c \cap F^c \cap G^c = (E \cup F \cup G)^c$$

이고,

$$P(E \cap F \cap G) = \frac{8}{100} = 0.08,$$

$$\begin{aligned} P(E \cup F \cup G) &= P(E) + P(F) + P(G) \\ &\quad - [P(E \cap F) + P(F \cap G) + P(E \cap G)] + P(E \cap F \cap G) \\ &= (0.4 + 0.35 + 0.58) - (0.1 + 0.23 + 0.28) + 0.08 = 0.8 \end{aligned}$$

이므로 구하는 확률은 다음과 같이 구해진다.

$$P(E^c \cup F^c) = P[(E \cap F)^c] = 1 - P(E \cap F) = 0.9,$$

$$P(E^c \cap G^c) = P[(E \cup G)^c] = 1 - P(E \cup G) = 0.3,$$

$$P(E^c \cap F^c \cap G^c) = P[(E \cup F \cup G)^c] = 1 - P(E \cup F \cup G) = 0.2.$$

유한표본공간에서의 등확률 모형에 의하면 어느 한 사건의 확률은 그 사건의 크기(원소의 개수)에 비례하게 된다. 이와 유사한 개념으로 표본공간이 수직선이나 평면 또는 공간에서의 유계인 연속체로 구성되어 있을 때 표본공간의 부분집합인 영역 E에 대한 확률이 그 영역의 크기에 비례하여 주어지는 확률모형을 연속공간에서의 등확률 모형이라 부른다. 여기서 영역 E의 크기는 길이, 넓이 또는 부피 등을 뜻하며 기호 $|E|$로 나타낸다.

예제 2.1.5

갑과 을이 진주역에서 12시에서 1시 사이에 만나기로 하고 두 사람 중 먼저 도착한 사람은 20분 동안만 기다리기로 하였다. 두 사람이 12시와 1시 사이에 랜덤하게 도착한다고 할 때 두 사람이 만나게 될 확률을 구하여라.

(풀이)

갑과 을이 도착하는 시각을 각각 12시 x분과 y분이라 하면 갑과 을의 도착시각에 대한 확률모형은 모두 $[0, 60]$에서 길이에 비례하는 등확률 모형이다. 따라서 두 모형을 곱하여 얻어지는 표본공간은

$$\Omega = \{(x, y) \mid 0 \le x \le 60,\ 0 \le y \le 60\}$$

이 된다. 한편, 두 사람이 만나는 사건 E는 다음 쪽의 [그림 2.1.2]에서 보듯이

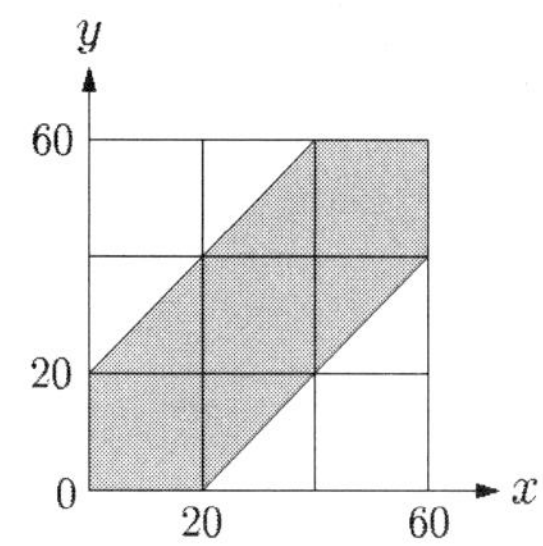

[그림 2.1.2] $E=\{(x, y)\in \Omega \mid |x-y|\leq 20\}$

$$E=\{(x, y)\in \Omega \mid |x-y|\leq 20\}$$

인데, E에 대한 확률은 넓이에 비례하는 등확률 모형이므로 다음과 같이 구해진다.

$$P(E)=\frac{|E|}{|\Omega|}=\frac{60^2-40^2}{60^2}=\frac{5}{9}.$$

2.2 조건부 확률과 독립사건

2.2.1 조건부 확률

독감 예방접종을 받은 사람의 독감 발병 가능성이 접종을 받지 않은 사람의 독감 발병 가능성과 같다면 돈 들여서 예방 접종을 받을 이유는 없을 것이다. 사람들은 독감 예방접종을 하면 독감에 걸릴 가능성이 작아질 것으로 생각하기 때문에 독감 예방주사를 맞는다. 여기서 독감에 걸리는 사건을 E, 독감 예방주사를 맞는 사건을 F라 할 때 사건 F가 사건 E에 영향을 준다면 독감 예방접종을 받든 안 받든 독감에 걸릴 확률은 예방접종을 받고서도 독감에 걸릴 확률과는 다를 것이다. 독감 예방접종을 받았다는 조건 하에서 독감에 걸릴 사건을 $E|F$로 표기하고 F가 일어났다는 조건 하에서 E가 발생할 조건부 사건이라 한다. 이러한 조건부 사건에 대한 확률을 구하는 문제를 생각해 보자. 독감 예방접종을 받았다는 조건, 즉, 사건 F가 일어났다는 조건 하에서는 F의 여사건인 예방접종을 받지 않은 경우는 고려할 필요가 없고 예방접종을 받은 경우 중에서 독감에 걸린 경우만 고려하면 된다. 예컨대, 독감 예방접종을 받은 400명 중에서 10명이 독감에 걸렸고 예방접종을 받지 않은 100명 중에서 30명이 독감에 걸렸다고 할 때, 500명 중에서 랜덤하게 뽑은 한 명이 예방접종을 받았을 확률은

$$P(F) = 0.8$$

이고, 예방접종을 받고 독감에 걸린 사람은 500명 중 10명이므로

$$P(E \cap F) = 0.02$$

가 된다. 여기서 예방접종을 받았다는 조건 하에서 독감에 걸릴 확률 $P(E|F)$는 예방접종을 받은 400명 중 독감에 걸린 사람이 10명이므로

$$P(E|F) = 0.025$$

인데, 이 확률은

$$P(E|F) = \frac{10}{400} = \frac{0.02}{0.8} = \frac{P(E \cap F)}{P(F)}$$

와 같은 식으로 구할 수 있다. 이것이 바로 조건부 사건에 대한 확률의 개념이다.

우연실험에서 사건 E가 일어날 확률을 구할 때, E와 연관된 다른 사건 F가 일어났다는 사실을 알고 있다면 그 정보를 활용하여 사건 E가 일어날 확률을 구한 것이 조건부

확률 $P(E|F)$이다. 사건 F가 일어났다는 조건은 실험의 표본공간이 Ω에서 F로 바뀌었다는 것이고, 이 상황에서 "E가 일어난다."는 것은 실제로 "$E\cap F$가 일어난다."것과 같으므로 조건부 확률을

$$P(E|F)=\frac{P(E\cap F)}{P(F)},\quad P(F)>0$$

으로 정의한다.

조건부 확률의 정의에 의하면 **확률의 곱셈법칙**이라 부르는 다음과 같은 식

$$P(E\cap F)=P(F)P(E|F)=P(E)P(F|E)$$

가 성립한다. 즉, 사건 E와 F가 동시에 일어날 확률은 E가 일어난 후에 F가 일어날 확률 또는 F가 일어난 후에 E가 일어날 확률과 같다.

확률의 곱셈법칙을 이용하면 부분정보를 이용하여 전체 정보를 구해내는 유용한 공식을 유도할 수 있다. [그림 2.2.1]과 같이 표본공간 Ω가 E와 E^c로 분할되어 있고 사건 E와 F에 대하여 부분정보 $P(E)$, $P(E^c)$, $P(F|E)$, $P(F|E^c)$가 주어졌을 때

$$F=(E\cap F)\cup(E^c\cap F)$$

이고, $(E\cap F)$와 $(E^c\cap F)$는 서로 배반이므로

$$P(F)=P(E\cap F)+P(E^c\cap F)$$

이다. 따라서 확률의 곱셈법칙을 이용하면

$$P(F)=P(E)P(F|E)+P(E^c)P(F|E^c)$$

이 된다. 이와 같은 식을 **전확률 공식**(全確率 公式, total probability)이라 한다. 또한, 전확률 공식을 이용하면 $P(E|F)$를

$$P(E|F)=\frac{P(E\cap F)}{P(F)}=\frac{P(E)P(F|E)}{P(E)P(F|E)+P(E^c)P(F|E^c)}$$

와 같이 구할 수 있는데, 이와 같은 식을 **베이즈 공식**(Bayes' formular)이라 한다.

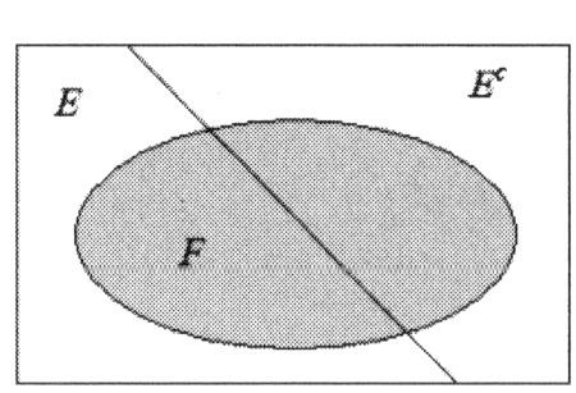

[그림 2.2.1] 표본공간 Ω의 분할

예제 2.2.1

다음 [그림]은 A도시 남성의 성인병과 비만에 관한 것이다. A도시 남성 가운데 20%가 성인병이 있다고 하면 이 도시에서 비만인 남성 가운데 성인병이 있는 남성의 확률을 구하여라.

[그림1] 성인병이 있는 남성

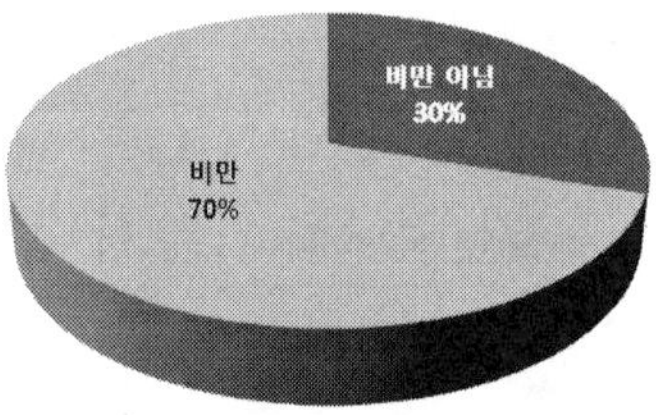

[그림2] 성인병이 없는 남성

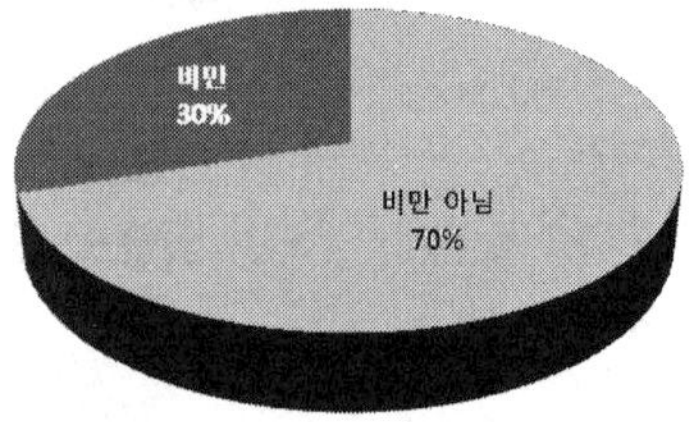

(풀이)

A도시의 남성이 100명이라고 가정하면 성인병이 있는 20명의 70%인 14명과 성인병이 없는 80명의 30%인 24명의 합인 38명이 비만인 남성이므로 비만인 남성이 성인병에 걸릴 확률은 14/38가 된다. 이와 같은 내용을 공식화한 것이 베이즈 공식이다. 이제, 비율을 확률로 보면 A도시 남성이 성인병에 걸릴 사건 E와 E의 여사건 E^c에 대한 확률은

$$P(E)=0.2, \quad P(E^c)=1-0.2=0.8$$

이고, 비만 사건을 F라 하면

$$P(F|E)=0.7, \quad P(F^c|E)=1-0.7=0.3$$

이 된다. 그리고 그림에 주어진 정보에 의하면

$$P(F|E^c)=0.3, \quad P(F^c|E^c)=1-0.3=0.7$$

이다. 따라서 비만 남성이 성인병에 걸릴 조건부 확률 $P(E|F)$는 다음과 같다.

$$P(E|F)=\frac{P(E)P(F|E)}{P(E)P(F|E)+P(E^c)P(F|E^c)}$$

$$=\frac{0.7\times 0.2}{0.7\times 0.2+0.3\times 0.8}=\frac{14}{38}.$$

조건부 확률의 해석에서 조건으로 주어지는 사건을 '원인'으로 해석한다면 $P(F|E)$와 $P(F|E^c)$는 각각 '원인'이 E와 E^c일 때 사건 F가 발생할 확률이 된다. 따라서

$$P(F)=P(E)P(F|E)+P(E^c)P(F|E^c)$$

은 '원인'이 E일 때 사건 F가 발생할 확률 $P(F|E)$, 원인이 E^c일 때 사건 F가 발생할 확률 $P(F|E^c)$ 및 각 '원인'의 확률 $P(E)$와 $P(E^c)$로부터 사건 F의 확률을 계산할 수

있다는 것이다. 즉, 베이즈 공식에 의하면 F를 관측하기 이전에 각 원인 E와 E^c의 확률인 $P(E)$, $P(E^c)$와 각 원인 E 및 E^c 하에서 F가 발생할 확률로부터 F가 일어난 후에 각 원인의 확률 $P(E|F)$와 $P(E^c|F)$를 구할 수 있다는 것이다. 이런 의미에서 각 원인 E와 E^c의 확률을 **사전확률**(事前確率, prior probability)이라 부르고, F를 관측한 후의 각 원인에 대한 확률 $P(E|F)$와 $P(E^c|F)$을 **사후확률**(事後確率, posterior probability)이라 한다.

예제 2.2.2

1,000명 중에 5명이 걸린 것으로 알려진 한 질병에 대한 혈액검사의 적중률은 95%로 알려져 있다. 즉, 실제로 질병에 걸린 사람의 혈액검사 결과가 양성으로 나타날 확률이 0.95라는 뜻이다. 한편, 실제로는 이 질병에 걸리지 않은 사람의 혈액검사 결과가 양성으로 잘못 나타날 확률은 0.01이라 한다. 어떤 한 사람의 혈액검사 결과가 양성으로 나왔을 때, 이 사람이 실제로 이 질병에 걸려 있을 확률을 구하여라.

(풀이)

질병에 걸려있는 사건을 E라 하면

$$P(E)=0.005, \quad P(E^c)=0.995$$

이다. 다음으로 혈액검사 결과가 양성으로 나오는 사건을 F라 하면 질병에 걸려있는 사람의 혈액검사 결과가 양성으로 나올 확률은

$$P(F|E)=0.95$$

이고, 질병에 안 걸린 사람의 혈액검사 결과가 양성으로 나올 확률은

$$P(F|E^c)=0.01$$

이 된다. 따라서 혈액검사 결과가 양성으로 나온 사람이 실제로 질병에 걸렸을 확률은

$$P(E|F)=\frac{P(E)P(F|E)}{P(E)P(F|E)+P(E^c)P(F|E^c)}$$
$$=\frac{0.005\times 0.95}{0.005\times 0.95+0.995\times 0.01}=0.323$$

이고, 혈액검사 결과가 양성으로 나온 사람이 실제로는 이 질병에 걸리지 않았을 확률은

$$P(E^c|F)=1-0.323=0.677$$

이 된다. 이 문제를 보면 어떤 한 사람이 혈액검사 전에 질병에 걸렸을 사전확률은 0.005지만 이 사람의 혈액검사 결과가 양성일 때 이 사람이 질병에 걸렸을 사후확률은 0.323으로 높

아짐을 알 수 있다.

전확률 공식 및 베이즈 공식은 [그림 2.2.2]와 같이 표본공간 Ω가 n개의 원인사건 E_1, $E_2, \cdots, E_n$으로 분할된 경우로 확장할 수 있다. 결과로 나타나는 사건 F에 대한 확률을 구할 수 있는 전확률 공식은

$$P(F)=\sum_{i=1}^{n}P(E_i)P(F|E_i)$$

이고, 결과로 나타나는 사건 F의 원인이 E_k일 확률 $P(E_k|F)$를 구하는 베이즈 공식은

$$P(E_k)=\frac{P(E_k)P(F|E_k)}{\sum_{i=1}^{n}P(E_i)P(F|E_i)}$$

이 된다.

예제 2.2.3

어느 볼트 제조회사에는 3개의 생산라인 #1, #2, #3를 가동하여 각각의 라인으로부터 전체 생산량의 50%, 30%, 20%를 생산하고 있다. 그런데, 각 생산라인의 불량률은 3%, 2%, 1%로 알려져 있다고 한다. 품질관리팀에서 임의로 뽑은 하나의 볼트가 불량품일 확률을 구하여라. 또, 뽑힌 불량 볼트가 생산라인 #1에서 제조된 것일 확률을 구하여라.

(풀이)

뽑힌 볼트가 생산라인 #1, #2, #3 각각에서 생산되었을 사건을 E_1, E_2, E_3라 하고 뽑힌 볼트가 불량품일 사건을 F라 하면 E_1, E_2, E_3는 서로 배반이다. 이 회사에서 생산된 불량품은 E_1에서 생산된 불량품$(E_1 \cap F)$이거나 E_2에서 생산된 불량품$(E_2 \cap F)$이거나 E_3에서 생산된 불량품$(E_3 \cap F)$이다. 즉,

$$F=(E_1 \cap F)\cup(E_2 \cap F)\cup(E_3 \cap F)$$

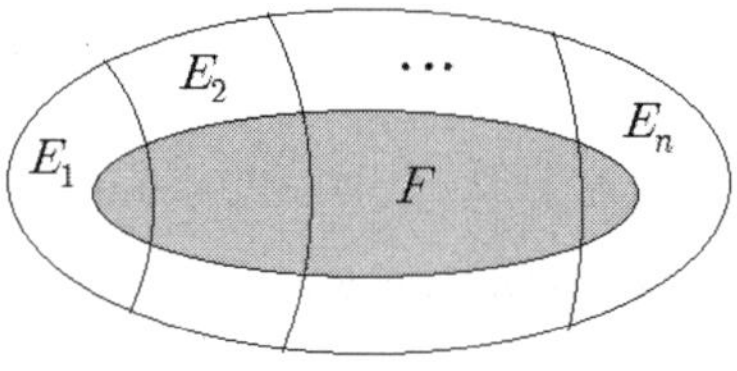

[그림 2.2.2] 표본공간의 분할

이고, $E_1 \cap F$, $E_2 \cap F$, $E_3 \cap F$는 서로 배반이므로 F의 확률은 서로 배반인 사건 각각에 대한 확률의 합이다. 따라서 전확률 공식에 의하면

$$P(F) = P(E_1 \cap F) + P(E_2 \cap F) + P(E_3 \cap F)$$
$$= 0.5 \times 0.03 + 0.3 \times 0.02 + 0.2 \times 0.01 = 0.023$$

이고, 뽑힌 불량 볼트가 생산라인 #1에서 제조된 것일 사후확률은 베이즈 공식에 의하여 다음과 같이 구해진다.

$$P(E_1|F) = \frac{P(E_1)P(F|E_1)}{P(F)} = \frac{0.015}{0.023} = 0.652.$$

2.2.2 독립사건

된장찌개로 아침식사 하는 것과 독감에 걸린 것이 서로 연관되었다고 할 수는 없을 것이다. 이처럼 두 사건에서 어느 한 사건의 발생 여부가 다른 사건의 발생 여부와 무관하다면 두 사건은 서로 독립이라고 한다. 두 사건 E와 F에 대하여 대부분의 경우 조건부 확률 $P(E|F)$는 확률 $P(E)$와 같지 않다. 즉, 사건 F의 발생 여부는 사건 E의 발생 가능성에 변화를 주게 된다. 그러나 때에 따라서는 사건 F의 발생 여부가 사건 E의 발생 가능성에 아무런 영향을 주지 않아서 $P(E|F)$가 $P(E)$가 같을 수 있다. 이러한 맥락에서

$$P(E|F) = P(E)$$

일 때 사건 E는 사건 F와 서로 독립이라고 한다. 일반적으로

$$P(E \cap F) = P(E)P(F)$$

일 때 사건 E와 사건 F는 **서로 독립**(mutually independent)이라 한다. 이 정의에 의하면 공사건 $\varnothing$와 전체 사건 Ω는 어떤 사건과도 서로 독립임을 알 수 있다.

예제 2.2.4

흰 색과 빨간 색인 두 주사위를 던지는 실험에서 흰 색 주사위의 눈이 홀수일 사건을 E, 빨간 색 주사위의 눈이 짝수일 사건을 F, 두 주사위의 눈의 합이 홀수일 사건을 G라 할 때, E와 F, F와 G, G와 E는 서로 독립임을 보여라.

(풀이)

직관적으로 E와 F는 서로 독립임을 알 수 있다. 그러나 F와 G, G와 E의 관계는 분명하지가 않다. 이 실험의 표본공간 Ω는

$$\Omega=\{(i,j)\,|\,i,j=1,2,\cdots,6\}$$

이고, 그 크기는 $|\Omega|=36$이다. 그리고 사건 E와 F가 일어날 경우의 수는 $3\times6=18$로 같고, 사건 G가 일어날 경우의 수는 $3\times3\times2=18$이므로

$$P(E)=P(F)=P(G)=\frac{18}{36}=\frac{1}{2}$$

이다. 한편,

$$E\cap F=F\cap G=G\cap E$$

이고 $E\cap F$에 대한 경우의 수는 $3\times3=9$이므로

$$P(E\cap F)=P(F\cap G)=P(G\cap E)=\frac{9}{36}$$

이다. 따라서

$$P(E\cap F)=P(E)P(F),\quad P(F\cap G)=P(F)P(G),\quad P(G\cap E)=P(G)P(E)$$

이므로 E와 F, F와 G, G와 E는 각각 서로 독립이다.

두 사건의 독립에 대한 개념을 셋 이상의 사건이 독립인 경우로 일반화하여 보자. [예제 2.2.4]에서의 조건

$$P(E\cap F)=P(E)P(F),$$
$$P(F\cap G)=P(F)P(G),$$
$$P(G\cap E)=P(G)P(E)$$

는 사건 E, F, G 중에서 임의의 두 사건이 서로 독립임을 의미하므로 사건 E, F, G는 **쌍으로 독립**(pairwise independent)이라고 한다. 그런데 [예제 2.2.4]에서

$$(E\cap F)\subset G \;\;\Rightarrow\;\; (E\cap F\cap G)=(E\cap F)$$

이므로

$$P(G|E\cap F)=\frac{P(E\cap F\cap G)}{P(E\cap F)}=\frac{P(E\cap F)}{P(E\cap F)}=1\neq\frac{1}{2}=P(G)$$

이다. 즉, 사건 E와 F는 각각 사건 G과 독립이지만 공통사건 $E\cap F$는 사건 G의 확률에 영향을 미치고 있으므로 이러한 경우의 사건 E, F, G는 진정한 의미에서 “서로 독립”이라고 말할 수 없다. 따라서 이러한 경우를 배제하기 위해서 쌍으로 독립인 세 사건 E, F, G에 대하여

$$P(E\cap F\cap G)=P(E)P(F)P(G)$$

를 만족할 때 세 사건 E, F, G는 서로 독립이라고 정의한다. [예제 2.2.4]에서

$$P(E\cap F\cap G)=P(E\cap F)=\frac{1}{4}\neq P(E)P(F)P(G)$$

이므로 세 사건 E, F, G는 쌍으로 독립이지만 서로 독립은 아니다.

세 사건 E, F, G가 서로 독립이면 쌍으로 독립이고

$$\begin{aligned} P(\{E\cap F\}\cap G) &= P(E\cap F\cap G) \\ &= P(E)P(F)P(G) \\ &= P(E\cap F)P(G) \end{aligned}$$

이므로 $(E\cap F)$와 G는 서로 독립이다. 일반적으로 세 사건 E, F, G가 서로 독립이면

1. **E, F, G가 서로 독립이면 E^c, F^c, G^c도 서로 독립이다.**
2. **E, F, G가 서로 독립이면 $(E\cup F)$와 G도 서로 독립이다.**
3. **E, F, G가 서로 독립이면 E와 $(F\cap G)$도 서로 독립이다.**

이 성립한다. 위와 같은 세 가지 성질은 세 사건이 독립일 때 임의의 두 사건으로 표현되는 사건은 다른 한 사건과 서로 독립임을 의미한다. 이상에서 논의한 내용은 n개의 사건 $E_1, E_2, \cdots, E_n$의 독립성에 대한 정의 및 서로 독립인 사건들의 독립성에 관한 성질로 확장할 수 있다.

연 습 문 제

01. 어떤 사람이 5일 연속 즉석 당첨복권을 구입한다고 하자. 어느 날 당첨될 확률은 0.2이고, 어느 날 구입한 복권의 당첨 여부가 그 다음날 구입한 복권의 당첨여부에 영향을 미치지 않는다고 할 때 2장의 당첨복권과 3장의 무효 복권을 구매할 확률을 구하여라.

02. 전체 인구의 2%가 어떤 질병을 앓고 있다고 한다. 이 질병을 검진하기 위해 사용되고 있는 어느 진단 시약은 질병에 걸린 사람 중 80%, 질병에 걸리지 않은 사람 중 10%에 대해 양성반응을 보인다. 어떤 사람의 진단 테스트 결과가 양성반응일 때, 이 사람이 질병에 걸렸을 확률을 구하여라.

03. 8개의 붉은 구슬과 2개의 푸른 구슬일 들어 있는 주머니가 있다. 10명이 차례로 주머니에서 구슬을 하나씩 꺼낼 때, 2번째 사람이 푸른 구슬을 꺼낼 확률을 구하여라.

04. 한국 남성의 10%는 폐암에 걸린다고 한다. 그런데, 폐암에 걸린 남성들 중 80%가 흡연자인 반면, 폐암에 걸리지 않은 남성들 중에는 40%만이 흡연자라 한다. A라는 어떤 흡연남성이 폐암에 걸릴 확률을 구하여라.

05. 어떤 상품에 대한 시장조사 결과 다음 자료를 얻었다. 랜덤하게 뽑은 한 사람이 TV광고를 시청했다면 그 사람이 상품을 구입하였을 확률을 구하여라.

	TV광고 시청했음(S)	TV광고 시청 못했음(T)
상품 구입함(P)	40	60
상품 구입하지 않음(Q)	60	40

06. 어떤 비행기가 추락되었고 추락된 지역은 3개의 동일한 가능성을 지닌 지역이 있다고 하자. 여기서 추락한 비행기가 사실상 i지역이 있는데 i지역에서 발견될 확률을

$$1-\alpha_i,\ i=1,2,3$$

이라 한다. 지역 1에서 찾지 못했다는 조건 하에서 비행기가 1번 지역에 있었을 확률을 구하여라.

07. 1부터 8까지의 숫자가 기록된 카드가 한 장씩 있다. 이 카드를 중에서 한 장을 뽑을 때 뽑힌 카드의 숫자가 5 이상임을 안다고 할 때 뽑힌 카드의 숫자가 7일 확률을 구하여라.

08. 커피를 좋아하는 수영이가 어느 날 커피를 마시지 않으면 다음 날 커피를 마실 확률은 0.5이다. 매일 커피를 마시면 좋지 않다는 생각에서 전날 커피를 마셨으면 다음 날 커피를 마시지 않을 확률은 0.75라고 한다. 수영이가 2월 3일에 커피를 마셨다면 이틀 후인 2월 5일에도 커피를 마실 확률을 구하여라.

09. 하나의 동전과 말 이동판이 있다. 동전을 던져서 앞면이 나오면 말을 이동판에서 앞으로 두 칸 움직이고 뒷면이 나오면 뒤로 한 칸 움직이는 놀이를 하려고 한다. 동전을 세 번 던졌을 때 말이 이동판의 처음 출발자리로 돌아올 확률을 구하여라.

10. 버스가 제 시간에 올 확률은 0.5, 일찍 올 확률은 0.25, 늦게 올 확률은 0.25이다. 3대가 연속으로 올 때 첫 번째는 늦게 오고, 두 번째는 일찍 오고, 세 번째는 제 시간에 올 확률을 구하여라.

11. 다음 [그림]은 A도시의 전체 노동가능 인구 중 남성과 여성의 실업률에 관한 것이다. A도시의 전체 노동가능 인구 중 58%가 남성이라고 한다. 물음에 답하여라.

[그림 1] 남성 노동가능인구의 실업 여부

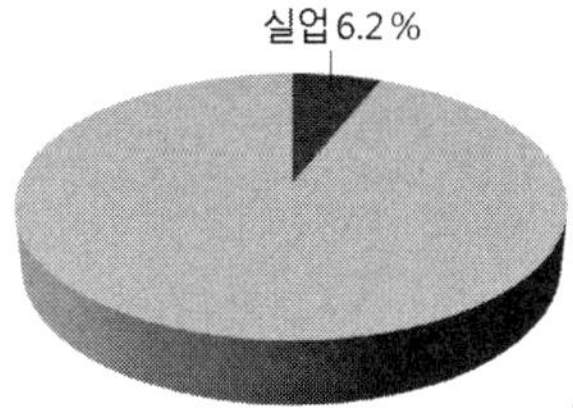

[그림 2] 여성 노동가능인구의 실업 여부

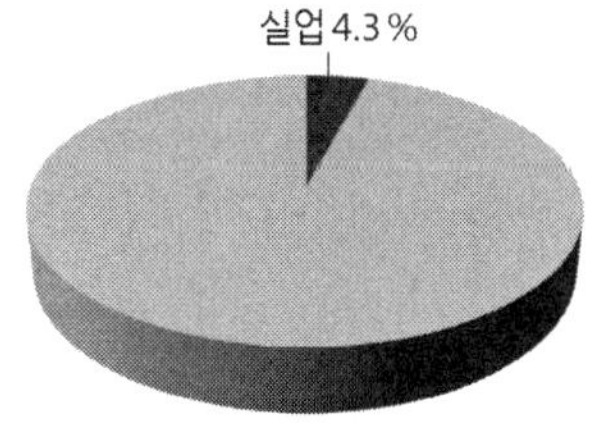

(1) 고용상태에 있는 한 명을 임의로 뽑았을 때 그 사람이 남자일 확률과 여자일 확률을 각각 구하여라.

(2) A 도시의 전체 실업률을 구하여라.

(3) 노동가능 인구 중에서 임의로 뽑은 한 명이 실업자라고 한다. 그 사람이 남자일 확률과 여자일 확률을 각각 구하여라.

12. 다음은 어느 치과에서 치과에 오는 학생들을 대상으로 치과에 대한 공포심 여부를 조사한 자료(단위: 비율)이다. 이들 중 임의로 뽑은 한 학생이 중학생일 사건을 A, 공포심을 갖는 사건을 B라 할 때 물음에 답하여라.

구분		학교		
		초등학교	중학교	고등학교
공포심	유	0.28	0.25	0.22
	무	0.05	0.08	0.12

(1) 합사건 $A \cup B$와 공통사건 $A \cap B$를 기술하여라.

(2) $P(A \cup B)$, $P(A \cap B)$, $P(A|B)$ 및 $P(B|A)$를 각각 구하여라.

13. 다음 [표]는 어느 지역에서 세대 간 직업이동성을 알아보기 위하여 임의로 표본을 추출하여 조사한 자료이다. 직업은 편의상 A, B, C로 구분하였으며, 전체 부모세대의 직업은 A가 10%, B가 40%, C가 50%이다. 이에 대한 다음 물음에 답하여라.

[표] 세대 간 직업이동성 비율 (단위: %)

부모의 직업	자녀의 직업		
	A	B	C
A	45	48	7
B	5	70	25
C	1	50	49

주 ❶ 예를 들어, [표]에 있는 45는 부모가 A 사람 중에서 자녀도 A 직업을 가진 사람의 비율(0.45)을 나타냄.

❷ 조사한 부모 당 자녀수는 한 명임.

(1) 자녀의 직업이 C일 확률을 구하여라.

(2) 자녀의 직업이 B인 경우에 부모의 직업이 C일 확률을 구하여라.

(3) 부모와 자녀의 직업이 모두 A일 확률을 구하여라.

(4) 자녀의 직업이 A일 확률과 부모의 직업이 A일 확률을 비교하여라.

14. 철수는 어느 날 밤 A회사의 택시가 사고를 내고 도주하는 것을 목격하고 그 택시 색깔을 청색으로 판정하였다. 철수가 야간에 녹색과 청색을 구분하는 능력에 관한 실험 결과인 다음 [표]를 이용하여 물음에 답하여라. (단, A회사 택시는 총 500대로, 400대는 녹색, 나머지 100대는 청색이다.)

[표] 철수가 야간에 색깔을 구분하는 능력에 관한 실험 (단위: %)

실제 택시 색깔	철수의 판정		합계
	녹색	청색	
녹색	64	16	80
청색	4	16	20
합계	68	32	100

(1) 사고 현장에서 철수가 목격한 택시가 실제 청색일 확률을 구하여라.

(2) A회사의 녹색 택시가 300대이고 청색 택시가 200대였다면 사고에 대한 철수의 판정이 맞을 확률은 높아지는가?

(3) 실험에서 철수가 녹색으로 판정한 택시가 실제로 녹색일 확률을 구하여라.

15. 다음 [그림]은 현재 이동통신 사용자의 회사별 구성비를, [표]는 이동통신 사용자의 향후 회사 이동성향(단위: %)을 나타낸 자료이다.

(1) 1년 뒤 A, B, C사 사용자 구성비를 구하여라.

(2) 1년 뒤에 A, B사에서 C사로 이동할 확률을 구하여라.

(3) 1년 뒤에 타 회사로 이동할 확률을 구하여라.

[그림]

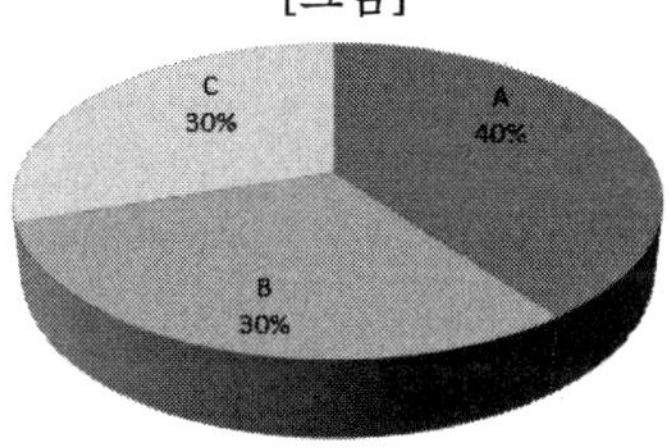

[표]

현재	일년 뒤			합계
	A	B	C	
A	80	10	10	100
B	10	70	20	100
C	40	10	50	100

16. 다음 [표]는 A국 가구의 최저주거기준 미달 현황에 대한 자료이고 이를 바탕으로 [그림]을 작성하였다.

[표] A국 가구의 최저주거기준 미달 현황(단위: 가구)

구분 / 연도	시설기준 미달	침실기준 미달	면적기준 미달	시설과 침실기준 모두 미달	시설과 면적기준 모두 미달	침실과 면적기준 모두 미달	시설과 침실과 면적기준 모두 미달	전체 가구 수
2005	1,259,066	1,812,494	511,040	94,647	169,827	283,413	50,307	15,847,794
2006	1,348,979	1,866,032	512,538	101,099	181,235	268,538	52,283	16,122,210

※ 1) 전체 가구 수 = 최저주거기준 충족 가구 수 + 최저주거기준 미달 가구 수

2) 최저주거기준 미달가구 : 시설, 침실, 면적 중 어느 하나라도 최저주거기준에 미달된 가구

[그림] 전체 가구수에 대한 최저주거기준 미달 가구 수의 비율(%)

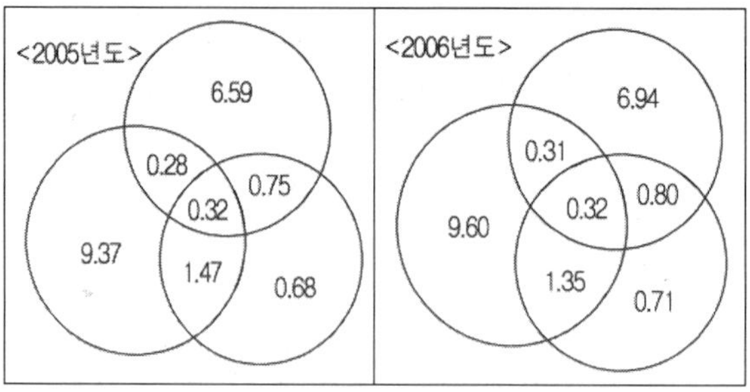

※ 비율은 소수점 아래 셋째 자리에서 반올림한 값임

(1) 06년 '최저주거기준 미달가구'의 수를 구하여라.

(2) 06년 전체가구 중 시설기준 미달 가구의 비율을 구하여라.

(3) 05년과 06년 전체가구 중 침실기준 미달 가구의 비율을 각각 구하여라.

(4) 06년의 전체가구 중 시설기준 또는 면적기준 미달 가구의 비율을 구하여라.

17. 다음 [표]는 '갑'은행의 고객 신용등급 변화 확률 자료이다.

[표] 고객 신용등급 변화 확률

구분		$t+1$년			
		A	B	C	D
t년	A	0.70	0.20	0.08	0.02
	B	0.14	0.65	0.16	0.05
	C	0.05	0.15	0.55	0.25

※ 1) 고객 신용등급은 매년 1월 1일 0시에 연 1회 산정되며, A등급이 가장 높고 B, C, D순임.
2) 한 번 D등급이 되면 고객 신용등급은 5년 동안 D등급을 유지함.
3) 고객 신용등급 변화 확률은 매년 동일함.

(1) 2010년에 B등급 고객이 2012년까지 D등급이 될 확률을 구하여라.

(2) 2010년에 C등급 고객의 신용등급이 2013년까지 변화할 수 있는 모든 경로의 수를 구하여라.

(3) B등급 고객의 신용등급이 1년 뒤에 하락할 확률을 구하여라.

(4) C등급 고객의 신용등급이 1년 뒤에 상승할 확률을 구하여라.

제3장
확률분포

3.1 확률변수와 확률분포

통계학의 궁극적 목적은 통계적 추론(statistical inference)이라 할 수 있다. 통계적 추론이란 모집단에서 추출한 표본으로부터 얻은 정보를 이용하여 모집단의 일반적인 특성에 대해 추측하는 것을 말한다. 따라서 추론의 대상인 다양한 형태의 모집단을 간결하게 나타내고 추론의 대상을 명확히 하여야 한다.

통계학에서는 관심 있는 모집단에 대하여 적당한 확률분포를 가정하고 가정한 확률분포를 모집단과 동일시하여

"모집단에서 추출한 표본"

대신

"확률분포 ○○에서 추출한 표본"

이라는 표현을 사용하는데,

"특정 변수가 확률분포 ○○을 따르는 모집단에서 추출한 표본"

이 더 구체적인 표현이다. 사실, 모집단을 구성하고 있는 개체(기본단위 또는 측정단위)에서 측정하는 특성(변수)의 값은 개체에 따라 변할 수 있다. 개별단위에서 측정한 변수의 값이 모두 동일하다면 변수를 변수라 부를 이유도 없으며 통계학의 의미도 없다. 그런데, 변수의 값이 변하더라도 어떤 규칙에 따라 변할 것이라는 것이 통계학의 바탕에 깔린 기본 생각이다. 통계학에서는 변수의 변동 규칙을 변수가 취할 수 있는 가능한 값(변수의 영역)과 변수의 가능한 값이 관찰되는 정도로 나타내는데, 이를 변수의 확률분포(probability distribution) 또는 간단히 분포라 한다. 그리고 변수의 특정한 값은 무작위로 관찰되고 그 관찰되는 정도는 확률로 표현되기 때문에 변수를 확률변수라 한다. 이 장에서는 확률변수와 확률분포를 이용하여 모집단을 규정하고 추론의 대상을 명확히 하는 방법에 대하여 논의한다.

3.1.1 확률변수

우연실험에서 표본공간에 속하는 개별 원소가 지닌 여러 특성들은 수치로 측정될 수 있는데, 사실, 실험의 주된 관심사는 원소 그 자체보다 수치로 측정되는 특성이다. 예컨대, 어떤 고등학교 3학년 학생(Ω) 중에서 랜덤하게 한 명을 뽑는 실험에서 우리는 뽑힌 아무개(ω)가 누구인가 보다는 아무개의 성적(X)에 관심이 있다고 하자. 즉, 성적을 측정하여

$\omega(\in\Omega)$		X		x
아무개	→	대응방법 또는 규칙	→	점수

[그림 3.1.1] 확률변수

아무개가 취득한 점수(x)에 관심이 있다면 이 대응관계는 [그림 3.1.1]과 같이 나타낼 수 있다. 이와 같이 우연실험의 표본공간 Ω에 속하는 각각의 원소에 대하여 관심 있는 특성을 측정하여 수치로 나타내는 것은 Ω의 각 원소에 하나의 실수를 대응시키는 것과 같다. 이것은 표본공간 Ω를 정의역, 실수직선 $\mathbb{R}$을 공변역으로 하는 실수값 함수 $X: \Omega \to \mathbb{R}$인데, 이와 같은 실수값 함수를 **확률변수**(確率變數, random variable)라 한다.

확률변수란 표본공간 Ω에 속하는 각 원소에 실수를 대응시키는 함수이므로

$$^{\forall}\omega\in\Omega,\ X(\omega)=x,\quad x\in\mathbb{R}$$

임을 의미한다. 예컨대, 주사위를 던져서 나타나는 면을 관찰하는 실험의 표본공간은

Ω={⚀, ⚁, ⚂, ⚃, ⚄, ⚅}

인데, 여기서 함수 X를

$^{\forall}\omega\in\Omega,\ X(\omega)=\omega$에 표시된 점의 개수

로 정의하면, X는

X(⚀)=1, X(⚁)=2, ⋯ , X(⚅)=6

인 실수값 함수로 확률변수가 된다. 결국, 확률변수는 표본공간을 실수직선의 부분집합으로 변환하는 실수값 함수인데, 함수 X의 가능한 값은 실험의 결과에 따라 랜덤하게 나타나므로 X를 확률변수라 하고, 확률변수 X가 취할 수 있는 모든 가능한 값들의 집합을 X의 영역 또는 치역(range)이라 한다. 확률변수 X의 영역은 R_X로 표기한다. 한편, 주사위를 던지는 실험에서 나타나는 면이 ⚀인 사건 {⚀}은 $\{1\}$로, 사건 E={⚁, ⚃, ⚅}는 $A=\{1, 2, 3\}$으로 간단히 표기할 수 있다. 즉, 표본공간 Ω의 부분집합으로 정의되는 사건 E는 $X(E)=A$인 R_X의 부분집합 A로 표현된다. 따라서 사건 A의 확률을 $P_X(A)$라 할 때, R_X의 임의의 부분집합으로 표현되는 사건 A의 확률 $P_X(A)$를 구할 수 있다면 표본공간은 더 이상 고려의 대상이 되지 않는다. 다시 말해서 확률변수 X가 정의되면 우리의 관심사인 사건 $E(\subset\Omega)$가 R_X의 부분집합으로 표현되므로 E에 대한 확률 $P(E)$를 구하는 문제는 $A(=X(E)\subset R_X)$에 대한 확률 $P_X(A)$를 구하는 문제로 귀결된다. 여기서 P는 표본공간 Ω의 부분집합으로 표현되는 사건에 대한 확률측도이고, P_X는 확률변수 X로 표

현되는 사건에 대한 확률측도임에 유의하여야 한다. P_X는 확률변수 X에 의해 유도된 확률측도라는 의미에서 귀납적 확률측도(induced probability measure)라 한다. 이상의 논의로부터 표본공간 위에서 정의되는 확률변수란 표본공간 위의 사건을 실수 직선 위의 사건으로 나타내기 위한 수단이며, 그 값이 랜덤하게 정해지는 변수로서 모집단을 실수직선 상의 집합으로 기술하기 위한 수단임을 알 수 있다.

예제 3.1.1

균일한 동전을 3번 던지는 실험에서 모든 가능한 출현결과는

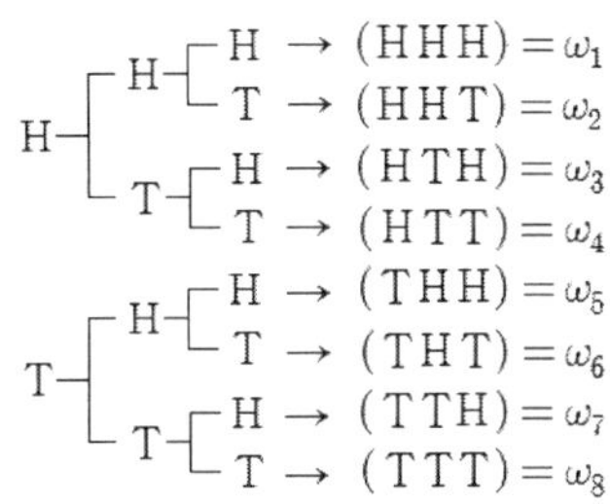

과 같은 8가지이므로 표본공간은

$$\Omega=\{\omega_1,\ \omega_2,\ \omega_3,\ \omega_4,\ \omega_5,\ \omega_6,\ \omega_7,\ \omega_8\}$$

이다. 여기서 $X_i,\ i=1,2,3$를 i번째 던진 동전의 면이 앞면(H)이면 1, 뒷면(T)이면 0이라 하면

$$X_1(\omega_1)=X_1(\omega_2)=X_1(\omega_3)=X_1(\omega_4)=1,$$

$$X_1(\omega_5)=X_1(\omega_6)=X_1(\omega_7)=X_1(\omega_8)=0$$

이므로 X_1은 표본공간의 각 원소에 단 하나의 실수 0 또는 1을 대응시키는 실수값 함수이다. 따라서 X_1은 확률변수이고 같은 이유로 X_2, X_3 역시 확률변수들이며, 확률변수 X_1, X_2, X_3 각각의 영역은

$$R_{X_1}=R_{X_2}=R_{X_3}=\{0,1\}$$

로 동일하다. 한편, 세 번 중에서 앞면이 나온 횟수를 Y라 하면

$$Y(\omega_1)=3,\quad Y(\omega_2)=Y(\omega_3)=Y(\omega_5)=2,$$

$$Y(\omega_4)=Y(\omega_6)=Y(\omega_7)=1,\quad Y(\omega_8)=0$$

이므로 Y 역시 표본공간의 각 원소에 $0, 1, 2, 3$ 중의 한 실수만을 대응시키는 함수, 즉, 확률변수이고, 그 영역은 다음 쪽의 [그림 3.1.2]에서 보듯이

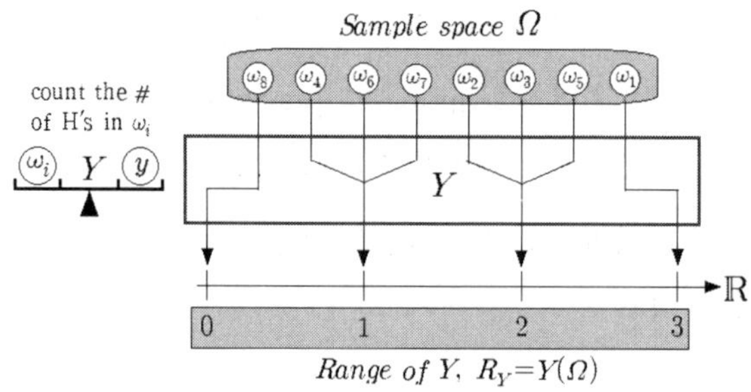

[그림 3.1.2] [예제 3.1.1]에서의 확률변수 Y와 그 영역

$$R_Y=\{0,1,2,3\}$$

이 된다. 이상을 보면 하나의 표본공간에서 관심사가 무엇인가에 따라 다양한 확률변수들을 정의할 수 있음을 알 수 있다. 그리고

$$Y=X_1+X_2+X_3$$

이므로 확률변수의 함수도 확률변수임을 알 수 있다.

3.1.2 확률분포

[예제 3.1.1]에서 관심사를 동전을 3번 던져서 나타나는 앞면의 개수라 하면 관심 있는 모든 사건은 다음과 같이 정의한 확률변수

$$Y(\omega)=\begin{cases}0, & \omega=(\mathrm{TTT})\\ 1, & \omega=(\mathrm{HTT}),(\mathrm{THT}),(\mathrm{TTH})\\ 2, & \omega=(\mathrm{HHT}),(\mathrm{HTH}),(\mathrm{THH})\\ 3, & \omega=(\mathrm{HHH})\end{cases}$$

로 나타낼 수 있으며 그 확률을 구할 수 있다. 예컨대, 동전을 3번 던질 때 앞면이 2번 관찰되는 사건 $E_2=\{\omega_2,\omega_3,\omega_5\}$는 $\{Y=2\}$로 간단히 나타낼 수 있으며

$$Y(E_2)=\{2\}=A \quad \Leftrightarrow \quad E_2=\{\omega_2,\omega_3,\omega_5\}$$

이므로 사건 $\{Y=2\}$에 대한 확률은

$$P_Y(Y=2)=P_Y(A)=P(E_2)=\frac{|E_2|}{|\Omega|}=\frac{3}{8}$$

으로 구해진다. 같은 방법으로

$$P_Y(Y=0)=\frac{1}{8},\quad P_Y(Y=1)=\frac{3}{8},\quad P_Y(Y=3)=\frac{1}{8}$$

인데, 이를 표로 정리하면

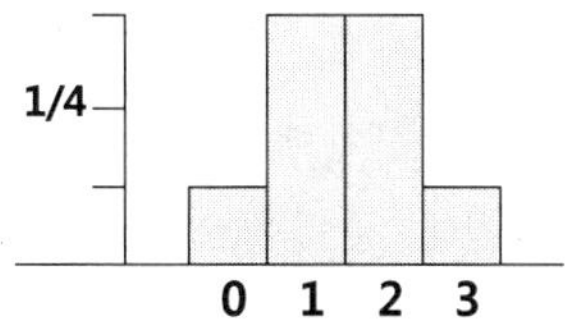

[그림 3.1.3] Y의 확률기둥그래프

$Y=y$	0	1	2	3
$P_Y(Y=y)$	$\frac{1}{8}$	$\frac{3}{8}$	$\frac{3}{8}$	$\frac{1}{8}$

과 같다. 이와 같이 확률변수 Y가 취할 수 있는 값과 그에 대응하는 확률의 관계를 확률분포라 하고, 이를 표로 정리한 것을 Y의 확률분포표라 한다. Y의 확률분포는 [그림 3.1.3]과 같은 확률기둥그래프로 나타낼 수 있다. 어떤 형태든 Y의 확률분포가 주어지면

$$P_Y(0 \le Y \le 2) = \sum_{y=0}^{2} f_Y(y)$$
$$= P_Y(Y=0) + P_Y(Y=1) + P_Y(Y=2) = \frac{7}{8}$$

과 같이 Y로 표현되는 모든 사건들에 대한 확률을 구할 수 있다.

일반적으로 표본공간 Ω에서 정의된 확률변수를 X라 할 때 X의 영역 R_X의 임의의 부분집합 A에 대한

$$P_X(A) = P_X(X \in A)$$

를 확률변수 X의 확률분포라 한다. 즉, 확률분포란 확률변수의 영역 위에서 확률변수가 취할 수 있는 값들에 대하여 확률이 어떻게 흩어져 있는지를 나타내는 것인데, 확률변수가 정해지면 그 확률분포는 분포함수, 그래프, 확률분포표 등으로 나타낼 수 있다. 이제, 예를 통하여 모집단과 확률분포의 관계 및 통계적 추론의 대상을 명확히 하고 확률분포를 간결하게 나타내는 방법에 대하여 논의하자.

예제 3.1.2

대선 또는 총선이 다가오면 여론조사 기관이 선거 전에 실시하는 유권자들의 각 후보에 대한 지지성향 조사에 대하여 살펴보자. 이와 같은 여론조사의 주된 목적은 각 후보자에 대한 전체 유권자의 지지율을 추정하려는 것이다. 이 때, 개별 유권자를 ω_i라 하면 전체 유권자 N명들의 집합 $U = \{\omega_1, \omega_2, \cdots, \omega_N\}$이 모집단이고, 조사단위인 각 유권자에게서 측정하려는 특성(관심사)은 유권자가 지지하는 후보이다. 그런데, 지지후보는 유권자마다 다를 것이므로 이는

변수이다. 어떤 유권자의 지지후보를 조사하는 것은 유권자가 자신이 지지하는 후보를 밝히기 전까지는 그 결과를 알 수 없는 우연실험에 해당되고, 이 우연실험의 표본공간 Ω는 선거에 출마한 모든 후보들의 집합이다. 예컨대, 출마한 후보자들이 A, B, C, D의 네 명이라 하면 $\Omega=\{A, B, C, D\}$이다. 그런데, 모집단 U의 각 개체에 지지후보를 대응시킨 가상 모집단

유권자	ω_1	ω_2	⋯	ω_i	⋯	ω_N
지지후보	C	D	⋯	A	⋯	B

을 보면 모집단은 각 후보를 지지하는 네 그룹으로 분할할 수 있다. 여기서 A, B, C, D 각 후보의 지지 유권자 수를 N_A, N_B, N_C, N_D라 하면, 모집단 U는 표본공간 Ω와 Ω의 각 원소에 대응되는 숫자(도수)들로 표현할 수 있다. Ω의 각 원소에 대응되는 숫자를 상대적인 크기를 나타내는

$$p_A=\frac{N_A}{N},\quad p_B=\frac{N_B}{N},\quad p_C=\frac{N_C}{N},\quad p_D=\frac{N_D}{N}$$

로 바꾸면 U는 각 후보자에 대해 유권자의 지지율을 대응시킨 다음과 같은 표

후보	A	B	C	D	합계
지지율	p_A	p_B	p_C	p_D	1.00

로 대신할 수 있다. 여기서 표본공간 Ω의 원소인 A, B, C, D에 1, 2, 3, 4를 대응시키는 확률변수를 X라 하면 Ω의 부분집합인 사건, 예컨대,

'유권자가 후보 A를 지지'

하는 사건은 $\{X=1\}$로 간단히 표현된다. 그리고 모집단의 관심사에 대한 확률분포는 X의 가능한 값 1, 2, 3, 4에 지지율을 확률로 부여한 다음과 같은 표

X	1	2	3	4	합계
확률	p_A	p_B	p_C	p_D	1.00

로 표현되는데, 이런 표를 모집단에 대한 확률분포라 한다. 이 표에는 유권자들이 어느 후보를 지지하고 있는가에 대한 모든 정보가 포함되어 있다. 예컨대, 유권자 전체 집단에서 랜덤하게 뽑은 어떤 유권자가 후보 A를 지지할 확률은 p_A이다. 즉,

$$P(X=1)=p_A$$

이다. 이상에서 모집단의 분포란 모집단의 개체에 대한 관심사를 측정하는 확률변수가 정의되면 확률변수가 취할 수 있는 각 값에 확률을 대응시킨 확률분포임을 알 수 있다.

확률분포가 주어지면 관심사에 대한 모집단의 특성을 완전히 파악할 수 있다. 그러나 그러한 정보는 알 수 없음으로 유권자 집단에서 표본을 추출하여 유권자들의 후보 지지성향을 추측하

[표 3.1.1] 1987년도 대통령 선거 결과

후보명(X)	노태우(1)	김영삼(2)	김대중(3)	김종필(4)	합 계
득표율	.367	.281	.271	.081	1.00

[표 3.1.2] 1987년 표본조사 결과

후보명(X)	노태우(1)	김영삼(2)	김대중(3)	김종필(4)	합 계
득표율	35%	29%	26%	10%	100%

려는 것이다. 표본조사를 실시하는 목적은 바로 이러한 모집단의 확률분포를 추측하기 위함이다. [표 3.1.1]은 1987년도 대통령 선거에 참여한 유권자들의 투표결과를 요약한 것이고 이를 그림으로 나타낸 것이 [그림 3.1.4]이다. [표 3.1.1]은 실제로 투표에 참여한 투표자에게 지지후보자의 번호를 부여하여 투표자 집단을 숫자들의 집합으로 변환하고 후보 번호별 상대도수를 구하여 정리한 것이라 할 수 있다. 이와 같이 숫자들의 집합으로 변환한 모집단 내에 같은 숫자들이 어느 정도로 포함되어 있는가를 나타낸 것이 모집단의 분포이다.

여론조사기관에서 실시하는 여론조사의 제1목적은 각 후보자(1987년도 대선에 출마한 노태우, 김영삼, 김대중, 김종필)에 대한 전체 유권자의 지지율, 즉, [표 3.1.1]과 같은 모집단의 확률분포를 추측하려는 것이다. 우리는 [표 3.1.1]이나 [그림 3.1.4]만 있으면 87년 대선에서 투표한 유권자들이 어떤 후보를 지지하였는가에 대한 모든 정보를 알 수 있다. 즉, 관심 변수에 대한 모집단의 특성을 완전히 파악할 수 있다. 그러나 [표 3.1.1]과 같은 모집단에 대한 분포를 투표 전에는 알 수 없기 때문에 유권자 집단에서 표본을 추출하여 유권자들의 후보지지 성향을 추측하려 한다. 87년도 대선 전에 어느 여론조사기관에서 실시한 표본조사 결과가 [표 3.1.2]인데 [표 3.1.1]과 거의 같음을 알 수 있다.

이제, 랜덤하게 추출한 n명의 유권자 중에 포함되어 있는 특정 후보(예컨대, 김영삼)의 지지자 수를 확률변수 X라 하면 X의 확률분포는

$$f_X(x;p)=\binom{n}{x}p^x(1-p)^{n-x}, \quad x=0,1,2,\cdots,n$$

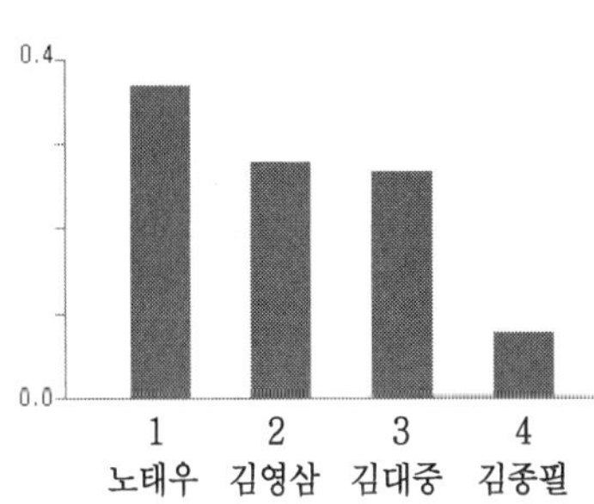

[그림 3.1.4] 1987년도 대통령 선거 결과

과 같은 함수식으로 표현할 수 있다. 여기서 p는 특정 후보의 지지율을 나타내는 0과 1 사이의 값으로 우리가 추정하려는 고정된 상수이다. 또한, p는 확률분포를 단 하나로 결정하는 미지상수로 모수(母數, parameter)라 부른다.

예제 3.1.3

어느 시에서 500가구를 랜덤하게 추출하여 가구당 자동차 보유 대수(X)를 조사하여 다음과 같은 도수분포표

자동차 보유 대수(X)	0	1	2	3	4	계
도수	69	173	156	67	35	500
상대도수	0.138	0.346	0.312	0.134	0.07	1.000

를 얻었다면, 이 표의 세 번째 행은 확률변수 X의 확률분포에 대한 하나의 근사치를 제공하므로 $P(X=x)$에 대한 근사값을 구할 수 있다. 한편, 표본의 수가 커질수록 이 상대도수는 X의 확률분포(모집단)에 근접해질 것이고, 모집단 전체를 조사한다면 모집단 또는 X의 확률분포를 얻을 수 있다.

예제 3.1.4

어느 회사에서 생산되는 전자부품 중에서 랜덤하게 추출한 40개의 수명시간(단위: 월)을 조사하여 크기순으로 나열하였더니 [표 3.1.3]과 같았다. 이 자료를 이용하여 계급의 개수를 9개, 계급의 폭을 50으로 한 도수분포표를 작성한 것이 [표 3.1.4]이다. [표 3.1.4]에서 높이는 기둥의 면적이 상대도수를 나타내는 히스토그램을 그리기 위하여 구한 것이다.

다음 쪽의 [그림 3.1.5]는 [표 3.1.4]에 대한 히스토그램과 다음과 같은 함수

[표 3.1.3] 전자부품의 수명시간 자료

0.15	2.37	2.90	7.39
7.99	12.05	15.17	17.56
22.40	34.84	35.39	36.38
39.52	41.07	46.50	50.52
52.54	58.91	58.93	66.71
71.48	71.84	77.66	79.31
80.90	90.87	91.22	96.35
108.92	112.26	122.71	126.87
127.05	137.96	167.59	183.53
282.49	335.33	341.19	409.97

[표 3.1.4] 수명시간에 대한 도수분포표

계급구간	도수	상대도수	높이
0 ~ 50	15	0.375	0.0075
50 ~ 100	13	0.325	0.0065
100 ~ 150	6	0.150	0.0030
150 ~ 200	2	0.050	0.0010
200 ~ 250	0	0.000	0.0000
250 ~ 300	1	0.025	0.0005
300 ~ 350	2	0.050	0.0010
350 ~ 400	0	0.000	0.0000
400 ~ 450	1	0.025	0.0005

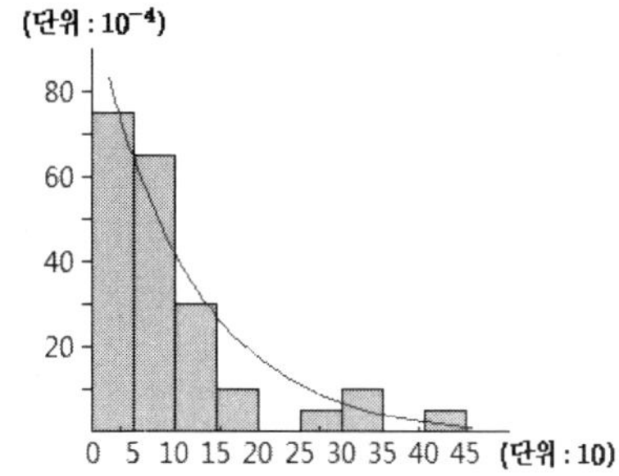

[그림 3.1.5] [표 3.1.4]에 대한 히스토그램

$$f(x) = \frac{1}{\mu} e^{-x/\mu}, \quad x > 0$$

를 함께 도시한 것인데 그림을 보면 히스토그램의 모양이 지수분포라 부르는 확률밀도함수에 비교적 잘 부합하고 있음을 볼 수 있다. 따라서 부품의 수명시간 X의 확률분포를 모수가 μ인 지수분포로 가정하고 표본자료를 이용하여 평균수명시간을 추정한다.

예제 3.1.5

[그림 3.1.6]은 2000명의 헝가리인 남자들에 대한 이마의 최대 폭을 측정하여 얻은 자료로부터 히스토그램과 꺾은선 그래프(적색)를 그린 것이다. 만약 조사 당시의 헝가리인 남자 전체에 대한 자료로 꺾은선 그래프를 그린다면 그 그래프는 흑색으로 그려진 부드러운 곡선에 접근할 것으로 예상할 수 있을 것이다. 그렇다면 흑색 곡선을 헝가리인 남자 전체의 이마의 최대 폭에 대한 이론적인 분포로 가정할 수 있겠다. 즉, 헝가리인 남자의 이마의 최대 폭을 확률변수 X라 할 때 X에 대한 이론적인 확률분포로 다음과 같은 확률밀도함수

$$f_X(x) = \frac{1}{\sqrt{2\pi}\,\sigma} \exp\left[-\frac{1}{2}\frac{(x-\mu)^2}{\sigma^2}\right], \quad -\infty < x < \infty$$

로 정의되는 정규분포로 가정하고 표본자료로부터 미지인 모수 μ와 σ^2을 추정하여 모집단의 분포로 단 하나의 정규분포를 결정한다.

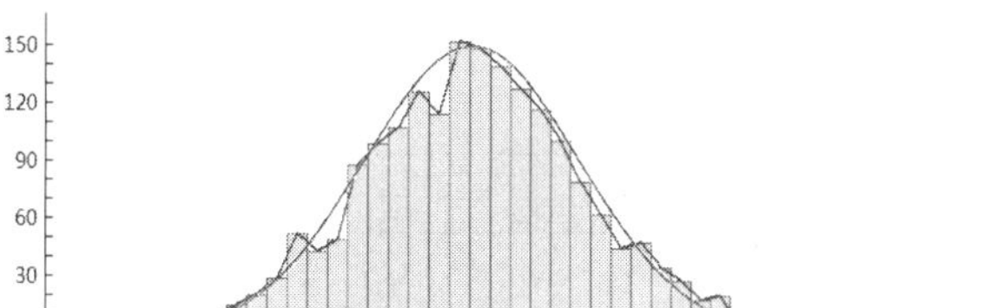

[그림 3.1.6] 헝가리인 남자 2000명에 대한 이마의 최대 폭에 대한 분포

자료: 1903년 Biometrika에 실린 K. Pearson의 논문 "두개골에 관한 소고"

지금까지의 세 예제를 보면, 통계적 추론이란

1. 측정 대상인 모든 개체들의 집합을 모집단으로 설정하고
2. 개별 개체에서 무엇을 측정할 것인가를 확인하여 확률변수를 정한 다음
3. 확률변수에 대한 적절한 확률분포를 택하여 모집단에 대한 이론적인 분포로 가정하고 분포를 하나로 결정하는 모수에 대하여 추론하고자 하는 것

임을 알 수 있다. 즉, 통계적 추론은 모집단에 대한 확률분포모형을 가정하고 표본에 근거하여 모집단 또는 확률분포의 특성치를 추측하는 과정이다. 따라서 통계적 추론을 위해서는 확률변수를 정의하고 그 확률분포를 결정하여 추론의 대상을 명확히 해야 한다.

3.1.3 확률분포함수

일반적으로 확률변수 X의 확률분포 P_X는 분포의 평균, 분산 등과 같이 분포의 특성을 나타내는 미지의 특성값(미지모수)들을 포함하는 적절한 함수식 f_X를 이용하여 간단히 표현할 수 있다. [예제 3.1.3]과 [예제 3.1.4]에서 볼 수 있듯이 확률변수는 그 영역 R의 성질에 따라 **이산확률변수**(離散確率變數, discrete random variable)와 **연속확률변수**(連續確率變數, continuous random variable)로 구분할 수 있다.

1. 이산확률변수와 확률질량함수

책의 한쪽 당 오자 수, 고속도로에서 하루 동안에 발생하는 사고 건수, 특정 질병 환자를 발견할 때까지 검사한 사람 수 등과 같이 취할 수 있는 가능한 값들을 셀 수 있는 확률변수를 이산확률변수라 한다. 일반적으로 확률변수 X의 영역 R_X가 가산집합일 때 X를 이산확률변수라 한다.

이산확률변수 X의 확률분포는 X의 가능한 값 x_i에 대응하는 확률

$$p_i = P(X = x_i)$$

를 나열한 다음과 같은 확률분포표

$X=x$	x_1	x_2	$\cdots$	x_i	$\cdots$	합계
$P(X=x)$	p_1	p_2	$\cdots$	p_i	$\cdots$	1.00

나 x와 $P(X=x)$의 대응관계를 수식으로 나타낸 함수

$$f_X(x) = P(X = x), \quad x = x_1, x_2, x_3, \cdots$$

로 표현된다. 이 f_X를 이산확률변수 X의 확률질량함수라 한다.

일반적으로 이산확률변수 X의 영역을 R_X라 할 때 임의의 사건 $A(\subset R_X)$에 대한 확률 $P_X(A)$가 R_X에 속하는 모든 x에서 음이 아닌 함수 f_X에 의하여

$$P_X(A)=\sum_{x\in A} f_X(x)$$

와 같은 식으로 구해지면 f_X를 이산확률변수 X의 **확률질량함수**(確率質量函數, probability mass function)라 한다. 확률질량함수의 정의에 의하면 확률질량함수 f_X는

(i) $f_X(x)\ge 0,\ x\in R_X,$

(ii) $\displaystyle\sum_{x\in R_X} f_X(x)=1$

을 만족하는 함수이다. 일반적으로 위와 같은 성질들을 만족하는 함수는 어떤 이산확률변수의 확률질량함수가 될 수 있다.

이산확률변수 X의 확률질량함수를 f_X라 할 때

$$F_X(x)=P_X(X\le x)=\sum_{t\le x} f_X(t),\ x\in R_X$$

를 X의 누적분포함수라 한다. 이산확률변수 X의 누적분포함수 F_X는 기껏해야 셀 수 있는 정도의 점프 불연속점을 갖는 **계단함수**(step function)이다.

예제 3.1.6

[예제 3.1.1]에서 확률변수 Y의 확률분포를 나타내는 함수

$$f_Y(y)=\binom{3}{y}\left(\frac{1}{2}\right)^y\left(\frac{1}{2}\right)^{3-y},\quad y=0,1,2,3$$

은 확률변수 Y의 확률질량함수이다. 그리고 Y의 누적분포함수 F_Y는

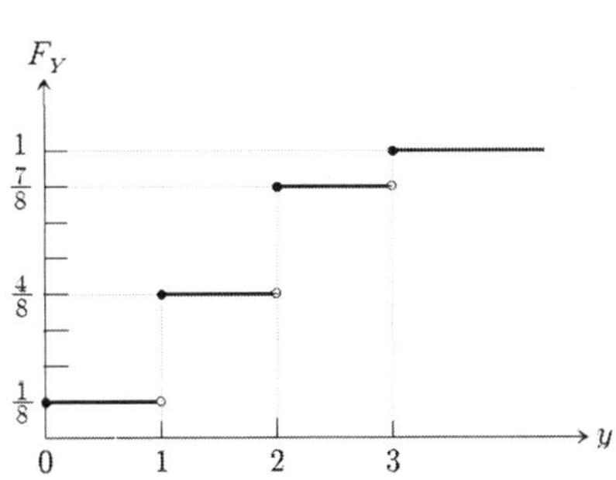

[그림 3.1.7] [예제 3.1.6]의 Y에 대한 누적분포함수

$$F_Y(y)=\sum_{t\le y} f_Y(t)=\begin{cases}0, & y<0\\ \frac{1}{8}, & 0\le y<1\\ \frac{4}{8}, & 1\le y<2\\ \frac{7}{8}, & 2\le y<3\\ 1, & 3\le y\end{cases}$$

이며, 그 그래프는 앞 쪽의 [그림 3.1.7]에 도시되어 있다.

예제 3.1.7

두개의 주사위를 던져서 나타나는 눈의 쌍을 관찰하는 실험에서 표본공간은

$$\Omega=\{\omega=(i,j)\mid i,j=1,2,3,4,5,6\}$$

이다. 이 실험에서 모든 출현 가능한 경우는 36가지이고 각 경우가 관찰될 가능성은 동일하다고 할 수 있다. 따라서 표본공간 Ω의 임의의 사건 E에 대한 확률측도 P를

$$P(E)=\frac{|E|}{36}$$

로 정의한다. 여기서 $|E|$는 집합 E에 속하는 원소의 개수를 나타낸다. 두개의 주사위 눈의 수 중 크거나 같은 수를 확률변수 X라 할 때 다음 물음에 답하여라.

(1) X의 영역 R_X를 구하여라.

(2) 사건 $A_x=\{X=x\}$, $x\in R_X$에 대응하는 Ω의 부분집합 E_x를 구하여라.

(3) X의 확률질량함수 $f_X(x)$를 구하고 그 그래프를 그려라.

(4) X의 누적분포함수 $F_X(x)$를 구하고 그 그래프를 그려라.

(풀이)

(1) $\omega=(i,j)\in\Omega$에 대하여

$$X(\omega)=\begin{cases}i, & j\le i\\ j, & j>i\end{cases},\quad i,j=1,2,3,4,5,6$$

이므로 확률변수 X의 영역은

$$R_X=\{1,2,3,4,5,6\}$$

이 된다.

(2) 각 사건 A_x에 대응하는 E_x, $x=1,2,\cdots,6$은 다음과 같다.

$$A_1=\{X=1\} \Leftrightarrow E_1=\{(1,1)\},$$

$$A_2=\{X=2\} \Leftrightarrow E_2=\{(1,2),(2,1),(2,2)\},$$

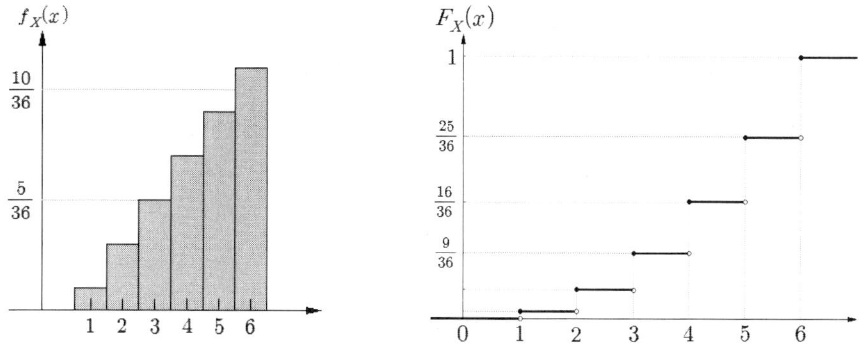

[그림 3.1.8] [예제 3.1.7]에서 X의 확률질량함수와 누적분포함수

$$A_3=\{X=3\} \Leftrightarrow E_3=\{(1,3),(2,3),(3,1),(3,2),(3,3)\},$$

$$A_4=\{X=4\} \Leftrightarrow E_4=\{(1,4),(2,4),(3,4),(4,1),(4,2),(4,3),(4,4)\},$$

$$A_5=\{X=5\} \Leftrightarrow E_5=\left\{\begin{matrix}(1,5),(2,5),(3,5),(4,5), \\ (5,1),(5,2),(5,3),(5,4),(5,5)\end{matrix}\right\},$$

$$A_6=\{X=6\} \Leftrightarrow E_6=\left\{\begin{matrix}(1,6),(2,6),(3,6),(4,6),(5,6), \\ (6,1),(6,2),(6,3),(6,4),(6,5),(6,6)\end{matrix}\right\}.$$

(3)
$$f_X(x)=P_X(X=x)=P_X(A_x)=P(E_x)$$

이므로 X의 확률질량함수 $f_X(x)$는

$$f_X(x)=P(E_x)=\frac{|E_x|}{36}=\frac{2x-1}{36}, \quad x=1,2,3,4,5,6$$

이고, 그래프는 [그림 3.1.8]의 왼쪽에 도시되어 있다.

(4)
$$\sum_{k=1}^{x}(2k-1)=x^2$$

이므로 X의 누적분포함수 $F_X(x)$는

$$F_X(x)=\begin{cases} 0 & , 1>x \\ \dfrac{([x])^2}{36} & , 1\le x<6 \\ 1 & , 6<x \end{cases}$$

이고 그래프는 [그림 3.1.8]의 오른쪽에 도시되어 있다.

2. 연속확률변수와 확률밀도함수

연속확률변수는 사람의 키나 몸무게, 물가지수, 백열전구의 수명시간 등과 같이 그 영역이 실수 구간인 확률변수이다. 따라서 연속확률변수 X의 가능한 값 x에 개별적으로 확률을 부여할 수는 없고 X가 그 영역 A_X의 임의의 부분집합에 속할 확률을

$$P_X(A)=\int_A f_X(x)dx$$

와 같이 구할 수 있는 함수 $f_X(x)$를 이용하여 X의 확률분포를 나타낸다.

예제 3.1.8

철수는 오전 7시 55분에서 8시 5분 사이에 정류장에 도착하여 8시 5분에 출발하는 버스를 타고 출근한다. 여기서 철수가 버스 정류장에 도착하는 시각을 확률변수 $\boldsymbol{X}$라 하고 오전 8시 정각일 때 $X=0$이라 하면 X의 가능한 값은 구간 $(-5, 5)$에 속한다. 여기서 X는 -5에서 5 사이의 모든 값을 취할 수 있고 그 가능성은 동일하다고 가정한다. 그런데, 철수가 정확히 8시에 도착하여 버스를 탈 가능성은 있지만 그 확률은 직관적으로 0이다. 하지만 7시 58분에서 8시 2분 사이에 버스를 탈 가능성은 구간 $(-2, 2)$의 각 값에 대하여 동일하므로 그 확률은 구간의 길이에 비례한다. 즉,

$$P_X(-2<X<2)=c[2-(-2)]=4c$$

이고, 7시 55분에서 8시 5분 사이에 도착하여 버스를 탈 확률은 1이므로

$$P_X(-5<X<5)=c[5-(-5)]=10c=1$$

이어야 한다. 따라서 $c=\frac{1}{10}$이고, [그림 3.1.9]에서 보는 바와 같이

$$P(-2<X<2)=(4)\frac{1}{10}=\int_{-2}^{2}\frac{1}{10}dx$$

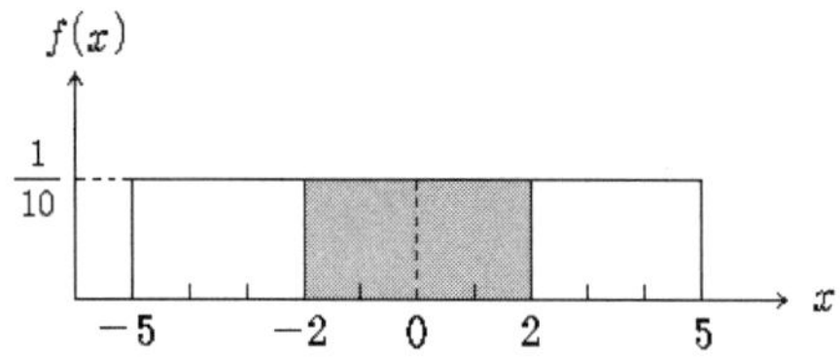

[그림 3.1.9] $P_X(-2\le X\le 2)=\int_{-2}^{2}\frac{1}{10}dx$

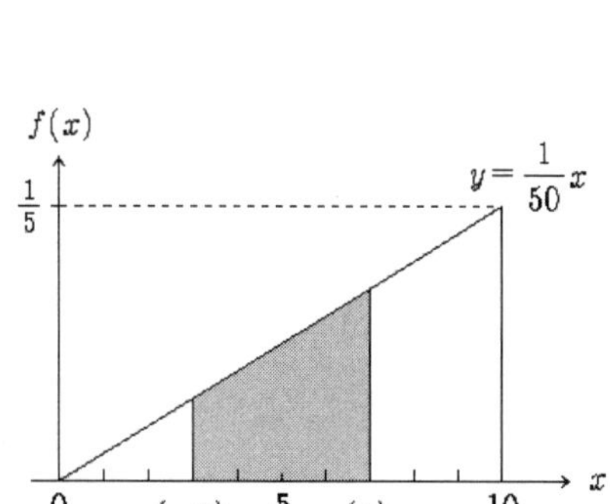

[그림 3.1.10] $P_X(3\le X\le 7)=\int_{3}^{7}\frac{1}{50}x\,dx$

가 된다. 한편, 철수가 7시 55분($X=0$)에서 8시 5분($X=10$)으로 갈수록 정류장에 도착할 가능성이 [그림 3.1.10]과 같이 x에 정비례하여 커진다고 가정하면

$$P(0<X<10)=\int_0^{10} cx\,dx=1 \quad \Rightarrow \quad c=\frac{1}{50}$$

이다. 따라서 철수가 7시 58분($X=3$)에서 8시 2분($X=7$) 사이에 버스를 탈 확률은

$$P_X(3\le X\le 7)=\int_3^7 \frac{1}{50}x\,dx=\frac{2}{5}$$

와 같이 구할 수 있다.

[예제 3.1.8]을 보면 연속확률변수 X와 관련된 확률 $P(a\le X\le b)$를 적절한 함수 f_X를 이용하여

$$P(a\le X\le b)=\int_a^b f_X(x)\,dx$$

와 같은 식으로 구하고 있다. 일반적으로 확률변수 X의 영역 R_X가 실수직선 $\mathbb{R}$이거나 구간 $[a,b]$일 때

$$F_X(x)=P_X(X\le x)=\int_{-\infty}^{x} f_X(t)dt$$

를 만족하는 음이 아닌 함수 f_X가 존재하면 X를 연속확률변수라 하고 함수 f_X를 X의 확률밀도함수, F_X를 X의 누적분포함수라 한다. 따라서 확률밀도함수 f_X는

(i) $f_X(x)\ge 0$

(ii) $F_X(\infty)=\int_{-\infty}^{\infty} f_X(x)\,dx=1$

을 만족하는 함수임을 알 수 있다. 일반적으로 위의 두 성질을 만족하는 함수는 어떤 연속확률변수의 확률밀도함수가 될 수 있다. 그리고

$$P(X=x)=\int_x^x f_X(t)\,dt=0$$

이므로 확률밀도함수 $f_X(x)$는 $X=x$일 확률을 나타내는 것이 아니고 $X=x$일 가능성을 의미한다. 한편, F_X와 f_X의 관계는

$$F_X'(x)=\frac{d}{dx}\int_{-\infty}^{x} f_X(t)\,dt=f_X(x)$$

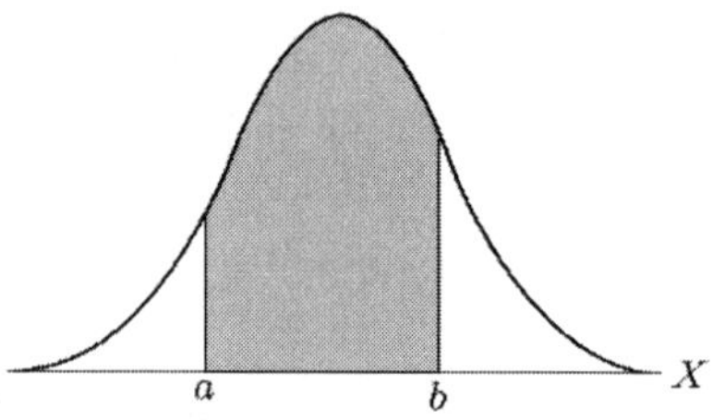

[그림 3.1.11] $P(a \leq X \leq b) = \int_a^b f_X(x)\,dx$

이므로 누적분포함수의 도함수가 확률밀도함수임을 알 수 있다. 연속확률변수 X와 관련된 사건의 확률은 [그림 3.1.11]처럼 다음과 같은 식으로 구해진다.

$$P_X(a < X \leq b) = F_X(b) - F_X(a)$$

$$= \int_{-\infty}^b f_X(x)dx - \int_{-\infty}^a f_X(x)dx = \int_a^b f_X(x)dx.$$

예제 3.1.9

다음과 같은 함수

$$f_X(x) = cx^{-3}, \quad x > 1$$

가 확률변수 X의 확률밀도함수일 때, 상수 c와 X의 분포함수 $F_X(x)$를 구하여라.

(풀이)

$f_X(x) \geq 0$이어야 하므로 $c \geq 0$이고,

$$\int_{-\infty}^{\infty} f_X(x)\,dx = \int_1^{\infty} cx^{-3}\,dx = \left[-\frac{c}{2}x^{-2}\right]_1^{\infty} = \frac{c}{2} = 1$$

을 만족해야 하므로 $c = 2$이다. 따라서 X의 분포함수 F_X는

$$F_X(x) = \int_{-\infty}^x f_X(t)\,dt = \int_1^x 2t^{-3}\,dt = (1 - x^{-2}), \quad x > 1$$

가 된다. 이 F_X는 모든 실수 x에서 연속이지만 $x=1$에서 미분 불가능하므로 f_X는 $x=1$을 제외한 모든 x에서 F_X의 도함수로 정의할 수 있다. 그러나 $P_X(X=1) = 0$이므로 f_X는

$$f_X(x) = 2x^{-3}, \quad x \geq 1$$

으로 정의할 수 있다.

3.2 확률분포의 특성값

확률변수의 확률분포는 [그림 3.1.5]나 [그림 3.1.6]과 같은 그래프에 의해서 그 모습을 개략적으로 파악할 수 있지만 적절한 수치에 의하여 그 모습을 기술할 수 있어야 한다. 통상적으로 확률분포의 특징적인 모습은 확률분포의 중심위치와 확률변수가 취하는 값들이 중심위치 주변에 퍼져 있는 정도를 나타내는 특성값을 이용하여 기술하고 있다. 이 절에서는 그러한 특성값들을 구해내는 방법과 그 의미에 대하여 논의한다.

3.2.1 기댓값

1,000원을 주고 구입한 복권의 번호가 00에서 99까지의 100개 중에서 임의로 추출한 숫자와 일치하면 100,000원을 받는다고 할 때 이 복권의 기대금액은 얼마일까? 이 우연실험의 표본공간은 $\Omega=\{$당첨, 꽝$\}$이고 각 경우에 받는 금액은 100,000원과 0원이므로 두 가능한 결과들에 대한 산술평균을 생각하면 기대금액이 50,000원이 된다. 그러나 이것은 100,000원을 받을 가능성이 0원을 받을 가능성보다 훨씬 적다는 점을 고려하지 않은 것이기 때문에 타당하지 않다. 당첨확률이 0.01이므로 100번의 복권 구입에서 한 번 정도 십만 원을 받을 수 있고 나머지 99번은 0원을 받는다. 따라서 장기적인 안목에서 볼 때 기대되는 금액은 당첨확률을 가중치로 준 가중평균

$$100,000\times0.01+0\times0.99=1,000(\text{원})$$

이 된다. 즉, 이런 복권 판매를 장기적으로 계속한다면 남는 게 없을 것이므로 당연히 복권을 파는 쪽에서는 당첨확률을 낮추려 할 것이다. 여기서 표본공간의 각 경우에 받을 수 있는 금액을 확률변수 X라 하면 X의 확률분포는

X	0	100,000
확률	0.99	0.01

이다. 이런 확률분포 하에서 복권을 장기적으로 계속 구매할 때 기대되는 금액 1,000원을 확률변수 X의 **기댓값**(期待值, expected value)이라 하고 기호 $E(X)$로 나타낸다.

영역이 R_X인 이산확률변수 X의 확률질량함수를 f_X라 할 때, X의 기댓값 $E(X)$는

$$E(X)=\sum_{x\in R_X} xf_X(x)$$

와 같은 식으로 정의하고, 확률밀도함수가 f_X인 연속확률변수 X의 기댓값 $E(X)$는

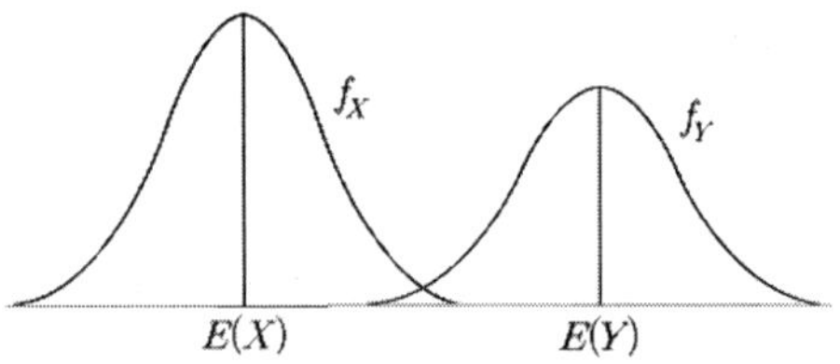

[그림 3.2.1] 두 확률분포에서 평균의 위치

$$E(X)=\int_{R_X} x f_X(x)\,dx$$

와 같은 식으로 정의한다. 확률변수 X의 확률분포가 통계조사 대상인 모집단의 분포에 대한 이론적인 모형으로 사용될 때는 X의 기댓값 $E(X)$를 **모평균**(population mean)이라 하며 기호 μ 또는 μ_X로 나타낸다. 확률변수 X의 기댓값 $E(X)$는 확률분포의 중심위치를 나타내는 분포의 한 특성값인데, [그림 3.2.1]은 확률분포함수가 f_X와 f_Y인 두 분포에서 기댓값이 각 분포의 중심위치를 나타내고 있음을 보이고 있다.

이산확률변수 X의 확률분포를

X	x_1	x_2	$\cdots$	x_i	$\cdots$	x_n
$P(X=x_i)$	p_1	p_2	$\cdots$	p_i	$\cdots$	p_n

라 할 때, 기댓값의 정의에 의하면 X의 기댓값 $E(X)$는

$$\begin{aligned} E(X) &= \sum(\text{확률변수의 출현 가능한 값})\times(\text{출현 확률}) \\ &= x_1\times p_1 + x_2\times p_2 + \ \cdots\ + x_n\times p_n = \sum_{i=1}^{n} x_i\, p_i \end{aligned}$$

와 같은 식으로 계산한다. 따라서 이산확률변수 X의 기댓값 $E(X)$는 X의 가능한 값들에 대하여 그 확률을 가중치로 부여하여 구한 가중평균(加重平均, weighted average)임을 알 수 있다. 기댓값의 다른 의미로는 평균적인 출현치라 할 수 있는데, 이때의 평균은 우연실험을 많이 시행할 때 실제로 볼 수 있는 **"긴 안목(long-run)에서의 평균"**을 의미한다. 예컨대, 어느 야구 선구의 평균 타율이 2할 5푼이라고 하는 것은 이 선수가 3번의 타석에서 안타를 치지 못했을 때 4번째 타석에서는 안타를 반드시 쳐낼 것이라는 의미가 아니고 이 선수가 오랫동안 많은 횟수의 타석에서 안타를 쳐낸 결과를 보니 25% 정도 안타를 때려낼 수 있다는 것을 의미한다. $E(X)$는 정의에서 주어진 합 또는 적분이 절대적으로 수렴할 때만 존재한다. 앞으로 특별한 언급이 없는 한 모든 기댓값은 존재하는 것으로 가정한다.

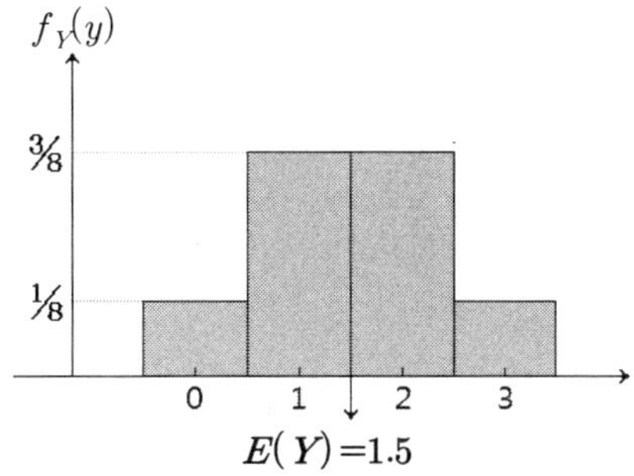

[그림 3.2.2] 평균=확률분포의 중심위치

예제 3.2.1

[예제 3.1.6]에서 확률변수 Y의 평균을 구하여라.

(풀이)

Y의 확률질량함수 f_Y는

$Y=y$	0	1	2	3
$P_Y(Y=y)$	$\frac{1}{8}$	$\frac{3}{8}$	$\frac{3}{8}$	$\frac{1}{8}$

이므로 Y의 평균 $E(X)$는 다음과 같이 구해진다.

$$E(X) = 0\times\frac{1}{8}+1\times\frac{3}{8}+2\times\frac{3}{8}+3\times\frac{1}{8}=\frac{3}{2}.$$

[예제 3.2.1]에서 구한 기댓값 1.5는 확률변수 Y의 관찰 가능한 값이 아니다. 일반적으로 확률변수 Y의 기댓값 $E(Y)$는 Y의 관찰 가능한 값이 아닐 수 있다. [예제 3.2.1]에서 기댓값 1.5의 의미는 동일한 조건하에서 동전을 세 번 던지는 실험을 반복할 때 관찰되는 Y값들이 1.5를 중심으로 그 주변에 밀집되어 분포한다는 것이다. 또, [그림 3.2.2]와 같은 확률변수 Y의 확률기둥그래프 모양대로 금속판을 오려내면 $E(Y)=1.5$의 위치는 금속판의 밑변에서 좌우 평형을 이루는 점으로 금속판 질량분포의 중심(重心)이 된다.

예제 3.2.2

길이가 5인 선분을 랜덤하게 분할하여 그 왼쪽 부분의 길이를 확률변수 X로 정의하면 X의 확률밀도함수는

$$f_X(x)=\frac{1}{5},\quad 0<x<5$$

로 생각할 수 있다. $E(X)$를 구하여라.

(풀이)

연속확률변수의 기댓값에 대한 정의로부터 $E(X)$는 다음과 같이 구해진다.

$$E(X)=\int_0^5 x\frac{1}{5}dx=\frac{1}{5}\left[\frac{1}{2}x^2\right]_0^5=\frac{5}{2}.$$

표본고간 Ω에서 정의된 확률변수 X의 함수 $g(X)$도 확률변수이므로 그 확률분포가 존재하고 $g(X)$의 확률분포는 X의 확률분포로부터 유도할 수 있다. 따라서 $g(X)$의 분포를 구하면 기댓값의 정의에 의하여 $g(X)$의 기댓값 $E[g(X)]$를 계산할 수 있다. 그러나 [정리 3.2.1]을 이용하면 $g(X)$의 확률분포를 구하지 않고도 X의 확률분포를 이용하여 바로 $g(X)$의 기댓값을 구할 수 있다.

[정리 3.2.1] 확률변수의 함수에 대한 기댓값

영역이 R_X인 확률변수 X의 확률분포함수를 f_X라 할 때, X의 함수 $g(X)$에 대한 기댓값은 다음과 같은 식으로 구할 수 있다.

$$E[g(X)]=\begin{cases}\sum_{x\in R_X} g(x)f_X(x) & , X\text{는 이산확률변수}\\ \int_{R_X} g(x)f_X(x)\,dx & , X\text{는 연속확률변수}\end{cases}$$

[예제 3.2.1]에서 [정리 3.2.1]을 이용하여 $E(Y^2)$을 구하여 보면

$$E(Y^2)=0^2\times\frac{1}{8}+1^2\times\frac{3}{8}+2^2\times\frac{3}{8}+3^2\times\frac{1}{8}=3$$

이고, [예제 3.2.2]에서 $E(X^2)$을 구하면

$$E(X^2)=\int_0^5 x^2\frac{1}{5}dx=\frac{1}{5}\left[\frac{1}{3}x^3\right]_0^5=\frac{25}{3}$$

가 되어 [정리 3.2.1]을 확인할 수 있다. 다음은 기댓값의 계산에 유용한 기댓값에 관한 몇 가지 성질들이다.

(i) $E(c_i)=c_i$

(ii) $g(X)\geq 0 \quad\Rightarrow\quad E[g(X)]\geq 0$

(iii) $^{\forall}x,\ g_1(x)\leq g_2(x) \quad\Rightarrow\quad E[g_1(X)]\leq E[g_2(X)]$

(iv) $E\left[\sum_{i=1}^{n} c_i g_i(X)\right] = \sum_{i=1}^{n} c_i E[g_i(X)]$

여기서 c_i, $i=1,2,\cdots,n$은 상수이고, $g(X)$와 $g_i(X)$, $i=1,2,\cdots,n$은 확률변수 X의 함수들이다. 위의 성질 (iv)는 확률변수 X의 선형식에 대한 기댓값의 계산에 유용하다.

예제 3.2.3

확률변수 X의 확률밀도함수 f_X가

$$f_X(x) = 2(1-x), \quad 0 < x < 1$$

일 때 $E(3X+6X^2)$을 구하여라.

(풀이)

$$E(X) = \int_{-\infty}^{\infty} x f_X(x)\,dx = \int_0^1 x[2(1-x)]\,dx = \left[x^2 - \frac{2}{3}x^3\right]_0^1 = \frac{1}{3},$$

$$E(X^2) = \int_{-\infty}^{\infty} x^2 f_X(x)\,dx = \int_0^1 x^2[2(1-x)]\,dx = \left[\frac{2}{3}x^3 - \frac{1}{2}x^3\right]_0^1 = \frac{1}{6}$$

이므로 기댓값의 성질 (iv)에 의하여 구하는 기댓값은 다음과 같다.

$$E(3X+6X^2) = 3E(X) + 6E(X^2) = 2.$$

3.2.2 분산과 표준편차

확률변수 X의 기댓값 $E(X)$로는 단지 확률분포의 중심위치에 대한 정보만을 얻을 수 있을 뿐이며, X의 관찰 가능한 값들이 분포의 중심위치인 $E(X)$ 주변에 어떤 모습으로 흩어져 있는가는 알 수 없다. 실제로 평균, 즉, 분포의 중심위치는 같지만 그 형태가 서로 다른 경우들이 많이 있다. 따라서 확률변수의 관찰 가능한 값들이 분포의 중심위치 주변에 얼마나 밀집되어 있는가를 파악할 수 있는 측도, 즉, 산포(散布)에 대한 측도(measure of dispersion)가 필요하다.

산포에 대한 측도로 X에서 분포의 중심위치 $E(X)$까지의 거리인 편차 $X-E(X)$에 대한 평균을 생각할 수 있으나 편차의 평균은 항상 0이므로 $E[X-E(X)]$는 산포의 측도로 사용할 수 없다. $E[X-E(X)]$가 항상 0이 되는 까닭은 $X-E(X)$가 떨어져 있는 거리의 크기와 방향을 함께 나타내고 있기 때문이다. 그러나 산포의 측도에서 방향은 문제가 되지 않으므로 방향을 제거한 $|X-E(X)|$의 기댓값 $E[|X-E(X)|]$를 산포에 대한 측도로 쓸

수 있겠는데 이러한 측도를 평균편차라 부른다. 그런데 평균편차는 일차원 공간상에서의 거리인 절대편차에 대한 평균이므로 편차의 방향을 제거하는 방법으로 편차의 제곱을 고려할 수 있다. 일반적으로 확률변수 X의 평균을 μ_X라 할 때,

$$Var(X) = E\left[(X-\mu_X)^2\right]$$

이 존재하면 이를 X의 **분산**(分散, variance)이라 하고 확률분포의 산포에 대한 측도로 사용한다. 확률변수 X의 분산 $Var(X)$는 $V(X)$로 표기하기도 하는데 X의 확률분포가 모집단의 분포에 대한 이론적 모형으로 사용되면 $Var(X)$를 **모분산**(population variance)이라 부르며 기호 σ^2, σ_X^2 등을 이용하여 나타낸다.

확률변수 X의 영역을 R_X라 할 때 X의 분산 $Var(X)$는 X가 이산확률변수이면

$$Var(X) = \sum_{x \in R_X} (x-\mu_X)^2 f_X(x)$$

와 같은 식으로, X가 연속확률변수이면

$$Var(X) = \int_{R_X} (x-\mu_X)^2 f_X(x)\, dx$$

와 같은 식으로 구한다.

확률변수 X의 분산은 편차의 제곱에 대한 기댓값이므로 분산의 단위는 X의 원래 단위와 다르다. 그런데 같은 단위에서의 산포에 대한 측도가 자주 요구되므로 분산에 대한 양의 제곱근을 산포의 측도로 사용하고 이를 **표준편차**(標準偏差, standard deviation)라 부른다. 표준편차에 대한 기호로는 $sd(X)$, σ_X 등을 사용한다.

분산은 다음과 같은 관계식

$$Var(X) = E\left[(X-\mu_X)^2\right] = E(X^2) - \mu_X^2$$

을 이용하여 계산하는 계산오차를 줄일 수 있다. 그리고 a, b가 상수일 때

$$Var(aX+b) = a^2\, Var(X)$$

가 성립한다.

예제 3.2.4

두개의 주사위를 던지는 실험에서 두 주사위의 눈의 합을 확률변수 X라 할 때, X의 분산을 구하여라.

(풀이)

X의 확률분포는

$X=x$	2	3	4	5	6	7	8	9	10	11	12
$f_X(x)$	$\frac{1}{36}$	$\frac{2}{36}$	$\frac{3}{36}$	$\frac{4}{36}$	$\frac{5}{36}$	$\frac{6}{36}$	$\frac{5}{36}$	$\frac{4}{36}$	$\frac{3}{36}$	$\frac{2}{36}$	$\frac{1}{36}$

이므로 X의 평균은

$$\mu_X = E(X) = \sum_{x=2}^{12} x f_X(x) = 7$$

이다. 그리고

$$E(X^2) = \sum_{x=2}^{12} x^2 f_X(x) = \frac{329}{6}$$

이므로 X의 분산은 다음과 같이 구해진다.

$$Var(X) = E(X^2) - \mu_X^2 = \frac{329}{6} - (7)^2 = \frac{35}{6}.$$

예제 3.2.5

확률변수 X와 Y의 확률밀도함수 f_X와 f_Y가

$$f_X(x) = \frac{1}{2a},\ -a<x<a, \quad f_Y(y) = \frac{1}{4a},\ -2a<y<2a, \quad a>0$$

일 때 X와 Y의 표준편차를 구하여 두 분포를 비교하여라.

(풀이)

X와 Y의 평균은 0으로 동일하다. 따라서

$$Var(X) = E(X^2) = \int_{-a}^{a} x^2 \frac{1}{2a}\, dx = \frac{1}{2a}\left[\frac{1}{3}x^3\right]_{-a}^{a} = \frac{1}{3}a^2,$$

$$Var(Y) = E(Y^2) = \int_{-2a}^{2a} y^2 \frac{1}{4a}\, dy = \frac{1}{4a}\left[\frac{1}{3}y^3\right]_{-2a}^{2a} = \frac{4}{3}a^2$$

이므로 X와 Y의 표준편차는 각각

$$\sigma_X = \frac{1}{\sqrt{3}}a, \quad \sigma_Y = \frac{2}{\sqrt{3}}a$$

가 된다. 이는 Y의 확률분포가 X의 확률분포에 비하여 평균 0을 중심으로 2배 더 넓은 구간에 분포되어 있음을 나타낸다.

3.3 확률분포모형

확률실험과 관련되어 있는 확률분포들은 동일한 형태의 함수식으로 표현될 수 있다. 동일한 형태의 함수식으로 표현되는 특정한 확률분포들를 확률분포모형이라 한다. 확률분포모형을 나타내는 함수식의 형태에는 분포를 단 하나로 결정하는 미지의 특성치가 포함되어 있는데 이 특성치를 **모수**(母數, parameter)라 한다. 통계적 추론이란 모수를 추정하여 모집단의 분포를 단 하나로 결정하려는 과정이라 할 수 있다. 따라서 이 절에서는 통계적 추론에서 모집단에 대한 이론적 분포로 자주 이용되는 확률분포모형과 그 특성 및 적용 사례들에 대하여 논의한다. 먼저, 베르누이 과정으로부터 유도할 수 있는 이산확률변수의 확률분포모형에 대하여 살펴보고, 다음으로 가장 중요한 연속확률분포라 할 수 있는 정규분포에 대하여 설명한다.

3.3.1 이항분포

동전을 던질 때 나타나는 면(앞면 또는 뒷면), 새로 태어나는 송아지의 성별(암 또는 수), 질병에 대한 감염 여부 등과 같이 실험의 출현결과가 두 가지 뿐인 실험을 **베르누이 시행**(Bernoulli trial)이라고 한다. 베르누이 시행에서 하나의 실험결과를 "성공(S)"이라 하고, 다른 하나를 "실패(F)"라 할 때 실험결과가 성공이면 1, 실패이면 0을 대응시키는 확률변수를 X라 하면 베르누이 시행의 성공확률 p는 $P(X=1)$과 같고 실패할 확률은 $1-p$가 된다. 일반적으로 실험의 표본공간 Ω에서 정의된 사건 E가 일어날 확률을

$$P(E)=p, \quad 0<p<1$$

라 할 때,

$$^{\forall}\omega\in\Omega, \quad X=X(\omega)=\begin{cases}1, & \omega\in E\\ 0, & \omega\notin E\end{cases}$$

로 정의한 확률변수를 **베르누이 확률변수**라 하며 X의 확률분포는

$X=x$	0	1	합계
$P(X=x)$	$1-p$	p	1

이 된다. 이러한 확률분포를 **베르누이 분포**라 한다. 성공확률이 p인 베르누이 확률변수 X의 확률질량함수 f_X는

$$f_X(x\,;p)=p^x(1-p)^{1-x},\quad x=0,1,\quad 0<p<1$$

과 같이 나타낼 수 있는데, 확률질량함수가 위와 같은 확률분포를 모수가 p인 베르누이 분포라 하며 기호 $b(1,p)$로 표기한다.

예제 3.3.1

야구경기에서 타율이 3할 3푼 3리인 어떤 타자가 타석에 들어서서 타격을 할 때 다음 각 확률을 구하여라.

(1) 처음 두 타석에서 연속으로 안타를 칠 확률

(2) 네 번째 타석에서 처음으로 안타를 칠 확률

(3) 네 번의 타석에서 하나의 안타를 칠 확률

(풀이)

안타를 성공(S), 그 밖의 경우를 실패(F)라 하면 매 타격은 서로 독립이고 성공확률이 ⅓인 베르누이 시행이므로 구하는 확률은 다음과 같다.

(1) $P(\{SS\})=(1/3)^2=\dfrac{1}{9}$.

(2) $P(\{FFFS\})=(2/3)^3(1/3)=\dfrac{8}{81}$.

(3) $P(\{SFFF,\,FSFF,\,FFSF,\,FFFS\})=(4)(1/3)(2/3)^3=\dfrac{32}{81}$.

모수가 p인 베르누이 분포를 따르는 확률변수 X의 평균은

$$E(X)=0\times(1-p)+1\times p=p$$

이고,

$$E(X^2)=0^2\times(1-p)+1^2\times p=p$$

이므로 X의 분산은

$$Var(X)=E(X^2)-[E(X)]^2=p-p^2=p(1-p)$$

가 된다.

일련의 베르누이 시행에서 성공이 일어난 횟수, 예컨대,

"신생아가 남아일 확률을 0.52라 할 때 최근 3개월 동안 경상대학병원에서 출생한 100명의 신생아 중 60명 이상이 남자일 확률은 얼마나 되는가?"

와 같은 문제를 보면 결과가 일어나는 순서와 관계없이 전체 시행에서 성공이 관찰된 횟

수에 관심이 있다.

성공할 확률이 p인 베르누이 시행을 독립적으로 n번 반복하는 **베르누이 과정**(Bernoulli process)에서 실험의 성공 횟수를 확률변수 X라 할 때 사건 $\{X=x\}$, $x=0, 1, 2, \cdots, n$이 일어날 경우의 수는 n개의 자리에서 S가 놓일 자리 x개를 뽑는 경우의 수 $\binom{n}{x}$와 같고, 각 경우에 대한 확률은 $p^x(1-p)^{n-x}$으로 동일하다. 따라서 $P(X=x)$는

$$P(X=x)=\binom{n}{x}p^x(1-p)^{n-x}$$

이 된다. 확률변수 X의 확률질량함수 f_X가

$$f_X(x;n,p)=\binom{n}{x}p^x(1-p)^{n-x},\ x=0, 1, 2, \cdots, n,\quad 0<p<1$$

인 이산확률분포를 모수가 n과 p인 **이항분포**(二項分布, binomial distribution)라 하며, 기호 $b(n, p)$로 표기한다. $X\sim b(n, p)$일 때 X의 평균과 분산은 다음과 같다.

$$E(X)=np,\quad Var(X)=np(1-p).$$

예제 3.3.2

멘델의 유전법칙에 따르면 빨간색과 파란색 꽃이 섞여서 피는 나팔꽃을 자가 수정하여 얻은 나팔꽃 씨앗의 25%는 파란색 꽃을 피운다고 한다. 자가 수정하여 얻은 5개의 나팔꽃 씨앗에 대하여 다음 물음에 답하여라.

(1) 빨간색 나팔꽃을 피우는 씨앗이 하나도 없을 확률을 구하여라.

(2) 빨간색 나팔꽃을 피우는 씨앗이 4개 이상일 확률을 구하여라.

(풀이)

5개의 씨앗 중 빨간색 꽃을 피우는 씨앗의 수를 X라 하면 X의 가능한 값은 $0, 1, 2, 3, 4, 5$이고, 빨간색 꽃을 피우는 씨앗일 확률은 멘델의 유전법칙에 따라 0.25가 된다. 한편, 각 씨앗의 꽃 색깔은 서로에게 영향을 주지 않으므로 씨앗들은 서로 독립이다. 따라서 X는 성공 확률이 0.25인 5회의 베르누이 시행에서 성공한 횟수와 같은 분포인 $b(5,\ 0.25)$를 따른다.

(1) $P(X=0)=\binom{5}{0}(0.25)^0(0.75)^5=0.237$

(2) $P(X\geq 4)=P(X=4)+P(X=5)=\binom{5}{4}(0.25)^4(0.75)^1+\binom{5}{5}(0.25)^5(0.75)^0=0.016$

예제 3.3.3

점보제트 여객기에는 서로 독립적으로 작동하는 4대의 엔진을 장착하고 있다. 각 엔진의 고

장 확률은 0.002이다. 성공적인 비행을 위해서 적어도 2대 이상의 엔진이 정상적으로 작동되어야 한다면 비행이 성공적으로 종료될 확률을 구하여라.

(풀이)

4대의 엔진 중 정상적으로 작동되는 엔진의 수를 X라 하면 $X \sim b(4, 0.998)$이다. 따라서 구하는 확률은 다음과 같다.

$$P(X \ge 2) = \sum_{x=2}^{4} \binom{4}{x} (0.998)^x (0.002)^{4-x} = 1 - \sum_{x=0}^{1} P(X=x) \fallingdotseq 0.99999997.$$

이항분포 $b(n, p)$는 p값에 따라 분포의 모습이 달라진다. $n=6$이고 p가 0.3, 0.5 및 0.7인 이항분포의 확률기둥그래프가 [그림 3.3.1]에 주어져 있다. 이항분포의 모습은 [그림 3.3.1]에서 보는 것처럼 $p=0.5$이면 좌우 대칭인 형태이고, $p<0.5$이면 꼬리가 오른쪽으로 늘어진(skewed to the right) 형태이며, $p>0.5$일 때는 꼬리가 왼쪽으로 늘어진(skewed to the left) 모습이다.

이항분포와 관련된 확률은 부록에 주어져 있는 이항분포표나 엑셀을 이용하여 구할 수 있다. 부록의 이항분포표에는 여러 n과 p에 대하여 $P(X=x)$를 계산한 값들이 제시되어 있다. 이항분포표를 이용하여 확률을 구할 때는 다음과 같은 관계식을 이용한다.

$$P(X=x) = P(X \le x) - P(X \le x-1),$$

$$P(X>x) = 1 - P(X \le x).$$

예제 3.3.4

인공 부화한 달걀에서 암평아리가 나올 확률은 0.5라고 한다. 부화된 15마리의 병아리 중에서 암평아리가 여섯 마리 이상 열 마리 이하일 확률을 구하여라.

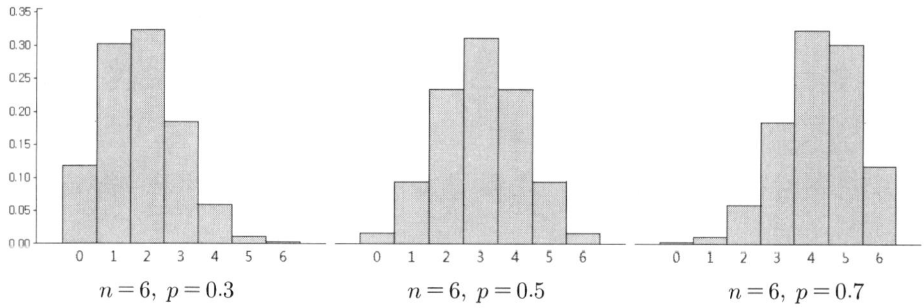

[그림 3.3.1] $n=6$, $p=0.3, 0.5, 0.7$**인 이항분포**

(풀이)

부화된 병아리 15마리 중에 포함된 암평아리의 수를 X라 하면 $X \sim b(15, 0.5)$이다. 따라서 부록의 이항분포표를 이용하여 확률을 구하면 다음과 같다.

$$P(6 \le X \le 10) = P(x \le 10) - P(x \le 5) = 0.941 - 0.151 = 0.790.$$

예제 3.3.5

비행기 좌석의 예약 취소율은 20%라고 한다. 예약 손님이 100명일 때, 예약을 취소하는 고객 수에 대한 평균과 표준편차를 구하고, 예약을 취소하는 사람이 20명 이상 30명 이하일 확률을 구하여라.

(풀이)

예약을 취소하는 고객의 수를 확률변수 X라 하면 $X \sim b(100, 0.2)$이다. 따라서 X의 평균과 표준편차는

$$\mu_X = np = (100)(0.2) = 20, \quad \sigma_X = \sqrt{np(1-p)} = \sqrt{(100)(0.2)(0.8)} = 4$$

이고, 구하는 확률은

$$P(20 \le X \le 30) = \sum_{x=20}^{30} \binom{100}{x} (0.2)^x (0.8)^{100-x}$$

인데 이 확률은 3.3.3절에서 이항분포의 정규근사를 이용하여 구하기로 한다.

3.3.2 포아송분포

19세기 초에는 요즘과 같은 컴퓨터가 없었기 때문에 이항확률을 계산하는 것이 쉽지 않았다. 프랑스의 수학자이자 물리학자인 Simeon Denis Poisson(1781~1840)은 이항확률의 근사값을 계산하기 위한 지수식

$$\binom{n}{x} p^x (1-p)^{n-x} \approx \frac{e^{-m} m^x}{x!}$$

을 발표하였다. $n \ge 20$, $p \le 0.05$인 이항분포에 관한 확률은 $m = np$인 포아송 근사식을 이용하여 근사적으로 구해도 무방하다. 예컨대, $X \sim b(4000, 0.002)$일 때, $P(X \ge 3)$는 p가 0.002로 아주 작고 n이 4,000으로 충분히 큰 값이므로 $m = np = 8$인 포아송 근사식을 이용하여

$$P(X \ge 3) = 1 - P(X \le 2) \approx 1 - \sum_{x=0}^{2} \frac{e^{-8}(8)^x}{x!} = 1 - 0.014 = 0.986$$

[표 3.3.1] Bortkiewicz의 자료

단위부대 당 사고로 사망한 기마병수	0	1	2	3	4	합계
관측도수	109	65	22	3	1	200
상대도수	0.545	0.325	0.110	0.015	0.005	1.000
이론적 확률	0.544	0.331	0.101	0.021	0.003	1.000

와 같이 근사적으로 구할 수 있다. 이와 같이 포아송 근사식은 이항확률에 대한 근사값을 구하기 위하여 개발되었으나 점차 여러 랜덤실험에 대한 확률분포모형으로 이용되었다.

1898년 Bortkiewicz가 말에 치어 죽은 프러시아 기마병의 숫자를 조사하였는데 그가 조사한 자료가 [표 3.3.1]이다. 이 자료는 10개 기마부대를 20년 동안 관측한 것인데 1년간 200개의 단위부대를 관측한 자료로 볼 수 있다. 이 자료에 의하면 1개 단위부대에서 1년간 말에 치이는 사고로 사망하는 기마병의 수는 평균적으로

$$0 \times \frac{109}{200} + 1 \times \frac{65}{200} + \cdots + 4 \times \frac{1}{200} = 0.61(\text{명})$$

이 된다. 이제, 1개 단위부대에서 1년 동안에 사고로 사망하는 기마병의 수를 변수 확률변수 X라 하고 X의 확률분포함수를 $m = 0.61$인 포아송 근사식으로 가정하면 1개 단위부대에서 1년 동안 x명이 사고로 사망할 확률은

$$f_X(x) = \frac{e^{-0.61}(0.61)^x}{x!}, \quad x = 0, 1, 2, \cdots$$

와 같은 식으로 구할 수 있다. 이 확률이 [표 3.3.1]의 4행에 주어져 있다. [표 3.3.1]을 보면 관측된 상대도수와 이론적 확률의 차이가 별로 크지 않기 때문에 $m = 0.61$인 포아송 근사식을 X의 확률질량함수로 사용할 수 있겠다.

이와 유사한 예로, 진주시에서 하루 동안에 발생하는 교통사고의 횟수, 비단공장에서 생산된 비단 한 필당 발견되는 흠집의 수, 타자수가 작성한 문서의 쪽 당 오타수 등을 보면 이들은 어떤 단위시간(길이, 넓이 등) 동안에 사건(사고, 흠집, 오타 등)이 발생하는 수이고, 이 사건들은 아주 짧은 시간에 발생할 확률이 아주 작은 희귀한 사건들임을 알 수 있다. 이러한 희귀사건이 단위시간 동안 발생하는 횟수를 확률변수 X라 할 때 X의 확률분포함수는 적절한 가정 하에서 포아송 근사식으로 표현되기 때문에 X의 분포를 포아송분포라 부르며 포아송분포를 따르는 사건이 발생하는 과정을 **포아송 과정**(Poisson process)이라 한다. 포아송 과정에 대하여는 김수택, 이계민(2018)을 참조하라.

이산확률변수 X의 확률질량함수 f_X가

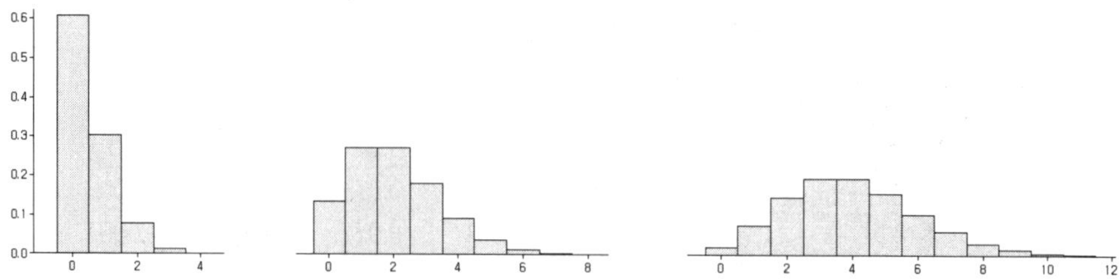

$\mu = 0.5$ $\mu = 2$ $\mu = 4$

[그림 3.3.2] 포아송분포 $\mathcal{P}(\mu)$의 확률기둥그래프

$$f_X(x;\mu) = \frac{e^{-\mu}\mu^x}{x!}, \quad x = 0, 1, 2, \cdots, \quad \mu > 0$$

인 분포를 **포아송분포**(Poisson distribution)이라 하며 기호 $\mathcal{P}(\mu)$로 표기한다. 포아송분포는 평균과 분산이 μ로 동일한 분포이다. 부록에 포아송분포에 대한 확률분포표가 주어져 있으며, [그림 3.3.2]는 μ가 0.5, 2, 4인 포아송분포의 확률기둥그래프를 그린 것이다.

예제 3.3.6

일정량의 방사성 물질에서 1초당 1.5개의 비율로 방사성입자가 방출된다고 할 때 2초 동안에 3개 이하의 입자가 방출될 확률을 구하여라.

(풀이)

2초 동안 방출되는 입자의 수를 확률변수 X라 하면 X의 분포는 근사적으로

$$\mu = 2 \times 1.5 = 3.0$$

인 포아송분포로 가정할 수 있다. 따라서 구하는 확률은 부록의 포아송 확률분포표로부터

$$P(X \le 3) = \sum_{x=0}^{3} \frac{e^{-3}3^x}{x!} = 0.647$$

이 된다.

예제 3.3.7

어느 초등학교에서 지난 10년 동안 조사한 자료에 의하면 평균적으로 4%의 학생이 색맹인 것으로 나타났다. 색맹인 학생의 비율이 변하지 않았다고 할 때 올해 입학한 100명의 학생 중에서 색맹인 학생이 5명 이하일 확률을 구하여라.

(풀이)

100명 당 색맹인 학생 수를 X라 하면 X의 정확한 분포는 $b(100, 0.04)$이지만 평균이

$$\mu = 100 \times 0.04 = 4$$

인 포아송분포로 가정할 수 있다. 따라서 구하는 확률은 포아송분포표에서

$$P(X \le 5) = 0.785$$

로 구해진다.

3.3.3 정규분포

수집된 자료로 작성한 히스토그램이 대칭적인 모습일 때는 그 자료를 이용하여 히스토그램의 전체적인 모습을 잘 나타내는 부드러운 곡선을 그릴 수 있는데 그 곡선을 모집단 전체의 분포를 나타내는 분포곡선으로 가정할 수 있을 것이다. 그러한 곡선 중에서 가장 대표적인 것이 종모양의 형태를 갖고 있는 정규분포 곡선인데 모집단에 대한 이론적인 분포로 가장 많이 사용되는 연속확률분포가 정규분포이다. [그림 3.1.6]을 보면 히스토그램에 잘 맞는 종모양의 곡선을 그려져 있는데, 그 곡선이 정규분포의 확률밀도함수 곡선이다.

생물학적 모집단을 대상으로 측정하여 얻은 자료의 분포는 대부분 정규분포를 따르는 것으로 알려져 있다. 같은 양을 반복 측정하여 얻은 자료의 분포 역시 정규분포를 따르는 경향이 있다. 측정오차에 이러한 경향이 있다는 사실은 Gauss(1777~1855)에 의해 발견되었는데 그는 천문 측정의 오차를 정규분포로 설명하였다. 사실, 서로 독립적인 여러 효과들의 합으로 표현되는 변수는 정규분포를 따르는 것으로 알려져 있다. 측정오차도 이런 변수의 일종이다. 따라서 지능지수나 수능시험과 같이 문항이 많은 시험의 성적은 거의 정규분포를 따른다.

정규분포곡선의 함수식은 1733년 프랑스의 수학자 Abraham de Moivre에 의해서 제시되었는데 이항확률에 대한 근사값을 구하는 데에 이용되었다. 정규분포는 Gauss에 의하여 확률분포로 사용하기 시작하였는데 그는 물리학 실험에 수반되는 계측 오차에 관한 확률분포로 가우스분포라 부르는 연속확률분포를 제시하였다. 그런데 K. Pearson은 어떤 종류의 자료에 관한 히스토그램도 가우스분포 곡선과 닮은 모습이어야만 하고 그렇지 않으면 자료의 수집과정에 문제가 있는 것으로 생각하였다. 이런 이유로 피어슨은 Gauss분포를 "정규(正規, normal)"분포라 부른 것이다. 물론, 이 생각은 잘못된 것으로 정규분포 아닌 다른 분포가 확률분포로 더 적합한 경우가 많지만 정규분포는 여전히 통계적 추론에서 중추적 역할을 하고 있다.

연속확률변수 X의 확률밀도함수 f_X가

$$f_X(x;\mu,\sigma^2)=\frac{1}{\sqrt{2\pi}\,\sigma}e^{-(x-\mu)^2/2\sigma^2},\quad |x|<\infty,\ |\mu|<\infty,\ 0<\sigma<\infty$$

인 분포를 모수가 μ와 σ^2인 **정규분포**라 하며 기호 $\boldsymbol{N}(\mu,\sigma^2)$으로 나타낸다.

정규분포곡선은 평균 μ와 표준편차 σ에 의하여 곡선의 중심위치와 모양이 완전히 결정된다. 정규분포의 밀도함수 $f_X(x)$는 $x=\mu$에 대하여 좌우대칭이고, $x=\mu$에서 $f_X(x)$가

$$f_X(\mu)=\frac{1}{\sqrt{2\pi}\,\sigma}$$

로 최대이며, $x=\mu\pm\sigma$에서 변곡점, x축이 점근선인 곡선이다. 따라서 정규분포곡선은 평균에 대하여 좌우 대칭인 곡선으로 그 형태는 $x=\mu$ 근방에서 위로 볼록하고 중심에서 멀어질수록 급격히 내려가다가 아래로 볼록한 형태로 바뀌면서 양쪽 꼬리부분에서는 서서히 내려가는 종 모양을 하고 있다. 그러한 형태는 표준편차 σ에 의하여 결정된다.

정규분포 곡선의 꼬리 쪽으로 접근하면 곡선이 급격히 감소하기 때문에 정규분포를 따르는 자료에는 이상점이 거의 없다. [그림 3.3.3]은 평균이 μ이고 표준편차가 σ인 정규분포를 그린 것인데 그림에서 보듯이 곡선의 중심에서 오목, 볼록이 바뀌는 점(변곡점)까지의 거리가 표준편차이다. 정규곡선을 따라 연필을 움직여 곡률이 바뀌는 점을 찾으면 정규분포의 평균과 표준편차를 정규곡선 상에 나타낼 수 있는데 이것 때문에 사람들은 표준편차를 분산보다 더 선호하기도 한다.

정규분포의 중요한 성질은 $X\sim\boldsymbol{N}(\mu,\sigma^2)$일 때

$$Y=aX+b,\ a\neq 0$$

의 분포가 평균이 $a\mu+b$, 분산이 $a^2\sigma^2$인 정규분포를 따른다는 것이다. 즉,

$$Y\sim\boldsymbol{N}(a\mu+b,a^2\sigma^2)$$

이다. 한편, 확률변수 X의 평균이 μ, 표준편차가 σ일 때, 다음과 같은 확률변수

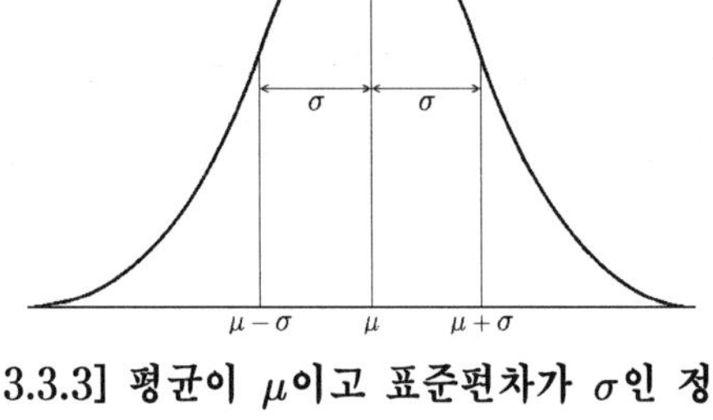

[그림 3.3.3] 평균이 μ이고 표준편차가 σ인 정규분포

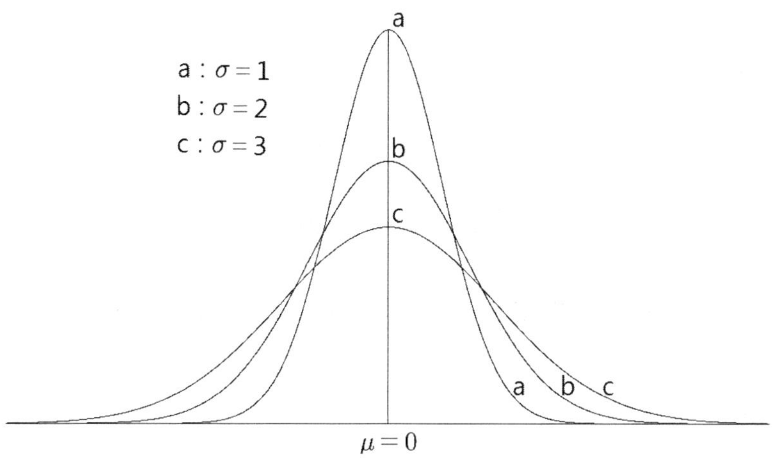

[그림 3.3.4] 평균이 0이고 표준편차가 1, 2, 3인 정규분포

$$Z=\frac{X-\mu}{\sigma}=\frac{1}{\sigma}X-\frac{\mu}{\sigma}$$

를 **표준화 확률변수**(standardized random variable)라 하는데, 표준화 확률변수 Z의 평균과 분산은 X의 분포와 무관하게 언제나

$$\mu_Z=E(Z)=0,\quad \sigma_Z^2=Var(Z)=1$$

이고, $X\sim \boldsymbol{N}(\mu,\sigma^2)$이면 $Z\sim \boldsymbol{N}(0,1)$이 된다. $\boldsymbol{N}(0,1)$을 **표준정규분포**라 하고, 표준정규분포를 따르는 확률변수 Z를 표준정규 확률변수라 한다. [그림 3.3.4]는 $\boldsymbol{N}(0,4)$와 $\boldsymbol{N}(0,9)$를 표준정규분포와 대비하여 그린 것인데 정규분포의 평균은 그대로 두고 표준편차를 변화시키면 중심 위치는 변하지 않고 곡선의 형태가 바뀌는 것을 볼 수 있다.

표준정규 확률변수 Z에 관한 확률 $P(a\le Z\le b)$는

$$P(a\le Z\le b)=\int_a^b \frac{1}{\sqrt{2\pi}}e^{-x^2/2}\,dx$$

를 구해야 하는데 이 적분은 쉽지 않다. 이 확률은 다음의 식

$$P(a\le Z\le b)=P(Z\le b)-P(Z\le a)$$

으로 구할 수 있으므로 여러 z값에 대한 확률

$$P(Z\le z)=\Phi(z)=\int_{-\infty}^{z} \frac{1}{\sqrt{2\pi}}e^{-x^2/2}\,dx$$

를 계산하여 만들어 놓은 것이 부록에 있는 표준정규분포표이다.

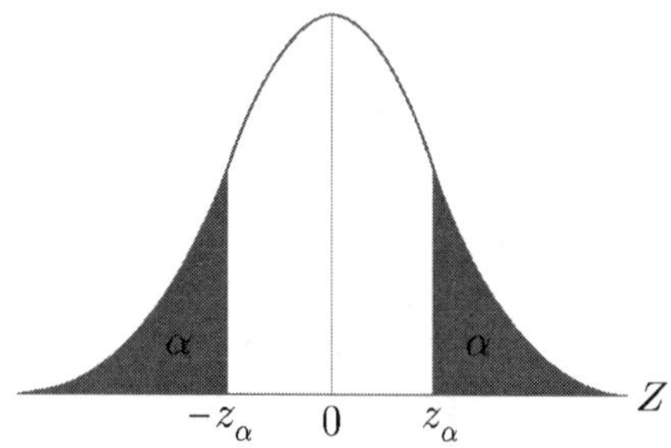

[그림 3.3.5] 표준정규분포의 $100(1-\alpha)$백분위수 z_α

한편, 연속확률분포에서

$$P(X \le x) = 1-\alpha, \quad 0<\alpha<1$$

를 만족하는 x를 분포의 제 $100(1-\alpha)$백분위수라 하는데, 표준정규분포의 제 $100(1-\alpha)$백분위수는 z_α로 표기한다. 즉,

$$\Phi(z_\alpha) = P(Z \le z_\alpha) = 1-\alpha$$

인데, [그림 3.3.5]를 보면 정규분포의 대칭성에 의하여

$$\Phi(-z_\alpha) = P(Z \le -z_\alpha) = \alpha = 1-\Phi(z_\alpha)$$

가 성립한다.

[그림 3.3.6]은 $N(\mu, \sigma^2)$을 따르는 자료의 68.3%가 구간 $(\mu-\sigma, \mu+\sigma)$에 포함되어 있음은 표준화한 자료의 68.3%가 구간 $(-1, 1)$에 포함되어 있다는 것과 동일함을 보여주고 있다. 일반적으로 정규분포 $N(\mu, \sigma^2)$을 따르는 확률변수가 구간 $(\mu-z\sigma, \mu+z\sigma)$에 속할 확

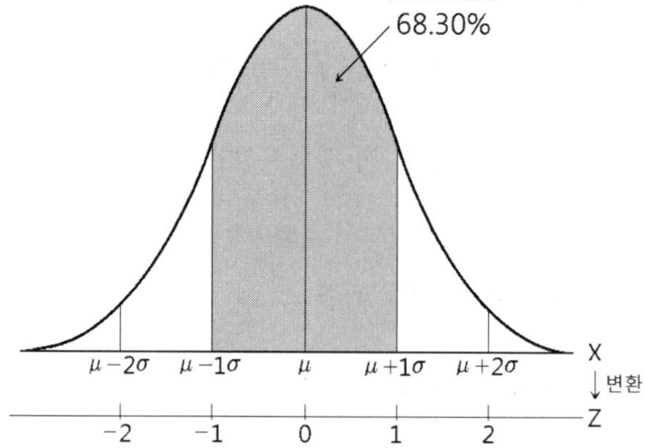

[그림 3.3.6] $N(\mu, \sigma^2)$와 $N(0, 1)$의 관계

[표 3.3.2] 자주 쓰이는 표준정규분포에서의 확률

z	1.00	1.96	2.00	2.54	3.00
$P(\|Z\| \le z)$	0.683	0.950	0.954	0.990	0.997

률은 표준정규 확률변수가 구간 $(-z, z)$에 포함될 확률과 같다. [표 3.3.2]는 자주 쓰이는 특별한 z값들에 대한 표준정규분포에서의 확률을 나타내고 있다.

확률변수 X의 분포가 $\boldsymbol{N}(\mu, \sigma^2)$일 때 $P(a \le Z \le b)$는 정규분포의 대칭성 및 표준정규분포표를 이용하여

$$P(a \le Z \le b) = P\left(\frac{a-\mu}{\sigma} \le \frac{X-\mu}{\sigma} \le \frac{b-\mu}{\sigma}\right)$$

$$= P(z_a \le Z \le z_b) = \Phi(z_b) - \Phi(z_a)$$

와 같이 구할 수 있다. [표 3.3.2]는 $X \sim \boldsymbol{N}(\mu, \sigma^2)$일 때

(i) $z=1$, (ii) $z=1.96$, (iii) $z=2$, (iv) $z=2.58$, (v) $z=3$

에 대한 $P(|X-\mu| \le z\sigma)$를 구한 것과 같다.

부록의 표준정규분포표는 임의의 z값에 대한 $P(Z \le z)$를 계산하여 구한 것다. 책에 따라서는 $P(0 \le Z \le z)$를 구해 놓은 표준정규분포표를 제시해 놓은 경우도 있으니

$$P(0 \le Z \le z) = P(Z \le z) - 0.5$$

인 관계를 유의하면서 표를 사용하기 바란다.

예제 3.3.8

A자동차 회사의 직원 10,000명을 대상으로 직원들의 근무연수를 조사하였더니 직원들의 평균 근무연수는 10년, 표준편차는 4년이었다.

(1) 현재 근무연수가 15년 이상인 직원에게 특별상여금을 지급하려 한다. 특별 상여금 지급 대상자는 몇 명 정도 되는가?

(2) 근무연수가 하위 10%에 해당되는 직원들 중에서 일부를 선발하여 해외 파견근무를 시키려고 한다. 근무연수가 몇 년 이하인 직원을 대상으로 선발해야 하는가?

(3) 직원 중 근무연수가 중간 60%에 해당되는 직원들의 근무연수 구간을 구하여라.

(풀이)

근무연수 X는 평균 10년, 표준편차 4년인 정규분포를 따른다고 가정한다.

(1) X가 15년 이상일 확률은

$$P(X \geq 15) = P\left(\frac{X-10}{4} \geq \frac{15-10}{4}\right) = P(Z \geq 1.25)$$
$$= 1 - P(Z \leq 1.25)$$
$$= 1 - 0.8944 = 0.1056$$

이므로 10,000명의 10.56%인 1,056명이 특별상여금 지급대상자이다.

(2) X가 x이하일 확률이 0.1이므로

$$P(X \leq x) = P\left(\frac{X-10}{4} \leq \frac{x-10}{4}\right) = P(Z \leq z) = 0.1$$

인 z값을 찾으면 된다. 부록의 표준정규분포표에서

$$P(Z \leq 1.285) \approx 0.90$$

이고, 정규분포의 대칭성에 의하여

$$P(Z \leq -1.285) = P(Z \geq 1.285) \approx 0.10$$

이 된다. 따라서

$$z = \frac{x-10}{4} = -1.285 \quad \Rightarrow \quad x = 10 - 1.285 \times 4 = 4.86$$

이므로 근무연수가 4.86년(약 5년) 이하인 직원이 선발 대상이다.

(3) X가 10년 이상 x년 이하일 확률이 0.3이므로

$$P(10 \leq X \leq x) = P\left(\frac{10-10}{4} \leq \frac{X-10}{4} \leq \frac{x-10}{4}\right) = P(0 \leq Z \leq z) = 0.3$$

인 z값을 찾으면 된다. 표준정규분포표에서

$$P(0 \leq Z \leq 0.845) = P(Z \leq 0.845) - 0.5 = 0.3$$

이므로

$$z = \frac{x-10}{4} = 0.845 \quad \Rightarrow \quad x = 10 + 0.845 \times 4 = 13.38$$

이다. 따라서 해당 구간은

$$(10-3.38,\ 10+3.38) = (6.62,\ 10.38)$$

이다. 즉, 근무연수가 6.62년 이상 10.38년 이하인 직원은 전체 직원의 약 60%이다.

예제 3.3.9

어떤 커피 자동판매기에서는 컵에 평균 6온스의 커피가 채워진다고 한다. 컵에 채워지는 커피의 양은 정규분포를 따른다고 할 때 98%의 컵들에 적어도 5.85온스의 커피가 채워지기 위

한 표준편차를 구하여라. 구해진 값이 표준편차이고 컵의 최대 용량은 6.1온스일 때 컵이 넘칠 확률을 구하여라.

(풀이)

컵에 채워지는 커피의 양을 X라 하면 부록의 표준정규분포에 의하여

$$0.02 = P(X \le 5.85) = \Phi\left(\frac{5.85-6}{\sigma}\right) = \Phi(-2.05)$$

임을 알 수 있다. 따라서

$$\frac{5.85-6}{\sigma} = -2.05 \quad \Rightarrow \quad \sigma = 0.0732$$

이다. 또, 컵이 넘칠 확률은 다음과 같이 구해진다.

$$P(X > 6.1) = P\left(Z > \frac{6.1-6}{0.0732}\right) = P(Z > 1.37)$$

$$= 1 - 0.9147 = 0.0853.$$

$\boldsymbol{b}(n, p)$에서 n이 충분히 크고 p가 0.5에 가까운 값이면 이항분포와 관련된 확률은 정규분포를 이용하여 근사적으로 구할 수 있다. 실제로, $X \sim \boldsymbol{b}(n, p)$일 때 n이 충분히 크면 중심극한정리에 의하여 X의 분포는 근사적으로 평균이 $\mu = np$, 분산이 $\sigma^2 = np(1-p)$인 정규분포를 따르고, 표준화 확률변수

$$Z = \frac{X - np}{\sqrt{np(1-p)}}$$

의 분포는 근사적으로 $\boldsymbol{N}(0, 1)$을 따른다. 따라서 n이 충분히 커서 $np \ge 5$, $n(1-p) \ge 5$이면 $\boldsymbol{b}(n, p)$와 관련된 확률은 $\boldsymbol{N}(np, np(1-p))$를 이용하여 근사적으로 구할 수 있다. 이러한 근사계산을 정규근사라 하는데 근사의 정확도는 n의 크기와 분포의 형태에 좌우된다. 이항분포의 정규근사에서는 $p = 0.5$인 이항분포가 좌우 대칭이므로 p가 0.5에 가까운 값일수록 근사의 정도가 높아진다.

예제 3.3.10

타율이 0.4인 어느 프로야구 선수가 15번의 타석에서 7번 이상 10번 이하의 안타를 칠 확률을 구하여라.

(풀이)

15번의 타석에서 안타를 칠 횟수 X의 분포는 $b(15, 0.4)$이다. 따라서 부록의 이항분포를 이

용한 정확한 확률은

$$P(7 \le X \le 10) = P(X \le 10) - P(X \le 6) = 0.9903 - 0.6098 = 0.3805$$

이고, 평균이 6, 분산이 3.6인 정규근사에 의하면

$$P(7 \le X \le 10) = \Phi\left(\frac{10-6}{\sqrt{3.6}}\right) - \Phi\left(\frac{7-6}{\sqrt{3.6}}\right)$$
$$= \Phi(2.11) - \Phi(0.53) = 0.9826 - 0.7019 = 0.2807$$

이 된다. 그런데 $P(7 \le X \le 10)$는 [그림 3.3.7]에서와 같이 6.5에서 10.5까지의 직사각형들에 대한 면적의 합이므로 이 확률을 $P(7-0.5 \le X \le 10+0.5)$로 생각하여 정규분포에 의한 근사계산을 하면 근사의 정밀도가 높아질 수 있음을 알 수 있다. 즉,

$$P(7 \le X \le 10) = P(7-0.5 \le X \le 10+0.5)$$
$$= \Phi\left(\frac{10.5-6}{\sqrt{3.6}}\right) - \Phi\left(\frac{6.5-6}{\sqrt{3.6}}\right)$$
$$= \Phi(1.85) - \Phi(0.26) = 0.9678 - 0.6026 = 0.3652$$

과 같이 근사계산을 하면 n이 그렇게 크지 않더라도 실제 값 0.3805에 상당히 가깝게 됨을 알 수 있다. 이러한 수정은 이산형 분포에 대한 근사분포로 연속형 분포를 사용할 때 근사의 정밀도를 높이기 위한 것으로 **연속성 수정**(correction for continuity)이라 부른다.

확률변수 X가 이항분포를 따를 때 사건 $\{X=k\}$에 대한 근사확률은 연속성 수정을 하여 사건 $\{k-0.5 \le X \le k+0.5\}$에 대한 확률을 구하면 정규근사에 의한 정밀도를 높일 수 있다. [예제 3.3.5]에서 $n=100$이 충분히 크고 $np \ge 5$, $n(1-p) \ge 5$이므로 X의 분포 $b(100, 0.2)$는 평균이 20이고 분산이 16인 정규분포로 근사시킬 수 있다. 따라서 원하는 확률 $P(20 \le X \le 30)$은

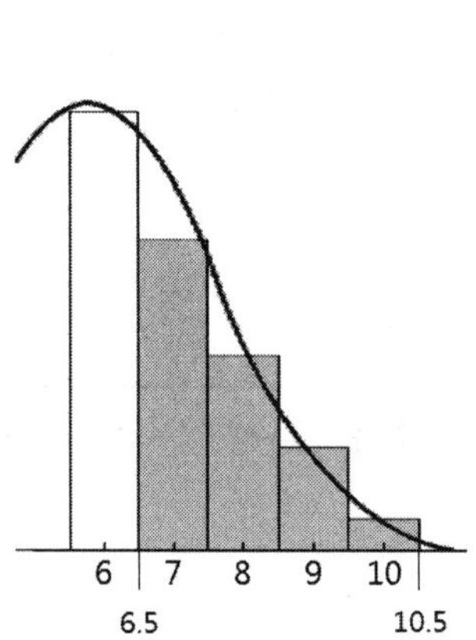

[그림 3.3.7] 이항분포에 대한 정규근사

$$P(20 \leq X \leq 30) \approx P\left(\frac{19.5-20}{4} \leq \frac{X-20}{4} \leq \frac{30.5-20}{4}\right)$$

$$= P(-0.125 < Z < 2.625)$$

$$= \Phi(2.625) - \Phi(-0.125) = 0.545$$

와 같이 근사적으로 구할 수 있다.

연 습 문 제

01. 다음 [표]는 2006년도 경기전망을 나타낸 것이다. 경제성장률이 [표]에서 나타나는 경우보다 2%p씩 상승하는 경우 경제성장률의 기댓값과 분산을 구하여라.

[표] 2006년도 경기전망

경제성장률(확률변수)	5%	15%	20%
확률	0.2	0.4	0.4

02. 퀴즈 게임에서 우승한 당신은 주사위를 던져서 그 나온 숫자에 100,000원을 곱한 상금을 받게 되었다. 그런데 그 주사위에는 홀수가 없이 짝수만 있다. 즉, 2가 2면, 4가 2면, 6이 2면인 주사위이다. 당신이 그 주사위를 던졌을 때 받게 될 상금의 기댓값과 표준편차를 구하여라.

03. A시에서는 시내 교통량 증가에 대비하여 도시고속화 도로 건설을 계획하고 있다. 이 건설 사업은 민간기업인 B회사가 담당하기로 되어 있다. 아래에 주어진 [자료]

[자료]

도시고속화 도로 건설비용은 100억 원으로 예상되며 완공 이후 B사의 수익은 장래에 예상되는 A시의 교통량 증가와 투자방식에 영향을 받는 것으로 알려져 있다. B사에서는 교통량 증가와 투자방식에 따라 자사의 이익을 아래와 같이 예상하였다.

교통량이 향후 20년 동안 50% 이상 증가하고 B사에서 도로건설비용을 전액 부담할 경우 150억 원의 수익이 예상되며, 30%의 외국자본을 활용하였을 경우 130억 원의 수익이 예상된다. 또한 교통량이 향후 20년 동안 50% 미만 증가하고 B사에서 도로건설비용을 전액 부담할 경우 100억 원의 수익이, 30%의 외국자본을 활용하였을 경우 120억 원의 수익이 예상된다. 그리고 교통량이 감소하고 B사에서 도로건설비용을 전액 부담할 경우 400억 원의 손실이, 30%의 외국자본을 활용하였을 경우 200억 원의 손실이 예상된다.

- 교통 전문가가 예상한 A시의 향후 교통량 증가 확률
  - 교통량이 향후 20년 동안 50% 이상 증가할 확률 = 0.6
  - 교통량이 향후 20년 동안 50% 미만 증가할 확률 = 0.35
  - 교통량이 향후 20년 동안 감소할 확률 = 0.05
- B사의 순이익 계산식

  순이익 = B사의 수익 − B사의 투자비용

로부터

(a) 교통량이 50% 이상 증가, 50% 미만 증가, 감소하는 각 경우의 순이익을 x_1, x_2, x_3 라 할 때 순이익(X)의 확률분포를 구하여라.

(b) B사에서 전액 부담하는 방안에 대한 B사의 기대 순이익을 구하여라.

(c) 외국자본을 유치하는 방안에 대한 B사의 기대 순이익을 구하여라.

04. 다음 [제시문]은 바이러스 V의 감염 여부와 시약 G의 반응 결과에 대한 조사 자료이다. 이를 토대로 시약 G에 음성 반응을 보인 성인 중 바이러스 V의 감염자 비율(A)과 기대손실액(B)을 구하여라.

[제시문]

일반인을 바이러스 V 감염자와 비감염자로 분류할 수 있으며, 그 감염여부를 판별하기 위한 시약 G의 반응은 양성 또는 음성으로 나타난다.

전체 성인 중 바이러스 감염자 비율은 40%이고, 전체 성인 중 시약에 양성 반응을 보인 비율은 20%이며, 바이러스 감염자 중 시약에 양성 반응을 보인 성인의 비율은 35%이다.

바이러스 감염자이면서 음성 반응을 보일 경우의 손실액은 200만원이고, 바이러스 비감염자이면서 양성 반응을 보일 경우의 손실액은 100만원이다.

※ 기대손실액 = (감염자가 음성 반응을 보이는 성인비율)×(해당 손실액)
+ (비감염자가 양성 반응을 보이는 성인비율)×(해당 손실액)

05. 어떤 기금 모금의 행사에서 $1, $2, $5, $12의 상품이 각각 25개, 5개, 3개, 1개 들어있는 추첨함이 준비되어 있다. 돈을 지불하면 한 번 뽑을 기회가 주어진다. 지불한 금액과 같은 값의 상품을 얻을 것을 기대하려면 얼마를 지불하면 되는가?

06. 어느 도시에서 운행되고 있는 영업용 택시에는 1부터 N까지 일련번호가 부여되어 있다고 한다. 어느 날 탄 택시에 부여된 번호를 X라 할 때 X의 기댓값과 분산을 구하여라.

07. 다음은 A 보험회사에서 지난 5년 동안 자동차 보험 가입자 280명이 자동차 사고로 보험금 지급을 요청한 건수 X를 조사하여 작성한 경험적 확률분포표이다. X의 기댓값과 표준편차를 구하여라.

$X=x$	0	1	2	3	4	5	6
$P(X=x)$	0.307	0.286	0.204	0.114	0.064	0.018	0.007

08. 어느 회사원이 승용차로 출근하는 길에 신호등이 5개 있다고 한다. 각 신호등에서 빨간 등에 의해 신호 대기할 확률은 0.2이고, 각 신호등에서 신호 대기 여부는 서로 독립적이라고 가정한다. 어느 날 이 회사원이 5개의 신호등 중 1개의 신호등에서만 신호대기에 걸리고 출근할 확률을 구하여라.

09. 어떤 회사에서 생산되는 제품의 불량률은 0.01이라고 한다. 이 회사에서는 1상자에 10개씩 포장해서 판매를 하는데 만일 1상자에 불량품이 2개 이상이면 돈을 환불해 준다고 한다. 판매된 상자가 반품될 확률을 구하여라.

10. 어느 공정에서 생산되는 제품의 약 40%가 불량품이라 한다. 이 공정의 제품 4개를 임의로 추출했을 때 4개가 모두 불량품일 확률을 구하여라.

11. 4지 선다형 20문항의 문항별 배점은 5점이다. 시험 결과 60점미만은 불합격처리 된다고 한다. 이 시험에서 랜덤하게 답을 써넣을 때 합격할 확률을 구하여라.

12. 건빵 한 봉지에 들어 있는 별사탕의 개수는 포아송분포를 따른다고 한다. 건빵 한 봉지에 5개 이상의 별사탕이 포함될 확률을 0.99보다 크게 할 때 봉지 당 별사탕 수의 평균에 대한 최솟값을 구하여라.

13. 어느 회사에서 생산되는 제품의 불량률은 3%라고 한다. 이 회사에서 생산된 제품에서 랜덤하게 100개를 뽑아 검사할 때 불량품이 5개일 확률을 근사적으로 구하여라.

14. 어느 합금제조공장에서 생산되는 합금봉의 강도는 평균이 70, 표준편차가 3인 정규분포를 따른다고 한다.

(1) 이 합금봉의 구매처에서 요구하는 품질은 강도가 66이상 74이하라고 한다. 랜덤하게 택한 합금봉이 품질검사에 합격할 확률을 구하여라.

(2) 구매처에서 요구하는 강도의 범위가 $70 \pm c$라 할 때 납품한 합금봉의 95%가 품질검사에 합격할 c값을 구하여라.

15. 혈당량을 측정하는 기기의 오차는 평균이 0.05, 표준편차가 1.5인 정규분포를 따른다고 한다.

(1) 혈당량이 실제 값보다 작게 측정될 확률을 구하여라.

(2) 실제 값과의 차이가 2.5 이상이면 심각한 오류라 한다. 심각한 오류가 발생할 확률을 구하여라.

(3) 측정값이 실제 값보다 클 확률이 0.2인 측정값을 구하여라.

16. 어떤 무기가 성공적으로 작동할 확률은 p이다. n개의 무기를 검사하여 작동이 되지 않는 무기의 수가 적어도 하나 발견되면 보급용으로 비축하고 있는 모든 무기를 교체한다고 한다. $p=0.95$일 때 모든 무기를 교체할 확률이 0.99가 되는 n을

(1) 정확하게 이항분포를 이용하여 구하여라.

(2) 정규근사와 포아송 근사를 이용하여 구하여라.

(3) $p=0.90$일 때 (1)과 (2)를 구하여라.

17. 일 년 전 표본조사 결과에 의하면 성인 남자의 30%가 습관적으로 흡연을 한다고 한다. 현재에도 이 비율이 그대로 유지되고 있다면 성인 1,000명 중에서

(1) 습관성 흡연자가 280명 미만일 확률을 구하여라.

(2) 습관성 흡연자가 316명 이상일 확률을 구하여라.

제3장 엑셀 코드

3.3.1 이항분포

$X \sim b(n, p)$

$P(X=x)$: =BINOMDIST$(x, n, p, 0)$↵

$P(X \leq x)$: =BINOMDIST$(x, n, p, 1)$↵

예제 3.3.2 $X \sim b(5, 0.25)$, $P(X=0)$, $P(X \geq 4)$

	A
1	=BINOMDIST(0,5,0.25,0)
2	=1 - BINOMDIST(3,5,0.25,1)

예제 3.3.3 $X \sim b(4, 0.998)$, $P(X \geq 2)$

	A
1	=1-BINOMDIST(1,4,0.998,1)
2	

예제 3.3.4 $X \sim b(15, 0.5)$, $P(6 \leq X \leq 10)$

	A
1	=BINOMDIST(10,15,0.5,1)-
2	BINOMDIST(5,15,0.5,1)

예제 3.3.5 $X \sim b(100, 0.2)$, $P(20 \leq X \leq 30)$

	A
1	=BINOMDIST(30,100,0.2,1)-
2	BINOMDIST(19,100,0.2,1)

3.3.2 포아송분포

$X \sim \mathcal{P}(\mu)$

$P(X=x)$: =POISSON$(x,\ \mu,\ 0)$↵

$P(X \leq x)$: =POISSON$(x,\ \mu,\ 1)$↵

$X \sim \mathcal{P}(8)$일 때 $P(X \geq 3)$ 구하기

	A
1	=1-POISSON(2,8,1)

[표 3.3.1]의 이론적 확률 구하기

POISSON 함수와 드래그 복사를 이용하여 구한다.

1. A1셀부터 E1셀에 0부터 4까지 차례로 입력한다.
2. A2 셀에 아래와 같이 함수식을 입력하고 엔터키를 누르면 확률이 A2셀에 나타난다.

	A	B	C	D	E
1	0	1	2	3	4
2	=POISSON(A1,0.61,0)				

3. 마우스를 A2셀의 가장 오른쪽 아래로 이동하면 마우스의 포인트가 검은 십자가로 변한다.
   이때, 마우스의 오른쪽 버튼을 누르고 E2셀까지 이동한 후에 마우스 버튼을 놓아주면 아래와 같이 B2셀부터 E2셀까지 확률이 나타난다. 이러한 방법을 드래그 복사라 한다.

	A	B	C	D	E
1	0	1	2	3	4
2	0.543351				

	A	B	C	D	E
1	0	1	2	3	4
2	0.543351	0.331444	0.10109	0.020555	0.003135

예제 3.3.6 $X \sim \mathcal{P}(3)$, $P(X \leq 3)$

	A
1	=POISSON(3,3,1)

예제 3.3.7 $X \sim \mathcal{P}(4)$, $P(X \leq 5)$

	A
1	=POISSON(5,4,1)

3.3.2 정규분포

$X \sim \boldsymbol{N}(\mu, \sigma^2)$

$f(x)$: =NORM.DIST$(x, \mu, \sigma, 0)$↵

$P(X \leq x)$: =NORM.DIST$(x, \mu, \sigma, 1)$↵

$P(X \leq x) = p$: $x =$ NORM.INV(p, μ, σ)↵

예제 3.3.8 $X \sim \boldsymbol{N}(4, 10^2)$

(1) $P(X \geq 15)$

	A
1	=1-NORM.DIST(15,10,4,1)
2	=A1*1000

(2) $P(X \leq x) = 0.1$

	A
1	=NORM.INV(0.1,10,4)
2	

(3) $P(X \leq x) = 0.8$

	A
1	=NORM.INV(0.8,10,4)

예제 3.3.9

1. $Z \sim \boldsymbol{N}(0, 1^2)$, $P(Z \leq z) = 0.02$
2. $X \sim \boldsymbol{N}(6, (0.0732)^2)$, $P(X > 6.1)$

	A
1	=NORM.INV(0.02,0,1)
2	=(5.85-6)/A1
3	=1-NORM.DIST(6.1,6,A2,1)
4	

예제 3.3.9

1. $X \sim \boldsymbol{b}(15, 0.4)$, $P(7 \le X \le 10)$

	A
1	=BINOMDIST(10,15,0.4,1)-
2	BINOMDIST(6,15,0.4,1)

2. $X \sim \boldsymbol{N}(6, 3.6)$

① $P(7 \le X \le 10) = P\left(\frac{7-6}{\sqrt{3.6}} \le \frac{X-\mu}{\sigma} \le \frac{10-6}{\sqrt{3.6}}\right)$

	A
1	=15*0.4
2	=SQRT(15*0.4*(1-0.4))
3	=NORM.DIST((10-A1)/A2,0,1,1)-
4	NORM.DIST((7-A1)/A2,0,1,1)

① $P(6.5 \le X \le 10.5) = P\left(\frac{6.5-6}{\sqrt{3.6}} \le \frac{X-\mu}{\sigma} \le \frac{10.5-6}{\sqrt{3.6}}\right)$

	A
1	=15*0.4
2	=SQRT(15*0.4*(1-0.4))
3	=NORM.DIST((10.5-A1)/A2,0,1,1)-
4	NORM.DIST((6.5-A1)/A2,0,1,1)

[예제 3.3.5] $X \sim \boldsymbol{b}(100, 0.2)$, $P(20 \le X \le 30)$의 정규근사

$X \approx \boldsymbol{N}(20, 4^2)$,

$P(19.5 \le X \le 30.5) = P\left(\frac{19.5-20}{4} \le \frac{X-\mu}{\sigma} \le \frac{30.5-20}{4}\right)$

	A
1	=100*0.2
2	=SQRT(100*0.2*(1-0.2))
3	=NORM.DIST((30.5-A1)/A2,0,1,1)-
4	NORM.DIST((19.5-A1)/A2,0,1,1)

제4장
통계적 추론

4.1 통계량의 확률분포

통계학의 궁극적인 목적은 관심의 대상인 모집단에서 표본을 추출하고 추출된 표본으로부터 얻어진 정보를 근거로 모집단의 미지모수에 대하여 과학적으로 추론하려는 것이라 할 수 있다. 그러한 통계적 추론은 통계량과 통계량의 확률분포를 기반으로 한다.

예를 들어, 유권자가 이십만 명인 진주시에서 시장 후보로 나선 특정후보의 지지율을 추정하는 문제에 대하여 생각하자. 이 여론조사에서 한 유권자가 특정후보를 지지하면 1, 반대하면 0의 값을 갖는 확률변수 X의 확률분포는 [표 4.1.1]과 같다. [표 4.1.1]에서 p는 모집단의 특정후보 지지율을 나타내는 미지모수이다. 이제, 랜덤하게 뽑은 어떤 한 유권자의 특정후보 지지여부를 X_1이라 하면 X_1은 확률분포가 [표 4.1.1]과 같은 확률변수이다. 랜덤하게 추출한 또 다른 유권자의 지지 여부를 X_2라 하면 X_2도 분포가 [표 4.1.1]과 같고 X_1과 서로 독립인 확률변수이다. 마찬가지로 랜덤하게 추출한 n번째로 유권자의 지지여부를 나타내는 X_n 역시 확률분포가 [표 4.1.1]과 같고 다른 변수들과는 서로 독립인 확률변수이다. 즉, 랜덤하게 뽑은 유권자 n명의 특정후보 지지여부를 나타내는 $X_1, X_2, \cdots,$ X_n은 확률분포가 [표 4.1.1]로 같고 서로 독립인 확률변수들이다. 여기서 확률변수 X를

$$X = \begin{cases} 1, \text{ 특정 후보 지지} \\ 0, \text{ 특정 후보 지지 안함} \end{cases}$$

로 정의하면 X의 분포는 관심 모수가 지지율 p(미지}인 베르누이분포이고, 랜덤하게 뽑은 유권자 n명의 특정후보 지지여부를 나타내는 $X_1, X_2, \cdots, X_n$은 그 분포가 베르누이분포로 동일하고 서로 독립인 확률변수들이다. 이러한 $X_1, X_2, \cdots, X_n$을 베르누이분포로부터 추출한 크기 n인 확률표본이라 한다. 실제로 뽑힌 유권자 1,000명에 대하여 지지여부를 조사한 자료를

$$\{0_1, 1_2, 1_3, \cdots, 0_{999}, 1_{1000}\}$$

이라 하면 이 자료는 크기 1,000인 확률표본 $X_1, X_2, \cdots, X_{1000}$의 한 관찰값이고, 이 관찰

[표 4.1.1] 특정후보 지지여부를 나타내는 X의 확률분포

X(지지 여부)$=x$	X(반대)$=0$	X(지지)$=1$
$f_X(x)=P(X=x)$	$1-p$	p

들을 더하여 1,000으로 나눈 값이 0.643이었다면 특정후보의 지지율을 64.3%로 추측하게 된다. 여기서 자료를 요약한 값 0.643은

$$\hat{p} = \frac{1}{n}(X_1 + X_2 + \cdots + X_n) = \frac{1}{n}\sum_{i=1}^{n} X_i$$

와 같은 공식에 확률표본의 관찰값을 대입하여 구한 것이다. 이와 같이 확률표본의 관찰값을 요약하는 공식을 통계량(統計量, statistic)이라 한다. 그런데, 표본의 관찰값은 실제로 뽑힌 표본에 따라 변할 것이므로 요약된 값도 표본에 따라 변할 것이다. 따라서 요약된 값으로 나타날 수 있는 가능한 값들의 분포를 생각할 수 있다.

일반적으로 확률분포가 동일하고 서로 독립인 n개의 확률변수 $X_1, X_2, \cdots, X_n$을 분포 또는 모집단으로부터 추출한 크기 n인 **확률표본**(random sample)이라고 하며, 확률표본의 관찰값을 요약하는 공식인 확률표본의 함수를 **통계량**이라 한다. 통계량은 표본에 따라 값이 변하는 확률변수이므로 확률분포가 존재하는데 이러한 통계량의 확률분포를 **표본분포**(標本分布, sampling distribution)라 한다. 이 절에서는 미지모수의 추론에 자주 사용되는 표본분포에 대하여 설명한다.

4.1.1 표본평균의 분포

확률분포함수가 f_X인 분포에서 추출한 크기 n인 확률표본을 $X_1, X_2, \cdots, X_n$이라 할 때,

$$\overline{X} = \frac{1}{n}\sum_{i=1}^{n} X_i$$

을 표본평균이라 한다. 다음 예제를 통해서 표본평균의 성질에 대하여 살펴보자.

예제 4.1.1

숫자 2, 4, 6, 8이 각각 적혀 있는 4개의 공을 모집단이라 하고 공에 적힌 숫자를 확률변수 X라 하면 X의 확률분포는

$X=x$	2	4	6	8	합계
$f_X(x)=P(X=x)$	$\frac{1}{4}$	$\frac{1}{4}$	$\frac{1}{4}$	$\frac{1}{4}$	1.00

이고 확률기둥그래프는 다음 쪽의 [그림 4.1.1]의 왼쪽과 같다. 이 분포의 중심위치를 나타내는 확률변수 X의 모평균은 $\mu_X = 5$이고, 모분산은 $\sigma_X^2 = 5$이다.

이 분포에서 추출한 크기 $n=2$인 확률표본 X_1, X_2는 공 2개를 복원추출 하여 그 공에 적힌

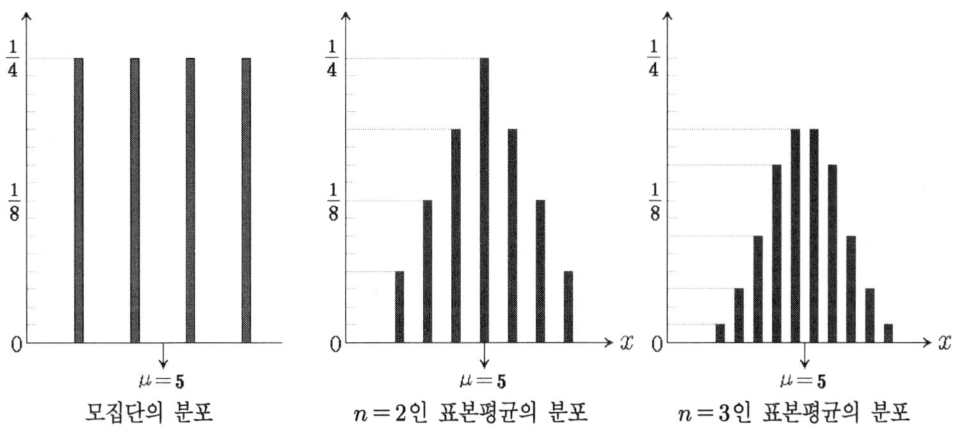

[그림 4.1.1] [예제 4.1.1]의 X와 $\overline{X}$에 대한 확률분포

숫자를 X_1, X_2라 한 것이고 X_1과 X_2의 가능한 값은 각각 2, 4, 6, 8이다. 따라서 (X_1, X_2)의 가능한 경우는 다음과 같은 표

$X_2=x_2$ / $X_1=x_1$	2		4		6		8	
2	(2,2)	2	(2,4)	3	(2,6)	4	(2,8)	5
4	(4,2)	3	(4,4)	4	(4,6)	5	(4,8)	6
6	(6,2)	4	(6,4)	5	(6,6)	6	(6,8)	7
8	(8,2)	5	(8,4)	6	(8,6)	7	(8,8)	8

에서 보는 바와 같은 16가지이다. 각 셀의 우측에 있는 값은 표본평균

$$\overline{X}=\frac{1}{2}(X_1+X_2)$$

에 $X_1=x_1$과 $X_2=x_2$를 대입하여

$$\bar{x}=\frac{1}{2}(x_1+x_2)$$

를 계산한 값이다. 이 표를 이용하여 표본평균 $\overline{X}$의 확률분포를 구하면

$\overline{X}=\bar{x}$	2	3	4	5	6	7	8	합계
$f_{\overline{X}}(\bar{x})=P(\overline{X}=\bar{x})$	$\frac{1}{16}$	$\frac{2}{16}$	$\frac{3}{16}$	$\frac{4}{16}$	$\frac{3}{16}$	$\frac{2}{16}$	$\frac{1}{16}$	1.00

이고 확률기둥그래프는 [그림 4.1.1]의 중앙과 같다. 여기서 표본평균 $\overline{X}$의 확률분포의 중심위치를 나타내는 $\overline{X}$의 평균 $E(\overline{X})$를 구해 보면

$$E(\overline{X})=5=\mu_X$$

로 X의 평균인 모평균과 일치함을 알 수 있다. 또, $\overline{X}$의 분산 $Var(\overline{X})$는

$$Var(\overline{X})=\frac{5}{2}=\frac{\sigma_X^2}{2}$$

인데, 이는 X의 분산인 모분산 $\sigma_X^2=5$를 표본의 크기 $n=2$로 나눈 것과 같아서 표본평균 $\overline{X}$의 분포가 모평균 μ_X 주변으로 밀집되고 있음을 의미한다. 이는 또한 [그림 4.1.1]에서 보는 바와 같이 표본평균의 값들이 표본의 크기 n이 커짐에 따라 모평균 근처로 더욱 더 집중되는 경향을 보일 것이라는 점을 암시하고 있다.

평균이 μ_X, 분산이 σ_X^2인 분포에서 추출한 크기 n인 확률표본 $X_1, X_2, \cdots, X_n$의 평균 $\overline{X}$에 대한 기댓값(평균)과 분산은 표본이 추출된 모집단의 분포와 관계없이 언제나

$$E(\overline{X})=\mu_X, \quad Var(\overline{X})=\frac{\sigma_X^2}{n}$$

이 된다. 따라서 표본평균의 관찰값들은 모평균을 중심으로 분포하고 그 산포도는 표본의 크기가 커질수록 작아지므로 표본평균이 모평균의 추론에 사용할 수 있는 적절한 통계량임을 암시하고 있다.

표본평균 $\overline{X}$를 모평균 μ_X의 추론에 사용할 때 [예제 4.1.1]처럼 모집단의 확률분포가 주어지면 표본평균의 분포를 구할 수 있고, $1-\alpha$가 주어지면

$$P(|\overline{X}-\mu_X|\le d)=1-\alpha$$

를 만족하는 d를 구할 수 있다. 즉, 표본평균의 분포가 주어지면 모평균의 추론에 사용되는 표본평균에 대한 **오차의 한계** d를 구할 수 있다.

일반적으로 미지모수 θ에 대한 추론에는 추론에 이용되는 통계량의 확률분포가 필요하다. 모평균 μ의 추론에 이용되는 표본평균 $\overline{X}$의 확률분포에 대하여 살펴보자.

(i) 정규분포 $\boldsymbol{N}(\mu, \sigma^2)$에서 추출한 크기 n인 확률표본 $X_1, X_2, \cdots, X_n$의 평균 $\overline{X}$는 평균이 μ, 분산이 σ^2/n인 정규분포를 따른다. 즉,

$$Z=\frac{\overline{X}-\mu}{\sigma/\sqrt{n}} \sim \boldsymbol{N}(0,1).$$

(ii) **중심극한정리**(Central Limit Theorem)

평균이 μ, 분산이 σ^2인 분포에서 추출한 크기 n인 확률표본 $X_1, X_2, \cdots, X_n$의 평균 $\overline{X}$는 표본의 크기 충분히 크면 근사적으로 평균이 μ이고 분산이 σ^2/n인 정규분포

를 따른다. 즉,

$$Z = \frac{\sqrt{n}(\overline{X} - \mu)}{\sigma / \sqrt{n}} \approx \boldsymbol{N}(0, 1).$$

예제 4.1.2

한 제과회사의 포장기계에서 나오는 과자의 무게는 평균이 μ이고 표준편차가 3.459g인 정규분포를 따른다고 한다. 회사는 소비자 단체와의 마찰을 피하기 위하여 450g이라고 표시된 과자를 포장하는 과정에서 기계를 455g에 포장하도록 맞추어 놓았다.

(1) 표본으로 취한 9개 과자의 평균이 450g보다 작을 확률을 구하여라.

(2) 오랜 기간 이 기계를 사용하였을 때 무게가 450g보다 작은 과자는 몇 %나 되는가?

(3) 크기가 9인 표본의 평균무게가 450g보다 작을 확률이 0.02가 되도록 하려면 기계를 몇 g에 맞추어야 하는가?

(4) 기계를 (3)에서와 같이 맞추고 오랜 기간 사용한 후 무게가 450g보다 작은 과자는 몇 %나 되는가?

(풀이)

과자의 무게를 X, 9개 표본과자의 평균무게를 $\overline{X}$라 하면 X와 $\overline{\boldsymbol{X}}$의 분포는 다음과 같다.

$$X \sim \boldsymbol{N}(\mu, (3.459)^2), \quad \overline{X} \sim \boldsymbol{N}(\mu, (3.459)^2/9).$$

(1) 모평균이 $\mu = 455$일 때 $P(\overline{X} < 450)$를 구하면 된다. 따라서

$$P(\overline{X} < 450) = P\left(\frac{\overline{X} - 455}{3.459/3} < \frac{450 - 455}{3.459/3}\right)$$
$$= P(Z < -4.3365) = 0.0000.$$

(2) 모평균이 $\mu = 455$일 때 $P(X < 450)$를 구하면 된다. 따라서

$$P(X < 450) = P\left(\frac{X - 455}{3.459} < \frac{450 - 455}{3.459}\right)$$
$$= P(Z < -1.45) = 0.0735 = 7.35\%.$$

(3) $P(\overline{X} < 450) = 0.02$인 μ를 구하면 된다. 따라서

$$P(\overline{X} < 450) = P\left(Z < \frac{450 - \mu}{3.459/3}\right) = 0.02$$

이어야 한다. 그런데

$$P(Z < -2.054) = 0.02$$

이므로 μ는 다음과 같이 구해진다.

$$\frac{450-\mu}{1.153}=-2.054 \quad \Rightarrow \quad \mu=452.38 \simeq 453.$$

(4) 모평균이 $\mu=453$일 때 $P(X<450)$를 구하면 된다. 따라서

$$P(X<450)=P\left(Z<\frac{450-453}{3.459}\right)$$
$$=P(Z<-0.87)=0.1922=19.22\%.$$

예제 4.1.3

제지공장에서 처리된 폐수의 오염지표로 생물학적 산소 요구량(BOD)를 사용하고 있다. M제지공장에서는 정화한 폐수의 BOD가 하루당 3000, 표준편차가 750이 되도록 설정하였다. 이 회사에서 49회에 걸쳐 측정한 BOD의 평균이 최저 허용 기준치인 2800 이상일 확률을 구하여라.

(풀이)

9회에 걸쳐 측정한 BOD의 평균을 $\overline{X}$라 하면 중심극한정리에 의하여

$$\overline{X} \approx \boldsymbol{N}(3000, 750^2/49)$$

이므로 구하는 확률은 다음과 같다.

$$P(\overline{X} \geq 2800) \approx P\left(Z \geq \frac{\sqrt{49}\,(2800-3000)}{750}\right)$$
$$=P(Z \geq -1.87)=0.9693.$$

모집단에 속하는 개체가 두 속성 A와 A^c에 따라 분류될 때, 모집단의 개체가 속성 A에 속하면 1, 아니면 0의 값을 갖는 확률변수를 X, $p=P(X=1)$이라 하면, X의 확률분포는 [표 4.1.1]과 같은 베르누이분포 $b(1,p)$가 된다. 여기서 p는 모집단의 개체가 속성 A에 속할 확률을 나타내는 모수이다. 이제, 모집단에서 랜덤하게 추출한 n개의 개체를 관찰한 결과를 $X_1, X_2, \cdots, X_n$이라 하면 이는 크기 n인 확률표본인데,

$$X_i=\begin{cases}1, & A\text{에 속함} \\ 0, & A\text{에 속하지 않음}\end{cases}$$

이므로 $\sum_1^n X_i$는 n개의 표본개체 중에서 속성 A에 속하는 개체의 수가 된다. 따라서 표본평균 $\overline{X}$는 n개의 표본개체 중에서 속성 A에 속하는 개체의 비율인데 이를 **표본비율**이

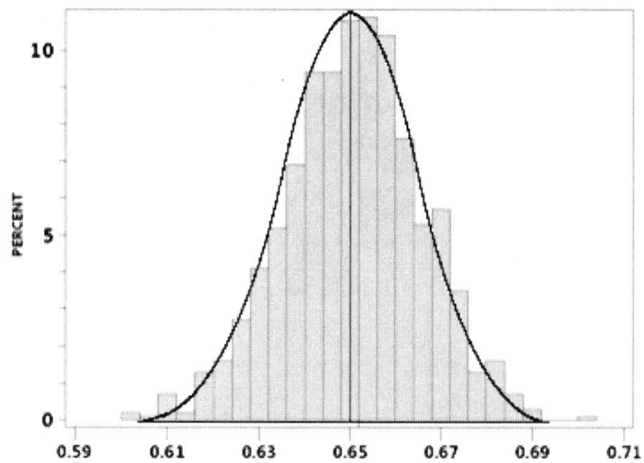

[그림 4.1.2] 표본비율의 분포에 대한 정규 근사

라 하고 기호 $\hat{p}$로 나타낸다. 즉,

$$\overline{X}=\frac{1}{n}\sum_{i=1}^{n}X_i=\hat{p}$$

이므로 표본비율은 표본평균의 일종이다. $p=0.65$인 이항 모집단에서 크기 $n=1000$인 확률표본을 일천 번 추출하여 계산한 1,000개의 $\hat{p}$값으로 히스토그램을 그린 [그림 4.1.2]를 보면 표본비율 $\hat{p}$의 분포가 거의 정규분포와 일치함을 볼 수 있다. 그러므로 표본비율에 대하여도 중심극한정리를 적용할 수 있다.

$X\sim b(1,p)$일 때 $\hat{p}$의 평균과 분산은

$$E(\hat{p})=p,\quad Var(\hat{p})=\frac{1}{n}p(1-p)$$

이므로 표본비율에 대하여 중심극한정리를 적용하면 표본비율 $\hat{p}$의 분포는 근사적으로 평균이 p, 분산이 $p(1-p)/n$인 정규분포를 따른다. 즉,

$$\hat{p}\sim \boldsymbol{N}\left(p,\ \frac{1}{n}p(1-p)\right)\ \Leftrightarrow\ Z=\frac{\hat{p}-p}{\sqrt{p(1-p)/n}}\sim \boldsymbol{N}(0,1).$$

예제 4.1.4

남강제약회사에서 공급하고 있는 당뇨병 치료제의 효율은 60% 정도로 알려져 있다. 랜덤하게 뽑은 100명의 당뇨병 환자에게 이 회사에서 공급하는 치료제를 투여하였을 때 70명 이상이 치료될 확률을 구하여라.

(풀이)

100명 중에서 치료된 환자의 비율을 $\hat{p}$이라 하면 중심극한정리에 의하여

$$\hat{p} \approx \boldsymbol{N}\left(0.6,\ \frac{0.24}{100}\right)$$

이므로 구하는 확률은 다음과 같다.

$$P(\hat{p} \geq 0.7) \approx P\left(Z \geq \frac{0.7-0.6}{\sqrt{0.24/100}}\right) = P(Z \geq 2.04) = 0.0207.$$

4.1.2 표본분산의 분포

표준화 확률변수

$$Z = \frac{\overline{X}-\mu}{\sigma/\sqrt{n}}$$

를 통계적 추론에 이용하려면 모분산 σ^2이 알려져 있어야 한다. 모분산이 미지이면 모분산을 추정해야 한다. 평균이 μ, 분산이 σ^2인 분포에서 추출한 확률표본 $X_1, X_2, \cdots, X_n$의 표본분산은

$$S^2 = \frac{1}{n-1}\sum_{i=1}^{n}\left(X_i - \overline{X}\right)^2$$

으로 정의한다. 표본분산 S^2의 기댓값을 구해보면 $E(S^2) = \sigma^2$이므로 모분산 σ^2의 추론에 표본분산 S^2을 이용한다. 분포이론에 의하면 $Z \sim \boldsymbol{N}(0,1)$일 때 Z^2의 분포는 자유도가 1인 χ^2(카이제곱)분포를 따른다고 한다. 자유도 r인 χ^2분포는 기호 $\chi^2(r)$로 표기한다. χ^2분포의 모습은 자유도 r에 의하여 결정되는데 자유도가 커지면 좌우 대칭인 모양으로 접근한다. [그림 4.1.3]은 자유도에 따른 여러 χ^2분포의 확률밀도함수를 그린 것이다.

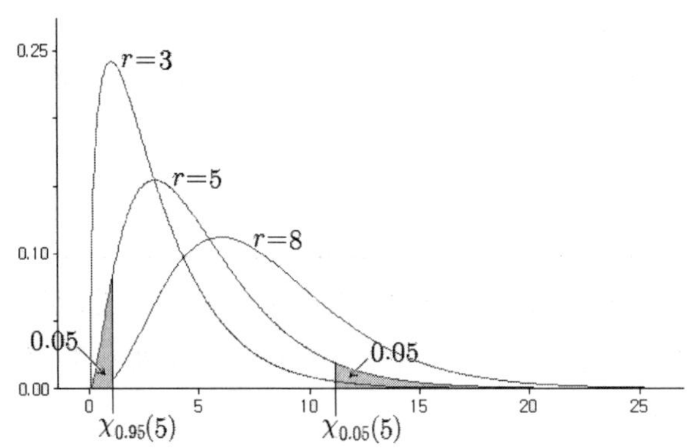

[그림 4.1.3] 자유도가 $r=3, 5, 8$인 $\chi^2(r)$의 확률밀도함수

확률변수 V의 분포가 $\chi^2(r)$일 때 V의 $100(1-\alpha)$백분위수, 즉,

$$P(V>v)=\alpha$$

를 만족하는 값 v는 $\chi^2_\alpha(r)$로 표기한다. 자유도 r과 α의 변화에 따른 $\chi^2_\alpha(r)$이 부록의 χ^2-분포표에 주어져 있다. 예컨대, $V\sim\chi^2(10)$일 때 χ^2-분포표를 보면

$$P(V>18.31)=0.05$$

이므로 $\chi^2_{0.05}(10)=18.31$이다.

정규분포 $\boldsymbol{N}(\mu, \sigma^2)$에서 추출한 크기 n인 확률표본 $X_1, X_2, \cdots, X_n$의 표본분산을 S^2이라 할 때 모분산 σ^2의 추론에 사용되는 S^2과 관련된 분포는 다음과 같다.

$$\frac{(n-1)S^2}{\sigma^2}\sim\chi^2(n-1)$$

4.1.3 t분포와 F분포

분포이론에 의하면 $Z\sim\boldsymbol{N}(0,1)$, $V\sim\chi^2(r)$인 두 확률변수 Z와 V가 서로 독립이면

$$T=Z\sqrt{\frac{r}{V}}$$

의 분포를 자유도가 r인 t분포라 하며 $\boldsymbol{t}(r)$로 표기한다. 1908년에 영국의 통계학자 W. S. Gosset이 Student라는 필명으로 t분포를 발표하였다. 이런 연유로 t분포를 Student의 t분포라 부르기도 한다. $\boldsymbol{t}(r)$은 자유도 r에 따라 분포의 모습이 변하는데 $r\to\infty$일 때의 t분포는 표준정규분포와 일치한다. [그림 4.1.4]는 $\boldsymbol{N}(0,1)$과 $\boldsymbol{t}(5)$의 분포를 그린 것이다.

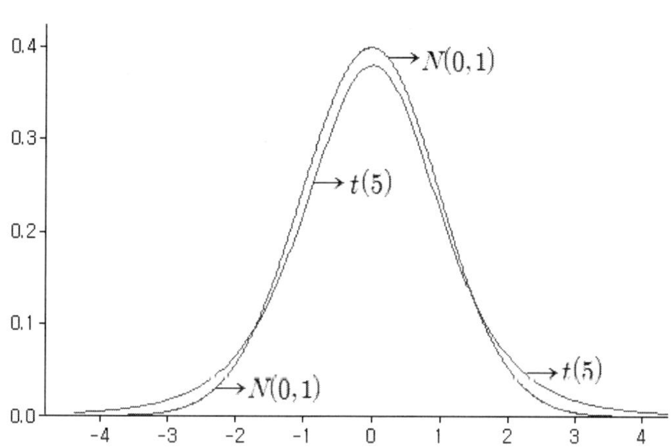

[그림 4.1.4] $t(5)$와 $N(0,1)$의 비교

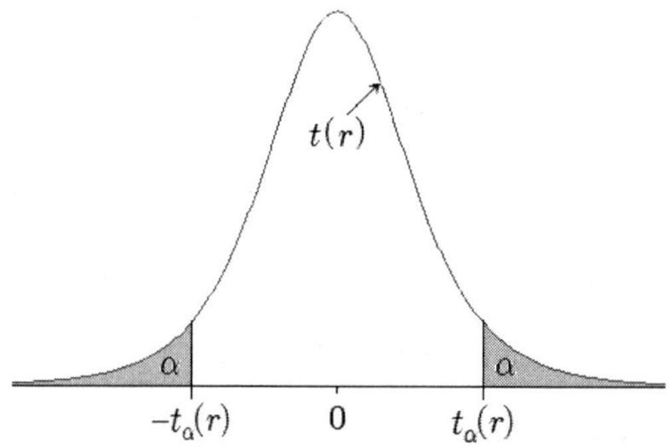

[그림 4.1.5] $P[(T>t_\alpha(r)]=P[(T<-t_\alpha(r)]=\alpha$

$T\sim t(r)$일 때 [그림 4.1.5]과 같이 T의 $100(1-\alpha)$백분위수를 $t_\alpha(r)$이라 하면

$$P[(T>t_\alpha(r)]=P[(T<-t_\alpha(r)]=\alpha$$

가 된다. 자유도 r과 α의 변화에 따른 $t_\alpha(r)$는 부록의 t분포표에 주어져 있다.

부록의 t분포표에서 자유도가 $r=20$이고 $\alpha=0.025$일 때의 값이 2.086인데 이는

$$t_{0.025}(20)=2.086$$

임을 나타내고, 확률변수 T가 $t(20)$을 따를 때

$$P(T\geq 2.086)=0.025$$

임을 의미한다.

정규분포 $N(\mu,\sigma^2)$에서 추출한 크기 n인 확률표본의 표본평균을 $\overline{X}$, 표본분산을 S^2이라 할 때 분포이론에 의하면

$$T=\frac{\overline{X}-\mu}{S/\sqrt{n}}\sim t(n-1)$$

임이 알려져 있다. 이 사실은 모분산이 미지인 정규모집단에서 모평균의 추론에 이용된다.

다음으로 $N(\mu_X,\sigma_X^2)$과 $N(\mu_Y,\sigma_Y^2)$의 두 모평균을 비교하는 문제에서 $X_1, X_2,\cdots,X_n$과 $Y_1, Y_2,\cdots,Y_m$은 서로 독립이고 각 정규분포에서 추출한 확률표본이라고 한다. 이 때,

$$\overline{X}=\frac{1}{n}\sum_{i=1}^{n}X_i,\quad S_X^2=\frac{1}{n-1}\sum_{i=1}^{n}(X_i-\overline{X})^2,$$

$$\overline{Y}=\frac{1}{m}\sum_{j=1}^{m}Y_i,\quad S_Y^2=\frac{1}{m-1}\sum_{j=1}^{m}(Y_i-\overline{Y})^2$$

이라 하면

$$\frac{(\overline{X}-\overline{Y})-(\mu_X-\mu_Y)}{\sqrt{\sigma_X^2/n+\sigma_Y^2/m}} \sim \boldsymbol{N}(0,1)$$

이고, $\sigma_X^2=\sigma_Y^2=\sigma^2$으로 가정하면

$$\frac{(\overline{X}-\overline{Y})-(\mu_X-\mu_Y)}{\sqrt{S_p^2(1/n+1/m)}} \sim \boldsymbol{t}(n+m-2)$$

임이 알려져 있다. 여기서 S_p^2은

$$S_p^2=\frac{(n-1)S_X^2+(m-1)S_Y^2}{n+m-2}$$

이다. 이러한 사실은 두 모평균의 차이에 대한 추론에 이용된다.

두 정규모집단의 분산을 비교할 때 분산의 비(比)에 대한 추론에 이용되는 분포로 F분포가 있다. 분포이론에 의하면 서로 독립인 두 확률변수의 분포를 각각의 자유도가 r_1과 r_2인 χ^2분포라 할 때, 즉, $V_1 \sim \boldsymbol{\chi}^2(r_1)$과 $V_2 \sim \boldsymbol{\chi}^2(r_2)$가 서로 독립일 때

$$F=\frac{V_1/r_1}{V_2/r_2}$$

으로 정의하는 확률변수 F의 분포를 분자의 자유도가 r_1, 분모의 자유도가 r_2인 F분포라 하며 $\boldsymbol{F}(r_1, r_2)$로 표기한다. 분포 $\boldsymbol{F}(r_1, r_2)$는 [그림 4.1.6]에서 보는 바와 같이 오른쪽으로 꼬리를 길게 늘어뜨린 모습이지만 분자, 분모의 자유도가 커짐에 점차 대칭적인 모습으로 접근한다. 한편, F분포의 제 $100(1-\alpha)$백분위수, 즉,

$$P(F \geq c)=\alpha$$

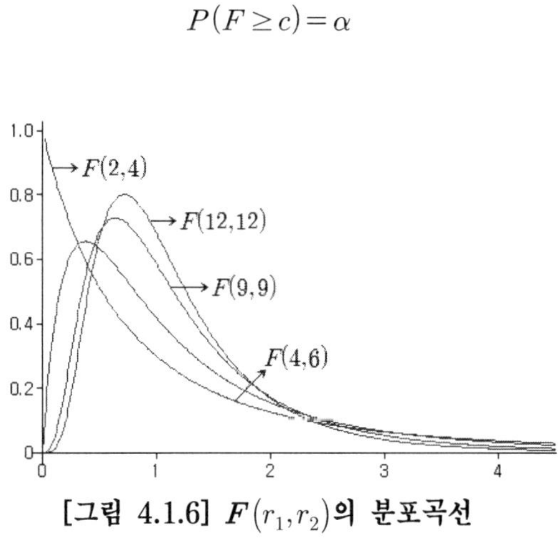

[그림 4.1.6] $\boldsymbol{F}(r_1, r_2)$의 분포곡선

를 만족하는 값 c는 $F_{\alpha}(r_1, r_2)$로 표기한다. 분자, 분모의 자유도 r_1과 r_2 및 α의 변화에 따른 $F_{\alpha}(r_1, r_2)$가 부록의 F분포표에 주어져 있다.

한편, F분포의 성질에 의하면 $F \sim \boldsymbol{F}(r_1, r_2)$일 때 $F^{-1} \sim \boldsymbol{F}(r_2, r_1)$이 성립한다. 따라서

$$F_{1-\alpha}(r_2, r_1) = \frac{1}{F_{\alpha}(r_1, r_2)}$$

의 관계가 성립한다. 예컨대, 부록의 F분포표에 의하면 $F_{0.10}(3, 4) = 4.19$이므로

$$F_{0.90}(4, 3) = \frac{1}{F_{0.10}(3, 4)} = \frac{1}{4.19} \approx 0.24$$

가 된다.

두 정규모집단에서 모분산의 비 σ_X^2/σ_Y^2에 대한 추론에는 표본분산의 비 S_X^2/S_Y^2을 이용한다. 서로 독립인 분포 $\boldsymbol{N}(\mu_X, \sigma_X^2)$과 $\boldsymbol{N}(\mu_Y, \sigma_Y^2)$에서 추출한 크기 n과 m인 확률표본의 표본분산을 각각 S_X^2과 S_Y^2이라 할 때

$$F = \frac{S_X^2/\sigma_X^2}{S_Y^2/\sigma_Y^2} \sim \boldsymbol{F}(n-1, m-1)$$

인데, 이 사실을 이용하여 모분산의 비 σ_X^2/σ_Y^2에 대한 추론을 하게 된다.

4.2 추정과 검정

연구대상 모집단의 관심거리(특성)에 대하여 확률변수를 정의하면 이 확률변수의 확률분포가 모집단의 분포이므로 모집단의 특성에 대한 추론이란 모집단의 관심 변수에 대한 확률분포의 특성을 추론함을 의미한다. 예컨대, 청바지 제조회사의 경영에서 고려해야 할 문제는 많겠지만 제품 생산의 측면에서 특별히 고려해야 할 점은 어떤 허리 크기의 청바지를 얼마나 생산할 것인가라고 하겠다. 이 문제는 한국인의 허리 크기에 대한 분포를 알 수 있다면 해결할 수 있다. 그러나 한국인의 허리 크기에 대한 분포가 정규분포를 따른다고 하여도 정규분포를 단 하나로 결정하는 평균과 분산을 알아야만 문제가 완전히 해결될 수 있다. 평균이나 분산에 대한 정보는 표본으로부터 얻을 수 있으므로 모집단에서 추출한 확률표본을 근거로 평균과 분산을 추측하여 정규분포를 하나로 결정해야 문제가 해결된다. 이와 같이 모집단에 대한 확률분포를 가정하고 모집단에서 추출한 확률표본에 근거하여 모집단 분포의 특성을 추측하는 과정을 **통계적 추론**(statistical inference)이라 한다.

일반적으로 모집단의 관심사에 대하여 가정하는 확률분포모형은 분포의 평균, 분산 등과 같이 모집단의 특성을 나타내는 미지모수들을 포함하는 함수식으로 표현된다. 따라서 통계적 추론은 가정된 분포의 미지모수에 대한 추론이라 할 수 있다.

모집단의 관심변수 X에 대한 확률분포함수를 미지모수가 θ인 f_X라 할 때 θ에 대한 추론은 f_X를 단 하나로 결정하기 위한 것이라 할 수 있다. 확률변수 X의 분포 f_X에 대한 정보를 가지고 있는 확률표본의 관측값을 어떤 방법으로 요약하여 θ의 추론에 이용할 것인가는 f_X에 대한 가정에 달려 있다. 전통적인 통계적 추론에서는

"모집단의 확률분포 f_X가 정규분포를 따른다면"

과 같이 모집단에 대한 엄격한 가정 하에서 전개된다. 즉, f_X는 미지모수가 θ인 특정한 분포함수로 그 함수식이 알려져 있다고 가정하고 모수 θ의 값에 대하여 추론한다. 이러한 통계적 추론을 **모수적 추론**(parametric inference)이라 한다. 미지모수가 θ인 확률변수 X의 확률분포함수 $f_X(x)$는 추론의 대상이 θ임을 확실히 하는 의미에서 $f_X(x;\theta)$와 같이 나타낸다.

확률분포로부터 추출된 확률표본에 의하여 수행하는 통계적 추론은 크게 모수의 추정(推定, estimation)과 모수에 대한 가설검정(假說檢定, testing of hypothesis)으로 나눌 수 있다. 먼저 미지모수의 추정에 대하여 알아보고 다음으로 가설검정에 대하여 논의한다.

4.2.1 통계적 추정

통계적 추론에서 통상적인 관심사는 평균, 비율, 표준편차, 상관계수 등과 같이 모집단의 특성을 나타내는 값, 즉, 모수들이다. 모수는 고정된 상수이지만 미지이기 때문에 우리는 표본자료를 이용하여 그러한 모집단의 특성값을 추측하고자 한다. 표본을 이용하여 모집단의 특성을 나타내는 모수에 대한 추측값 및 추측값에 대한 오차의 한계를 제시하는 과정을 통계적 추정이라 한다. 모비율 p의 추정에 관한 다음의 예제를 통하여 추정의 개념을 알아보자.

예제 4.2.1

교육부에서는 사회 일각에서 제기되고 있는 초등학교 '보조교사제' 도입의 타당성을 검토하기로 하였다. 담당자 A는 이 제도에 대한 여론의 동향을 알아보기 위해 교육부의 홈페이지에 투표 란을 개설한 후

"청년 실업문제를 해소하고 교육환경 개선을 위해 초등학교에 '보조교사제'를 도입하자는 제안을 어떻게 생각하십니까? (1. 찬성 2. 반대)"

와 같은 질문으로 '보조교사제' 도입의 찬반 여론을 조사하였다. (한 사람에게는 한 번의 투표 기회만 주어지는 것으로 가정한다.) 일주일 동안 진행된 이 여론조사에는 12,414명이 참여하였는데 찬성은 68%인 8,442명, 반대는 32%인 3,972명으로 나타났다. 이를 근거로 A는

"여론조사 결과 국민의 2/3 이상이 보조교사제 도입을 찬성하고 있다."

고 보고서에 기술하였다.

이 여론조사에서 모집단은 우리나라에서 19세 이상인 성인들의 집합이고, 관심 있는 모집단의 특성치, 즉, 모수는 '보조교사제'에 대한 찬성률이다. 이것을 p라 하면 A는 온라인 조사를 통해 p를 0.68쯤 되는 것으로 추측하고 보고서를 작성한 것이다. 모비율 p는 모집단에 대한 완벽한 정보가 없으면 알 수 없는 고정된 값이다. 이 여론조사의 주목적은 표본으로부터 얻은 정보를 이용하여 모수 p를 추측하는데 있다.

A의 보고서는 믿을 수 있는 것인가? 우선 보조교사제와 관련하여 '청년 실업문제 해소'나 '교육환경 개선'과 같은 긍정적 측면을 제시하여 찬성을 유도하는 질문을 사용함으로써 조사결과에 왜곡이 있을 수 있다. 보다 심각한 문제는 홈페이지에 들어온 사람들만 응답하기 때문에 표본이 모집단의 일부만을 대표할 가능성이 매우 크다는 것이다. 온라인 조사 등과 같이 뽑히기 쉬운 대상을 조사대상으로 하는 표본을 편의표본(便宜標本, convenience sample)이라 하는데 편의표본은 선택편향(選擇偏向, selection bias)으로 인해 모집단을 대표하기 어렵다. 선택편향을 막기 위해서는 모집단에 속하는 모든 조사단위가 표본에 포함될 기회를 동등

하게 주어야 한다.

이제, A가 유권자 집단에서 랜덤하게 $n=1,000$명을 뽑아서 전화조사를 하였더니 681명이 보조교사제에 찬성하였다고 하자. 이 경우에 표본비율 $\hat{p}$을 모비율 p의 추측값으로 제시하는 것이 통상적인 방법이다. 따라서 표본으로 뽑힌 i번째 유권자가 보조교사제에 찬성하면 $x_i=1$, 반대하면 $x_i=0$이라 할 때 $\sum x_i=681$이므로 모비율 p를

$$\hat{p}=\frac{1}{n}\sum x_i=0.681=68.1\%$$

라고 추측하고, 이를 근거로 A는

"여론조사 결과 국민의 2/3 이상이 보조교사제 도입을 찬성하고 있다."

고 보고서에 기술할 수 있겠는가? 랜덤하게 뽑은 다른 유권자 천 명의 표본비율을 구하여 다시 p를 추측한다면 $\hat{p}$이 0.681과 비슷한 값이 될 것인가?

A의 결과를 믿지 못한 B가 다시 1,000명을 랜덤하게 추출하여 조사하였더니 665명이 찬성하였다면 $\hat{p}$은 66.5%로 계산된다. 그런데 A와 B의 결과를 신뢰할 수 없다며 C가 다시 같은 크기의 단순랜덤표본을 추출하여 조사한 결과는 찬성 487명이었다면 $\hat{p}$은 48.7%가 된다. 여기서 A, B, C가 사용한 조사방법, 표본추출법, 표본의 크기, 찬성률의 계산법 등은 모두 동일하지만 표본 구성원이 다르기 때문에 세 사람이 구한 $\hat{p}$의 값이 서로 다른 것이다. 찬성률을 계산하는 방법이 바로 통계량인데, 통계량의 값은 표본에 따라 그 값이 변한다. 세 사람의 보고서를 접한 사람은 C의 결과보다 A나 B의 결과를 더 믿을만하다고 생각할 것이다. 왜 그럴까? 이런 문제를 해결하려면 추측치와 더불어 동일한 방법을 반복해서 사용하여 얻은 추측치들이 어느 정도로 변할 것인가에 대한 정보가 제공되어야 한다.

표본에 따라 변하는 통계량 $\hat{p}$의 값들은 주로 어떤 값들일까에 대하여 생각해 보자. 예컨대, 1,000명의 학자가 각각 크기 $n=1,000$인 랜덤표본을 추출하여 $\hat{p}$을 계산할 때 1,000개의 $\hat{p}$값들은 어떤 분포 모습을 보일까? 모집단의 찬성률 p를 0.65라 가정하면 1,000개의 $\hat{p}$들의 대부분은 모집단 찬성률 $p=0.65$를 중심으로 0.65 ± 0.045이내에 분포하고 있으며 그 분포 모습은 종 모양의 분포와 흡사하다. 이러한 사실은 컴퓨터를 이용한 모의실험에 의하여 보일 수 있다. 구간 $(0,1)$에서 추출한 1,000개의 난수 중에서 0.65 이하인 난수의 개수를 1,000으로 나눈 값이 표본찬성률 $\hat{p}$의 한 값이 된다. 이런 작업을 1,000번 반복하여 얻은 1,000개의 $\hat{p}$값들에 대한 히스토그램이 [그림 4.1.2]이다. [그림 4.1.2]를 보면 $\hat{p}$의 분포 모습이 앞에서 기술한 모양과 같음을 알 수 있다. 모의실험 결과를 보면 크기 1,000인 랜덤표본으로부터 산출되는 $\hat{p}$값들의 거의 대부분은 p와의 차이(오차)가 0.05를 넘지 않으므로, 즉,

$$|p-\hat{p}|\le 0.05$$

이므로 표본찬성률 $\hat{p}$은 모집단 찬성률 p에 대하여 비교적 정밀하게 추정된 값으로 어느 정도는 신뢰할 만한 값임을 알 수 있다. [그림 4.1.2]에서 $\hat{p}$과 p의 차이가 0.05보다 크게 나온 $\hat{p}$의 값을 보면 0.702 하나뿐인데 불행하게도 C는 가능한 랜덤표본들 중에서 선택될 가능성이 거의 없는 최악의 표본을 뽑은 것이다.

모집단의 일부분인 표본을 통해서 모집단 전체의 특성을 '정확히' 알아낸다는 것은 불가능하다. 따라서 표본에 의한 모수의 추측값을 제시할 때는 추측값에 대한 오차의 한계는 어느 정도이며 얼마나 믿을만한가를 기술하여야 한다. 그러한 기술은 추측값을 계산하는 방법인 통계량의 확률분포를 통하여 이루어진다. [그림 4.1.2]과 같이 제시된 모의실험 결과를 자세히 살펴보면 1,000개의 랜덤표본에서 구한 $\hat{p}$값들은

$$0.602,\quad 0.703,\quad 0.606,\quad 0.603,\quad 0.608$$

의 5개를 제외하면 모두 $p=0.65$를 중심으로 ± 0.041 이내에 널려 있고 0.65 ± 0.031 사이에 집중적으로 분포되어 있다. [그림 4.1.2]에서 구간 $(0.619, 0.681)$에 속하는 $\hat{p}$의 개수는 959개인데 이 숫자는 모의실험에 따라 약간의 차이를 보이지만 모의실험을 시행한 전체 표본수의 대략 95%에 해당된다. 따라서 1,000명이 각각 크기 1,000인 랜덤표본을 추출하여 조사한다면 대략 950명(95%)이 구한 추측값 $\hat{p}$는 모비율의 참값 p를 중심으로 ± 0.031 이내의 범위에 있게 된다. 그렇다면 추출 가능한 모든 표본들에서 구한 $\hat{p}$들의 95%는

$$p-0.031<\hat{p}<p+0.031$$

이므로 우리가 뽑은 표본이 이를 만족하는 95% 중의 하나라면

$$\hat{p}-0.031<p<\hat{p}+0.031$$

이고 100번 중의 95번 정도 되는 수준에서 이렇게 될 거라고 믿을 수 있지 않겠는가? 이런 의미에서 95%를 **신뢰수준**(信賴水準, level of confidence) 또는 **신뢰도**(信賴度)라 하고 위와 같이 구한 구간을 모비율 p에 대한 95% **신뢰구간**(confidence interval)이라 부른다. 그리고 위의 식은

$$|p-\hat{p}|\leq 0.031$$

과 같은 식인데 $\hat{p}-p$는 추정된 표본비율과 모비율의 차이로 추측값에 대한 오차이므로 ± 0.031을 신뢰수준 95%에서의 **오차의 한계**(margin of error)라 한다. 일반적으로 모집단 모수에 대한 참값과 표본에서 산출되는 추측값과의 차이가 일정한 값을 넘지 않을 때 그 값이 오차의 한계이고 모든 가능한 표본들 중에서 추정오차가 오차의 한계를 넘지 않는 표본들의 % 비율을 신뢰수준이라 한다. 크기 1,000인 랜덤표본으로 $\hat{p}=0.681$을 구한 A는 조사 결과를 다음과 같이 기술한다.

"보조교사제에 대한 여론조사 결과 68.1%의 사람들이 보조교사제 도입을 찬성하는 것으로 나타났다. 신뢰수준 95%에서 오차의 한계는 $\pm 3.1\%$ 포인트이다."

위와 같이 신뢰수준과 오차의 한계를 표시하여 기술한 것을 신뢰문이라 하는데 신뢰문은 정확히 이해할 수 있도록 기술해야 한다. 신뢰도 95%에서 모비율 p가 0.680 ± 0.031 이내에 있다고 하여 미지의 p가 구간 $(0.619, 0.681)$에 속할 확률이 95%라는 것은 아니다. 1회의 표본에서 얻어진 한 구간에 p가 포함되어 있는가의 여부는 표본자료에서 알아낼 수 있는 것이 아니다. 신뢰수준의 의미를 다시 한 번 음미하여 보기 바란다.

[예제 4.2.1]에서 논의한 바를 정리하여 보자. 유권자의 보조교사제에 대한 찬반 여부에 따라 0 또는 1의 값을 취하는 확률변수를 X라 하면 X의 분포는 $b(1, p)$인데 이 분포에서 추출한 크기 n인 확률표본 $X_1, X_2, \cdots, X_n$을 요약하는 통계량

$$\hat{p} = \frac{1}{n}\sum_{i=1}^{n} X_i$$

를 이용하여 모수 p를 추측하고, 통계량 $\hat{p}$의 분포로부터 추측값에 대한 오차의 한계 및 신뢰수준을 구하고 있다.

확률분포함수가 $f_X(x;\theta)$인 분포로부터 추출한 크기 n인 확률표본을 $X_1, X_2, \cdots, X_n$이라 할 때, 통계량 $T = t(X_1, X_2, \cdots, X_n)$에 표본의 관측값 $x_1, x_2, \cdots, x_n$을 대입하여 얻은 값으로 미지모수 θ를 추측하는 것을 **점추정**(點推定, point estimation)이라 한다. 그리고 두 통계량 $L = t_1(X_1, X_2, \cdots, X_n)$과 $U = t_2(X_1, X_2, \cdots, X_n)$에 표본의 관측값을 대입하여 계산한 값 l과 u를 이용하여 θ의 참값이 구간 $l < \theta < u$에 속할 것으로 추측하는 것을 **구간추정**(區間推定. interval estimation)이라 한다.

모수의 추정에서 확률표본 $X_1, X_2, \cdots, X_n$의 함수로 모수 θ의 추정에 사용되는 통계량을 **추정량**(estimator)이라 하고 확률표본의 관찰값을 추정량의 식에 대입하여 구한 값을 **추정치**(estimate)라 한다. 즉, 추정량은 표본에 따라 확률적으로 값이 변하는 확률변수로서 미지모수 θ의 추정에 사용될 수 있는 하나의 통계량이고 추정치는 추정량의 한 관측값이다. 모수 θ의 추정량은 $\hat{\theta}$ 또는 $\tilde{\theta}$와 같은 기호로 나타내며 그에 따른 추정값도 혼동의 여지가 없을 때에는 동일한 기호로 나타낸다.

확률표본의 함수로 나타나는 통계량은 무수히 많이 있다. 따라서 모든 가능한 통계량들 중에서 어떤 통계량을 미지모수의 추정량으로 사용할 것인가에 대하여 생각해 보자. 모집단의 일부인 표본을 이용하여 미지모수 θ를 항상 정확하게 추정할 수 있는 근본적인 방

법을 찾는 것은 불가능하다. 따라서 θ의 추정량으로 사용될 수 있는 가능한 통계량들 중에서 θ에 가장 "**근접**(close)"하는 통계량 T를 찾을 수 있다면 이 통계량을 θ의 추정량으로 선택하여야 할 것이다. 그러나 그러한 추정량을 구하는 방법은 명백하지 않고, 또, 가능한 추정량들이 너무 많기 때문에 모든 가능한 추정량들 중에서 θ에 가장 근접한 추정량을 구해내는 것은 현실적으로 불가능하다. 그러한 이유로 가능한 추정량들의 범위를 적절한 성질을 갖는 통계량들로 제한하고, 그들 중에서 θ에 주변에 가장 집중되어 분포하는 통계량을 추정량으로 결정하는 방법이 보편화되어 있다.

[예제 4.2.1]을 보면 p가 중심위치인 근사정규분포를 따르는 통계량 $\hat{p}$를 모비율 p의 추정량으로 사용하고 있다. [그림 4.2.1]을 보면 모수 θ를 중심으로 그 주변에 밀집되어 분포하는 통계량 T의 관측값이 $\theta+b$를 중심으로 분포하는 통계량 T^*의 관측값보다 θ에 근접하여 나타날 가능성이 높을 것으로 생각된다. 따라서 분포의 중심위치가 모수 θ인 통계량들을 가능한 추정량으로 우선 고려한다.

일반적으로 T가 미지모수 θ의 추정량일 때, θ의 모든 가능한 값에 대하여 $E(T)=\theta$이면 T를 θ에 대한 **비편향추정량**(非偏向 推定量, unbiased estimator)이라 한다. 비편향추정량의 정의에 의하면 추정량 T의 평균이 미지모수 θ와 같은 추정량이다. 평균이 μ, 분산이 σ^2인 분포에서 추출한 확률표본의 평균 $\overline{X}$와 분산 S^2은 모집단의 분포와 관계없이 μ와 σ^2에 대한 비편향추정량이다. 그리고 비편향추정량이 아닌 추정량은 **편향추정량**(biased estimator)이라 하는데 추정량 T가 θ에 대한 편향추정량이면

$$E(T)=\theta+b,\ b\neq 0$$

이 되고 b를 추정량 T의 **편향**(bias, 偏向) 또는 **편의**(偏倚)(bias)라 한다.

추정량 T를 이용하여 미지모수 θ를 추정할 때는 반드시 추정오차를 제시해야 한다. 가능한 추정량을 비편향추정량으로 제한하면 추정량의 오차에 대한 측도로 분산을 사용할 수 있다. 비편향추정량 T의 분산 $Var(T)$는 추정오차 $T-\theta$의 제곱에 대한 기댓값, 즉,

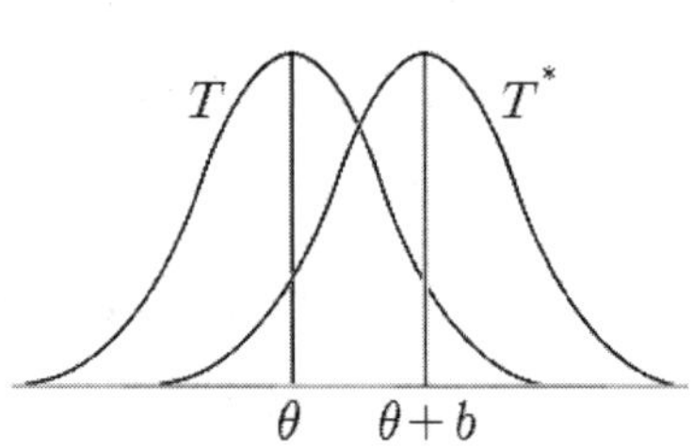

[그림 4.2.1] 통계량 T와 T^*의 분포

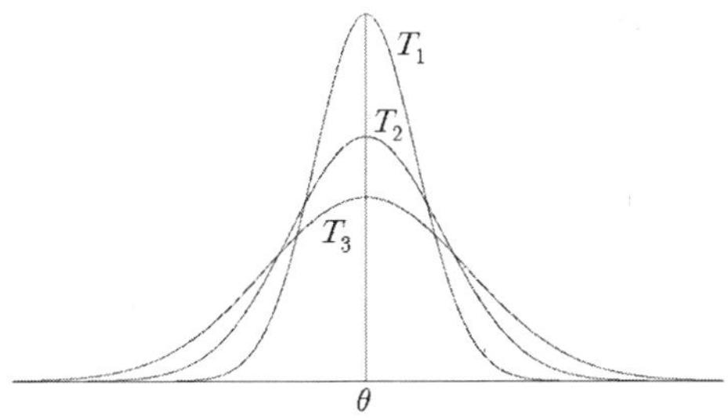

[그림 4.2.2] 비편향추정량 T_1, T_2, T_3의 분포

$$Var(T) = E[(T-\theta)^2]$$

인데 θ 주변에 T의 가능한 값들이 퍼져있는 정도를 나타낸다. [그림 4.2.2]에서 θ의 세 비편향추정량 T_1, T_1, T_3의 분산을 비교해 보면

$$Var(T_1) < Var(T_2) < Var(T_3)$$

인데 분산이 작은 비편향추정량일수록 추정량의 값들이 θ 주변에 더욱 밀집되어 분포하고 있음을 볼 수 있다. 따라서 비편향추정량의 분산을 비교하여 분산이 가장 작은 추정량을 θ의 추정량으로 선택한다. 두 비편향추정량 중에서 분산이 작은 추정량을 **더 효율적인 추정량**(more efficient estimator)이라 하며, 모든 비편향추정량들 중에서 분산이 가장 작은 추정량을 **최량비편향추정량** 또는 **최소분산비편향추정량**이라 한다.

한편, 표본의 크기 n이 커지면 θ의 추정량 T는 θ로 접근해야 할 것이다. 크기 n인 확률표본의 함수 T_n을 θ의 추정량이라 할 때 T_n이 확률적으로 θ에 수렴하면 T_n을 θ에 대한 추정량의 **일치추정량**(一致推定量, consistent estimator)이라 한다. 그리고 통계량 T는 표본에 내재된 정보를 요약하는 것이므로 추정량으로 사용되는 T에는 표본에 포함되어 있는 θ에 관한 모든 정보를 지니고 있어야 한다. 그러한 성질을 지닌 추정량을 **충분추정량**(充分統計量, sufficient estimator)이라 한다.

통상적으로 이상의 네 가지 성질, 즉, 비편향성, 효율성, 일치성, 충분성을 만족하는 통계량을 추정량으로 사용한다. 평균이 μ, 분산이 σ^2인 분포에서 추출한 확률표본의 평균 $\overline{X}$는 네 성질을 모두 만족하는 통계량임이 알려져 있다. 이런 이유로 모평균의 추정량으로 표본평균이 주로 이용되고 있다. 그러나 네 성질을 만족하는 추정량이 가장 좋은 추정량이라는 것은 아니다.

θ의 참값은 알 수 없으므로 미지모수 θ의 추정량 T에 대한 오차 $T-\theta$는 직접 계산할 수는 없다. 그러나 α값이 주어지면 T의 확률분포로부터

$$P(|T-\theta|<d)=1-\alpha, \quad 0<\alpha<1$$

를 만족하는 d를 구할 수 있는데 이 d를 신뢰수준 $100(1-\alpha)\%$에서 추정량 T에 대한 오차의 한계라 한다. 위와 같은 식은

$$P(T-d<\theta<T+d)=1-\alpha$$

와 같은 식으로 고쳐 쓸 수 있다. 따라서 이 식으로부터 얻어지는 구간

$$T-d<\theta<T+d$$

를 신뢰수준이 $100(1-\alpha)\%$인 모수 θ의 **신뢰구간**(confidence interval)이라 한다. 그리고 신뢰수준이 $100(1-\alpha)\%$로 주어지면 추정량 T에 대한 분포의 제 $100(1-\alpha/2)$백분위수를 주어진 신뢰수준에 대한 **신뢰계수**(confidence coefficient)라 한다. 일반적으로 추정량 T에 대한 오차의 한계 d는 다음과 같은 식

$$d=(\text{신뢰계수})\times(\text{추정량의 표준편차})$$

로 구할 수 있다. 예컨대, $\boldsymbol{N}(\mu,\sigma^2)$에서 추출한 표본의 평균 $\overline{X}$가 μ의 추정량일 때 σ^2이 알려져 있으면 $\overline{X}$를 표준화한 확률변수 Z의 분포는 $\boldsymbol{N}(0,1)$, 즉,

$$\overline{X}\sim N(\mu,\sigma^2/n) \quad \Leftrightarrow \quad Z=\frac{\overline{X}-\mu}{\sigma/\sqrt{n}}\sim \boldsymbol{N}(0,1)$$

이고,

$$P(Z\ge z_{\alpha/2})=\frac{\alpha}{2}$$

이므로, 신뢰수준 $100(1-\alpha)\%$에 대한 신뢰계수는 $z_{\alpha/2}$이고

$$P(|Z|<z_{\alpha/2})=P\left(\left|\frac{\overline{X}-\mu}{\sigma/\sqrt{n}}\right|<z_{\alpha/2}\right)=P\left(|\overline{X}-\mu|<z_{\alpha/2}\frac{\sigma}{\sqrt{n}}\right)$$

$$=P\left(|\overline{X}-\mu|<d\right)=1-\alpha$$

가 된다. 따라서 신뢰수준 $100(1-\alpha)\%$에서 추정량 $\overline{X}$의 오차의 한계 d는

$$d=z_{\alpha/2}\frac{\sigma}{\sqrt{n}}$$

가 되고, 신뢰수준이 $100(1-\alpha)\%$인 모평균 μ의 신뢰구간은

$$\left(\overline{X}-z_{\alpha/2}\frac{\sigma}{\sqrt{n}},\ \overline{X}+z_{\alpha/2}\frac{\sigma}{\sqrt{n}}\right)$$

이다. 일반적으로 추정량 T의 표준편차를 **표준오차**(標準誤差, standard error)라 하며 기호

s.e.(T)로 표기한다. 따라서 추정량 T에 대한 오차의 한계 d는

$$d=(\text{신뢰계수})\times \text{s.e.}(T)$$

이므로 θ에 대한 신뢰구간 (L, U)의 상, 하한은 다음과 같은 식으로 구할 수 있다.

$$T\pm d=T\pm(\text{신뢰계수})\times \text{s.e.}(T).$$

예제 4.2.2

스마트 폰에 장착하는 배터리를 생산하는 회사에서 새로 개발한 배터리의 평균수명은 늘어날 것으로 기대된다. 새로 개발한 배터리 $n=16$개를 랜덤하게 추출하여 수명시간을 조사하였더니 $\bar{x}=48$시간, $s^2=36$이었다. 이 자료를 이용하여 새로 개발한 배터리의 평균수명 μ를 추정하여라. 배터리의 수명시간은 정규분포를 따른다고 가정하고, 배터리의 수명시간에 대한 표준편차는 $\sigma=5$시간으로 알려져 있다고 한다.

(풀이)

모평균 μ의 추정량으로 최소분산비편향추정량인 표본평균 $\overline{X}$를 사용하면 평균수명 μ는

$$\hat{\mu}=\bar{x}=48\text{시간}$$

으로 추정되며, 이 추정치의 표준오차는

$$\text{s.e.}(\hat{\mu})=\frac{\sigma}{\sqrt{n}}=\frac{5}{4}=1.25\text{시간}$$

이 된다, 한편, $\overline{X}$의 분포가 정규분포이므로 신뢰수준 95%에 대한 신뢰계수는 $z_{0.05/2}=1.96$이므로 신뢰수준이 95%인 모평균 μ에 대한 신뢰구간의 상, 하한은 다음과 같이 구해진다.

$$48\pm 1.96\times\frac{5}{4}=48\pm 2.45$$

예제 4.2.3

[예제 4.2.1]에서 A가 랜덤하게 뽑은 12,414명을 대상대로 전화조사를 실시한 결과가 찬성 8,442명으로 나타났다고 할 때 모집단 찬성률 p에 대한 95.4% 신뢰구간을 구하여라.

(풀이)

모비율 p의 추정량으로 보통 표본비율 $\hat{p}$를 사용한다. 따라서 p의 추정값은

$$\hat{p}=\frac{8442}{12414}=0.68$$

이고, $\hat{p}$의 분산은 $p(1-p)$인데 p가 미지모수이므로 $\hat{p}$의 표준오차는

$$\widehat{\text{s.e}}(\hat{p}) = \sqrt{\frac{\hat{p}(1-\hat{p})}{n}} = \sqrt{\frac{0.68 \times 0.32}{12414}} = 0.0042$$

와 같이 추정한다. 한편, n이 충분히 크므로 중심극한정리에 의하면

$$Z = \frac{\hat{p}-p}{\sqrt{\hat{p}(1-\hat{p})/n}} \approx \boldsymbol{N}(0, 1)$$

이므로 신뢰수준 95.4%에 대한 신뢰계수는 $z_{0.046/2} = 2$이가 된다. 따라서 모비율 p에 대한 95.4% 신뢰구간의 상, 하한은 다음과 같다.

$$\hat{p} \pm (\text{오차의 한계}) = 0.68 \pm 2 \times 0.0042 = 0.68 \pm 0.0084.$$

[예제 4.2.3]에서 표본의 크기 n=12,414는 너무 커서 조사비용과 시간이 많이 소요된다. 또한, 95.4% 오차의 한계도 0.0084로 참값의 1% 이내에 불과하다. 따라서 허용할 수 있는 적정 오차의 한계를 정하여 표본의 크기를 줄임으로써 적은 시간과 비용으로 조사할 수 있도록 해야 한다. 모비율 $\hat{p}$에 대한 $100(1-\alpha)\%$ 오차의 한계

$$d = z_{\alpha/2}\sqrt{\frac{1}{n}p(1-p)}$$

는 $p=0.5$일 때 최대가 된다. 즉, 신뢰수준 $100(1-\alpha)\%$에서 오차의 한계는

$$d = z_{\alpha/2}\sqrt{\frac{1}{4n}}$$

을 넘지 않는다. 따라서 신뢰수준과 허용 오차의 한계가 주어지면 필요한 표본의 크기를 구할 수 있다. 즉, 신뢰수준 $100(1-\alpha)\%$에서 허용 오차의 한계를 d_0라 하면

$$z_{\alpha/2}^2 \frac{1}{4n} \le d_0^2 \quad \Rightarrow \quad n \ge \frac{z_{\alpha/2}^2}{4d_0^2}$$

과 같은 식으로 필요한 최소 표본의 크기를 구할 수 있다.

예제 4.2.4

[예제 4.2.1]에서 신뢰수준 95.4%인 오차의 한계가 2.5%를 넘지 않도록 모집단 찬성률 p를 추정하고자 한다. 필요한 최소 표본의 크기를 구하여라.

(풀이)

$$d_0 = 0.025, \; z_{0.046/2} = 2$$

이므로 필요한 최대 표본의 크기는

$$n = \frac{z_{\alpha/2}^2}{4d_0^2} = \frac{2^2}{4(0.025)^2} = 1600$$

이 된다. 인터넷 조사에서 얻은 $\hat{p} = 0.68$를 이용하면

$$z_{\alpha/2}^2 \times \frac{1}{n}\hat{p}(1-\hat{p}) = 2 \times \frac{1}{n}(0.68)(0.32) \le (0.025)^2 = d_0^2$$

으로부터 필요한 최소 표본의 크기는 다음과 같이 구해진다.

$$n = \frac{z_{\alpha/2}^2 \hat{p}(1-\hat{p})}{d_0^2} = \frac{2^2(0.68)(0.32)}{(0.025)^2} = 1393.$$

예제 4.2.5

새 배터리 $n=16$개를 랜덤하게 뽑아서 수명시간을 조사한 결과 표본평균은 $\bar{x} = 48$시간, 표본분산은 $s^2 = 36$이었다. 이 자료를 이용하여 새 배터리의 평균 수명 μ를 신뢰수준 95.4%에서 오차의 한계가 2시간 이내 이도록 모평균 μ를 추정하고자 한다. 새 배터리의 수명은 분산 σ^2이 미지인 정규분포를 따른다고 할 때 필요한 표본의 크기를 구하여라.

(풀이)

표본평균 $\overline{X}$의 분포가 정규분포일 때 $100(1-\alpha)\%$ 오차의 한계는

$$d = z_{\alpha/2}\frac{\sigma}{\sqrt{n}}$$

이므로

$$n = \frac{z_{\alpha/2}^2 \sigma^2}{d^2}$$

이 된다. 문제에서 오차의 한계는 $d_0 = 2$시간이고 95.4% 신뢰계수는 $z_{0.023} = 2$이다. 그런데 σ^2이 미지이므로 $\sigma^2 = s^2 = 36 = 36$을 이용하여 다음과 같은 부등식

$$d^2 = 4 \times \frac{s^2}{n} \le 4$$

를 n에 대하여 풀면 $n \ge 36$이다. 따라서 필요한 표본의 크기는 $n=36$개이다.

4.2.2 통계적 가설검정

자연이나 사회현상의 연구에서는 관심의 대상을 설명할 수 있는 모형을 설정하고 설정한 모형을 검정하게 된다. 모형의 검정은 연역적 논리에 의한 검정과 관측된 자료를 근거로 하는 검정으로 나눌 수 있다. 통계학에서의 모형 검정은 관측된 자료에 의한 검정으로 경험적 사실로부터 귀납적 논리에 의하여 유추해낸 잠정적인 것이다. 이런 관점에서 귀납적 논리로 입증하려는 명제적 진술을 **가설**(假說, hypothesis)이라 부르며 논리적 검정과 구별하여 "통계적 가설검정" 또는 간단히 "가설검정"이라 한다. 통계적 가설검정에서는 관측된 결과가 가정한 모형(가설)과 아주 다르게 나타나면 가설을 버리고 그렇지 않으면 관측된 결과가 설정한 가설이 틀렸다는 것을 입증하지 못한다고 판단한다.

가설은 형사사건의 재판에서 검사의 주장과 흡사하다. 피고가 유죄라고 하는 검사의 주장은 증거를 통해서만 입증될 수 있는 가설이다. 검사의 주장과 같이 입증하려는 새로운 주장(가설)을 통계학에서는 **대립가설**(對立假說: alternative hypothesis)이라 한다. 그러나 피고는 유죄판결이 있기 전까지 무죄로 취급되도록 법으로 보장되어 있다. 따라서 피고가 유죄라는 검사의 주장에 상반되는 또 하나의 가설, 즉, 무죄라는 주장이 존재하는데 이런 가설을 **귀무가설**(歸無假說: null hypothesis)이라 한다. 이와 같이 귀납적 논리에 의한 가설검정에는 서로 상반되는 두 가지 가설이 쌍으로 대립한다. 그런데, 일반적으로 피고가 스스로 무죄임을 증명할 필요는 없다. 유죄를 입증할 증거는 검사가 제시하여야 하고 증거가 불충분하면 피고는 자동적으로 본연의 위치인 무죄로 판결된다. 즉, 유죄를 입증하지 못하면 무죄는 저절로 성립된다. 다시 말하면 피고인이 실제로 유죄인가의 여부와 관계없이 피고가 유죄라는 주장(가설)은 받아들여질 수도, 기각될 수도 있다.

피고가 유죄임을 주장하는 검사가 기소의 목적을 달성하기 위하여 스스로 증거를 수집해야 하듯이 가설검정에서는 새 주장인 대립가설을 입증하기 위하여 통계적 방법으로 자료(증거)를 수집해야 한다. 수집된 자료에 의하여 대립가설이 충분히 입증되지 못하면(검사가 유죄를 입증하지 못하면) 귀무가설을 기각할 수 없다.(무죄주장을 기각할 수 없다.) 다음의 예제를 통하여 가설검정의 원리에 대하여 살펴보자.

예제 4.2.6

비타민 C의 감기예방 효과를 확인하기 위하여 다음과 같은 실험을 실시한다고 하자.

"건강상태가 비슷한 240명의 지원자를 랜덤하게 두 집단으로 나누어 한 집단에는 하루에 1000㎎(이 양은 미국에서 성인에게 추천된 하루 섭취량의 16.7배임)의 비타민 C를 투여하고, 다른 집단에는 비타민 C와 모양은 같지만 내용물에는 비타민 C가 들어 있지 않은 위약(僞藥, placebo)을 투여한다."

이런 실험에서 비타민 C를 투여한 집단을 처리집단 또는 실험집단이라 하며, 위약을 투여한 집단을 대조집단이라 한다. 실험대상자는 자신이 어느 집단에 속했는지를 모르게 해야 하며 정기적으로 실험대상자의 건강상태를 검진하는 의사도 각 실험대상자에게 어떤 처리가 가해졌는지를 모르게 해야 한다. 이런 방법을 **이중눈가림기법**(double blind technique)이라 한다. 이 실험에서 감기에 영향을 주는 요인들인 나이, 직업, 흡연습관 등은 두 집단이 비슷한 형태의 분포를 하고 있는 것으로 가정한다. 한 겨울 동안 두 집단을 정기적으로 검진하였으며, 3개월간의 실험이 끝난 후에 작성된 조사결과는 다음과 같다.

집 단	실험대상 인원	감염자수	감염비율
처리집단	120	24	20%
대조집단	120	42	35%

실험결과에 의하면 비타민 C를 복용한 처리집단의 감염률이 대조집단에 비해 15%가 적은 것으로 나타났다. 이러한 결과를 근거로 비타민 C가 감기예방에 효과가 있다고 결론을 내릴 수 있겠는가?

이 문제에 대한 결론은 확률계산에 의해서만 가능하다. 비타민 C의 효과가 없음에도 불구하고 우연히 두 집단의 감염율 차이가 15% 이상일 확률을 구해야 한다. 처리집단의 감염률을 $\hat{p}_1$, 대조집단의 감염률을 $\hat{p}_2$라 하면 두 집단의 감염률에 차이가 없다$(p_1=p_2)$는 조건에서

$$Z=\frac{(\hat{p}_1-\hat{p}_2)-(p_1-p_2)}{\widehat{\text{s.e.}}(\hat{p}_1-\hat{p}_2)}=\frac{(\hat{p}_1-\hat{p}_2)}{\widehat{\text{s.e.}}(\hat{p}_1-\hat{p}_2)}$$

은 근사적으로 표준정규분포를 따른다. 따라서 표준정규분포표를 이용하면

$$P(\hat{p}_1-\hat{p}_2\geq 0.15)=P\left(Z\geq\frac{0.15}{0.065}\right)=0.004$$

가 된다. 즉, 위약과 비타민 C의 효과에 차이가 없음$(p_1=p_2)$에도 불구하고 우연히 15%이상 차이가 날 확률이 약 0.004이다. 다시 말하면, 차이가 없음에도 불구하고 우연히 15%이상 차이가 나는 경우는 같은 실험을 1000번 시행했을 때 기껏해야 4번 정도 관찰될 수 있는 희귀한 사건이다. 그런데도 15%의 차이가 관찰되었는데 어떻게 우연이라고 말하겠는가? 이것은 우연이라고 말할 수 없고 비타민 C의 효과 때문이라고 말할 수밖에 없다. 그러므로 감기예방을 위하여 비타민 C를 다량 복용하는 것은 의미가 있는 일이다. 즉, 통계적으로 유의미(有意味)하다. 이와 같이 관측된 사건이 우연히 일어날 확률이 아주 작으면 실험단위에 가해진 처리가 의미를 지닌다는 측면에서 그 확률을 **유의확률**(有意確率, significance probability)이라

부른다. Excel 등으로 자료를 분석하면 유의확률은 분석결과표에 p-value로 표시되어 나타난다. 유의확률이 작을수록 관측된 사건은 통계적으로 유의하다고 하는데 이는 바로 관측된 사건의 원인에 대한 유의성을 인정하는 것이다. 그렇다면 유의확률이 얼마나 작으면 관측된 사건이 우연이 아니라고 말할 것인가? 우리는 관측된 사건의 유의성을 인정할 수 있는 최대 허용한계 α를 정해 놓고 관측된 사건에 대한 유의확률이 α보다 작으면 관측된 사건의 원인에 대한 유의성을 인정하게 된다. 여기서 유의확률의 최대 허용한계 α를 **유의수준**(有意水準, level of significance)이라 한다. 유의수준 α가 주어지면

$$P\left(\hat{p}_1-\hat{p}_2 \geq c\right)=\alpha$$

로부터 관측된 사건의 유의성을 인정할 수 있는 경계값 c를 구할 수 있는데, $\hat{p}_1-\hat{p}_2$를 가설검정에 사용되는 **검정통계량**(test statistic)이라 하며 $\hat{p}_1-\hat{p}_2 \geq c$를 비타민 C의 효과가 없다고 하는 귀무가설$(H_0: p_1=p_2)$을 기각하는 **기각역**(rejection region)이라 한다.

[예제 4.2.6]의 문제를 통계적 가설검정의 문제로 바꾸어 보자. 대조집단과 처리집단에 대한 감염율의 참값을 p_1과 p_2라 하고 대조집단의 표본감염률을 $\hat{p}_1$, 실험집단의 표본감염률을 $\hat{p}_2$이라 할 때, 중심극한정리에 의하면 근사적으로

$$\hat{p}_1 \sim \boldsymbol{N}\left(p_1, \frac{p_1(1-p_1)}{120}\right), \quad \hat{p}_2 \sim \boldsymbol{N}\left(p_2, \frac{p_2(1-p_2)}{120}\right)$$

가 된다. 그런데,

"비타민 C가 감기 예방에 효과가 있다고 말할 수 있는가?"

라는 질문은

"실험집단에 비타민 C를 투여하지 않았다면 실험집단의 감염률 p_1과 대조집단의 감염률 p_2가 같을 것인데 실험집단에 비타민 C를 투여하였기 때문에 실험집단의 감염률 p_1이 대조집단의 감염률 p_2보다 작아졌다고 할 수 있는가?"

와 같은 의미이고, 이것은 다시

"실험집단에 비타민 C를 투여하지 않았다면 $p_1=p_2$인데 실험집단에 비타민 C를 투여하였기 때문에 $p_1<p_2$인가?"

와 동치이다. 다시 말하면, 실험집단에 비타민 C를 투여한 상황에서

$$H_0: p_1=p_2 \ (\hat{p}_1\text{의 분포는 } \hat{p}_2\text{의 분포는 같다.})$$

라는 주장인 귀무가설과

$$H_1 : p_1 < p_2 \ (\hat{p}_1\text{의 분포는 } \hat{p}_2\text{의 분포는 다르다.})$$

라는 주장인 대립가설이 있는데 어느 가설을 기각할 가를 결정하는 것이 통계적 가설검정이다. H_0와 H_1이 수학적 명제였다면 논리전개에 의하여

"H_0는 참이고 H_1은 거짓이다. 끝."

하면 그만이다. 그러나 통계적 사고에 의하면 그렇지 못하다. H_0가 참일 수도 있고 H_1이 참일 수도 있다. 그래서 H_0와 H_1을 명제라 하지 않고 가설이라 부른다. 그리고 이 가설은 모집단의 관심 있는 변수에 대한 분포를 서술하는 내용이다. 즉, 분포의 형태, 분포들의 비교, 분포의 모수 등에 관한 주장이나 서술은 모두 통계적 가설이 된다.

비타민 C의 감기예방 효과를 적극적으로 주장하고 나선 아무개가 없었다면 세상은 H_0인 상태(비타민 C의 감기예방 효과가 있는지 없는지 모르는 상태)로 조용하다. 아무개의 주장으로 잠시 시끌벅적하던 세상은 아무개가 실험을 통해서 H_1에 대한 믿을만한 증거를 제시하지 못하면 "별 것 아니군."하며 원래 상태(H_0인 상태)로 되돌아가 조용해진다. 그래서 원래 상태로 되돌아가는 가설이라는 의미로 H_0를 귀무가설이라 하고, 여기에 대응하여 새로운 주장을 펼치는 H_1을 대립가설이라 부른다. 통계학에서의 대립가설은 검사의 유죄주장과 같은 것으로, 기소의 목적을 달성하기 위하여 증거를 수집하듯 대립가설의 증거를 제시하기 위하여 실험이나 표본조사를 하게 된다. 실험이나 표본조사에 의하여 대립가설에 대한 증거를 충분히 제시하지 못하면 귀무가설을 기각할 수 없다.

형사재판에서는 무죄인 피고인이 유죄판결을 받거나 유죄인 피고인이 무죄판결을 받는 두 종류의 오판이 병존한다. 이러한 오류는 가설검정에서도 발생한다. 가설검정에서도 H_0가 참인데도 우연히 관찰된 값으로 인하여 H_0를 기각하는 오류와 H_1이 참인데도 우연 관측치로 인하여 H_0를 기각하지 못하는 오류가 발생한다. 전자를 **제1종 오류**(type I error), 후자를 **제2종 오류**(type II error)라 한다. 이를 정리한 것이 [표 4.2.1]이다.

[표 4.2.1] 가설검정의 오류

실제 현상 / 검정 결과	H_0가 참	H_1이 참
H_0를 기각	제1종 오류	옳은 결정
H_1을 기각	옳은 결정	제2종 오류

형사재판의 경우와 마찬가지로 가설검정에서 두 종류의 오류를 완전히 배제할 수는 없다. 일반적으로 제1종 오류를 범할 확률은 α로, 제2종 오류를 범할 확률은 β로 나타낸다. 그런데 α를 0으로 하려면 β가 1이 되고, β를 0으로 하려면 α가 1이 된다. 이 두 경우는 모두 극단적인 것으로 이렇게 해서는 문제를 해결하지 못한다. 따라서 무죄인 사람을 유죄로 판결하는 오류를 보다 심각하게 여기는 사회 통념과 유사하게 통계적 사고 하에서도 제1종 오류를 범할 확률의 최대 허용한계를 미리 설정하고 제2종 오류를 최소화하는 방법과 절차로 문제를 해결한다. 이 때, 제1종 오류를 범할 확률의 최대 허용한계를 유의수준이라 한다. 여기서 유의확률은 귀무가설이 참인데 귀무가설에 어긋나는 사건이 일어나서 대립가설이 의미가 있다고 잘못 판정할 확률이고 그 허용한계가 유의수준이므로 유의확률이 유의수준보다 작으면 귀무가설을 기각한다.

통계적 가설검정은 결국 주어진 유의수준 α에서 어느 가설을 기각할 것인가를 결정하는 것이다. 이제, 실제로 진행되는 가설검정의 절차를 살펴보기로 하자.

1. 가설을 세운다.

가설검정은 대립가설로 표현되는 주장에 대한 검정이므로 연구자가 새로이 내세우는 주장이 대립가설에 해당된다. 이에 따라 대립가설이 충분히 입증되지 못했을 때 남게 되는 원래의 상태 또는 현재 인정되고 있는 것을 귀무가설로 설정한다. 이렇게 설정된 가설은 모집단의 분포로 가정하는 확률분포를 결정하는 수식으로 표현되어야 한다. 예컨대, 초등학교 학생의 평균 신장이 5년 전에 비하여 증가하였다는 가설을 설정하였다면 초등학생의 신장이 확률변수 X이고 X의 분포를 $\boldsymbol{N}(\mu, \sigma^2)$으로 가정한다. 다음으로 5년 전 초등학생의 평균 신장이 μ_0이였다면 대립가설을

$$H_1 : \mu > \mu_0$$

와 같이 세운다. 이 대립가설은 현재 초등학생의 신장 X의 분포가 μ_0보다 큰 어떤 값을 평균으로 갖는 정규분포를 따른다는 주장이다. 따라서 귀무가설은 새 주장 H_1이 받아들여지지 않는 경우이므로 현재 초등학생의 신장 X의 분포가 5년 전과 다름없이 평균이 μ_0인 정규분포를 따른다는 주장

$$H_0 : \mu = \mu_0$$

를 귀무가설로 설정한다.

일반적으로 가설은 가정된 확률분포를 결정하는 모수의 수식으로 표현된다. 분포

의 모수를 θ라 할 때 전형적인 가설의 형태를 보면 귀무가설은

$$H_0: \theta = \theta_0$$

으로, 대립가설은

$$\text{(i) } H_1: \theta > \theta_0, \qquad \text{(ii) } H_1: \theta < \theta_0, \qquad \text{(iii) } H_1: \theta \neq \theta_0$$

와 같은 세 가지 형태 중의 하나로 나타난다. H_0와 같이 가정한 분포를 단 하나로 결정하는 가설을 **단순가설**(simple hypothesis), H_1처럼 분포를 하나로 결정하지 못하는 가설을 **복합가설**(composite hypothesis)이라 한다.

2. 가설검정에서 증거로 이용할 검정통계량을 결정한다.

가설검정에 사용되는 통계량을 **검정통계량**이라 하는데 통상적으로 가설의 설정에 사용된 모수의 최량추정량이 검정통계량으로 사용된다. 초등학교 평균 신장에 관한 가설검정에서는 표본평균 $\overline{X}$의 관찰값 $\bar{x}$가 μ_0보다 아주 크다면 귀무가설을 기각하게 될 것이므로 모평균의 최량추정량인 표본평균 $\overline{X}$가 검정통계량으로 사용된다.

3. 유의수준을 결정하여 기각역을 구한다.

귀무가설을 기각하게 될 검정통계량의 영역을 **기각역**이라 하는데 기각역의 형태는 대립가설의 형태에 따라 결정된다. 따라서 검정통계량을 T라 할 때 각 대립가설에 대응하는 검정의 기각역 R은

$$\text{(i) } R: T > c_1, \qquad \text{(ii) } R: T < c_2, \qquad \text{(iii) } R: T < c_3 \text{ 또는 } R: T > c_4$$

와 같은 형태로 주어진다. 기각역의 형태가 (i) 또는 (ii)와 같은 경우를 **단측검정**(單側檢定, one sided test), (iii)인 경우를 **양측검정**(兩側檢定, two sided test)이라 부른다.

검정통계량 T와 유의수준 α가 주어지면, 검정의 기각역 R은 다음과 같은 식

$$P(T \in R \mid H_0) = \alpha$$

로부터 구해진다. 이 확률은 검정의 기각역이 R일 때 제1종 오류를 범할 확률이다. 초등학교 평균 신장에 관한 가설검정에서

$$R: \overline{X} > c$$

로 주어지는 기각역의 경계값 c를 구해보자. 모분산 σ^2이 알려져 있고 귀무가설이

참이면($\mu=\mu_0$) 검정통계량 $\overline{X}$를 표준화한 확률변수 Z의 분포는 표준정규분포를 따른다. 따라서 유의수준이 α로 주어지면

$$P(\overline{X}>c \mid H_0: \mu=\mu_0)=P\left(Z>\frac{c-\mu_0}{\sigma/\sqrt{n}}\right)=P(Z>z_\alpha)$$

가 성립해야 한다. 이 관계식으로부터 경계값 c는

$$\frac{c-\mu_0}{\sigma/\sqrt{n}}=z_\alpha \quad \Leftrightarrow \quad c=\mu_0+z_\alpha\frac{\sigma}{\sqrt{n}}$$

와 같이 구해진다. 즉, 검정의 기각역 R은 다음과 같다.

$$R: \overline{X}>\mu_0+z_\alpha\frac{\sigma}{\sqrt{n}}.$$

4. 표본에서 구한 검정통계량의 관찰값이 기각역에 속하면 H_0를 기각한다.

예컨대, 초등학생의 신장에 대한 가설검정에서 표본평균의 관찰값을 $\overline{x}$라면

$$\overline{x}>\mu_0+z_\alpha\frac{\sigma}{\sqrt{n}}$$

일 때 H_0를 기각한다. 그런데 위 같은 검정의 기각역은 다른 형태로 표현할 수 있다. 초등학생의 신장에 대한 가설검정에서

$$R: \overline{X}>\mu_0+z_\alpha\frac{\sigma}{\sqrt{n}} \quad \Leftrightarrow \quad R: Z=\frac{\overline{X}-\mu_0}{\sigma/\sqrt{n}}>z_\alpha$$

이므로 Z의 $\overline{X}$에 표본평균의 관찰값 $\overline{x}$를 대입하였을 때

$$z_0=\frac{\overline{x}-\mu_0}{\sigma/\sqrt{n}}>z_\alpha$$

라는 것은

$$P(Z>z_0)<P(Z>z_\alpha)=\alpha$$

와 동치이다. 따라서 $\overline{X}$의 관찰값 $\overline{x}$를 이용하여 구한 유의확률 $P(Z>z_0)$가 주어진 유의수준 α보다 작으면 H_0를 기각한다.

이상에서 설명한 가설검정은 참인 귀무가설 H_0를 기각하는 제1종 오류에 초점을 둔 검정인데 사실 참인 대립가설 H_1을 탐지해내는 것도 대단히 중요하다. 대립가설이 참일 때의 검정을 평가하는 문제에 대하여 생각해 보자.

예제 4.2.7

어느 자동차 회사에서 새로 출시된 자동차의 연비가 16㎞/l라고 발표하였는데 소비자들은 16㎞/l 미만이라고 주장한다. 소비자들의 주장을 검증하기 위하여 새로 출시된 자동차 $n=16$대를 랜덤하게 추출하여 연비를 조사하기로 하였다. 과거의 자료에 의하면 자동차 연비는 표준편차가 $\sigma=1.6$㎞/l인 정규분포를 따른다고 한다.

(1) 유의수준 5%에서 기각역을 구하여라.

(2) 실제로 $\mu=15$일 때 유의수준이 5%인 검정에서 제2종 오류를 범할 확률을 구하여라.

(풀이)

(1) 새로 출시된 자동차의 평균연비를 μ라 하면 회사의 주장은 $H_0: \mu=16$이고, 소비자의 주장은 $H_1: \mu<16$이다. 표본평균 $\overline{X}$는 모평균 μ의 타당한 추정량이므로 $\overline{X}$를 검정통계량으로 사용한다. $\overline{X}$가 16㎞/l보다 아주 작으면 H_0를 기각하게 될 것이므로 검정의 기각역은 $\overline{X}\le c$와 같은 형태로 결정된다. 그런데 H_0하에서 $\overline{X}\sim \boldsymbol{N}\left(16, (1.6)^2/16\right)$이므로

$$P\left(\overline{X}\le c\right)=P\left(\frac{\overline{X}-\mu}{\sigma/\sqrt{n}}\le\frac{c-16}{0.4}\right)=P\left(Z\le z_{0.05}\right)=0.05$$

를 만족하는 $z_{0.05}$는 -1.645이다. 따라서

$$c=16-1.645\times 0.4=15.342$$

이므로 유의수준이 5%인 검정의 기각역은 다음과 같다.

$$\overline{X}\le 15.342 \quad \text{또는} \quad z_0=\frac{\overline{X}-16}{0.4}\le -1.645 \quad \text{또는}\ P\left(Z\le z_0\right)\le 0.05.$$

(2) $\mu=15$일 때 유의수준이 5%인 검정에 의하여 제2종 오류를 범한다는 것은 H_0를 기각하지 않는 경우이므로 구하는 확률은 $P\left(\overline{X}>15.342\,\middle|\,\mu=15\right)$이다. 따라서

$$P\left(Z>\frac{15.342-15}{0.4}\right)=P(Z>0.855)=0.1963.$$

[예제 4.2.7]에서 $\mu=15$가 참일 때 유의수준 5%인 검정에 의하여 제2종 오류를 범하지 않을 확률, 즉, 귀무가설 H_0를 기각할 확률은

$$P\left(\overline{X}\le 15.342\,\middle|\,\mu=15\right)=1-0.1963=0.8037$$

이 되는데 이 확률을 $\mu=15$에 대한 **검정력**(檢定力, power)이라고 한다.

일반적으로 대립가설 H_1하의 한 값 $\theta=\theta_1$이 사실일 때 귀무가설 H_0를 기각할 확률을 $\theta=\theta_1$에 대한 검정력이라 한다. 예컨대, 귀무가설 $H_0: \theta=\theta_0$에 대한 대립가설 $H_1: \theta<\theta_0$

의 검정에서 검정통계량을 T, 유의수준이 α인 기각역을 $R=\{T \le t_0\}$라 하면

$$P(T \le t_0 \mid \theta = \theta_1 < \theta_0) = 1-\beta$$

가 $\theta=\theta_1$에 대한 검정력이다.

귀무가설 H_0하에서는 p-값을 계산해 보고, 대립가설 H_1하에서는 검정력을 구해보는 것이 필요하다. 가설검정을 시행할 때, H_0하에서 일어날 확률이 아주 작은 사건에 대해서는 H_1하에서 그 사건이 일어날 확률이 반드시 커야 할 필요를 느끼지 않는다. 즉, H_0하에서 일어날 가능성이 희박한 사건이 H_1하에서 상대적으로 자주 일어나야만 하는 것은 아니다. 따라서 p-값을 기초로 하여 H_0를 기각할 때 H_1에 대한 증거의 강도를 평가하기 위하여 검정력을 구해 볼 필요가 있다. 검정력이 작다는 것은 참인 대립가설을 탐지해낼 가능서이 작다는 것이므로 표본의 크기를 늘려서 검정력을 크게 할 필요가 있다.

연 습 문 제

01. A 아파트에 설치된 승강기는 적재중량 한계가 1,120kg, 승차정원은 성인 16명이라고 되어있다. 우리나라 성인의 몸무게는 평균 69kg, 표준편차가 4kg인 정규분포를 따른다고 할 때 어느 날 승강기에 타고 있는 성인 16명의 몸무게가 적재중량 한계를 초과할 확률을 구하여라.

02. 어느 공장에서 가루비누를 생산하여 용기에 담아 판매하고 있다. 용기의 무게는 평균이 50온스, 표준편차가 1온스인 정규분포를 따르는 것으로 알려져 있다. 랜덤하게 추출한 25개 용기의 평균 무게가 50.3온스 이상일 확률을 구하여라.

03. 한국 성인남자의 최고 혈압은 평균이 138, 표준편차가 10인 분포를 따른다고 한다. 랜덤하게 추출한 성인 남자 100명의 평균 혈압이 140이상일 확률을 구하여라.

04. 어떤 새로운 백신의 효과를 시험하기 위해서 100명에게 투여하였다. 이 백신을 맞은 사람이 면역성을 갖게 될 확률은 0.8이라고 하는 제약회사의 주장이 옳다고 할 때, 74명 이상, 85명 이하가 면역성을 갖게 될 확률을 구하여라.

05. 어느 택배회사에서 물건을 포장하는데 사용하는 끈의 강도는 평균이 40kg, 표준편차가 10kg인 정규분포를 따른다고 한다. 25개의 끈을 랜덤하게 추출하여 끈의 강도를 측정하였다. 다음의 각 확률을 구하여라.

(1) 평균 강도가 38kg과 43kg 사이일 확률

(2) 평균 강도가 38kg보다 작을 확률

06. 어떤 그릇에 들어있는 식품의 무게는 평균 16g이고 표준편차가 0.6g인 확률분포를 따른다. 36개가 포장된 상자의 내용물의 무게가 579.6g을 넘을 확률을 구하여라.

07. A회사에서 생산되는 자동차 배터리의 수명은 평균이 7년, 분산이 1.75이고, B회사에서 생산된 배터리의 수명은 평균이 4년, 분산이 0.04라고 한다. A, B회사에서 각각 25개와 36개의 배터리를 랜덤하게 추출하였을 때, A회사 배터리의 평균 수명이 B회사의 평균수명보다 최소한 3년 더 오래갈 확률을 구하여라.

08. 고속도로 보수에 쓰이는 새로운 시멘트 혼합물이 굳는데 걸리는 평균 소요시간을 추정하고자 한다. 파손된 64곳의 보수공사 기록에 의하면 소요시간의 평균과 표준편차가 각각 35분과 5분이었다.

(1) 새로운 시멘트 혼합물이 굳는데 걸리는 평균 소요시간(μ)에 대한 99% 신뢰구간을 구하여라.

(2) 평균 소요시간(μ)의 추정에서 95% 오차의 한계를 1분 이내로 하고자 할 때 필요한 표본의 크기를 구하여라.

09. 전국에서 성인 1,000명을 단순랜덤표집법으로 추출하여 현 대통령의 국정운영에 대한 지지여부를 전화로 조사하였더니 342명이 지지한다고 답하였다. 국민들의 대통령에 대한 지지율을 추정하고 표준오차를 추정하여라.

10. 어느 공장에서 생산직 직원의 흡연률을 95.4% 신뢰수준에서 오차의 한계를 5%로 추정하고자 한다.

(1) 최대 표본의 크기를 구하여라.

(2) 80명을 랜덤하게 추출하여 예비로 조사한 결과 20명이 흡연자였다고 한다. 필요한 표본의 크기를 구하여라.

11. 어느 화학공장에서는 제조공정의 특성으로 인하여 생산직 근로자들이 폐 자극요에 지속적으로 노출될 수밖에 없다고 한다. 이 회사에서는 근로자들의 건강상태를 파악하기 위하여 생산직 근로자들의 최대 폐활량(fvc: forced vital capacity)을 조사하기로 하였다. 생산직 근로자 중에서 40명의 근로자를 랜덤하게 추출하여 노출정도와 fvc를 측정한 결과가 다음과 같았다.

[표] 표본으로 뽑힌 근로자 40명의 조사자료

표본 번호	1	2	3	4	5	6	7	8	9	10	11	12	13	14	15	16	17	18	19	20
노출 정도	1	1	2	2	1	3	3	3	1	1	3	1	2	1	1	1	1	1	1	2
fvc	81	64	85	91	60	97	82	99	96	91	71	88	84	85	77	76	62	67	91	99
표본 번호	21	22	23	24	25	26	27	28	29	30	31	32	33	34	35	36	37	38	39	40
노출 정도	2	3	1	2	1	1	1	1	1	3	1	1	1	1	1	1	1	1	1	1
fvc	81	64	85	91	60	97	82	99	96	91	71	88	84	85	77	76	62	67	91	99

* 출처 : Levy and Lemeshow, 1991, p.58.

* 노출정도 : 1=High, 2=Medium, 3=Low * fvc : 연령, 성, 키 기준의 기댓값에 대한 백분율

(1) 이 회사 공장근로자들의 평균 fvc를 추정하고 모평균에 대한 95.4% 신뢰구간을 구하여라.

(2) 이 회사공장 근로자들 중 노출정도가 High인 근로자들의 비율 p를 추정하고 p에 대한 95% 신뢰구간을 구하여라.

(3) 노출정도가 High인 근로자들의 비율 p를 신뢰도 95%에서 오차의 한계가 0.05 이내로 추정하려 한다.

① (1)에서 구한 p의 추정치를 이용하여 필요한 표본의 크기를 구하여라.

② p값에 대한 사전정보가 전혀 없다고 할 때 주어진 정밀도를 만족하는데 필요한 최대 표본의 크기를 구하여라.

12. 건물 도색용 페인트 제조사에서 생산되는 특수 페인트의 건조시간은 평균 75분, 표준편차 9분인 분포를 따르는 것으로 알려져 있다. 이 회사의 연구소에서는 새로 개발한 첨가제를 사용하면 평균 건조시간이 줄어들 것이라고 주장한다. 이 주장을 검정하기 위하여 새 첨가제를 사용한 시제품 81개의 건조시간을 조사한 결과 표본평균이 $\bar{x}=73.3$분이었다.

(1) 연구소의 주장을 검정하기 위한 귀무가설과 대립가설을 세워라.

(2) 유의수준 5%인 검정의 기각역을 구하여라.

(3) 관측값 $\bar{x}=73.3$에 대한 유의확률을 구하고 연구소의 주장을 검정하여라.

(4) 새 첨가제를 사용한 페인트의 평균 건조시간이 실제로 72분이라고 할 때 유의수준 5%인 기각역에 의하여 제2종 오류를 범할 확률을 구하여라.

13. 초등학생의 읽기 능력을 측정하는 한 측도가 DRP(degree of reading power)이다. 어느 교육학자가 초등학교 3학년 48명의 DRP 점수를 측정한 자료가 다음과 같았다.

40	47	52	47	26	19	25	35	39	26	35	48
14	35	34	23	42	34	33	34	18	15	29	41
25	44	34	51	43	40	41	27	46	38	49	14
27	31	28	54	19	46	52	45	35	28	36	17

이 학교 3학년의 DRP 점수에 대한 표준편차는 11점이라고 가정한다. 이 교육학자는 이 초등학교 3학년의 DRP 점수가 우리나라의 평균인 32점보다 높다고 생각한다.

(1) 교육학자의 생각을 검정하기 위한 귀무가설과 대립가설을 세워라.

(2) 유의수준 5%인 검정의 기각역을 구하여라.

(3) 검정통계량의 관찰값에 대한 유의확률을 구하고 가설을 검정하여라.

14. 비타민 D를 생산하는 회사에서 자사 제품은 습기나 열을 받은 후에도 평균 효능이 적어도 65는 된다고 주장한다. 이를 구입하여 판매하려는 측에서는 회사의 주장보다 효능이 좋은 것을 구입하지 않는 오류를 범하는 것이 회사가 주장하는 것보다 나쁜 것을 구입하는 실수보다 낫다고 생각한다. 유사한 비타민들에 대한 과거의 검사에 의하면 비타민의 효능은 표준편차가 $\sigma=6$인 정규분포를 따르는 것으로 알려져 있다. 이 회사에서 생산한 비타민 D 중에서 랜덤하게 16개를 추출하여 습기나 열을 받은 후의 효능을 측정한 자료로 회사측의 주장을 검정하고자 한다.

(1) 이 회사의 비타민 D에 대한 평균 효능 μ를 검정하기 위한 귀무가설과 대립가설을 세우고 유의수준 5%인 검정의 기각역을 구하여라.

(2) $\mu=60$일 때 유의수준 5%인 검정에서 제2종 오류를 범할 확률을 구하여라.

(3) $\mu=60$일 때 유의수준 5%인 검정에서 제2종 오류를 범할 확률이 0.1을 넘지 않도록 하는 표본의 크기를 구하여라.

제4장 엑셀 코드

예제 4.1.2

(1) $X \sim \boldsymbol{N}\left(455,(3.459)^2\right),\ P(\overline{X}<450)$

	A
1	=NORM.DIST(450,455,3.459/SQRT(9),1)

(2) $X \sim \boldsymbol{N}\left(455,(3.459)^2\right),\ P(X<450)$

	A
1	=NORM.DIST(450,455,3.459,1)

(3) $X \sim \boldsymbol{N}\left(455,(3.459)^2\right),\ P(\overline{X}<450)=0.02$

	A
1	=NORM.INV(0.02,0,1)
2	=450-A1*3.459/SQRT(9)

(4) $X \sim \boldsymbol{N}\left(453,(3.459)^2\right),\ P(X<450)$

	A
1	=NORM.DIST(450,453,3.459,1)

예제 4.1.3

$X \sim \boldsymbol{N}\left(3000,(750)^2\right),\ P(\overline{X}\geq 2800)$

	A
1	=1-NORM.DIST(2800,3000,750/sqrt(49),1)

예제 4.1.4

$\hat{p} \approx \boldsymbol{N}\left(0.6, \frac{0.24}{100}\right),\quad P(\hat{p}\geq 0.7)$

	A
1	=1-NORM.DIST(0.7,0.6,SQRT(0.24/100),1)
2	

예제 4.2.3

	A
1	=8442/12414
2	=SQRT(A1*(1-A1)/12414)
3	=ABS(NORM.INV(0.046/2,0,1))
4	=A3*A2

예제 4.2.4

$p=0.5$

	A
1	=0.025
2	=NORM.INV(0.046/2,0,1)
3	=A2^2/(4*A1^2)

$p=0.68$

	A
1	=0.025
2	=NORM.INV(0.046/2,0,1)
3	=(A2^2 *0.68*0.32)/(A1^2)

예제 4.2.5

	A
1	=2
2	=NORM.INV(0.046/2,0,1)
3	=(A2^2 * 36)/(A1^2)

예제 4.2.7

(1) $X \sim \boldsymbol{N}(16, (1.6)^2)$, $n=16$, $P(\overline{X}<c)=0.05$

	A
1	=NORM.INV(0.05,16,1.6/SQRT(16))

(2) $X \sim \boldsymbol{N}(15, (1.6)^2)$, $n=16$, $P(\overline{X}>15.342)$

	A
1	=NORM.INV(0.05,16,1.6/SQRT(16))
2	=1-NORM.DIST(A1,15,1.6/SQRT(16)

제5장
정규모집단에 대한 추론

모집단의 확률분포에 대한 추론에서 가장 기본적인 것은 분포의 중심위치와 산포에 관한 추론이라 하겠다. 이러한 추론의 방법은 모집단의 분포에 대한 가정에 따라 결정되지만 모집단의 분포를 정규분포로 가정하고 정규분포의 중심위치를 나타내는 평균 μ와 산포를 나타내는 분산 σ^2에 대한 추론 방법이 모든 추론 방법들의 이론적 바탕이 되고 있다. 따라서 이 장에서는 모집단의 분포를 정규분포로 가정하고 분포의 중심위치와 산포를 나타내는 모평균과 모분산에 대한 추정 및 가설검정에 대하여 논의하고자 한다.

5.1 모평균에 대한 추론

5.1.1 모평균의 추정과 검정

평균이 μ, 분산이 σ^2인 모집단에서 추출한 크기 n인 확률표본을 $X_1, X_2, \cdots, X_n$이라 할 때 표본평균 $\overline{X}$가 모평균 μ의 비편향추정량들 중에서 분산이 가장 작은 선형추정량임이 알려져 있다. 따라서 모평균 μ의 추정량 $\hat{\mu}$으로 표본평균 $\overline{X}$를 사용하고,

$$Var(\hat{\mu}) = Var(\overline{X}) = \frac{\sigma^2}{n}$$

이므로 추정량 $\hat{\mu}$의 표준오차는

$$\text{s.e}(\hat{\mu}) = \frac{\sigma}{\sqrt{n}}$$

가 된다. 모분산 σ^2의 추정량으로는 표본분산 S^2을 이용하며 σ의 추정량으로 표본표준편차 S를 사용한다. 따라서 모분산 σ^2이 미지일 때 추정량 $\hat{\mu} = \overline{X}$에 대한 표준오차는

$$\widehat{\text{s.e}}(\hat{\mu}) = \frac{\sigma}{\sqrt{n}}$$

로 추정한다. S^2은 σ^2의 비편향추정량이지만 S는 σ의 비편향추정량이 아니다. 그러나 표본의 크기가 충분히 크면 S의 편향은 무시할 수 있는 정도이다. 한편, 추정량에 대한 오차의 한계 및 신뢰구간을 구하려면 추정량의 분포를 알아야 한다.

모집단의 분포를 σ^2이 알려진 정규분포로 가정하면 표준화된 표본평균 $\overline{X}$의 분포는 표준정규분포를 따른다. 따라서

$$P\left(\left| Z = \frac{\overline{X} - \mu}{\sigma / \sqrt{n}} \right| < z_{\alpha/2}\right) = P\left(\left| \overline{X} - \mu \right| < z_{\alpha/2} \frac{\sigma}{\sqrt{n}}\right) = 1 - \alpha$$

이므로 신뢰수준 $100(1-\alpha)\%$에서 μ의 추정량 $\overline{X}$에 대한 오차의 한계 d는

$$d = z_{\alpha/2}\frac{\sigma}{\sqrt{n}}$$

이고, 신뢰구간은

$$\overline{X} - z_{\alpha/2}\frac{\sigma}{\sqrt{n}} < \mu < \overline{X} + z_{\alpha/2}\frac{\sigma}{\sqrt{n}}$$

와 같이 주어진다.

예제 5.1.1

어느 대학교 학생들의 월 평균 휴대폰 사용료를 추정하기 위하여 랜덤하게 추출한 학생 25명의 지난 달 휴대폰 사용료를 조사한 결과 표본평균이 27,000원이었다. 이 대학 학생들의 휴대폰 사용료는 표준편차가 $\sigma=8{,}000$원인 정규분포를 따른다고 할 때 이 대학교 학생들의 월 평균 휴대폰 사용료에 대한 90% 신뢰구간을 구하여라.

(풀이)

월 평균 휴대폰 사용료 μ의 추정값은

$$\hat{\mu} = \overline{x} = 27{,}000(\text{원})$$

이고, 추정값에 대한 표준오차는

$$\text{s}\cdot\text{e}(\hat{\mu}) = \frac{\sigma}{\sqrt{n}} = \frac{8000}{\sqrt{25}} = 1{,}600(\text{원})$$

이다. 학생들의 휴대폰 사용료는 $\sigma=8{,}000$원인 정규분포를 따르므로 표본평균의 확률분포는 정규분포를 따른다. 따라서 신뢰수준이 90%인 신뢰계수는 $z_{0.1/2}=1.645$이므로

$$27000 \pm (1.645)\frac{8000}{\sqrt{25}} = 27000 \pm 2632 = 27000 \pm 2632$$

가 모평균 μ의 90% 신뢰구간이 된다.

모분산 σ^2이 미지인 정규모집단일 때에는 미지인 σ를 그 추정량인 표본표준편차 S로 대체하여야 하는데 이러한 과정을 **스튜던트화**(studentized)한다고 말한다. 4.1절을 보면 스튜던트화된 표본평균 $\overline{X}$의 분포는 자유도가 $n-1$인 t분포를 따른다. 즉,

$$T = \frac{\overline{X} - \mu}{S/\sqrt{n}} \sim t(n-1)$$

이므로

$$P\left[|T|<t_{\alpha/2}(n-1)\right]=P\left(\left|\overline{X}-\mu\right|<t_{\alpha/2}(n-1)\frac{S}{\sqrt{n}}\right)=1-\alpha$$

이다. 따라서 μ의 추정량 $\overline{X}$에 대한 신뢰수준 $100(1-\alpha)\%$인 오차의 한계 d는

$$d=t_{\alpha/2}(n-1)\frac{S}{\sqrt{n}}$$

이고 신뢰구간은 다음과 같다.

$$\overline{X}-t_{\alpha/2}(n-1)\frac{S}{\sqrt{n}}<\mu<\overline{X}+t_{\alpha/2}(n-1)\frac{S}{\sqrt{n}}.$$

예제 5.1.2

어느 고등학교 3학년 학생들의 하루 평균 수면시간을 알아보기 위하여 랜덤하게 추출한 10명의 수면시간을 조사한 결과가 다음과 같다.

5, 4, 3, 4, 6, 8, 2, 7, 6, 5

(1) 이 고등학교 3학년 학생들의 평균 수면시간 μ를 추정하여라.

(2) 학생들의 수면시간에 대한 분산 σ^2을 추정하여라.

(3) 모평균 μ의 추정치에 대한 표준오차를 추정하여라.

(4) 수면시간의 분포는 정규분포를 따른다고 할 때 μ에 대하여 신뢰수준이 95%인 신뢰구간을 구하여라.

(풀이)

(1) $\hat{\mu}=\overline{x}=\frac{1}{10}(5+4+\cdots+5)=5.$

(2) $\hat{\sigma}^2=s^2=\frac{1}{10-1}\left\{(5-5)^2+(4-5)^2+\cdots(5-5)^2\right\}=3.33.$

(3) $\widehat{\mathrm{s.e}}(\overline{x})=\frac{s}{\sqrt{n}}=\sqrt{\frac{3.33}{10}}=0.577.$

(4) 모분산 σ^2이 미지인 정규모집단이므로

$$T=\frac{\overline{X}-\mu}{S/\sqrt{n}}\sim t(n-1)$$

를 이용한다. $T\sim t(9)$이므로 부록의 $t-$분포표에서 $t_{0.025}(9)=2.262$이고 μ의 95% 신뢰구간은 다음과 같다.

$$\overline{x}\pm t_{0.025}(9)\times\widehat{\mathrm{s.e}}(\overline{x})=5\pm 2.262\times 0.577=5\pm 1.31.$$

모집단의 분포를 정규분포로 가정할 수 없거나 모분산 σ^2이 미지이더라도 표본의 크기가 충분히 크면 중심극한정리에 의하여 표준화한 $\overline{X}$의 분포는 근사적으로 표준정규분포를 따른다. 따라서 신뢰수준 $100(1-\alpha)\%$에 대응하는 신뢰계수로 $z_{\alpha/2}$를 이용하여 오차의 한계 및 신뢰구간을 구하면 된다.

예제 5.1.3

제일대학교에는 900명의 교수가 강의와 연구에 열중하고 있다. 학교당국에서는 교수들이 강의나 연구 이외의 잡무에 소비하는 시간에 관심이 많다. 49명의 교수를 랜덤하게 추출하여 잡무에 소비하는 시간을 조사한 결과

$$\text{주당 평균 잡무시간: } \overline{x}=10.4(\text{시간}), \qquad \text{표본분산: } s^2=19.6$$

이었다. 이 대학교 교수들의 주당 평균 잡무시간 μ를 추정하고 μ에 대한 95% 신뢰구간을 구하여라.

(풀이)

주당 평균 잡무시간 μ의 추정값은 $\hat{\mu}=\overline{x}=10.4$(시간)이고, 추정값의 표준오차를 추정하면

$$\text{s.e}(\overline{x})=\frac{s}{\sqrt{n}}=\frac{\sqrt{19.6}}{7}=0.63(\text{시간})$$

이다. 교수들의 잡무시간 분포는 알 수 없으나 표본의 크기 $n=49$가 충분히 크므로 표본평균의 분포는 근사적으로 정규분포 $\boldsymbol{N}(\mu, s^2/n)$을 따른다. 따라서 신뢰수준이 95%인 신뢰계수는 $z_{0.05/2}=1.96$이므로 μ의 95% 신뢰구간은 다음과 같다.

$$\overline{x}\pm z_{0.025}\frac{s}{\sqrt{n}}=10.4\pm1.96\times0.63=10.4\pm1.24.$$

예제 5.1.4

빛의 속도에 대하여 어느 정도 정확한 측정을 시도한 것은 약 120년 전 일이었다. 두 물리학자 뉴컴(S. Newcomb)과 미켈슨(A. Michelson)은 그들의 실험실에서 일정한 거리가 떨어진 곳의 거울을 이용하여 빛이 7,400m의 거리를 이동하는데 걸리는 시간을 측정하였다. 다음의 자료

28	22	36	26	28	28	26	24	32	30	27	24	33	21	36	32
31	25	24	25	28	36	27	32	34	30	25	26	26	25	23	21
30	33	29	27	29	28	22	26	27	16	31	29	36	32	28	40
19	37	23	32	29	24	25	27	24	16	29	20	28	27	39	23

출처: 김우철 외(2002), pp.245

는 뉴컴의 측정시간(초)을

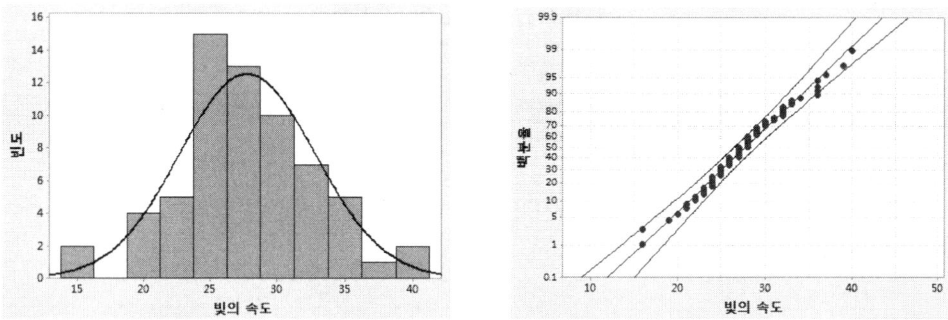

[그림 5.1.1] 뉴컴의 자료에 대한 히스토그램과 정규확률도

$$(\text{소요시간} - 24800 \times 10^{-9}) \times 10^9$$

으로 변환하여 얻은 것이다. 이 자료를 이용하여 빛이 7,400m의 거리를 이동하는데 걸리는 평균 시간 μ에 대한 99% 신뢰구간을 구하여라.

(풀이)

분포에 대한 가정이 없으므로 주어진 자료에 대한 히스토그램 및 정규확률도를 그려서 주어진 자료가 정규분포를 따른다고 할 수 있는지를 검토한다. [그림 5.1.1]을 보면 모집단의 분포를 정규분포로 가정하여도 크게 무리가 없음을 알 수 있으므로 스튜던트화된 표본평균의 분포는 자유도가 63인 t분포를 따른다고 할 수 있다.

엑셀의 분석결과를 정리하면 다음과 같다.

변수	n	평균	표준편차	표준오차	95% 신뢰구간
빛의 속도	64	27.750	5.083	0.635	(26.480, 29.020)

위 표를 보면 표본평균은 $\bar{x} = 27.750$이고, 표본표준편차는 $s = 5.083$이다. 이제,

$$P\left(T \geq t_{0.005}(63)\right) = 0.005$$

을 만족하는 $t_{0.005}(63)$을 엑셀로 구하면 $t_{0.005}(63) = 2.65615$이므로 99% 신뢰구간은

$$\bar{x} \pm t_{0.005}(63)\frac{s}{\sqrt{n}} = 27.750 \pm 2.656 \times 0.635$$

와 같이 구해진다. 그런데, $n = 64$로 표본의 크기가 충분히 크므로 슈트던트화된 표본평균의 분포는 근사적으로 표준정규분포를 따른다. 따라서

$$t_{0.005}(63) \approx z_{0.005} = 2.580$$

을 이용하여 다음과 같이 99% 근사 신뢰구간을 구할 수 있다.

$$\bar{x} \pm z_{0.005}\frac{s}{\sqrt{n}} = 27.705 \pm 2.580 \times 0.635.$$

[표 5.1.1] 모평균의 검정법

가정	모분산 σ^2	검정통계량과 그 분포	귀무가설 $H_0: \mu = \mu_0$	
			대립가설	유의수준 α인 기각역
정규 모집단	기지 (known)	$Z_0 \sim \boldsymbol{N}(0, 1)$	$\mu < \mu_0$	$Z_0 \le -z_\alpha$
			$\mu > \mu_0$	$Z_0 \ge z_\alpha$
			$\mu \ne \mu_0$	$\lvert Z_0 \rvert \ge z_{\alpha/2}$
	미지 (unknown)	$T_0 \sim \boldsymbol{t}(n-1)$	$\mu < \mu_0$	$T_0 \le -t_\alpha(n-1)$
			$\mu > \mu_0$	$T_0 \ge t_\alpha(n-1)$
			$\mu \ne \mu_0$	$\lvert T_0 \rvert \ge t_{\alpha/2}(n-1)$
대표본 $(n \ge 30)$	미지일 때 $\hat{\sigma} = S$	$Z_0 \approx \boldsymbol{N}(0, 1)$	$\mu < \mu_0$	$Z_0 \le -z_\alpha$
			$\mu > \mu_0$	$Z_0 \ge z_\alpha$
			$\mu \ne \mu_0$	$\lvert Z_0 \rvert \ge z_{\alpha/2}$

다음으로, 모평균에 대한 가설검정에 대하여 알아보자. 평균이 μ, 분산이 σ^2인 모집단에서 추출한 크기 n인 확률표본 $X_1, X_2, \cdots, X_n$에 의하여 귀무가설

$$H_0: \mu = \mu_0$$

에 대한 대립가설

$$\text{(i)}\ H_1: \mu > \mu_0, \qquad \text{(ii)}\ H_1: \mu < \mu_0, \qquad \text{(iii)}\ H_1: \mu \ne \mu_0$$

를 검정할 때 검정통계량으로 표본평균 $\overline{X}$를 사용한다. 따라서 유의수준 α가 주어지면 검정의 기각역은 $\overline{X}$를 표준화한 검정통계량

$$Z_0 = \frac{\overline{X} - \mu_0}{\sigma / \sqrt{n}} \quad \text{또는} \quad T_0 = \frac{\overline{X} - \mu_0}{S / \sqrt{n}}$$

의 분포에 따라 결정된다. 검정에서 검정통계량의 분포가 정규분포이면 그 검정을 **z-검정**, t분포이면 그 검정을 **t-검정**이라 한다. [표 5.1.1]은 가정과 검정통계량의 분포에 따른 검정방법을 정리한 것이다.

예제 5.1.5

A시의 통계사무소에서 A시 근로자들의 연평균 소득이 2,500만원이라고 발표하였다. A시의 한 아파트 단지에 거주하고 있는 근로자들의 연평균 소득이 A시의 연평균 소득과 차이가 있는지를 알아보기 위하여 12가구를 랜덤하게 추출하여 소득을 조사한 결과 다음과 같은 자료

$$\overline{x} = 2,800, \quad s = 200$$

을 얻었다. 이 아파트 단지 근로자들의 연평균 소득이 A시의 연평균 소득과 차이가 있는지를 유의수준 5%에서 검정하여라. 단, A시의 연평균 소득은 정규분포를 따른다고 한다.

(풀이)

아파트 단지의 연평균 소득 μ가 A시의 연평균 소득 2,500만 원과 같다는 $H_0: \mu = 2{,}500$에 대하여 차이가 있다는 $H_1: \mu \neq 2{,}500$을 유의수준 5%에서 검정하면 된다. 이 검정에서 모집단의 분포는 모분산 σ^2이 미지인 정규분포를 따르고 표본의 크기가 n=12로 작으므로 T_0를 검정통계량으로 사용한다. 검정통계량 T_0의 관찰값은

$$|t_0| = \left| \frac{2800 - 2500}{200/\sqrt{12}} \right| = 5.196$$

이고, $T_0 \sim t(11)$이므로 유의수준 5%인 기각역은 $t-$분포포에서

$$|t_0| \geq t_{0.05/2}(11) = 2.201$$

이다. 그런데 T_0의 관찰값 $t_0 = 5.196$이 2.201보다 크므로 H_0를 기각한다. 따라서 유의수준 5%에서 이 아파트 단지의 연평균 소득은 A시의 연평균 소득과 차이가 있다고 할 수 있다. 엑셀의 분석결과를 정리하면 다음과 같다.

n	평균	표준편차	표준오차	95% 신뢰구간	t_0	p-값
12	2800.0	200.0	57.7	(2672.9, 2927.1)	5.20	0.000

이 결과를 보면 검정통계량의 관찰값 5.20에 대한 유의확률 0.000이 유의수준 0.05보다 작으므로 귀무가설 $H_0: \mu = 2500$을 기각한다.

5.1.2 모비율의 추정과 검정

모집단에서 어떤 특성을 지니고 있는 개체들의 비율을 추정하고 검정하는 문제에 대하여 살펴보자. 예를 들면, 화장품 회사에서는 판매하고 있는 특정 화장품의 시장 점유율을 알고 싶을 것이다. 또, TV 방송국에서는 특정 프로그램의 시청률에 관심이 있을 수 있다. 이런 예들의 특징은 모집단의 개체가 관심 범주에 속하는가의 여부만을 관찰하게 된다는 것이다. 따라서 모집단에서 관찰되는 값들은 0 또는 1 뿐이다.

모집단에 속하는 개체 ω의 속성이 범주 A에 속하거나 속하지 않는 두 경우만 있을 때 확률변수 X를

$$X = X(\omega) = \begin{cases} 1, & \omega \in \mathrm{A} \\ 0, & \omega \notin \mathrm{A} \end{cases}$$

로 정의하면 모집단의 개체 ω_k에 대한 확률변수 X_k의 측정값은 0 또는 1뿐이다. 따라서 크기 N인 모집단의 모든 개체들에 대한 X_k들의 합 ΣX_k는 모집단에서 특정한 속성 A에 속하는 개체들의 수이고, 모집단의 관찰값들인 N개의 0과 1들의 평균 μ는

$$p=\frac{1}{N}\sum_{k=1}^{N}X_k=P(X=1)$$

와 같다. 위 식을 보면 모집단에서 속성 A에 속하는 개체들이 차지하는 비율 p는 모평균의 일종이다. 따라서 **모비율**(母比率, population proportion)이라 부르는 p의 추정량으로 크기 n인 확률표본 $X_1, X_2, \cdots, X_n$의 평균인 **표본비율**(sample proportion)

$$\hat{p}=\frac{1}{n}\sum_{i=1}^{n}X_i$$

를 사용한다. 여기서 X_i는 표본개체가 특정 속성 A에 속하연 1, 아니면 0의 값을 갖는 확률변수이다. 표본비율 $\hat{p}$의 기댓값과 분산은

$$E(\hat{p})=p, \qquad Var(\hat{p})=\frac{1}{n}p(1-p)$$

이므로 $\hat{p}$는 p에 대한 비편향추정량이고 $\hat{p}$의 표준오차는

$$\text{s.e}(\hat{p})=\sqrt{\frac{1}{n}p(1-p)}$$

이다. 그런데 통상적으로 p는 미지이므로 $\hat{p}$의 표준오차는

$$\widehat{\text{s.e}}(\hat{p})=\sqrt{\frac{1}{n}\hat{p}(1-\hat{p})}$$

와 같은 식으로 추정한다. 한편, 비율의 추정 문제에서는 대체적으로 표본의 크기 n이 충분히 크기 때문에 표본평균의 일종인 $\hat{p}$은 중심극한정리에 의하여 근사적으로 평균이 p, 표준편차가 $\widehat{\text{s.e}}(\hat{p})$인 정규분포를 따르다. 따라서 추정량 $\hat{p}$에 대한 신뢰수준 $100(1-\alpha)\%$인 오차의 한계 d는

$$d=z_{\alpha/2}\sqrt{\frac{1}{n}\hat{p}(1-\hat{p})}$$

이고, 신뢰구간은 $\hat{p}\pm d$가 된다.

예제 5.1.6

A은행에서는 대학생을 상대로 실시하고 있는 학자금 융자의 회수율을 조사하고자 한다. 학자

금 융자를 받은 학생들 중에서 랜덤하게 추출한 200명을 조사한 결과 175명이 융자금을 반환하였다. 융자금 회수율에 대한 95.4% 신뢰구간을 구하여라.

(풀이)

회수율 p의 추정값은 표본비율

$$\hat{p} = \frac{175}{200} = 0.875$$

이고, $\hat{p}$의 표준오차를 추정하면

$$\widehat{s.e}(\hat{p}) = \sqrt{\frac{1}{n}\hat{p}(1-\hat{p})} = \sqrt{\frac{(0.875)(0.125)}{200}} = 0.0234$$

가 된다. 한편, 표본의 크기 200은 충분히 크므로 $\hat{p}$은 근사적으로 정규분포를 따른다. 따라서 95.4% 신뢰계수는 $z_{0.046/2} = 2$이고, p의 95.4% 신뢰구간은

$$0.875 \pm 2 \times 0.0234 = 0.875 \pm 0.0468$$

이다. 엑셀의 분석결과를 정리하면 다음과 같다.

$\sum x_i$	n	표본비율	표준오차	95.4% 신뢰구간
175	200	0.875	0.0234	(0.828, 0.922)

모평균의 일종인 모비율 p에 대한 검정에서 귀무가설 $H_0: p = p_0$에 대한 대립가설

$$\text{(i) } H_1: p < p_0, \qquad \text{(ii) } H_1: p > p_0, \qquad \text{(iii) } H_1: p \neq p_0$$

를 검정할 때 검정통계량으로 표본비율 $\hat{p}$가 사용된다. 그런데 H_0가 참$(p = p_0)$일 때 추정량 $\hat{p}$의 표준오차는

$$\widehat{s.e}(\hat{p}) = \sqrt{\frac{p_0(1-p_0)}{n}}$$

가 되므로 $\hat{p}$를 표준화한 검정통계량

$$Z_0 = \frac{\hat{p} - p_0}{\sqrt{p_0(1-p_0)/n}}$$

의 분포에 따라 검정의 기각역이 결정된다. 대표본일 때 이 검정통계량의 분포는 중심극한정리에 의해 근사적으로 $\boldsymbol{N}(0, 1)$이므로 각 내립가설에 대한 기각역은 다음과 같다.

$$\text{(i) } Z_0 \leq -z_\alpha, \qquad \text{(ii) } Z_0 \geq z_\alpha, \qquad \text{(iii) } |Z_0| \geq z_{\alpha/2}$$

예제 5.1.7

어느 회사의 평소 지각률은 6%이다. 그런데 어느 날 출근 시간대에 눈이 내리기 시작하여 100명의 직원들 중에서 9명이 지각을 하였다. 눈이 내린 날의 지각률이 평소의 지각률보다 높아졌다고 할 수 있는가? 유의수준 5%에서 검정하여라.

(풀이)

눈 내린 날의 지각률이 평소의 지각률 $H_0: p=0.06$보다 높다는 대립가설 $H_1: p>0.06$에 대한 검정에서 검정통계량 $\hat{p}$의 분포가 근사 정규분포를 따르므로 유의수준 5%인 기각역은

$$Z_0=\frac{\hat{p}-p_0}{\sqrt{p_0(1-p_0)/n}}\geq z_{0.05}=1.645$$

이다. 그런데, $\hat{p}=0.09$, $p_0=0.06$이므로 검정통계량 Z_0의 관찰값 z_0는

$$z_0=\frac{0.09-0.06}{\sqrt{(0.06)(0.94)/100}}=1.263<z_{0.05}=1.645$$

이므로 H_0를 기각할 수 없다. 따라서 눈이 내린 날의 지각률이 평소의 지각률보다 높다고 할 수 없다. 미니탭의 분석결과를 정리하면 다음과 같다.

단일비율에 대한 검정 및 CI
p=0.06 대 p>0.06의 검정

표본	X	N	표본 p	95.4% 하한	z-값	p-값
1	9	100	0.090	0.0418	1.26	0.103

정규근사 사용.

이 결과를 보면 유의확률 0.103이 유의수준 5%보다 크므로 귀무가설을 기각할 수 없다. 유의확률은 $X\sim b(100, 0.06)$일 때 $P(X\geq 9)$를 근사적으로 구한 값이다.

5.2 두 모평균의 차이에 대한 추론

통계적 추론을 해야 하는 많은 경우들을 보면 한 모집단에 관한 추론보다는 둘 이상의 여러 모집단을 비교하기 위한 것이 대부분이다. 두 모평균을 비교하는 방법으로 각 모집단에서 랜덤하게 독립적으로 추출한 확률표본을 이용하여 각 모집단에 대한 추론을 하고 그 결과를 바탕으로 두 모평균을 비교하는 방법을 생각할 수 있다. 또한, 실험을 하여 두 처리효과를 비교할 때는 실험단위를 랜덤하게 두 집단으로 나누고 각 집단에 두 종류의 실험처리를 각각 처리한 결과를 이용하여 처리효과를 비교하고자 한다. 실험에서 여러 처리효과를 비교하는 문제는 6장에서 자세히 논의할 것이고 이 절에서는 서로 독립인 두 분포 (μ_1, σ_1^2)과 (μ_2, σ_2^2)에서 각각 추출한 확률표본을 이용하여 두 모평균을 비교하는 통계적 추론에 대하여 논의한다.

정규분포 $\boldsymbol{N}(\mu_1, \sigma_1^2)$에서 추출한 크기 n_1인 확률표본의 평균을 $\overline{X}_1$, $\boldsymbol{N}(\mu_2, \sigma_2^2)$에서 추출한 크기 n_2인 확률표본의 평균을 $\overline{X}_2$라 하면

$$E(\overline{X}_1 - \overline{X}_2) = \mu_1 - \mu_2$$

이므로 $\overline{X_1} - \overline{X_2}$는 두 모평균의 차이 $\mu_1 - \mu_2$에 대한 비편향추정량이고, 그 분산은

$$Var(\overline{X_1} - \overline{X_2}) = \frac{\sigma_1^2}{n_1} + \frac{\sigma_2^2}{n_2}$$

이 된다. 따라서 $\mu_1 - \mu_2$의 추정량 $\overline{X}_1 - \overline{X}_2$에 대한 오차의 한계 및 신뢰구간을 구하는 문제는 모분산에 대한 정보의 양에 따라 몇 가지 경우로 나누어진다.

1. σ_1^2과 σ_2^2이 알려진 경우

$$Z = \frac{(\overline{X}_1 - \overline{X}_2) - (\mu_1 - \mu_2)}{\sqrt{\sigma_1^2/n_1 + \sigma_2^2/n_2}} \sim \boldsymbol{N}(0, 1)$$

이므로 $\mu_1 - \mu_2$에 대한 $100(1-\alpha)\%$ 신뢰구간은 다음과 같다.

$$(\overline{X}_1 - \overline{X}_2) \pm z_{\alpha/2}\sqrt{\frac{1}{n_1}\sigma_1^2 + \frac{1}{n_2}\sigma_2^2}\,.$$

예제 5.2.1

T&G에서 새로 개발한 두 종류의 담배 A와 B의 평균 니코틴 함량 차이를 추정하고자 한다.

두 종류의 담배 10개피를 각각 랜덤하게 추출하여 각각의 평균 니코틴 함량을 조사하였더니

$$\bar{x}_{\mathrm{A}}=3.2\,\mathrm{mg}, \quad \bar{x}_{\mathrm{B}}=2.8\,\mathrm{mg}$$

이였다. 각 담배의 니코틴 함량의 분포는

$$\sigma_{\mathrm{A}}^2=(0.6)^2, \quad \sigma_{\mathrm{B}}^2=(0.4)^2$$

인 정규분포를 따른다고 한다. 평균 니코틴 함량의 차이 $\mu_D=\mu_{\mathrm{A}}-\mu_{\mathrm{B}}$에 대한 95% 신뢰구간을 구하여라.

(풀이)

평균 니코틴 함량의 차이 $\mu_D=\mu_{\mathrm{A}}-\mu_{\mathrm{B}}$의 추정값은

$$\hat{\mu}_D=\bar{x}_{\mathrm{A}}-\bar{x}_{\mathrm{B}}=3.2-2.8=0.4(\mathrm{mg})$$

이고, 추정값의 분산은

$$Var\left(\bar{x}_{\mathrm{A}}-\bar{x}_{\mathrm{B}}\right)=\frac{\sigma_{\mathrm{A}}^2}{n_{\mathrm{A}}}+\frac{\sigma_{\mathrm{B}}^2}{n_{\mathrm{B}}}=\frac{0.36}{10}+\frac{0.16}{10}=0.052$$

이다. 그리고 $\overline{X}_{\mathrm{A}}-\overline{X}_{\mathrm{B}}$는 정규분포를 따르므로 95% 신뢰계수는 $z_{0.025}=1.96$이다. 따라서 $\mu_D=\mu_{\mathrm{A}}-\mu_{\mathrm{B}}$에 대한 95% 신뢰구간은 다음과 같이 구해진다.

$$\bar{x}_{\mathrm{A}}-\bar{x}_{\mathrm{B}}\pm z_{\alpha/2}\sqrt{\frac{\sigma_1^2}{n_1}+\frac{\sigma_2^2}{n_2}}=0.4\pm1.96\sqrt{0.052}=0.4\pm0.45.$$

2. $\sigma_1^2=\sigma_2^2=\sigma^2$이고 σ^2이 미지인 경우

크기 n_1과 n_2인 각 표본의 표본분산 S_1^2과 S_2^2을 이용한 σ^2의 합동추정량은

$$\hat{\sigma}^2=S_p^2=\frac{(n_1-1)S_1^2+(n_2-1)S_2^2}{n_1+n_2-2}$$

이고, 분포이론에 의하면

$$T=\frac{\left(\overline{X}_1-\overline{X}_2\right)-(\mu_1-\mu_2)}{\sqrt{S_p^2\left(1/n_1+1/n_2\right)}}\sim t\left(n_1+n_2-2\right)$$

임이 알려져 있다. 따라서 $\mu_1-\mu_2$에 대한 $100(1-\alpha)\%$ 신뢰구간은 다음과 같다.

$$\left(\overline{X}_1-\overline{X}_2\right)\pm t_{\alpha/2}(n_1+n_2-2)\sqrt{S_p^2\left(\frac{1}{n_1}+\frac{1}{n_2}\right)}.$$

예제 5.2.2

두 종류의 휘발유 첨가제 A와 B에 의한 자동차 연비의 차이를 조사하려 한다. 10종류의 자동차를 랜덤하게 두 그룹으로 나누어 실험을 실시하여 연비를 조사한 결과가 다음과 같다.

A: 13, 14, 9, 11, 13

B: 9, 10, 12, 11, 8

휘발유 첨가제에 따른 자동차 연비는 분산이 서로 같은 정규분포를 따른다고 할 때 휘발유 첨가제에 따른 평균 연비의 차이 $\mu_D=\mu_{\mathrm{A}}-\mu_{\mathrm{B}}$에 대한 95% 신뢰구간을 구하여라.

(풀이)

등분산을 가정한 미니탭의 분석결과를 정리하면 다음과 같다.

2-표본 t-검정 및 CI: A, B

A 대 B의 2-표본 t-검정

	N	평균	표준편차	평균의 표준오차
A	5	12.00	2.00	0.89
B	5	10.00	1.58	0.71

차이 = μ(A) - μ(B)

차이 추정치: 2.00

차이의 95% CI: (-0.63, 4.63)

차이의 t-검정 = 0 (대 ≠): t-값 = 1.75 p-값 = 0.117 df = 8

둘 다 합동 표준편차 1.8028을 사용하였습니다.

이 결과를 보면

$$\bar{x}_{\mathrm{A}}=12,\ s_{\mathrm{A}}=2.00,\quad \bar{x}_{\mathrm{B}}=10,\ s_{\mathrm{B}}=1.58$$

이므로 차이 μ_D의 추정치는

$$\hat{\mu}_D=\bar{x}_{\mathrm{A}}-\bar{x}_{\mathrm{B}}=12-10=2$$

이다. 다음으로 σ^2의 합동추정치는

$$s_p^2=(1.803)^2$$

이고, $\overline{X}_{\mathrm{A}}-\overline{X}_{\mathrm{B}}$를 표준화한 통계량의 분포는 자유도가 8인 t분포를 따른다. 따라서

$$(\bar{x}_{\mathrm{A}}-\bar{x}_{\mathrm{B}})\pm t_{0.025}(8)\sqrt{s_p^2\left(\frac{1}{5}+\frac{1}{5}\right)}$$

와 같은 식으로 구한 μ_D의 95% 신뢰구간이 $(-0.63, 4.63)$이다.

3. σ_1^2과 σ_2^2이 미지인 경우

분포이론에 의하면 σ_1^2과 σ_2^2을 각각의 표본분산 S_1^2과 S_2^2으로 대체한

$$T = \frac{\left(\overline{X}_1 - \overline{X}_2\right) - (\mu_1 - \mu_2)}{\sqrt{S_1^2/n_1 + S_2^2/n_2}}$$

의 분포는 근사적으로 자유도가

$$n^* = \frac{\left(S_1^2/n_1 + S_2^2/n_2\right)^2}{\dfrac{\left(S_1^2/n_1\right)^2}{n_1 - 1} + \dfrac{\left(S_2^2/n_2\right)^2}{n_2 - 1}}$$

인 t분포를 따른다. 따라서 $\mu_1 - \mu_2$에 대한 $100(1-\alpha)\%$ 신뢰구간은 다음과 같다.

$$\left(\overline{X}_1 - \overline{X}_2\right) \pm t_{\alpha/2}(n^*)\sqrt{S_1^2/n_1 + S_2^2/n_2}$$

예제 5.2.3

[예제 5.2.2]에서 휘발유 첨가제에 따른 자동차 연비는 분산이 서로 다른 정규분포를 따른다고 할 때 평균 연비의 차이 $\mu_D = \mu_A - \mu_B$에 대한 95% 신뢰구간을 구하여라.

(풀이)

등분산을 가정하지 않은 미니탭의 분석결과를 정리하면 다음과 같다.

2-표본 t-검정 및 CI: A, B

A 대 B의 2-표본 t-검정

	N	평균	표준편차	평균의 표준오차
A	5	12.00	2.00	0.89
B	5	10.00	1.58	0.71

차이 = μ(A) - μ(B)

차이 추정치: 2.00

차이의 95% CI: (-0.70, 4.70)

차이의 t-검정 = 0 (대 ≠): t-값 = 1.75 p-값 = 0.123 df = 7

이 결과를 보면 $\overline{X}_A - \overline{X}_B$를 표준화한 통계량의 분포는 근사적으로 자유도가 $n^* \approx 7$인 t분포를 따른다. 따라서 다음과 같은 식을 이용한 μ_D의 95% 신뢰구간이 $(-0.70, 4.70)$이다.

$$\left(\overline{x}_A - \overline{x}_B\right) \pm t_{0.025}(7)\sqrt{\frac{1}{5}\left(s_A^2 + s_B^2\right)}$$

4. σ_1^2과 σ_2^2이 미지이고 정규분포를 따르지 않는 경우

표본의 크기 n_1과 n_2가 충분히 크면

$$Z=\frac{(\overline{X}_1-\overline{X}_2)-(\mu_1-\mu_2)}{\sqrt{S_1^2/n_1+S_2^2/n_2}}$$

는 근사적으로 표준정규분포를 따른다. 따라서 $\mu_1-\mu_2$에 대한 $100(1-\alpha)\%$ 신뢰구간은 다음과 같이 구한다.

$$(\overline{X}_1-\overline{X}_2)\pm z_{\alpha/2}\sqrt{S_1^2/n_1+S_2^2/n_2}$$

예제 5.2.4

대기업과 중소기업에서 생산하는 전구의 수명을 비교하기 위하여 각각 전구 36개씩을 랜덤하게 추출하여 수명을 조사한 결과 다음과 같은 자료

$$\text{대기업: } \overline{x}_1=2000,\ s_1=30,$$

$$\text{중소기업: } \overline{x}_2=1900,\ s_2=25$$

를 얻었다. 평균 수명시간의 차이 $\mu_D=\mu_1-\mu_2$에 대한 95% 신뢰구간을 구하여라.

(풀이)

평균 수명시간의 차이 $\mu_D=\mu_1-\mu_2$의 추정값은

$$\hat{\mu}_D=\overline{x}_1-\overline{x}_2=2000-1900=100$$

이고, $\hat{\mu}_D$의 분산을 추정하면

$$\widehat{Var}(\overline{x}_1-\overline{x}_2)=\frac{s_1^2}{n_1}+\frac{s_2^2}{n_2}=\frac{1}{36}(30^2+25^2)=42.36$$

이고, $\overline{X}_1-\overline{X}_2$를 표준화한 통계량의 분포는 표본의 크기가 충분히 크므로 근사적으로 표준정규분포를 따른다. 따라서 95% 신뢰계수는 $z_{0.025}=1.96$이므로 $\mu_D=\mu_1-\mu_2$의 95% 신뢰구간은 다음과 같이 구해진다.

$$(\overline{x}_1-\overline{x}_2)\pm z_{0.025}\sqrt{\frac{1}{36}(s_1^2+s_2^2)}=100\pm 1.96\sqrt{42.46}=(87.24,\ 112.76).$$

서로 독립인 정규분포 $(\mu_1,\ \sigma_1^2)$과 $(\mu_2,\ \sigma_2^2)$의 두 모평균을 비교하기 위한 귀무가설

$$H_0: \mu_1=\mu_2\equiv(\mu_1-\mu_2=0)$$

[표 5.2.1] 모평균의 차이에 대한 검정법

가정	모분산 σ_1^2과 σ_2^2	검정통계량과 그 분포	귀무가설 $H_0: \mu_1=\mu_2$	
			대립가설	기각역
서로 독립인 정규 모집단 $\boldsymbol{N}(\mu_1, \sigma_1^2)$ 과 $\boldsymbol{N}(\mu_2, \sigma_2^2)$	기지 (known)	$Z_0=\dfrac{\overline{X}_1-\overline{X}_2}{\sqrt{\sigma_1^2/n_1+\sigma_2^2/n_2}} \sim \boldsymbol{N}(0,1)$	$\mu_1<\mu_2$	$Z_0 \le -z_\alpha$
			$\mu_1>\mu_2$	$Z_0 \ge z_\alpha$
			$\mu_1 \ne \mu_2$	$\lvert Z_0 \rvert \ge z_{\alpha/2}$
	미지 $\sigma_1^2=\sigma_2^2=\sigma^2$ $\hat{\sigma}^2=S_p^2$	$T_0=\dfrac{\overline{X}_1-\overline{X}_2}{\sqrt{S_p^2(1/n_1+1/n_2)}} \sim t(\nu)$	$\mu_1<\mu_2$	$T_0 \le -t_\alpha(\nu)$
			$\mu_1>\mu_2$	$T_0 \ge t_\alpha(\nu)$
			$\mu_1 \ne \mu_2$	$\lvert T_0 \rvert \le t_{\alpha/2}(\nu)$
	미지 (unknown) $\hat{\sigma}_1^2=S_1^2$, $\hat{\sigma}_2^2=S_2^2$	$T_0=\dfrac{\overline{X}_1-\overline{X}_2}{\sqrt{S_1^2/n_1+S_2^2/n_2}} \sim t(n^*)$	$\mu_1<\mu_2$	$T_0 \le -t_\alpha(n^*)$
			$\mu_1>\mu_2$	$T_0 \ge t_\alpha(n^*)$
			$\mu_1 \ne \mu_2$	$\lvert T_0 \rvert \le t_{\alpha/2}(n^*)$
대표본 $n_1, n_2 \ge 30$	미지 (unknown) $\hat{\sigma}_1^2=S_1^2$, $\hat{\sigma}_2^2=S_2^2$	$Z_0=\dfrac{\overline{X}_1-\overline{X}_2}{\sqrt{S_1^2/n_1+S_2^2/n_2}} \sim \boldsymbol{N}(0,1)$	$\mu_1<\mu_2$	$Z_0 \le -z_\alpha$
			$\mu_1>\mu_2$	$Z_0 \ge z_\alpha$
			$\mu_1 \ne \mu_2$	$\lvert Z_0 \rvert \ge z_{\alpha/2}$

에 대한 대립가설

$$\text{(i) } H_1: \mu_1<\mu_2, \qquad \text{(ii) } H_1: \mu_1>\mu_2, \qquad \text{(iii) } H_1: \mu_1 \ne \mu_2$$

의 검정에서 검정통계량으로 표본평균의 차이 $\overline{X}_1-\overline{X}_2$를 사용한다. 따라서 유의수준 α인 검정의 기각역은 귀무가설 하$(\mu_1-\mu_2=0)$에서 $\overline{X}_1-\overline{X}_2$를 표준화한 통계량

$$\frac{(\overline{X}_1-\overline{X}_2)-(\mu_1-\mu_2)}{\sqrt{\sigma_1^2/n_1+\sigma_2^2/n_2}}=\frac{\overline{X}_1-\overline{X}_2}{\sqrt{\sigma_1^2/n_1+\sigma_2^2/n_2}}$$

의 분포에 따라 결정된다. 검정통계량과 그 분포는 모집단의 분포에 대한 가정 및 모분산에 대한 정보의 양에 따라 몇 가지 경우로 나누어진다. [표 5.2.1]은 모평균의 차이에 대한 검정법을 정리한 것이다. [표 5.2.1]에서 $\nu=n_1+n_2-2$이고, n^*는 경우 3.에서의 식으로 계산되는 자유도이다. 그리고 S_p^2은 경우 2.의 공통분산 σ^2에 대한 합동추정량이다.

예제 5.2.5

어느 대학의 학생상담연구소에서 1학년 학생과 4학년 학생을 대상으로 심리검사를 실시하고자 한다. 졸업과 취업문제로 인해 심리적으로 불안한 4학년 학생들의 심리검사 점수가 1학년 신입생들의 심리검사 점수보다 낮게 나타날 것이라고 예상하고 있다. 이를 확인하기 위하여 심리검사를 실시한 결과 다음의 자료를 얻었다.

$$1\text{학년}: n_1=40,\ \bar{x}_1=70, \quad 4\text{학년}: n_2=40,\ \bar{x}_2=60$$

이 심리검사에 의하면 4학년의 심리검사 점수가 1학년의 심리검사 점수보다 낮다고 할 수 있는가? 유의수준 5%에서 검정하라. 여기서, 1학년과 4학년의 심리검사 점수는 서로 독립이고 정규분포를 따른다고 한다. 또, 과거 자료에 의하면 1학년 심리검사 점수의 모표준편차는 9점이고 4학년 심리검사 점수의 모표준편차는 8점인 것으로 알려져 있다.

(풀이)

1학년과 4학년의 평균 심리검사 점수가 같다고 하는 귀무가설 $H_0: \mu_1=\mu_2$에 대하여 4학년의 평균점수가 1학년의 평균점수보다 낮다고 하는 대립가설 $H_1: \mu_1>\mu_2$의 검정에서 $\overline{X}_1-\overline{X}_2$의 분포는 분산이 알려진 정규분포를 따르므로 검정통계량으로

$$Z_0=\frac{\overline{X}_1-\overline{X}_2}{\sqrt{\sigma_1^2/n_1+\sigma_2^2/n_2}}$$

를 사용한다. 검정통계량 Z_0의 분포는 표준정규분포이므로 유의수준이 5%인 검정의 기각역은

$$Z_0 \geq z_{0.05}=1.645$$

인데 검정통계량의 관찰값

$$z_0=\frac{70-60}{\sqrt{(9^2+8^2)/40}}=5.25$$

가 1.645보다 커서 기각역에 속하므로 귀무가설 H_0를 기각한다. 따라서 4학년의 심리검사 점수가 1학년의 심리검사 점수보다 낮다고 할 수 있다.

예제 5.2.6

두 가지 비료 A_1와 A_2를 사용하여 생산된 어떤 농산물의 수확량이 다음과 같다.

비료	표본의 크기	표본평균	표본표준편차
A_1	9	25.0	3.50
A_2	16	20.0	2.25

두 비료에 의한 생산량은 서로 독립이고 분산이 동일한 정규분포를 따른다고 할 때 비료에 따른 농산물의 수확량에 차이가 있는지를 유의수준 5%에서 검정하여라.

(풀이)

두 비료에 의한 평균 생산량이 같다고 하는 귀무가설 $H_0: \mu_1 = \mu_2$에 대하여 평균 수확량이 다르다고 하는 대립가설 $H_1: \mu_1 \neq \mu_2$의 검정에서 $\overline{X}_1 - \overline{X}_2$의 분포는 공통분산 $\sigma_1^2 = \sigma_2^2 = \sigma^2$이 미지인 정규분포를 따르므로 검정통계량으로

$$T_0 = \frac{\overline{X}_1 - \overline{X}_2}{\sqrt{S_p^2(1/n_1 + 1/n_2)}}$$

를 사용한다. 검정통계량 T_0의 분포는 $t(23)$이므로 유의수준이 5%인 검정의 기각역은

$$|T_0| \geq t_{0.05/2}(23) = 2.069$$

이다. 공통분산 σ^2에 대한 합동추정치를 구하면

$$s_p^2 = \frac{(9-1)(3.50)^2 + (16-1)(2.25)^2}{9+16-2} = 7.5625$$

이므로 검정통계량의 관찰값은

$$|t_0| = \left| \frac{25-20}{\sqrt{7.5625(1/9+1/16)}} \right| = 4.364$$

가 된다. 따라서

$$|t_0| = 4.364 > t_{0.025}(23) = 2.069$$

이므로 귀무가설 H_0를 기각한다. 즉, 두 비료 A_1와 A_2에 의하여 생산된 농산물의 평균 수확량에는 차이가 있다고 할 수 있다. 미니탭의 분석결과는 다음과 같다.

2-표본 t-검정 및 CI: A1, A2

A 대 B의 2-표본 t-검정

	N	평균	표준편차	평균의 표준오차
1	9	25.00	3.50	1.20
2	16	20.00	2.25	0.56

차이 = μ(A1) - μ(A2)

차이 추정치: 5.00

차이의 95% CI: (2.63, 7.37)

차이의 t-검정 = 0 (대 ≠): t-값 = 4.36 p-값 = 0.000 df = 23

둘 다 합동 표준편차 2.7500을 사용하였습니다.

5.3 대응비교

두 모집단의 평균을 비교할 때 비교 대상의 쌍들을 조사하여 집단 간의 차이를 추론하는 방법을 **대응비교**(對應比較, paired comparison) 또는 **쌍체비교**라 한다. 예컨대, 실험의 처리효과를 알아보기 위한 처리 전과 처리 후의 비교나 왼손과 오른손의 악력 비교 등과 같이 한 개체에서 두 개의 관측치가 짝을 지어 얻어지는 경우의 비교를 대응비교라 한다. 일반적으로 이질적인 각 실험단위에 두 처리를 적용하여 비교함으로서 비교의 효율을 높이려는 것이 대응비교의 목적이다. 대응비교를 위한 자료의 구조는 [표 5.3.1]과 같다.

대응비교에서 처리 X와 Y는 정규분포를 따른다고 가정한다. 실험단위 n개를 랜덤하게 추출하고 각 처리를 적용하여 얻은 관측치의 쌍 (X_i, Y_i)에 의해 처리효과를 나타내는 모평균 $\mu_1=E(X)$과 $\mu_2=E(Y)$를 비교할 때 그 차이

$$D_i=X_i-Y_i, \quad i=1,2,\cdots,n$$

를 이용한다. 이와 같은 차이 D_i의 평균과 분산을

$$\overline{D}=\frac{1}{n}\sum_{i=1}^{n}D_i, \qquad S_D^2=\frac{1}{n-1}\sum_{i=1}^{n}\left(D_i-\overline{D}\right)^2$$

이라 하면 $\overline{D}$는 $\mu_D=\mu_1-\mu_2$에 대한 비편향추정량이다. 또, D_i는 모분산 σ_D^2이 미지인 정규분포를 따르므로

$$T=\frac{\overline{D}-\mu_D}{S_D/\sqrt{n}} \sim t(n-1)$$

이 된다. 따라서 $\mu_D=\mu_1-\mu_2$에 대한 $100(1-\alpha)\%$ 신뢰구간은 다음과 같다.

$$\overline{D}\pm t_{\alpha/2}(n-1)\frac{S_D}{\sqrt{n}}.$$

[표 5.3.1] 대응비교를 위한 자료구조

실험단위	1	2	$\cdots$	n
처리 1(X)	X_1	X_2	$\cdots$	X_n
처리 2(Y)	Y_1	Y_2	$\cdots$	Y_n
차이($D=X-Y$)	D_1	D_2	$\cdots$	D_n

크기 n인 관측치의 쌍 (X_i, Y_i)을 이용하여 모평균 $\mu_1=E(X)$과 $\mu_2=E(Y)$를 비교하는 대응비교에서 귀무가설

$$H_0: \mu_1=\mu_2 \equiv (\mu_1-\mu_2=0)$$

에 대한 대립가설

$$\text{(i) } H_1: \mu_1<\mu_2, \qquad \text{(ii) } H_1: \mu_1>\mu_2, \qquad \text{(iii) } H_1: \mu_1\neq\mu_2$$

를 검정하기 위한 검정통계량으로 $D_i=X_i-Y_i$들의 평균 $\overline{D}$를 사용한다. 여기서 X_i와 Y_i가 정규분포를 따른다고 가정하면 귀무가설 하에서

$$T_0=\frac{\overline{D}-\mu_D}{S_D/\sqrt{n}} \sim t(n-1)$$

이므로 각 대립가설에 대한 기각역은 다음과 같이 주어진다.

$$\text{(i) } T_0 \le -t_\alpha(n-1), \qquad \text{(ii) } T_0 \ge t_\alpha(n-1), \qquad \text{(iii) } |T_0| \ge t_{\alpha/2}(n-1).$$

예제 5.3.1

어느 회사에서 직업훈련이 근로자의 작업능률 향상에 효과가 있는지를 알아보기 위하여 12명의 근로자를 랜덤하게 추출하였다. 추출된 근로자를 대상으로 직업훈련 전(X)과 후(Y)의 작업능률점수를 조사하였더니 다음과 같았다. 직업훈련 전과 후의 작업능률의 차이에 대한 95% 신뢰구간을 구하여라. 이 자료로부터 직업훈련을 받은 후에 작업능률이 전보다 향상되었다고 할 수 있는지를 유의수준 5%에서 검정하여라. 여기서 X와 Y의 분포는 정규분포로 가정한다.

번호	1	2	3	4	5	6	7	8	9	10	11	12
전(x_i)	80	85	85	80	83	88	70	90	86	84	77	95
후(y_i)	88	90	80	80	93	95	79	88	84	92	80	90
차이(d_i)	-8	-5	5	0	-10	-7	-9	2	2	-8	-3	5

(풀이)

d_i들의 평균은 $\bar{d}=-3$, 분산은 $s_D^2=31.09$이고, $t_{0.025}(11)=2.201$이므로 $\mu_D=\mu_X-\mu_Y$의 95% 신뢰구간은

$$\bar{d}\pm t_{0.025}(11)\frac{s_D}{\sqrt{n}}=-3\pm 2.201\times\sqrt{\frac{31.09}{12}}=-3\pm 3.54$$

가 된다. 한편, $H_0: \mu_X=\mu_Y$에 대한 $H_1: \mu_X<\mu_Y$의 검정에서 기각역은

$$T_0 \le -t_{0.05}(11) = -1.796$$

이고, 검정통계량의 관찰값은

$$t_0 = \frac{-3}{\sqrt{31.09/12}} = -1.864 < -1.796$$

이다. 따라서 H_0를 기각하고 직업훈련을 받은 후에 근로자들의 작업능률이 전보다 향상되었다고 할 수 있다. 미니탭의 분석결과

쌍체 t-검정 및 CI: 교육전, 교육후 교육전 - 교육후에 대한 쌍체 t-검정				
	N	평균	표준편차	평균의 표준오차
교육 전	12	83.58	6.43	1.86
교육 후	12	86.58	5.74	1.66
차이	12	-3.00	5.58	1.61
평균 차이의 95% CI: (-6.54, 0.54) 평균 차이의 t-검정 = 0 (대 ≠): t-값 = -1.86 p-값 = 0.045				

를 보면 평균의 차이 $\mu_X - \mu_Y$에 대한 95% 신뢰구간은 $(-6.54, 0.54)$이고, 검정의 유의확률이 0.045로 유의수준 5%보다 작으므로 교육 전과 후에 차이가 없다고 하는 귀무가설을 기각한다.

5.4 두 모비율의 차이에 대한 추론

서로 다른 치료제에 의한 치료율의 차이, 두 제조 공정에서의 불량률의 차이 등과 같은 모비율의 차이에 대한 추론에 대하여 알아보자. 서로 독립인 두 이항모집단에서 랜덤하게 추출한 크기 n_1과 n_2인 확률표본의 표본비율을 각각 $\hat{p}_1$, $\hat{p}_2$라 하면 $\hat{p}_1-\hat{p}_2$는 p_1-p_2에 대한 비편향추정량이다. 또,

$$Var(\hat{p}_1-\hat{p}_2)=\frac{p_1(1-p_1)}{n_1}+\frac{p_2(1-p_2)}{n_2}$$

이므로 추정량 $\hat{p}_1-\hat{p}_2$에 대한 표준오차는

$$\widehat{\mathrm{s{\cdot}e}}(\hat{p}_1-\hat{p}_2)=\sqrt{\frac{\hat{p}_1(1-\hat{p}_1)}{n_1}+\frac{\hat{p}_2(1-\hat{p}_2)}{n_2}}$$

와 같은 식으로 추정한다. 그리고 표본의 크기 n_1과 n_2가 충분히 클 때

$$Z=\frac{(\hat{p}_1-\hat{p}_2)-(p_1-p_2)}{\widehat{\mathrm{s{\cdot}e}}(\hat{p}_1-\hat{p}_2)}\approx \boldsymbol{N}(0,1)$$

이다. 따라서 p_1-p_2에 대한 $100(1-\alpha)\%$ 신뢰구간은 다음과 같이 주어진다.

$$(\hat{p}_1-\hat{p}_2)\pm z_{\alpha/2}\sqrt{\frac{\hat{p}_1(1-\hat{p}_1)}{n_1}+\frac{\hat{p}_2(1-\hat{p}_2)}{n_2}}\,.$$

한편, 두 표본비율의 차이 $\hat{p}_1-\hat{p}_2$가 귀무가설 $H_0: p_1=p_2$에 대한 대립가설

$$\text{(i) } H_1: p_1<p_2, \qquad \text{(ii) } H_1: p_1>p_2, \qquad \text{(iii) } H_1: p_1\neq p_2$$

의 검정에서 검정통계량으로 사용된다. 그런데, 귀무가설 하에서는 $p_1=p_2=p_0$이므로 p에 대한 추정량으로 **합동표본비율**(pooled sample proportion)

$$\hat{p}_0=\frac{n_1\hat{p}_1+n_2\hat{p}_2}{n_1+n_2}$$

를 이용하여 $\hat{p}_1-\hat{p}_2$에 대한 표준오차를 추정하여야 한다. 즉, $\hat{p}_1-\hat{p}_2$에 대한 표준오차는

$$\widehat{\mathrm{s{\cdot}e}}(\hat{p}_1-\hat{p}_2)=\sqrt{\hat{p}_0(1-\hat{p}_0)(1/n_1+1/n_2)}$$

이고, 표본의 크기 n_1과 n_2가 충분히 크면 H_0 하에서 표준화한 검정통계량

$$Z_0=\frac{\hat{p}_1-\hat{p}_2}{\widehat{\mathrm{s{\cdot}e}}(\hat{p}_1-\hat{p}_2)}$$

의 분포는 근사적으로 $\boldsymbol{N}(0,1)$을 따른다. 따라서 각 H_1에 대한 기각역은 다음과 같다.

$$\text{(i) } Z_0 \leq -z_\alpha, \qquad \text{(ii) } Z_0 \geq z_\alpha, \qquad \text{(iii) } |Z_0| \geq z_{\alpha/2}.$$

예제 5.4.1

지원자 22,071명의 남성을 랜덤하게 두 집단으로 나눈 다음 한 집단에는 저용량(325㎎/일)의 아스피린을 복용시키고 다른 집단에는 위약을 복용하게 한 후 약 60개월 동안 심근경색 발병 여부를 관찰한 자료가 아래와 같다. 위약을 복용한 집단의 심근경색 발병률을 p_1, 아스피린을 복용한 집단의 심근경색 발병률을 p_2라 할 때, $\mu_D = p_1 - p_2$에 대한 95% 신뢰구간을 구하고, 아스피린을 복용하는 것이 심근경색 발병률을 줄이는데 효과가 있다고 할 수 있는가를 유의수준 1%에서 검정하여라.

투약	심근경색 발병		합계
	유	무	
플라시보	239	10,795	11,034
아스피린	139	10,898	11,037

(출처: Dawson-Saunders and Trapp, 1994)

(풀이)

p_1과 p_2의 추정치는

$$\hat{p}_1 = \frac{239}{11034} = 0.0217, \quad \hat{p}_2 = \frac{139}{11037} = 0.0126$$

이다. 따라서 $p_1 - p_2$의 추정치는

$$\hat{p}_1 - \hat{p}_2 = 0.0091$$

이고, 추정치의 95% 오차의 한계는

$$1.96\sqrt{\frac{\hat{p}_1(1-\hat{p}_1)}{11034} + \frac{\hat{p}_2(1-\hat{p}_2)}{11037}} = 0.00342$$

이므로 $p_1 - p_2$에 대한 95% 신뢰구간은

$$0.0091 \pm 0.0034 = (0.0057,\ 0.0125)$$

가 된다. 다음으로 귀무가설 $H_0: p_1 = p_2 = p_0$에 대한 대립가설 $H_1: p_1 > p_2$의 검정에서 유의수준 1%인 기각역은 $Z_0 \geq z_{0.01} = 2.33$이고, 귀무가설 하에서 합동표본비율

$$\hat{p}_0 = \frac{139 + 239}{22071} = 0.0171$$

을 이용한 검정통계량의 관찰값은

$$z_0 = \frac{\hat{p}_1 - \hat{p}_2}{\sqrt{\hat{p}_0(1-\hat{p}_0)\left(\frac{1}{11034} + \frac{1}{11037}\right)}} = 5.19$$

이므로 귀무가설을 기각한다. 즉, 유의수준 1%에서 아스피린을 복용하는 것이 심근경색 발병률을 줄인다고 할 수 있다. 미니탭의 분석결과는 다음과 같다.

두 비율에 대한 검정 및 CI

표본	X	N	표본 p
1	12	83.58	6.43
2	12	86.58	5.74

차이 = p(1) - p(2)
차이 추정치 : 0.009066
95% 차이 하한 : 0.006195
차이 = 0 (대 > 0) 검정 : z = 5.19 p-값 = 0.000
Fisher의 정확 검정 : p-값 = 0.000

5.5 모분산에 대한 추론

모집단의 분포에 관한 추론에서 분산이 추론의 대상인 경우가 발생한다. 예컨대, 자동차에 사용하는 일정한 규격의 부품을 생산하는 업체의 품질관리과에서는 생산되는 부품들의 평균규격보다 산포에 더 큰 관심이 있다. 규격이 평균적으로 공정기준과 일치하더라도 규격의 변이도가 클 경우에는 심각한 문제가 야기될 수 있기 때문이다. 이 절에서는 모분산의 추론에 관한 문제에 대하여 논의한다.

정규분포 $\boldsymbol{N}(\mu, \sigma^2)$에서 추출한 크기 n인 확률표본을 $X_1, X_2, \cdots, X_n$이라 할 때 모분산의 추론은 σ^2의 비편향추정량인 표본분산 S^2을 이용하여 할 수 있다. 표본분산 S^2과 관련된 분포는 4.1절에서 논의한 바와 같이

$$V = \frac{(n-1)S^2}{\sigma^2} \sim \chi^2(n-1)$$

이므로 이를 이용하면 모분산 σ^2에 대한 추정이나 가설검정을 할 수 있다.

[그림 5.5.1]을 보면 $\chi^2(r)$에서

$$P\left(\chi^2_{1-\alpha/2}(r) < V < \chi_{\alpha/2}(r)\right) = 1-\alpha$$

이므로

$$P\left(\chi^2_{1-\alpha/2}(n-1) < \frac{(n-1)S^2}{\sigma^2} < \chi_{\alpha/2}(n-1)\right) = 1-\alpha$$

이다. 따라서 모분산 σ^2의 $100(1-\alpha)\%$ 신뢰구간은

$$\frac{(n-1)S^2}{\chi^2_{\alpha/2}(n-1)} < \sigma^2 < \frac{(n-1)S^2}{\chi_{1-\alpha/2}(n-1)}$$

와 같이 구할 수 있다.

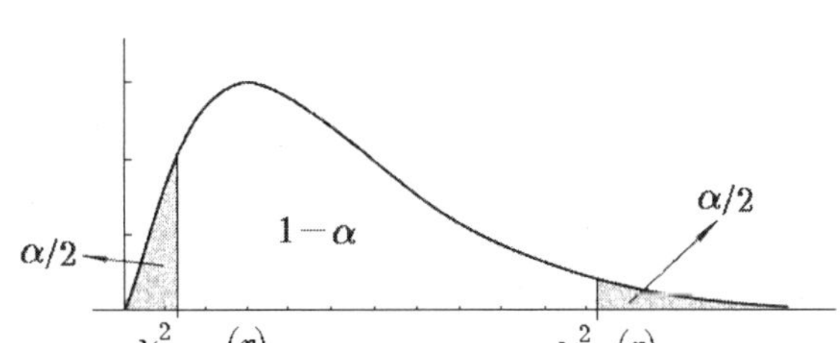

[그림 5.5.1] $\chi^2(r)$분포

한편, 귀무가설 $H_0: \sigma^2=\sigma_0^2$에 대한 대립가설

$$\text{(i) } H_1: \sigma^2<\sigma_0^2, \qquad \text{(ii) } H_1: \sigma^2>\sigma_0^2, \qquad \text{(iii) } H_1: \sigma^2\neq\sigma_0^2$$

의 검정에서 검정통계량으로 표본분산 S^2를 사용한다. $H_0: \sigma^2=\sigma_0^2$이 참일 때

$$\chi_0^2=\frac{(n-1)S^2}{\sigma_0^2} \sim \chi^2(n-1)$$

이므로 유의수준이 α일 때 각 대립가설에 대한 기각역은 다음과 같다.

$$\text{(i) } \chi_0^2\leq\chi_{1-\alpha}^2(n-1),$$

$$\text{(ii) } \chi_0^2\geq\chi_{\alpha}^2(n-1),$$

$$\text{(iii) } \chi_0^2\leq\chi_{1-\alpha/2}^2(n-1) \text{ 또는 } \chi_0^2\geq\chi_{\alpha/2}^2(n-1)$$

예제 5.5.1

대형극장에서 영화표 매표창구마다 관객들이 줄을 서는 대신 은행에서 시행하고 있는 번호표 제도를 도입하려 한다. 이 제도를 시행할 때 관객들의 평균 대기시간이 줄지는 않겠지만 대기시간의 분산을 줄임으로써 관객들의 불만을 감소시킬 수 있을 것으로 예상되기 때문이다. 현행 대기시간의 분포는 표준편차가 3분인 정규분포를 따른다고 한다. 번호표 제도를 시범 실시한 후 20명의 관객을 랜덤하게 추출하여 대기시간을 조사하였더니 표준편차가 2.1분이었다. 번호표 제도의 도입으로 대기시간의 분산을 줄인다고 볼 수 있는가? 유의수준 5%로 검정하여라.

(풀이)

귀무가설 $H_0: \sigma^2=9$에 대한 대립가설 $H_1: \sigma^2<9$의 검정에서 유의수준 5%인 기각역은

$$\chi_0^2<\chi_{0.95}^2(19)=10.12$$

이고, $n=20$, $s=2.1$, $\sigma_0^2=9$를 이용한 검정통계량의 관찰값은

$$\chi_0^2=\frac{(20-1)(2.1)^2}{9}=9.31$$

이므로 유의수준 5%에서 H_0를 기각할 수 있다. 따라서 번호표 제도의 도입으로 대기시간의 분산은 감소한다고 할 수 있다. 다음 쪽의 [그림 5.5.2]에 제시된 미니탭의 분석결과를 보면 검정통계량의 관찰값 9.31에 대한 유의확률이 0.032이므로 유의수준 5%에서 귀무가설을 기각한다.

[그림 5.5.2] [예제 5.5.1]에 대한 미니탭의 분석결과

방법
귀무가설 σ = 3
대립가설 σ < 3
카이-제곱 방법은 정규분포를 가정한 방법입니다.
요약 데이터로 Bonett방법을 계산할 수 없습니다.

통계량

N	표준편차	분산
20	2.10	4.41

95% 단측 신뢰구간

방법	표준편차의 상한	분산에 대한 상한
카이-제곱	2.88	8.28

검정

검정 방법	통계량	df	p-값
카이-제곱	9.31	19	0.032

예제 5.5.2

지름이 200㎜인 PVC관을 생산하는 어떤 공장에서는 생산된 관들에 대한 지름의 표준편차가 1.5㎜보다 크거나 작으면 제조공정에 이상이 있는 것으로 간주한다. 어느 날 생산된 관 10개를 랜덤하게 추출하여 지름을 측정한 자료가 아래와 같았다.

201	199	205	198	204	201	200	202	198	203

과거의 품질관리 기록에 의하면 지름의 분포는 정규분포를 따른다고 한다. 관 지름의 표준편차에 대한 95% 신뢰구간을 구하고, 공정에 이상이 있다고 할 수 있는가를 유의수준 5%에서 검정하여라.

(풀이)

다음 쪽의 [그림 5.5.3]에 제시된 미니탭의 분석결과를 보면 표본표준편차는 $s=2.42$이고, 모표준편차 σ에 대한 95% 신뢰구간은 $(1.67,\ 4.43)$이다. 그리고 귀무가설

$$H_0 : \sigma = 1.5$$

에 대한 대립가설

$$H_1 : \sigma \neq 1.5$$

의 검정에서 검정통계량의 관찰값 $\chi_0^2=23.51$에 대한 유의확률이 0.01이므로 유의수준 5%에서 귀무가설 H_0를 기각한다. 따라서 PVC관의 제조공정에 이상이 있다는 증거가 뚜렷하다고 할 수 있다.

[그림 5.5.3] [예제 5.5.2]에 대한 엑셀의 분석결과

단일 표본 분산에 대한 검정 및 CI: 지름

방법

σ: 지름의 표준편차

카이-제곱 방법은 정규분포에만 유효합니다.

기술 통계량

변수	N	표준편차	분산	카이-제곱을 사용한 σ에 대한 95% CI
지름	10	2.42	5.88	(1.67, 4.43)

검정

귀무 가설 H_0:σ = 1.5

대립 가설 H_1:σ ≠ 1.5

변수	방법	검정 통계량	DF	P-값
지름	카이-제곱	23.51	9	0.010

때로는 두 정규모집단의 분산을 비교해야 할 경우가 있다. 두 분산 σ_1^2과 σ_2^2을 비교할 때에는 분산의 비 σ_1^2/σ_2^2을 이용한다. 서로 독립인 두 정규모집단 $\boldsymbol{N}(\mu_1, \sigma_1^2)$과 $\boldsymbol{N}(\mu_2, \sigma_2^2)$에서 추출한 크기 n_1과 n_2인 표본의 분산을 각각 S_1^2과 S_2^2이라 할 때, 4.1절에서 논의한 바에 의하면

$$F = \frac{S_1^2/\sigma_1^2}{S_2^2/\sigma_2^2} \sim \boldsymbol{F}(n_1-1, n_2-1)$$

이다 따라서 두 분산이 같다고 하는 귀무가설

$$H_0 : \sigma_1^2 = \sigma_2^2 \equiv (\sigma_1^2/\sigma_2^2 = 1)$$

에 대한 대립가설

$$\text{(i)}\ H_1 : \sigma_1^2 < \sigma_2^2, \qquad \text{(ii)}\ H_1 : \sigma_1^2 > \sigma_2^2, \qquad \text{(iii)}\ H_1 : \sigma_1^2 \neq \sigma_2^2$$

의 검정에서 H_0가 참이면

$$F = S_1^2/S_2^2 \sim \boldsymbol{F}(n_1-1, n_2-1)$$

이므로 검정통계량으로 $F_0 = S_1^2/S_2^2$를 사용한다. 유의수준이 α일 때 각 대립가설에 대한 기각역은 다음과 같이 주어진다.

(i) $F_0 \le F_{1-\alpha}(n_1-1, n_2-1)$,

(ii) $F_0 \le F_{\alpha}(n_1-1, n_2-1)$,

(iii) $F_0 \le F_{1-\alpha/2}(n_1-1, n_2-1)$ 또는 $F_0 \le F_{\alpha}(n_1-1, n_2-1)$.

예제 5.5.3

어느 타이어 공장에서 생산되는 타이어의 불량률을 줄이기 위하여 공정 조건을 개선하였다고 한다. 다음은 공정조건 개선 전후의 타이어 1,000개당 불량 타이어의 개수를 조사한 자료이다. 공정조건 개선 후에 타이어의 불량률이 줄었다고 할 수 있는가를 유의수준 5%에서 검정하여라. 단, 1,000개당 불량품의 개수는 정규분포를 따른다고 한다.

개선 전	25	16	10	17	21	23	18	28	12	16
개선 후	14	7	13	8	9	11	12	10	15	20

(풀이)

개선 전후의 불량품의 수에 대한 평균과 분산을 각각 (μ_1, σ_1^2), (μ_2, σ_2^2)이라 하면 귀무가설 $H_0: \mu_1 = \mu_2$에 대한 대립가설 $H_0: \mu_1 \ne \mu_2$을 검정해야 한다. 그런데 이 검정은 두 모분산의 동일성 여부에 따라 달라진다. 따라서 먼저 분산이 동일하다는 가설 $H_0: \sigma_1^2 = \sigma_2^2$을 검정하자.

[그림 5.5.4]에 제시된 미니탭의 분석결과를 보면 검정통계량의 관찰값

[그림 5.5.4] [예제 5.5.3]의 두 모분산의 동일성 검정

두 표본 분산에 대한 검정 및 CI: 개선전, 개선후

귀무 가설 σ(개선전) / σ(개선후) = 1

대립 가설 σ(개선전) / σ(개선후) ≠ 1

유의 수준 α = 0.05

통계량

변수	N	표준 편차	분산	표준 편차에 대한 95% CI
개선전	10	5.661	32.044	(3.894, 10.334)
개선후	10	3.843	14.767	(2.643, 7.015)

표준 편차의 비율 = 1.473

분산 비율 = 2.170

검정

방법	DF1	DF2	통계량	P-값
F	9	9	2.17	0.264

[그림 5.5.5] [예제 5.5.3]의 두 모평균의 동일성 검정

2-표본 T 검정 및 CI: 개선전, 개선후

개선전 대 개선후의 2-표본 T 검정

	N	평균	표준편차	평균의 표준오차
개선전	10	18.60	5.66	1.8
개선후	10	11.90	3.84	1.2

차이 = μ (개선전) - μ (개선후)

차이 추정치: 6.70

95% 차이 하한: 2.95

차이의 T-검정 = 0 (대 >): T-값 = 3.10 P-값 = 0.003 DF = 18

둘 다 합동 표준편차 4.8379을(를) 사용하였습니다.

$$f_0 = \frac{s_1^2}{s_2^2} = 2.17$$

에 대한 유의확률이 0.264이므로 유의수준 5%에서 두 모분산이 동일하다는 귀무가설을 기각할 수 없다. 그러므로 $\sigma_1^2 = \sigma_2^2 = \sigma^2$이라는 조건하에서 두 모평균의 차이에 대한 검정을 하면 된다. [그림 5.5.5]에 제시된 2-표본 t검정의 결과를 보면 검정통계량의 관찰값 $t_0 = 3.10$에 대한 유의확률이 0.003이므로 귀무가설 $H_0 : \mu_1 = \mu_2$를 기각한다. 즉, 공정조건 개선 후에 평균 불량 타이어의 수가 줄었다는 뚜렷한 증거가 있다고 할 수 있다.

연 습 문 제

01. 총선을 앞두고 한 지역구의 유권자 400명을 대상으로 조사한 결과 A후보의 지지율은 30.5%, B후보의 지지율은 34.8%로 나왔다. 자료에 따르면 이번 조사는 95% 신뢰수준에서 오차한계가 ±5%라고 한다. 이 결과의 해석으로 옳은 것은?
가. 실제 선거에서 A후보가 앞설 수도 있다.
나. A후보는 지지율이 낮으므로 포기하는 편이 낫다.
다. B후보가 지지율이 높으므로 당선 가능성이 높다.
라. 500명을 대상으로 조사한다면 오차한계는 ±5%보다 크게 된다.

02. 자료에서 모평균 μ에 대한 95%의 신뢰구간이 $(-0.042, 0.522)$로 나왔다면 유의수준 5%에서 $H_0: \mu=0$에 대한 $H_1: \mu\neq 0$의 검정 결과는 어떻게 해석할 수 있는가?
가. 신뢰구간과 가설검증은 무관하기 때문에 신뢰구간을 기초로 검증에 대한 어떠한 결론도 내릴 수 없다.
나. 신뢰구간이 0을 포함하기 때문에 귀무가설을 기각할 수 없다.
다. 신뢰구간의 상한이 0.522로 0보다 상당히 크기 때문에 귀무가설을 기각해야한다.
라. 신뢰구간을 계산할 때 표준정규분포의 임계값을 사용했는지 또는 t분포의 임계값을 사용했는지에 따라 해석이 다르다.

03. 평균이 μ이고 분산이 $\sigma^2=9$인 정규모집단에서 추출한 크기 100인 확률표본의 표본평균 $\overline{X}$를 이용하여 $H_0: \mu=0$에 대한 대립가설 $H_1: \mu>0$을 유의수준 0.05로 검정할 때 검정통계량과 기각역을 구하여라.

04. 두 집단의 평균의 차이에 관하여 신뢰구간을 구하거나 검정하기 위해서는 두 집단의 표본에서 구한 통계량의 차이, 즉, $\overline{X_1}-\overline{X_2}$의 표준편차를 구할 필요가 있다. 표본의 특성과 통계량이 다음과 같을 때 $\overline{X_1}-\overline{X_2}$의 표준편차를 구하여 두 집단의 평균이 다르다고 할 수 있는지를 유의수준 5%에서 검정하여라. (단, 두 집단의 모집단은 정규분포를 따르고 분산은 서로 같다.)

집단 1: $n_1=10,\ \overline{x}_1=115,\ s_1^2=24,$

집단 2: $n_2=8,\ \overline{x}_2=110,\ s_2^2=20.$

05. 표본의 크기를 선택하는데 고려해야 할 2가지 상호 관련된 요인으로 신뢰수준과 신뢰구간이 있다. 만약 표본의 크기를 100에서 400으로 4배를 늘린다면 신뢰수준 95%와 99%에 대한 각 신뢰구간의 길이는 어느 정도 좁힐 수 있는가?

06. 컴퓨터 프린터 제조회사에서 각 대리점들이 1년 동안 컴퓨터 프린터를 판매하여 얻은 수입의 평균을 추정하기 위하여 표본조사를 실시하였다. 10개의 대리점을 랜덤하게 추출하여 조사한 1년 동안의 프린터 판매 수입은 다음과 같다.(단위: 만원) 대리점의 평균수입을 추정하고 추정값에 대한 표준오차를 추정하여라.

표본대리점	1	2	3	4	5	6	7	8	9	10
수입	800	1,000	900	1,200	950	700	1,300	1,000	850	1,100

07. 서울에서 제주행 비행기 표를 예약하였다가 사전에 예약을 취소하지 않고 비행기에 탑승하지 않는 사람의 비율을 추정하고자 한다. 200명의 예약자들을 랜덤하게 추출하여 조사한 결과 20명이 사전에 예약을 취소하지 않고 탑승하지 않았다. 예약을 취소하지 않고 비행기에 탑승하지 않은 사람의 비율을 추정하고 추정치에 대한 95% 오차의 한계를 추정하여라.

08. 설탕공장에서 커피용으로 생산되는 설탕 한 봉지의 무게는 평균이 μ이고 분산이 0.09인 정규분포에 따른다고 한다. 크기 9인 확률표본으로부터 표본평균 $\overline{x}=7.0$을 얻었다. 모평균 μ에 대한 95% 신뢰구간을 구하여라.

09. 인구 50만인 어느 시에서 전국체전을 유치하는 문제에 대한 여론조사를 실시하였다. 전체 시민 중에서 2,400명을 랜덤하게 추출하여 조사하였더니 960명이 체전유치에 찬성하였다. 전체 시민의 찬성률에 대한 95% 신뢰구간을 구하여라.

10. 어느 신제품에 대한 A, B 두 지역의 만족도를 조사한 결과가 다음과 같았다.

(1) 신제품에 대한 두 지역 만족도 차이의 95% 신뢰구간을 구하여라.

(2) 두 지역의 만족도가 다르다고 할 수 있는가? 유의수준 5%로 검정하여라.

구분 \ 지역	A	B
조사자 수	200	100
만족자 수	130	55

11. 공정온도 100℃에서 제조되는 제품의 강도(단위: kg)는 $\boldsymbol{N}(60, 4)$를 따른다고 알려져 있다. 공정온도를 바꾸어 생산한 제품 20개를 랜덤하게 추출하여 강도를 측정하였더니 평균이 62kg이었다. 표준편차에는 변함이 없다고 할 때, 공정온도가 변하면 제품의 평균 강도가 달라진다고 할 수 있는지를 유의수준 5%에서 검정하여라.

12. 지난 해 통계학과 학생회에서 신입생을 대상으로 전공 만족도를 조사하였더니 80%의 학생들이 전공에 만족하는 것으로 조사되었다. 올해 입학한 신입생 100명을 대상으로 전공 만족도를 조사한 결과 85명이 만족하는 것으로 나타났다. 올해 입학한 학생들의 전공 만족도가 지난 해 보다 높다고 할 수 있는지를 유의수준 5%에서 검정하여라.

13. 어떤 공구 제조회사에서 새로 개발한 공정에 의하여 생산된 공구의 내구성이 기존 공구의 내구성보다 높은가를 알아보고자 한다. 각각에서 표본을 뽑아 내구성을 측정한 자료가 다음과 같다. 자료는 마모 정도를 측정하여 정수로 변환한 것이다.

기존 공정	46	52	58	59	54	47	57	58	54	40	48	45	53	51	50
새 공정	32	13	25	23	33	13	16	23	14	31	30	34	33	28	26

(1) 두 공정의 분산이 다르다고 할 수 있는가? 유의수준 5%에서 검정하여라.

(2) 두 공정의 평균 마모 정도에 차이가 난다고 할 수 있는가? 모집단에 대한 적절한 가정을 하고 유의수준 5%에서 검정하여라.

제5장 엑셀 코드

예제 5.1.1

$\overline{x}=27,000$, $\sigma=8,000$, $n=25$, 정규분포 가정

90%($\alpha=0.1$) 오차의 한계, 신뢰구간의 상, 하한,

	A
1	=CONFIDENCE(0.1,8000,25)
2	=27000-A1
3	=27000+A1

예제 5.1.2

Column B의 각 셀에 자료 입력

표본평균, 표본분산, 표본평균의 표준오차, 95%($\alpha=0.05$)인 신뢰구간의 오차한계

	A	B
1	=AVERAGE(B1:B10)	5
2	=VAR.S(B1:B10)	4
3	=STDERR(B1:B10)	3
4	=CONFIDENCE.T(0.05,SQRT(A2),10)	4
5		6
6		8
7		2
8		7
9		6
10		5

예제 5.1.3

$\overline{x}=10.4$, $s^2=19.6$, $n=49$, 정규분포 가정

95%($\alpha=0.05$) 신뢰구간의 오차한계

	A
1	10.4
2	19.6
3	=CONFIDENCE(0.05,SQRT(A2),49)

예제 5.1.4 엑셀의 데이터 분석도구를 활용하여 기술통계량 구하기

1. Column A의 각 셀에 자료를 차례대로 입력

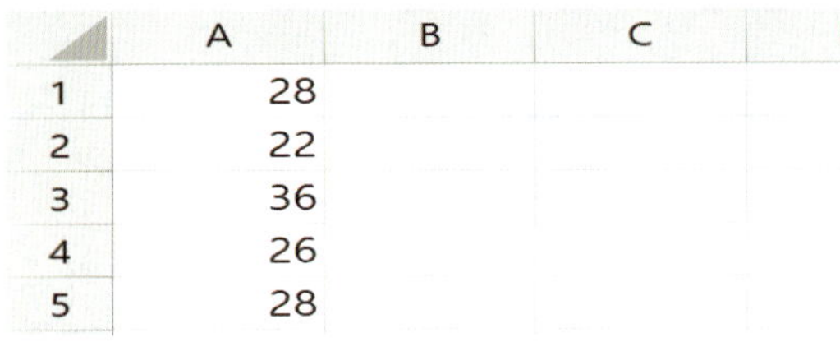

2. 메뉴줄의 **파일>옵션**을 더블 클릭한 후, **추가기능**을 더블 클릭

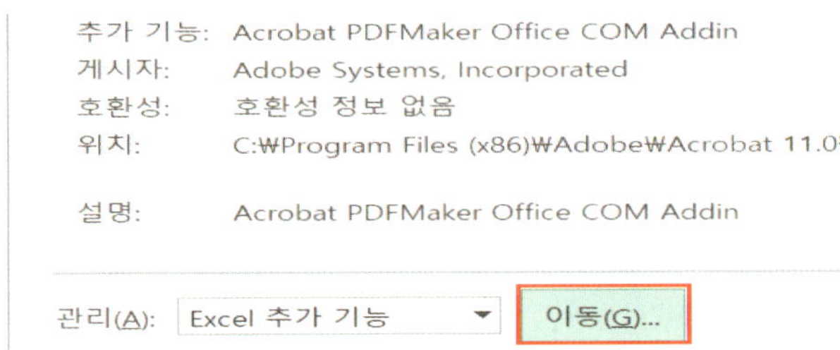

3. 이동을 클릭, 분석도구의 옆 빈칸에 체크, **확인** 버튼 클릭

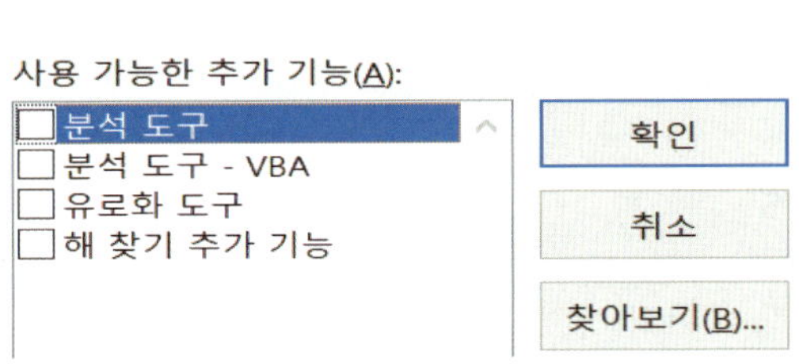

4. 메뉴줄에서 **데이터** 탭을 클릭

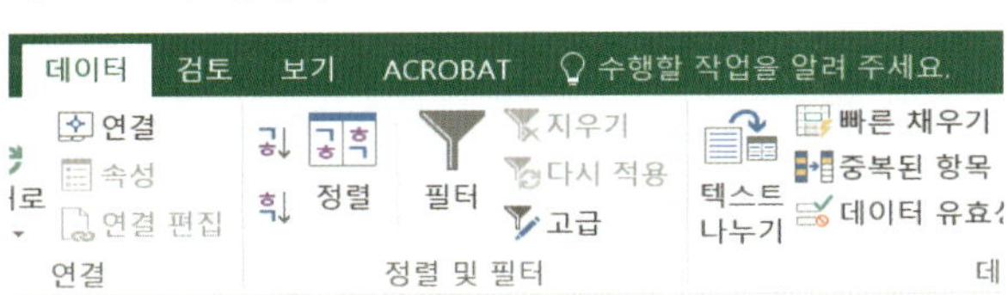

5. **데이터 분석** 아이콘을 클릭

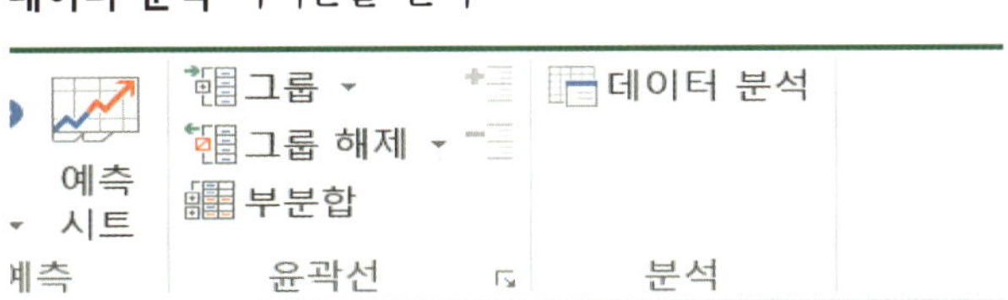

6. 통계 데이터 분석 상자에서 **기술 통계법** 클릭, **확인** 버튼 클릭

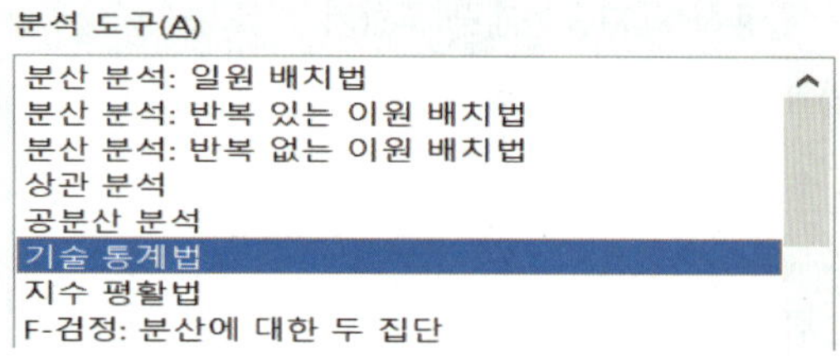

7. 기술 통계법 상자를 다음과 같이 수정, 확인 버튼 클릭

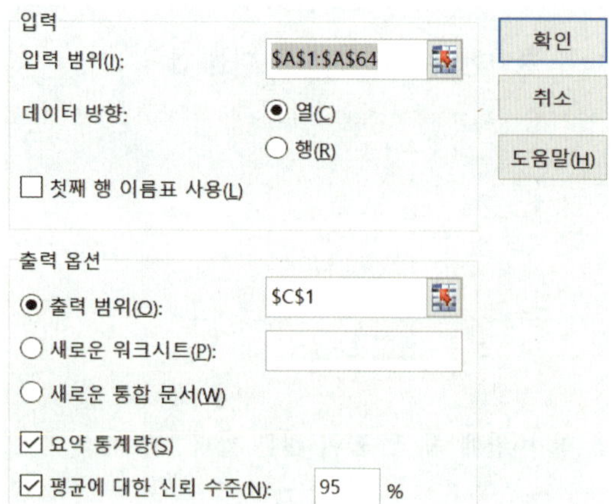

8. 출력 결과물

평균	27.75
표준 오차	0.63543
중앙값	27.5
최빈값	28
표준 편차	5.08343
분산	25.8413

예제 5.1.5

$\overline{x}=2{,}800$, $s=200$, $n=12$, $\mu_0=2{,}500$, 양측검정

검정통계량 $|t_0|$, 유의수준 5%($\alpha=0.05$)인 기각역 경계값, 유의확률

$$P(|T_0| \ge t_{\alpha/2}(n-1))=\alpha \quad \Rightarrow \quad T_0=t_0=\text{T.INV.2T}(\alpha, n-1)$$

$$P(|T_0| \ge t_0)=\text{T.DIST.2T}(t_0, n-1)$$

	A
1	=ABS((2800-2500)/(200/SQRT(12)))
2	=T.INV.2T(0.05,11)
3	=T.DIST.2T(A1,11)

예제 5.1.6

$n=200$, $x=175$

표본비율, 표준편차, 표본비율의 표준오차, 95.4% 신뢰구간의 오차한계

	A
1	=175/200
2	=SQRT(A1*(1-A1))
3	=A2/SQRT(200)
4	=CONFIDENCE(0.046,A2,200)

예제 5.1.7

$n=100$, $x=9$, $p_0=0.06$, $H_0: p=p_0=0.06$ vs $H_1: p>p_0=0.06$

검정통계량 z_0, 기각역의 경계값, 유의확률

	A
1	=9/100
2	=(A1-0.06)/SQRT(0.06*0.94/100)
3	=NORM.INV(0.95,0,1)
4	=1-NORM.DIST(A2,0,1,1)

예제 5.2.1

$n_A=10$, $n_B=10$, $\sigma_A^2=(0.6)^2$, $\sigma_B^2=(0.4)^2$

$\mu_A-\mu_B$에 대한 95% 신뢰구간의 오차한계

	A
1	=SQRT(0.6^2 /10 + 0.4^2/ 10)
2	=NORM.INV(0.975,0,1)
3	=A1*A2

예제 5.2.2

1. Column A와 B에 두 집단의 자료 입력

	A	B	C	D
1	13	9		
2	14	10		
3	9	12		
4	11	11		
5	13	8		

2. 각 집단의 표본평균, 표본표준편차, 합동분산 s_p^2

	D	E
1	=AVERAGE(A1:A5)	
2	=AVERAGE(B1:B5)	
3	=STDEV.S(A1:A5)	
4	=STDEV.S(B1:B5)	
5	=4/8*D3^2+4/8*D4	

3. $t_{0.025}(8)$와 $\sqrt{s_p^2(1/5+1/5)}$, 95% 신뢰구간의 오차한계

	F	G
1	=T.INV(0.975,8)	
2	=SQRT(D5*(1/5+1/5))	
3	=F1*F2	

예제 5.2.3 예제 5.2.2에서 계속

1. 근사 자유도 구하기

	F
1	=(D3^2 /5+D4^2 /5)^2
2	=(D3^2 /5)^2 /4 +(D4^2 /5)^2 /4
3	=F1/F2

2. $t_{0.025}(8)$, $\overline{X}_{\mathrm{A}}-\overline{X}_{\mathrm{B}}$의 표준오차 및 오차한계

	H	
1	=TINV(0.975,8)	
2	=SQRT(D4^2 /5+D5^2 / 5)	
3	=H1*H2	

예제 5.2.4

추정량의 표준오차, $z_{0.025}$, 오차한계

	A	
1	=SQRT(30^2 /36+25^2 /36)	
2	=NORM.INV(0.975,0,1)	
3	=A1*A2	

예제 5.2.5

검정통계량, 기각역 경계치 $z_{0.05}$

	A
1	=(70-60)/SQRT(9^2 /40 + 8^2 /40)
2	=NORM.INV(0.95,0,1)

예제 5.2.6

합동분산, 검정통계량, $t_{0.025}(23)$

	A
1	=8/23*3.5^2+15/23*2.25^2
2	=ABS((25-20)/SQRT(A1*(1/9+1/16)))
3	=T.INV.2T(0.05,23)

예제 5.3.1 대응비교

1. Column A와 B에 자료를 입력하고 C=A-B를 구한다.

	A	B	C	D
1	80	88	-8	
2	85	90	-5	
3	85	80	5	
4	80	80	0	
5	83	93	-10	
6	88	95	-7	
7	70	79	-9	
8	90	88	2	

2. Column C에 있는 자료를 이용하여 표본평균, 표본분산, $t_{0.025}(11)$, 오차한계 구하기

	E	F
1	=AVERAGE(C1:C12)	
2	=VAR.S(C1:C12)	
3	=T.INV(0.975,11)	
4	=E3*SQRT(E2/12)	

3. $H_0: \mu_X = \mu_Y$ vs $H_0: \mu_X < \mu_Y$

   검정통계량, 기각역의 경계치 $-t_{0.05}(12)$

	H	I
1	=E1/SQRT(E2/12)	
2	=T.INV(0.05,12)	

예제 5.4.1

1. 표본비율, 표준오차, 95% 오차의 한계

	A
1	=239/11034
2	=139/11037
3	=SQRT(A1*(1-A1)/11034+A2*(1-A2)/11037)
4	=NORM.INV(0.975,0,1)*A3

2. 합동표본비율, 검정통계량, 유의확률

	A
1	=239/11034
2	=139/11037
3	=(239+139)/(11034+11037)
4	=ABS((A1-A2)/SQRT(A3*(1-A3)*(1/11034+1/11037)))
5	=(1-NORM.DIST(A4,0,1,1))*2

예제 5.5.1

검정통계량, 유의수준 $\alpha=0.05$인 기각역의 경계치, 유의확률

	A
1	2.1
2	3
3	=19*A1^2/A2^2
4	=CHISQ.INV(0.05,19)
5	=CHISQ.DIST(A3,19,1)

예제 5.5.2

1. Column A에 자료 입력

   표본표준편차, $\chi_{0.025}(9)$와 $\chi_{0.975}(9)$를 구하고 모분산 신뢰구간을 구하는 공식 사용

   모표준편차의 신뢰구간을 구하기 위하여 제곱근함수(SQRT)을 사용한다.

   ※ 주의: $\chi_{0.025}(9)$=CHISQ.INV(0.975, 9), $\chi_{0.975}(9)$=CHISQ.INV(0.025, 9)

	A	B
1	201	=STDEV.S(A1:A10)
2	199	=CHISQ.INV(0.025,9)
3	205	=CHISQ.INV(0.975,9)
4	198	=SQRT(9*B1^2/B3)
5	204	=SQRT(9*B1^2/B2)
6	201	

2. 가설검정에 대한 검정통계량과 유의확률

	B
1	=STDEV.S(A1:A10)
2	=9*B1^2/1.5^2
3	=(1-CHISQ.DIST(B2,9,1))*2

예제 5.5.3

Column A와 B에 자료를 입력하고

각 집단의 표본표준편차, 검정통계량, 유의확률을 구한다.

양측검정의 검정통계량을 구할 때는 반드시 표본표준편차가 큰 쪽을 분자로 둔다.

	A	B	C
1	25	14	=STDEV.S(A1:A10)
2	16	7	=STDEV.S(B1:B10)
3	10	13	=C1^2/C2^2
4	17	8	=(1-F.DIST(C3,9,9,1))*2
5	21	9	
6	23	11	
7	18	12	
8	28	10	
9	12	15	
10	16	20	

제6장
여러 모집단의 비교
- 분산분석과 범주형 자료분석 -

6.1 실험계획법

앞 장에서 살펴본 두 모집단의 모평균 비교는 여러 모집단에 대한 모평균의 비교 문제로 확장할 수 있다. 그러나 여러 모집단에서 두 개씩 짝을 지어 두 모평균의 차이에 대한 t-검정을 한다는 것은 피곤한 작업일 뿐만 아니라 통계적으로도 적절하지 못하다. 이런 경우에는 분산분석을 통한 F-검정을 실시한다. 분산분석법은 R. A. Fisher(1890-1962)에 의해 고안된 방법으로 실험계획법에 따라 실험을 하여 얻은 자료의 분석에 주로 이용되어 왔다. 먼저, 통계적 실험의 개념에 대하여 알아보자.

실험이란 연구자가 의도적으로 조작한 변수의 영향이 어떤 결과로 나타나는가를 파악하기 위한 자료수집방법이다. 따라서 실험은 변수간의 인과관계(因果關係, causality)를 밝혀 낼 수 있는 과학적 방법이다. 조사에 의해서도 한 변수가 다른 변수에 미치는 영향을 연구할 수 있다. 예컨대, 자연사한 사람들의 사인과 흡연 여부를 조사하여 흡연과 사망 원인 사이의 관계를 연구할 수 있는데 이 조사연구에서 흡연과 폐암에 의한 사망 사이의 어떤 연관성을 보일 수는 있을 것이다. 그러나 흡연이 폐암의 원인이라는 직접적인 증거는 제시하지 못한다. 이 점이 바로 담배회사와 금연집단 간의 쟁점이라고 할 수 있다. 그런데 인간을 대상으로 흡연이 폐암의 원인인가를 밝히기 위한 실험을 할 수 없기 때문에 동물실험을 통하여 인과관계를 주장하고 있지만 그러한 인과관계는 인간에 대한 직접 실험을 통해서만 밝힐 수 있다.

일반적으로 실험을 통하여 달성하고자 하는 목적은 실험결과에 영향을 주는 여러 원인들에 대하여 다음과 같은 것을 알아내는 데에 있다(박성현, 1999).

- 어떤 원인이 반응에 유의(有意)한 영향을 주고 있으며 그 영향의 크기는 양적으로 얼마나 되는가? - 검정과 추정의 문제
- 작은 영향밖에 주지 못하는 원인들은 전체적으로 어느 정도의 영향을 미치고 있으며 또, 측정오차는 어느 정도인가? - 오차 추정의 문제
- 유의한 영향을 미치는 원인들이 어떤 조건을 가질 때, 가장 바람직한 반응을 얻을 수 있는가? - 최적 반응조건의 결정 문제

이런 이유로 연구목적이 단순히 모집단을 기술하는데 있지 않고 변수의 영향을 연구하는 것일 때는 자료의 수집방법으로 실험을 선호하게 된다. 따라서 자연과학분야의 거의 모든 연구에서 자료를 수집하는 방법으로 실험을 이용한다.

실험으로 인과관계의 증거를 보다 확실하게 제시할 수 있는 이유는 실험결과에 영향을 줄 수 있는 변수들을 '통제(control)'할 수 있기 때문이다. 즉, 실험에서는 연구대상이 아닌 변수의 통제 하에서 연구대상 변수들의 조건 변화에 따라 발생하는 목표변수들의 변화를 관측한다. 이 때, 어떤 변수의 조건이 실험단위에 가해지는 패턴을 **실험계획**(實驗計劃, experimental design)이라 하는데 그 기본 개념은 모든 분야의 실험에 동일하게 적용될 수 있다. 우선 실험계획에서 사용되는 기본적인 용어에 대하여 알아보자.

실험에서 특정 실험조건 하에 놓이게 되는 개체를 **실험단위**(experimental unit)라 하며 실험단위가 사람일 때는 **실험대상자**(subject) 또는 **피험자**라 한다. 실험에서는 한 변수가 다른 변수에 어떤 영향을 주는지에 관심이 있다. 따라서 실험에는 반드시 영향을 받는 변수와 영향을 주는 변수가 있다. 전자는 실험조건에 따른 변화를 연구하려는 변수인데 실험 후에 실험단위에서 측정되는 반응결과를 나타내기 때문에 **반응변수**(反應變數, response variable)라 부른다. 후자는 반응변수에 변동을 주는 또는 반응변수의 변화를 설명할 수 있는 변수로 **설명변수**(說明變數, explanatory variable)라 한다. 그리고 반응변수에 변동을 줄 수 있는 설명변수들 중 실험에서 직접 조작되는 변수를 **인자**(因子, factor) 또는 **요인**(要因)이라 하며, 실험에서 직접 취급되지는 않지만 반응변수에 영향을 미치는 요인들을 **외부변수**(外部變數, extraneous variable)라 한다. 한편, 설명변수에 영향을 주는 또 다른 설명변수는 **외생변수**(exogenous variable)라 한다. 또, 실험에서 인자의 조건을 **인자의 수준**(水準, level of factor)이라 하며 인자의 수준으로 설정한 조건의 수를 수준수라고 한다. 그리고 실험단위에 가해되는 특정한 실험조건을 **처리**(處理, treatment)라 하는데, 실험의 인자가 하나일 때는 그 인자의 각 수준이 하나의 처리가 되고 인자가 둘 이상인 실험의 처리는 각 인자의 수준조합이 된다. 이 때, 인자가 반응변수에 미치는 영향을 **효과**(效果)라 하는데, 단일 인자의 수준에 따른 효과를 **주효과**(主效果, main effect), 인자의 수준조합에 따른 효과를 **상호작용효과**(相互作用效果, interaction effect)라 한다.

예제 6.1.1 실험계획의 예

(i) 새로 출시될 휴대폰에 대한 세 가지 서로 다른 TV광고의 효과를 비교하는 실험을 생각해 보자. 실험 대상자들을 세 그룹으로 나누고 각 그룹에 서로 다른 종류의 휴대폰 광고가 포함된 40분짜리 TV 프로그램을 방영한 후 실험대상자를 상대로 광고효과를 측정할 수 있는 설문조사를 실시하는 실험을 생각할 수 있다. 이 실험에서 인자는 TV광고의 종류가 되고 수준 수는 3이다. 또, 각 그룹에 속한 실험대상자들에게 한 종류의 휴대폰 광

고가 포함된 40분짜리 TV 프로그램을 시청하도록 하는 것이 그 그룹의 실험대상자들에 대한 처리이므로 처리는 세 가지가 된다. 이 실험에서의 반응변수는 실험대상자들이 각 질문에 대한 응답 내용들이다.

(ii) 어떤 직물의 세탁에 대한 내구력에 대하여 알아보고자 한다. 일반 가정에서 사용하는 세탁기는 세탁방법에 따라 세 종류로 나눌 수 있고, 세제는 약산성, 중성, 약알칼리성의 세 가지가 있다고 한다. 따라서 직물의 내구력은 세탁방법과 세제의 종류에 영향을 받을 것이기 때문에 이 두 인자가 직물의 내구성에 미치는 영향을 조사하기 위한 실험을 하기로 하였다. 이 실험에서 한 인자는 세탁방법인데 세탁방법이 서로 다른 가, 나, 다 세 종류의 세탁기가 그 수준이 된다. 또 다른 한 인자는 세제로 산성, 중성, 알칼리성의 세 종류 세제가 그 수준이 된다. 처리는 1m의 직물(실험단위)을 특정한 세탁기와 세제를 사용하여 30회 세탁하는 것으로 할 때 처리는 9가지이고 반응변수는 30회 세탁 후에 측정되는 직물의 내구력이다.

한 변수가 다른 변수의 변화에 영향을 주는가에 대하여 연구하고자 할 때는 관찰조사보다는 실험을 통해 자료를 수집하는 것이 바람직하다. 실험결과로부터 유익한 정보를 도출하여 실제에 적용할 수 있을 것이지만 잘못 계획된 실험은 단순한 관찰보다 못하다. 다음은 잘못 계획된 실험의 예이다.

예제 6.1.2 잘못된 실험계획의 예

(i) 새로운 교수법의 학습효과를 분석하고자 한다. 실험대상 학교로 선정된 중학교에서 우열반 제도를 시행하고 있다고 할 때, 우수반에 새로운 교수법 T_1을 적용하고 열등반에 기존의 교수법 T_2를 적용한 경우의 시험결과를 생각하여 보자. T_1을 적용한 반의 성적이 T_2를 적용한 반의 성적보다 높은 경우에 그 차이가 교수법의 효과로 인한 것인지 또는 우열반에 따른 학생들의 능력 차이 때문인지를 구분할 수 없다.(박성현, 1999)

(ii) [예제 6.1.1]의 (i)에서 광고 A_1, A_2, A_3가 각각 포함된 프로그램을 세 장소 L_1, L_2, L_3에 각각 설치하고 근처를 지나가는 사람들을 모집하여 TV 프로그램을 시청하게 한 후 설문조사를 실시하는 방법으로 자료를 수집하였다고 하자. 그런데, 설문조사에 응한 사람들이 장소 L_1에서는 모두 10대 여자였고, L_2에서는 20대 남·여가 반반이었으며, L_3에서는 모두 30대 남자였다면, 서로 다른 광고(인자)의 효과가 연령 및 성별(외부변수)에 따른 효과와 구별될 수 없기 때문에 유효한 결론을 내릴 수 없게 된다. 즉, 각 장

소의 실험대상자 집단이 동등하도록 통제되지 않았기 때문에 각 장소별 반응변수의 차이가 광고에 의한 것인지 아니면 집단의 차이에 의한 것인지를 알 수 없다. 이와 같이 두 설명변수가 반응변수에 미치는 효과를 구별할 수 없으면 두 설명변수의 효과는 교락되었다고 한다.

[예제 6.1.2]와 같이 실험의 조건을 통제할 수 없는 상황에서 이루어진 실험으로는 유효한 정보를 얻을 수 있을 것이라는 보장이 없다. 설명변수라 가정한 인자와 외부변수가 교락되어 있는 실험은 통계적인 의미에서 실험이라고 할 수 없다. 이러한 교락을 피하여 인자가 반응변수에 미치는 효과를 파악하기 위한 것이 통계적 실험계획이다.

교락을 피할 수 있는 기본적인 방법은 **비교실험**(comparative experiment)이다. 동등한 실험단위로 구성된 두 집단에 대하여 한 집단에만 처리를 가하고 다른 한 집단에는 처리를 제외한 모든 조건을 동일하게 하여 실험하는 것을 비교실험이라고 한다. 비교실험에서 처리는 한 집단에만 가해지고 외부변수는 두 집단에 모두 다 적용되기 때문에 실험 후에 나타나는 두 집단 간의 차이는 처리의 효과가 된다. 이 때, 처리가 가해지는 대상 집단을 **실험집단**(實驗集團, experimental group)이라 하고, 처리를 가하지 않은 집단을 **통제집단**(統制集團, control group) 또는 **대조집단**(對照集團)이라 부른다.

k개의 처리를 비교하려면 k개의 동등한 실험집단 각각에 하나의 처리를 가하면 된다. 실험단위들을 k개의 동등한 실험집단으로 나누는 방법은 영국의 통계학자 R. A. Fisher에 의하여 고안되었다. Fisher는 실험단위들을 랜덤하게 나눔으로써 동등한 집단을 얻을 수 있음을 알아내었다. 예컨대, 300명의 실험대상자에서 100명을 랜덤하게 추출하여 집단 1로 하고, 나머지 200명에서 다시 100명을 랜덤하게 추출하여 집단 2로, 마지막 남은 100명을 집단 3으로 하여 세 집단을 구성하면 세 집단은 동질적인 집단이 된다.

실험단위들을 균일한 특성을 지닌 몇 개의 집단으로 랜덤하게 나누는 것을 **실험의 랜덤화**(randomization)라 하는데 이 랜덤화는 실험단위를 각 처리에 랜덤하게 배치하는 것과 같다. 그러나 [예제 6.1.1]의 실험 (ii)에서 실험단위인 9개의 천 조각은 균일할 것이므로 실험단위를 처리에 랜덤하게 배치하는 것은 의미가 없다. 이 실험에서는 9개의 각 처리에서 30번씩 총 270번의 세탁을 해야 한다. 따라서 이 경우는 실험에 소요되는 시간을 고려할 때 270번의 세탁순서를 랜덤하게 정해야 한다. 즉, 실험의 랜덤화는 실험단위를 처리에 랜덤하게 배치하는 것과 각 처리조건에서 실행하는 실험의 순서를 랜덤하게 정하는 것으로 나눌 수 있다. 이러한 랜덤화에 의하면 외부변수의 효과가 각 처리에 균일하게 적용되어 상쇄되기 때문에 유사한 집단들을 만들 수 있으며 생각하지 못한 외부변수들의 효과도 상쇄될 수 있다.

실험단위를 모든 처리에 랜덤하게 배치하거나 가능한 처리조건에서 실시해야 할 모든 실험의 순서를 랜덤하게 정하는 실험계획법을 **완전랜덤계획법**(completely randomized design)이라고 한다. 비교실험은 처리가 두 개인 완전랜덤계획법이다. 처리가 한 인자의 수준에 의하여 결정되는 완전랜덤계획법을 **일원배치법**(one-way design)이라 하고, 두 인자들의 수준조합에 의해 처리가 결정되면 **이원배치법**(two-way design)이라 한다. 이 장에서는 일원배치 및 이원배치에 의한 실험 자료의 분석에 대하여 논의한다.

통계적 실험계획에 따른 실험에서

"어떤 인자가 반응변수의 값에 유의한 영향을 주고 있는가?"

는 분산분석법에 의하여 답할 수 있다. 분산분석이란 몇 가지 요인들이 반응변수에 영향을 준다고 할 때 관측된 반응값들의 총변동을 각 요인에 의한 변동과 우연에 의한 변동(오차변동)으로 분해한 다음 각 요인변동을 오차변동과 비교하여 개별 요인들이 반응결과에 영향을 주는지를 검정하는 통계분석법이다. 이 때, 반응값의 총변동은 편차의 제곱합으로 표현되며, 이것을 총제곱합(SS_T: total sum of squares)이라 한다. SS_T는 각 요인별 제곱합과 오차제곱합(SS_E: error sum of squares)으로 분해된다. 예컨대, 반응변수에 영향을 주는 요인이 A와 B라 하면 SS_T를

$$SS_T = SS_A + SS_B + SS_{A\times B} + SSE$$

와 같이 분해할 수 있다. 여기서 SS_A와 SS_B는 요인(인자) A와 B에 의한 제곱합을 나타내며 $SS_{A\times B}$는 두 요인의 상호작용효과에 의한 제곱합을 나타낸다. 분산분석의 결과는 [표 6.1.1]과 같은 분산분석표로 요약된다.

[표 6.1.1] 분산분석표

변동요인	자유도	제곱합	제곱평균	분산비
A	$a-1$	SS_A	MS_A	F_A
B	$b-1$	SS_B	MS_B	F_B
A×B	$(a-1)(b-1)$	$SS_{A\times B}$	$MS_{A\times B}$	$F_{A\times B}$
오차	$ab(r-1)$	SS_E	MS_E	
총합	$n-1$	SS_T		

6.2 여러 모평균의 비교 - 일원배치법

모분산이 σ^2으로 동일하고 모평균이 각각 μ_j, $j=1,2,\cdots,k$인 k개의 정규모집단에서 k개의 모평균이 동일하다고 하는 귀무가설

$$H_0: \mu_1=\mu_1=\cdots \mu_k=\mu$$

를 검정하는 방법에 대하여 생각하여 보자. k개의 모평균을 비교하기 위하여 j번째 모집단에서 추출한 크기 n_j인 확률표본의 관측치를 $(y_{1j}, y_{2j}, \cdots, y_{n_j j})$, $j=1,2,\cdots,k$이라 할 때 자료구조는 [표 6.2.1]와 같다. [표 6.2.1]에서

$$\bar{y}_{.j}=\frac{1}{n_j}y_{.j}=\frac{1}{n_j}\sum_{i=1}^{n_j}y_{ij},\ j=1,2,\cdots,k$$

이고, 전체 자료의 총합과 전체 평균은

$$y_{..}=\sum_{j=1}^{k}\sum_{i=1}^{n_j}y_{ij},\quad \bar{y}_{..}=\frac{1}{n}y_{..}=\frac{1}{n}\sum_{j=1}^{k}\sum_{i=1}^{n_j}y_{ij},\quad n=\sum_{j=1}^{k}n_j$$

로 나타낸다. 한편, j번째 모집단에서 얻어진 관측치들은 정규분포 $\boldsymbol{N}(\mu_j, \sigma^2)$에서 추출한 크기 n_j인 확률표본 Y_{ij}의 관측치들이므로 Y_{ij}와 전체 모평균 μ와의 차이 $Y_{ij}-\mu$는 j번째 모집단의 모평균 μ_j와 μ의 차이 $\mu_j-\mu$와 오차 ε_{ij}의 합, 즉,

$$Y_{ij}-\mu=(\mu_j-\mu)+\varepsilon_{ij},\quad i=1,2,\cdots,n_j,\ j=1,2,\cdots,k$$

로 나타낼 수 있다. 여기서 $Y_{ij}-\mu$는 $y_{ij}-\bar{y}_{..}$로, $\mu_j-\mu$는 $\bar{y}_{.j}-\bar{y}_{..}$로, ε_{ij}는 $y_{ij}-\bar{y}_{.j}$로 추정할 수 있다. 따라서 j번째 모집단에서 얻어진 i번째 관측치 y_{ij}를

[표 6.2.1] k개의 확률표본에 의한 자료

모집단	1	2	$\cdots$	j	$\cdots$	k
	y_{11}	y_{12}	$\cdots$	y_{1j}	$\cdots$	y_{1k}
관	$\vdots$	$\vdots$	$\cdots$	$\vdots$	$\cdots$	$\vdots$
측	y_{i1}	y_{i2}	$\cdots$	y_{ij}	$\cdots$	y_{ik}
값	$\vdots$	$\vdots$	$\cdots$	$\vdots$	$\cdots$	$\vdots$
	$y_{n_1 1}$	$y_{n_2 2}$	$\cdots$	$y_{n_j j}$	$\cdots$	$y_{n_k k}$
총합	$y_{.1}$	$y_{.2}$	$\cdots$	$y_{.j}$	$\cdots$	$y_{.k}$
평균	$\bar{y}_{.1}$	$\bar{y}_{.2}$	$\cdots$	$\bar{y}_{.j}$	$\cdots$	$\bar{y}_{.k}$

[표 6.2.2] k개의 모평균 비교를 위한 분산분석표

변동 요인	제곱합	자유도	제곱평균	분산비
집단 간	SS_B	$k-1$	MS_B	F_0
집단 내	SS_E	$n-k$	MS_E	
총 합	SS_T	$n-1$		

$$y_{ij}-\overline{y}_{..}=\overline{y}_{.j}-\overline{y}_{..}+y_{ij}-\overline{y}_{.j}$$

와 같이 분해하고 이 식의 양변을 제곱하여 i, j에 대한 합을 구하면

$$\sum_{j=1}^{k}\sum_{i=1}^{n}(y_{ij}-\overline{y}_{..})^2=\sum_{j=1}^{k}\sum_{i=1}^{n}(\overline{y}_{.j}-\overline{y}_{..})^2+\sum_{j=1}^{k}\sum_{i=1}^{n}(y_{ij}-\overline{y}_{.j})^2$$

이 된다. 이 식에서 등호의 왼쪽을 SS_T라 하고, 오른쪽의 첫 번째 항을 SS_B, 두 번째 항을 SS_E라 하면 SS_T는 총변동을, SS_B는 집단 간의 변동(between variation)을, SS_E는 집단 내의 변동(within variation)을 나타내는 제곱합이다. 그리고

$$MS_B=\frac{SS_B}{k-1},\quad MS_E=\frac{SS_E}{n-k}$$

라 할 때, 분포이론에 의하면 귀무가설이 참일 때 다음과 같은 통계량

$$F_0=\frac{MS_B}{MS_E}$$

는 분자의 자유도가 $k-1$이고 분모의 자유도가 $n-k$인 F분포를 따른다. 따라서

$$F_0 \geq F_\alpha(k-1,\ k(n-1))$$

이면 k개 모집단의 모평균이 동일하다는 귀무가설을 기각한다. 이상의 결과는 [표 6.2.2]와 같은 분산분석표로 요약된다.

예제 6.2.1

남강직물에서는 4개의 봉제공장을 가동하고 있다. 각 공장에서 가동하고 있는 재봉틀의 20%를 랜덤하게 추출하여 지난 6개월 동안 재봉틀의 고장 시간을 조사한 자료가 다음과 같다.

공장	y_{ij}
1	5, 7, 9, 11, 0, 5, 3, 4, 8, 6, 2
2	9, 4, 3, 10, 4, 7, 3, 2, 5, 3, 2, 1, 6
3	8, 6, 5, 3, 0, 4, 7, 1, 2
4	6, 5, 7, 10, 5, 3, 8, 1, 4, 9

분산분석표를 작성하고 네 공장에서 가동하고 있는 재봉틀의 평균 고장시간이 다르다고 할 수 있는지를 유의수준 5%로 검정하여라.

(풀이)

엑셀을 이용한 일원 분산분석 결과에 의하면

변동 요인	자유도	제곱합	제곱평균	F-값	p-값
공장	3	20.35	6.783	0.82	0.492
오차	39	323.56	8.296		
총합	42	343.91			

와 같은 분산분석표를 작성할 수 있다. 각 공장 재봉틀의 평균 고장시간이 같다는 귀무가설

$$H_0: \mu_1 = \mu_2 = \mu_3 = \mu_4$$

에 대한 대립가설

$$H_1: \text{모든 } \mu_j \text{가 같지는 않다.}$$

의 검정에서 기각역은

$$F_0 = \frac{\mathrm{MS_B}}{\mathrm{MS_E}} \geq F_{0.05}(3, 39)$$

이 된다. 그런데 검정통계량의 관찰값 $f_0 = 0.82$에 대한 유의확률이 p-값$=0.492$로 유의수준 0.05보다 크므로 H_0를 기각할 수 없다. 즉, 각 공장 재봉틀의 평균 고장시간이 다르다고 할 만한 뚜렷한 증거가 보이지 않는다.

k개의 모평균을 비교하기 위하여 j번째 모집단에서 크기 n_j인 확률표본을 추출하는 것은 j번째 수준(처리)에서 랜덤하게 결정된 순서에 따라 n_j번 실험하는 것과 같다. 따라서 여러 모평균의 비교에 사용된 통계적 모형 및 자료구조는 가장 간단한 실험계획법이라고 할 수 있는 일원배치법의 그것과 동일하다.

일원배치법은 실험의 반응값에 대한 한 인자의 영향을 조사하기 위하여 사용되는 실험계획법이다. 수준수가 k인 인자 A의 효과를 확인하기 위하여 $n=\sum_1^k n_j$개의 실험단위를 랜덤하게 분할한 크기 n_j인 k개의 각 그룹에 한 처리를 랜덤하게 배치하여 실험하거나, k개의 각 처리조건(수준)에서 n_j번씩 반복하여 실험하되 총 $n=\sum_1^k n_j$회의 실험순서를 랜덤하게 정하여 실험하는 경우의 실험계획법을 일원배치법이라고 한다. 일원배치법의 자료구조는 [표 6.2.1]과 정확히 일치한다.

인자 A의 수준수가 k개인 일원배치법에서 j번째 수준의 가능한 반응값들에 대한 모평균을 μ_j라 하고 이 실험 전체의 모평균을 μ라 하면

$$\mu = \frac{1}{k}\sum_{j=1}^{k}\mu_j$$

이 된다. 한편, μ와 μ_j의 차이를

$$\alpha_j = \mu_j - \mu, \quad j=1, 2, \cdots, k$$

로 표현하면, 일원배치법에 대한 선형모형은

$$Y_{ij} = \mu + \alpha_j + \varepsilon_{ij}, \quad \varepsilon_{ij} \sim \boldsymbol{N}(0, \sigma^2)$$

이 되는데, 앞에서 설정한 모형식과 일치한다. 여기서 α_j는 j번째 처리효과 또는 집단효과를 나타내는 수치로 인자의 주효과라 한다. 그런데

$$\sum_{j=1}^{k}\alpha_j = \sum_{j=1}^{k}(\mu_j - \mu) = 0$$

이므로 인자의 각 처리효과가 존재하지 않는다는 귀무가설

$$H_0 : \alpha_j = 0, \quad j=1, 2, \cdots, k$$

는 k개 집단의 모평균이 동일하다는 귀무가설과 일치한다. 따라서 인자의 수준수가 k이고 j번째 처리에서 실험횟수가 n_j번인 일원배치법의 분산분석표는 [표 6.2.2]와 같다.

예제 6.2.2

세 종류의 혈압강하제 A_1, A_2, A_3의 효과를 비교하기 위하여 30명의 환자를 랜덤하게 3조로 나누어 1조, 2조, 3조에 각각 A_1, A_2, A_3를 투여하고 일정 시간이 경과한 후에 혈압강하 양을 측정한 자료가 아래와 같았다. 혈압강하제 간에 혈압강하 효과의 차이가 있는지를 유의수준 2%에서 검정하여라.

A_1	-34	-20	-6	-16	-11	-8	-21	-14	-31	-25
A_2	5	-4	-19	-28	-17	4	6	11	-27	-13
A_3	6	-9	-5	4	-5	0	-4	-11	-16	7

(풀이)

엑셀의 일원 분산분석 결과에 의하면 다음 쪽의 [표 6.2.3]과 같은 분산분석표를 작성할 수 있다. 분산분석표를 보면 검정통계량의 관찰값 $f_0 = 5.17$에 대한 유의확률 p-값$= 0.013$이 유의수준 0.02보다 작으므로 H_0를 기각한다. 따라서 유의수준 2%에서 혈압강하제 간의 혈압

[표 6.2.3] [예제 6.2.2]의 분산분석표

요 인	제곱합	자유도	제곱평균	F-값	p-값
처 리	1221	2	610	5.17	0.013
오 차	3186	27	118		
총 합	4407	29			

강하 효과가 다르다고 할 수 있는 뚜렷한 증거가 보인다.

분산분석 결과에 의하여 반응변수에 대한 각 처리수준의 평균이 동일하다는 귀무가설이 기각되면 특정 처리수준 간의 평균을 비교할 필요가 있다. 이 경우의 귀무가설은

$$H_0 : \mu_i = \mu_j, \quad i \neq j = 1, 2, \cdots, k$$

가 된다. 이러한 검정은 특정한 두 모집단 또는 처리수준 간의 평균의 동일성을 검정하는 것으로 이를 **다중비교**(多重比較, multiple comparison)이라 한다. 다중비교에 대한 이론적 근거와 실행 방법에 대하여는 관련 전문서적을 참조하기 바란다.

6.3 이원배치법

이원배치법은 실험의 반응값에 대한 두 인자의 영향을 조사할 때 사용되는 실험계획법으로 두 인자의 각 수준조합(처리)에서 반복실험을 하는 경우와 한번만 실험하는 경우로 나눌 수 있다. 일반적으로 각 처리에서 2회 이상 반복하여 실험하는 것이 실험결과의 신뢰도를 높일 수 있지만 반복횟수가 증가할수록 비용도 증가하게 된다.

실험에서 취급하는 두 인자를 A와 B라 하고 인자 A의 수준을 $A_1,\cdots,A_l$로, 인자 B의 수준을 $B_1,\cdots,B_k$로 나타낼 때, 각 처리(수준조합) A_iB_j에서 r번 반복하여 실험하는 경우의 자료구조는 [표 6.3.1]과 같다. 이 때, 총 lkr회의 전체 실험은 완전히 랜덤하게 결정된 순서에 의하여 시행되어야 한다. 인자의 수준조합의 수인 lk개의 순서만 랜덤하게 정하여 r번의 실험을 계속해서 반복 시행하는 것과 같이 랜덤화에 제약이 가해지는 경우는 반복이 있는 이원배치법에 의한 실험계획법이 아님에 유의해야 한다.

[표 6.3.1]에서 $r=1$이면 반복이 없는 이원배치법의 자료구조이며 평균에 대한 기호는 다음과 같이 정의한다.

[표 6.3.1] 이원배치법에 의한 자료구조

A \ B	B_1	$\cdots$	B_j	$\cdots$	B_k	평균 합계
A_1	y_{111}	$\cdots$	y_{1j1}	$\cdots$	y_{1k1}	$\bar{y}_{1..}$
	$\vdots$	$\cdots$	$\vdots$	$\cdots$	$\vdots$	
	y_{11r}	$\cdots$	y_{1jr}	$\cdots$	y_{1kr}	
	$y_{11.}$	$\cdots$	$y_{1j.}$	$\cdots$	$y_{1k.}$	$y_{1..}$
$\vdots$	$\vdots$	$\cdots$	$\vdots$	$\cdots$	$\vdots$	$\vdots$
A_i	y_{i11}	$\cdots$	y_{ij1}	$\cdots$	y_{ik1}	$\bar{y}_{i..}$
	$\vdots$	$\cdots$	$\vdots$	$\cdots$	$\vdots$	
	y_{i1r}	$\cdots$	y_{ijr}	$\cdots$	y_{ikr}	
	$y_{i1.}$	$\cdots$	$y_{ij.}$	$\cdots$	$y_{ik.}$	$y_{i..}$
$\vdots$	$\vdots$	$\cdots$	$\vdots$	$\cdots$	$\vdots$	$\vdots$
A_l	y_{l11}	$\cdots$	y_{lj1}	$\cdots$	y_{lk1}	$\bar{y}_{l..}$
	$\vdots$	$\cdots$	$\vdots$	$\cdots$	$\vdots$	
	y_{l1r}	$\cdots$	y_{ljr}	$\cdots$	y_{lkr}	
	$y_{l1.}$	$\cdots$	$y_{lj.}$	$\cdots$	$y_{lk.}$	$y_{l..}$
평균	$\bar{y}_{.1.}$	$\cdots$	$\bar{y}_{.j.}$	$\cdots$	$\bar{y}_{.k.}$	$\bar{y}_{...}$
합계	$y_{.1.}$	$\cdots$	$y_{.j.}$	$\cdots$	$y_{.k.}$	$y_{...}$

$$\bar{y}_{i..}=\frac{1}{kr}y_{i..}=\frac{1}{kr}\sum_{j=1}^{k}\sum_{h=1}^{r}y_{ijh},\quad i=1,2,\cdots,l,$$

$$\bar{y}_{.j.}=\frac{1}{lr}y_{.j.}=\frac{1}{lr}\sum_{i=1}^{l}\sum_{h=1}^{r}y_{ijh},\quad j=1,2,\cdots,k,$$

$$\bar{y}_{ij.}=\frac{1}{r}y_{ij.}=\frac{1}{r}\sum_{h=1}^{r}y_{ijh},\quad i=1,2,\cdots,l,\ j=1,2,\cdots,k,$$

$$\bar{y}_{...}=\frac{1}{lkr}y_{...}=\frac{1}{lkr}\sum_{i=1}^{l}\sum_{j=1}^{k}\sum_{h=1}^{r}y_{ijh}.$$

이원배치법에서 수준조합 $\mathrm{A}_i\mathrm{B}_j$에서 얻어진 관측값들을 정규분포 $\boldsymbol{N}(\mu_{ij},\sigma^2)$에서 추출한 크기 r인 확률표본으로 가정하면

$$Y_{ijh}=\mu_{ij}+\varepsilon_{ijh},\quad i=1,2,\cdots,l,\ j=1,2,\cdots,k,\ h=1,2,\cdots,r$$

로 표시할 수 있다. 여기서 ε_{ijh}는 우연변동을 나타내는 오차항으로 정규분포 $\boldsymbol{N}(\mu_{ij},\sigma^2)$을 따르는 서로 독립인 확률변수들이고, μ_{ij}는 수준조합 $\mathrm{A}_i\mathrm{B}_j$에서의 모평균이다. 그런데 실험 전체의 모평균을 μ, 수준 A_i와 B_j에서의 모평균을 각각 $\mu_{i.}$와 $\mu_{.j}$라 하면 위의 식은

$$Y_{ijh}-\mu=(\mu_{i.}-\mu)+(\mu_{.j}-\mu)+(\mu_{ij}-\mu_{i.}-\mu_{.j}+\mu)+\varepsilon_{ijh}$$

와 같이 쓸 수 있다. 여기서

$$\alpha_i=\mu_{i.}-\mu,\quad i=1,2,\cdots,l$$

은 인자 A의 i번째 처리효과를 나타내며,

$$\beta_j=\mu_{.j}-\mu,\quad j=1,2,\cdots,k$$

는 인자 B의 j번째 처리효과를 나타낸다. 그리고

$$(\alpha\beta)_{ij}=\mu_{ij}-\mu_{i.}-\mu_{.j}+\mu,\quad i=1,2,\cdots,l,\ j=1,2,\cdots,k$$

는 인자 A의 i번째 수준과 인자 B의 j번째 수준에서의 상호(교호)작용효과를 나타낸다. 따라서 반복이 있는 이원배치법의 선형모형은 다음과 같이 주어진다.

$$Y_{ijh}=\mu+\alpha_i+\beta_j+(\alpha\beta)_{ij}+\varepsilon_{ijh},\quad \varepsilon_{ijh}\sim\boldsymbol{N}(0,\sigma^2),$$

$$\textstyle\sum_i\alpha_i=0,\quad \sum_j\beta_j=0,\quad \sum_i(\alpha\beta)_{ij}=\sum_j(\alpha\beta)_{ij}=0.$$

반복이 있는 이원배치법에서는 인자의 수준조합에서 나타나는 상호작용효과를 분리해서 구할 수 있다. 상호작용은 인자 A의 효과가 인자 B의 수준이 변함에 따라 변하는 모형에

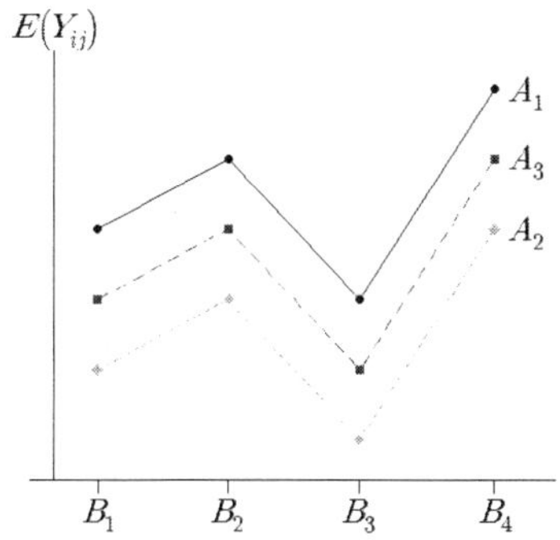

[그림 6.3.1] 상호작용이 없는 경우

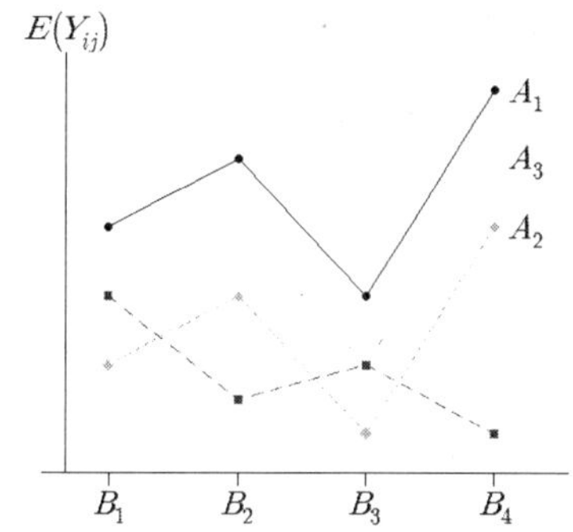

[그림 6.3.2] 상호작용이 있는 경우

에서 나타난다. 반복이 없는 이원배치법에서는 $(\alpha\beta)_{ij}$가 오차항 ε_{ij}와 결합되어 있으므로

$$E(Y_{ij}) = \mu + \alpha_i + \beta_j$$

가 된다. 따라서 A의 각 수준 A_i에서의 모평균(반응의 기댓값)의 차이는 B의 모든 수준 B_j와 관계없이 동일하다. 예컨대, A의 수준 A_1과 A_2에서의 모평균의 차이는 [그림 6.3.1]에서 보듯이 B의 모든 수준 B_j에서

$$\mu_{1j} - \mu_{2j} = (\mu + \alpha_1 + \beta_j) - (\mu + \alpha_2 + \beta_j) = \alpha_1 - \alpha_2$$

로 동일하다. [그림 6.3.1]과 같이 A의 각 수준에 대한 평균을 연결하는 선분들이 평행하면 두 인자 A와 B 사이에 상호작용이 존재하지 않음을 의미한다. [그림 6.3.2]와 같이 A의 각 수준 A_i에서의 반응의 기댓값의 차이가 B의 수준에 따라 변하면 A와 B 사이에 상호작용이 있다고 한다.

반복이 있는 이원배치법에서 관심이 있는 가설은

(i) 인자 A의 수준에 따라 처리효과에 차이가 있는가를 검정하기 위한 가설

$$H_0: \alpha_i = 0 \quad \text{vs} \quad H_1: \text{적어도 한 } \alpha_i\text{는 0이 아니다.}$$

(ii) 인자 B의 수준에 따라 처리효과에 차이가 있는가를 검정하기 위한 가설

$$H_0: \beta_j = 0 \quad \text{vs} \quad H_1: \text{적어도 한 } \beta_i\text{는 0이 아니다.}$$

(iii) 상호작용효과가 확실히 존재하는가를 검정하기 위한 가설

$$H_0: (\alpha\beta)_{ij} = 0 \quad \text{vs} \quad H_1: \text{적어도 한 } (\alpha\beta)_{ij}\text{는 0이 아니다.}$$

의 세 가지이다.

이러한 가설을 검정하기 위한 검정법을 유도하기 위하여 관측값 y_{ijh}과 총평균 $\bar{y}_{\dots}$와의

편차를 분해하면 $y_{ijh}-\bar{y}_{...}$는 인자 A의 수준 A_i의 효과에 의한 편차 $\bar{y}_{i..}-\bar{y}_{...}$와 인자 B의 수준 B_j의 효과에 의한 편차 $\bar{y}_{.j.}-\bar{y}_{...}$ 및 인자 A와 B의 수준조합 A_iB_j에 의한 상호작용효과를 나타내는 편차 $\bar{y}_{ij.}-\bar{y}_{i..}-\bar{y}_{.j.}+\bar{y}_{...}$와 잔차 $y_{ijh}-\bar{y}_{ij.}$로 분해할 수 있다. 즉,

$$y_{ijh}-\bar{y}_{...}=\left(\bar{y}_{i..}-\bar{y}_{...}\right)+\left(\bar{y}_{.j.}-\bar{y}_{...}\right)+\left(\bar{y}_{ij.}-\bar{y}_{i..}-\bar{y}_{.j.}+\bar{y}_{...}\right)+\left(y_{ijh}-\bar{y}_{ij.}\right)$$

이 된다. 이 식의 양변을 제곱하고 i, j, h에 대하여 합하면 다음과 같은 결과를 얻는다.

$$\mathrm{SS_T} = \mathrm{SS_A} + \mathrm{SS_B} + \mathrm{SS_{A\times B}} + \mathrm{SS_E},$$

$$\mathrm{SS_T}=\sum_i\sum_j\sum_h\left(y_{ijh}-\bar{y}_{...}\right)^2, \quad \mathrm{SS_A}=kr\sum_i\left(\bar{y}_{.j.}-\bar{y}_{...}\right)^2,$$

$$\mathrm{SS_B}=lr\sum_j\left(\bar{y}_{.j.}-\bar{y}_{...}\right)^2, \quad \mathrm{SS_{A\times B}}=r\sum_i\sum_j\left(\bar{y}_{ij.}-\bar{y}_{i..}-\bar{y}_{.j.}+\bar{y}_{...}\right)^2,$$

$$\mathrm{SS_E}=\sum_i\sum_j\sum_h\left(y_{ijh}-\bar{y}_{ij.}\right)^2=\mathrm{SS_T}-\left(\mathrm{SS_A}+\mathrm{SS_B}+\mathrm{SS_{A\times B}}\right).$$

여기서 $\mathrm{SS_T}$는 관측의 변동에 대한 총제곱합이고 $\mathrm{SS_A}$와 $\mathrm{SS_B}$는 각 인자 A와 B의 변동에 대한 제곱합이다. 그리고 $\mathrm{SS_E}$는 잔차의 제곱합이며 $\mathrm{SS_{A\times B}}$는 두 인자의 교호작용에 대한 제곱합을 나타낸다.

각 수준조합에서 실험의 반복 횟수가 동일한 이원배치법의 분산분석표는 [표 6.3.2]와 같다. [표 6.3.2]의 결과에서

$$F_\mathrm{A}>F_\alpha\left(l-1,\, lk(r-1)\right)$$

이면 인자 A의 처리효과가 없다고 하는 귀무가설 $H_0: \alpha_i=0$를 기각한다. 또,

$$F_\mathrm{B}>F_\alpha\left(k-1,\, lk(r-1)\right)$$

[표 6.3.2] 반복수가 동일한 이원배치법의 분산분석표

요 인	자유도	제곱합	제곱평균	F
인자 A	$l-1$	$\mathrm{SS_A}$	$\mathrm{MS_A}=\mathrm{SS_A}/(l-1)$	$F_\mathrm{A}=\mathrm{MS_A}/\mathrm{MS_E}$
인자 B	$k-1$	$\mathrm{SS_B}$	$\mathrm{MS_B}=\mathrm{SS_B}/(k-1)$	$F_\mathrm{B}=\mathrm{MS_B}/\mathrm{MS_E}$
교호작용	$(l-1)(k-1)$	$\mathrm{SS_{A\times B}}$	$\mathrm{MS_{A\times B}}=\mathrm{SS_{A\times B}}/(l-1)(k-1)$	$F_\mathrm{A\times B}=\mathrm{MS_{A\times B}}/\mathrm{MS_E}$
오 차	$lk(r-1)$	$\mathrm{SS_E}$	$\mathrm{MS_E}=\mathrm{SS_E}/lk(r-1)$	
총 합	$lkr-1$	$\mathrm{SS_T}$		

[표 6.3.3] 반복이 없는 이원배치법의 분산분석표

요 인	자유도	제곱합	제곱평균	F
인자 A	$l-1$	SS_A	$MS_A = SS_A/(l-1)$	$F_A = MS_A/MS_E$
인자 B	$k-1$	SS_B	$MS_B = SS_B/(k-1)$	$F_B = MS_B/MS_E$
오 차	$(l-1)(k-1)$	SS_E	$MS_E = SS_E/(l-1)(k-1)$	
총 합	$lk-1$	SS_T		

이면 인자 B의 처리효과가 없다는 귀무가설 $H_0: \beta_j = 0$를 기각한다. 마찬가지로

$$F_{A\times B} > F_\alpha\big((l-1)(k-1),\ lk(r-1)\big)$$

일 때 두 인자의 교호작용효과가 없다고 하는 귀무가설 $H_0: (\alpha\beta)_{ij} = 0$를 기각한다.

반복이 없는 이원배치법에서는 상호작용효과를 오차항의 효과와 분리할 수 없기 때문에 분석을 위한 선형모형은

$$Y_{ijh} = \mu + \alpha_i + \beta_j + \varepsilon_{ij},\quad \varepsilon_{ij} \sim \boldsymbol{N}(0, \sigma^2),\ \textstyle\sum_i \alpha_i = 0,\ \sum_j \beta_j = 0.$$

이 되고 이때의 분산분석표는 [표 6.3.3]과 같이 주어진다.

예제 6.3.1

어떤 자동차 엔진의 소음에 영향을 주는 요인을 분석하기 위하여 베어링 유격(A)과 진동(B)을 인자로 하는 이원배치법으로 실험을 실시하였다. 인자 A는 세 수준을, 인자 B의 수준으로는 두 가지를 고려하였으며 각 수준조합에서 3번 반복하여 총 18회의 실험을 랜덤하게 정해진 순서에 따라 실시하여 얻은 자료가 다음과 같았다. 분산분석을 수행하여라.

		인자 A		
		A_1	A_2	A_3
인자 B	B_1	79	78	78
		80	79	77
		80	80	79
	B_2	81	77	80
		83	76	81
		83	75	82

출처: 전치혁 외(1998)

(풀이)

엑셀의 분석결과로 작성한 다음과 같은 분산분석표

변동요인	제곱합	자유도	제곱평균	F-값	p-값
유격	37.000	2	18.500	19.59	0.000
진동	3.556	1	3.556	3.76	0.076
유격×진동	34.111	2	17.056	18.06	0.000
오차	11.333	12	0.944		
총합	86.000	17			

를 보면 인자 A와 A와 B의 상호작용은 유의수준 1%에서 유의하고, 인자 B는 유의수준 8%에서 유의함을 알 수 있다. 미니탭을 이용하면 다음 그림과 같은 교호작용도

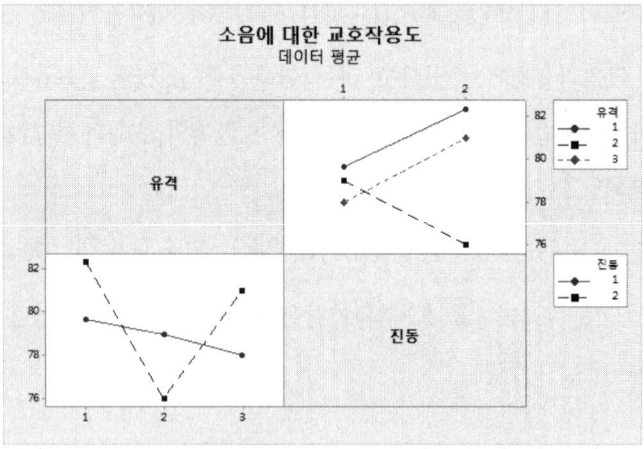

를 작성할 수 있다. 교호작용 효과가 유의함므로 각 수준조합의 평균 소음을 구해보면

		A		
		A_1	A_2	A_3
B	B_1	79.76	79.00	78.00
	B_2	82.33	76.00	81.00

이다. 위 표에서 인자 A와 B가 독립적으로 반응에 영향을 준다면 최적조건은 (A_2, B_1)이라 할 수 있지만 상호작용효과가 유의할 때는 최적조건이 (A_2, B_2)임을 알 수 있다.

예제 6.3.2

다음 쪽 [표 6.3.4]의 설문지와 같이 주어진 다섯 문항에 대한 응답점수의 합으로 대학생의 인생 만족도(Satisfaction with Life Scale; SWLS)를 측정하고자 한다. 설문지 문항의 동질성을 검토하기 위하여 통계학과 대학원생 20명으로부터 [표 6.3.5]와 같은 자료를 얻었다. 설문지는 일관성이 있는 문항들로 구성되어 있다고 할 수 있는가? 유의수준 5%에서 검정하여라.

[표 6.3.4] 인생만족도 측정을 위한 설문지

인생 만족도(Satisfaction with Life Scale) 측정 설문

1. 내 인생은 거의 모든 측면에서 나의 이상(理想)과 가깝다.
   전혀 그렇지 않다: 1 -- 2 -- 3 -- 4 -- 5 -- 6 -- 7 : 정말 그렇다.
2. 현재 내 인생의 여건은 아주 좋다.
   전혀 그렇지 않다: 1 -- 2 -- 3 -- 4 -- 5 -- 6 -- 7 : 정말 그렇다.
3. 현재 나는 내 인생에 만족한다.
   전혀 그렇지 않다: 1 -- 2 -- 3 -- 4 -- 5 -- 6 -- 7 : 정말 그렇다.
4. 현재까지 나는 인생에서의 중요한 몇 가지를 성취하였다.
   전혀 그렇지 않다: 1 -- 2 -- 3 -- 4 -- 5 -- 6 -- 7 : 정말 그렇다.
5. 인생을 새로 시작하더라도 바꿀 것이 거의 없다.
   전혀 그렇지 않다: 1 -- 2 -- 3 -- 4 -- 5 -- 6 -- 7 : 정말 그렇다.

[표 6.3.5] 인생만족도 측정 자료

문항	응답자 번호																			
	1	2	3	4	5	6	7	8	9	10	11	12	13	14	15	16	17	18	19	20
Q_1	3	7	3	2	5	5	3	5	2	5	5	4	5	3	6	5	3	3	5	5
Q_2	6	7	3	6	4	6	5	6	2	4	5	4	5	2	6	6	3	7	4	4
Q_3	4	7	3	5	6	6	3	5	5	6	6	4	6	3	6	5	2	5	5	4
Q_4	3	7	5	6	4	7	5	3	5	5	6	3	6	6	5	5	6	6	5	5
Q_5	5	5	3	3	3	5	2	1	2	6	5	4	4	2	6	6	1	2	2	3

(풀이)

[표 6.3.5]의 자료는 문항과 응답자를 인자로 한 반복이 없는 이원배치법에 의한 자료로 볼 수 있다. 5번 문항은 점수가 낮을수록 만족도는 높음을 나타내므로 5번 문항의 점수는 8점에서 원래의 점수를 뺀 점수로 바꾸어서 이원분산분석을 실시하면 다음과 같다.

변동요인	제곱합	자유도	제곱평균	F-값	p-값
문항	10.060	4	2.515	1.25	0.295
응답자	39.360	19	2.072	1.03	0.435
오차	152.340	76	2.004		
총합	201.706	99			

분산분석표에서 문항간의 차이에 대한 유의확률이 0.295로 유의수준 0.05보다 매우 크므로 문항간의 차이가 없다는 귀무가설을 기각할 수 없다. 따라서 삶의 만족도에 대한 설문지는 동일 개념을 측정하는 동질적인 문항들로 구성되어 있다고 볼 수 있다. 또한, 응답자간의 차이도 없는 것으로 볼 수 있는데 이것은 대학원생 20명으로 구성된 응답자 집단이 동질적임을 의미한다.

6.4 범주형 자료분석

분산분석은 관심 있는 변수(인자)의 가능한 범주(인자의 수준)에서 구간척도나 비율척도로 측정된 양적 자료의 분석에 적용할 수 있는 방법이었다. 그런데 사회과학에서 연구대상으로 하는 모집단은 거의 대부분이 사람을 구성원소로 하는 인구집단이고 이 모집단은 성별, 인종, 종교, 출신지역, 교육수준 등과 같은 다양한 인구·사회학적 속성(변수)의 범주(인자의 수준)에 따라 여러 개의 군(群, group)으로 구분되고, 각 군에 속하는 개체들의 개수로 표현된다. 이러한 특성을 지닌 모집단에서는 랜덤하게 추출한 표본을 속성 변수의 범주에 따라 분류하고 각 범주에 속하는 표본개체의 수를 관찰하여 표로 정리하게 된다. 이와 같은 분할표에 제시되는 각 범주의 **관찰도수**(觀察度數, observed frequency)를 이용하여 속성변수의 확률분포나 속성변수들 간의 관계를 추론하기 위한 분석방법을 범주형 자료분석(categorical data analysis)이라 한다. 이 절에서는 명목척도나 순서척도로 측정된 범주형 자료의 분석방법에 대하여 논의한다.

6.4.1 연관성 측도

1장에서 두 범주형 변수에 대한 자료를 분할표로 정리하고 행 백분율, 열 백분율 및 전체 백분율을 이용하여 두 변수 간의 연관관계를 직관적으로 기술하였다. 여기서는 범주형 변수의 유형이나 연관관계의 상황에 따른 연관성의 강도를 측정하는 측도들을 소개한다.

1. 상대위험률

상대위험률(相對危險率, relative risk)은 실험집단과 대조집단에서 처리 결과에 대한 관찰도수로 작성된 2×2 분할표에서 처리효과의 강도를 측정하기 위한 측도이다.

분할표가 [표 6.4.1]과 같이 주어질 때 상대위험률은 다음과 같이 정의한다.

$$R_R = \frac{\text{실험집단의 위험률}}{\text{대조집단의 위험률}} = \frac{e_1/(e_1+e_2)}{c_1/(c_1+c_2)}$$

[표 6.4.1] 2×2 분할표

	처리 결과		합계
	위험함	위험하지 않음	
실험집단	e_1	e_2	e_1+e_2
대조집단	c_1	c_2	c_1+c_2

예제 6.4.1

[예제 5.4.1]에서 상대위험률을 구하여 두 변수 간의 연관성을 기술하여라.

투약	심근경색 발병		합계
	유	무	
아스피린	139	10,898	11,037
플라시보	239	10,795	11,034

(풀이)

위약을 복용한 대조집단의 위험률에 대한 아스피린을 복용한 실험집단의 위험률의 비로 구해지는 상대위험률을 계산하면

$$R_R = \frac{139/11037}{239/11034} = \frac{0.0126}{0.0217} = 0.581$$

이 된다. 이는 위약집단의 심근경색 발병 위험률이 아스피린을 복용한 집단의 심근경색 발병 위험률의 두 배임을 의미한다. 따라서 아스피린을 복용하면 복용하지 않는 것에 비해 심근경색이 발병할 위험이 상대적으로 작아진다는 것을 알 수 있다.

2. 오즈비

실험에 의하지 않고 사례를 수집하여 조사한 자료에서는 실험집단이나 대조집단의 수가 연구자에 의해 계획된 것이 아니기 때문에 상대위험률을 구할 수 없다. 그런 경우에는 상대위험률 대신에 오즈비를 사용할 수 있다. **오즈**(odds)란 어떤 사건의 발생비율에 대한 그 사건이 발생하지 않은 비율의 비로 정의된다. 다음과 같은 분할표

범주 변수		C	
		C_1	C_2
R	R_1	n_{11}	n_{12}
	R_2	n_{21}	n_{22}

에서 범주 변수 R과 C 사이에 아무런 연관관계가 없다면 범주 R_1에서의

$$\text{범주 } C_1\text{의 발생비율} : \text{범주 } C_2\text{의 발생비율} = \frac{n_{11}}{n_{11}+n_{12}} : \frac{n_{12}}{n_{11}+n_{12}}$$

와 범주 R_2에서의

$$\text{범주 } C_1\text{의 발생비율} : \text{범주 } C_2\text{의 발생비율} = \frac{n_{21}}{n_{21}+n_{22}} : \frac{n_{22}}{n_{21}+n_{22}}$$

는 같아야 할 것이다. 즉, 범주 R_1에서 C_1과 C_2의 발생비율의 비인 오즈

$$O_1 = \left(\frac{n_{11}}{n_{11}+n_{12}}\right) \Big/ \left(\frac{n_{12}}{n_{11}+n_{12}}\right) = \frac{n_{11}}{n_{12}}$$

와 범주 R_2에서 C_1과 C_2의 발생비율의 비인 오즈

$$O_2 = \left(\frac{n_{21}}{n_{21}+n_{22}}\right) \Big/ \left(\frac{n_{22}}{n_{21}+n_{22}}\right) = \frac{n_{21}}{n_{22}}$$

가 같으면 변수 R과 C 사이에는 연관관계가 없다고 할 수 있다. 따라서 두 오즈의 비

$$R_o = \frac{O_1}{O_2} = \frac{n_{11}/n_{12}}{n_{21}/n_{22}} = \frac{n_{11}n_{22}}{n_{12}n_{21}}$$

가 1에 가까운 값이면 두 변수 간에 연관성이 없는 것으로, 1보다 아주 작거나 아주 큰 값이면 두 변수 사이에 어떤 연관관계가 있는 것으로 볼 수 있다. 위와 같은 식으로 계산되는 두 오즈의 비 R_o를 **오즈비**(odds ratio) 또는 **교차곱의 비**(cross-product ratio)라 하며 두 변수의 연관성 정도를 재는 측도로 사용한다.

예제 6.4.2

다음과 같은 이원분류표

구분	흑인	백인	합계
사형 선고	17	19	36
사형 면함	149	141	290
합계	166	160	326

에서 오즈비를 구하면

$$R_{o(T)} = \frac{17\times141}{19\times149} = 0.85$$

이므로 전체적으로는 사형선고와 인종 간의 연관성이 없는 것으로 보이지만, 피해자의 인종(흑, 백)에 따라 다시 분류한 삼원분류표

피고인	판결	흑인 희생자	백인 희생자	합계
흑인	사형 선고	6	11	17
	사형 면함	97	52	149
	계	103	63	166
백인	사형 선고	0	19	19
	사형 면함	9	132	141
	계	9	151	160

에서 오즈비를 구하면

$$R_{o(B)} = \frac{6\times52}{11\times97} = 0.29, \quad R_{o(W)} = \frac{0\times132}{19\times9} = 0.0$$

이 되어 피해자의 인종(흑, 백)과 사형선고 여부 사이에 강한 연관성을 보이고 있다. 즉, 피해자의 인종별로 흑인과 백인에 대한 사형 선고율이 크게 다름을 알 수 있다.

예제 6.4.3

다음은 818명의 조사대상자로부터 콜레라 예방접종 여부와 감염 여부를 조사하여 정리한 분할표이다. 두 변수 사이의 연관성을 기술하여라.

		감염 여부		합계
		감염 안 됨	감염됨	
예방접종 여부	함	276	3	279
	안함	473	66	539
합계		749	69	818

(출처: Greenwood and Yule, 1915. Proc. Roy. Soc. Medicine, 8, 113.)

(풀이)

이 자료로부터 오즈비를 계산하면

$$R_o = \frac{276\times66}{3\times473} = 12.84$$

인데 이는 예방접종을 한 집단에서의 비감염에 대한 감염의 비가 예방접종을 하지 않은 집단에서의 비감염에 대한 대 감염의 비의 약 13배가 됨을 의미한다. 동시에 감염되지 않은 집단에서의 예방접종 유·무의 비가 감염된 집단의 비의 13배임을 나타낸다. 이런 의미에서 콜레라 예방접종과 감염은 오즈비가 12.84로 강한 양(+)의 연관관계를 갖는다고 할 수 있다.

6.4.2 연관성에 대한 추론

일반적으로 n개의 관측치가 k개의 범주로 분류될 때 i번째 범주에 속하는 관측치의 수(관찰도수)를 O_i, 관측치가 i번째 범주에 속할 확률을 p_i라 하면 n개의 관측치 중에서 i번째 범주에 속할 것으로 예상되는 **기대도수**(期待度數, expected frequency) E_i는 np_i로 계산할 수 있다. 이 때, 관찰도수가 기대도수에 근접하고 있는 정도를 나타내는 통계량이

$$\chi^2 = \sum_{i=1}^{k} \frac{(O_i - E_i)^2}{E_i}$$

이다. 표본자료의 분포가 이론적인 분포 또는 귀무가설에서 설정한 분포와 일치하는가를 검정하는 적합도 검정(適合度 檢定, goodness of fit test)이나 여러 모집단의 확률분포가 서로 같은가를 검정하는 동일성 검정(同一性 檢定, test of homogeneity), 두 범주변수 간의 연관성 여부를 검정하는 독립성 검정(獨立性 檢定, test of independence) 등에서 앞에 제시한 형태의 통계량을 검정통계량으로 사용한다. 이 통계량은 근사적으로 χ^2분포를 따르기 때문에 χ^2-통계량이라 하며 χ^2-통계량을 이용한 검정을 χ^2-검정이라 한다.

1. 적합도 검정

적합도 검정이란 관찰된 도수가 정규분포나 이항분포 같은 이론분포와 일치하는가를 검정하는 것으로 관찰도수와 이론분포에 의한 기대도수가 얼마나 잘 일치하는가를 평가한다. 여기서는 모집단 내의 각 개체가 k개 범주 중의 하나에 속하고 한 개체가 범주 i에 속할 확률이 p_i, $i=1,2,\cdots,k$인 다항 모집단에 대해서 논의한다.

특정한 다항분포를 가정한 모집단에서 n개의 표본자료를 얻었을 때 얻어진 자료가 가정한 확률분포에 잘 적합되는가를 검정하는 문제에서 확률분포에 대한 가정은 귀무가설

$$H_0: p_i = p_{i0}, \quad i=1,2,\cdots,k$$

로 표현되고, 귀무가설 하에서 관찰도수가 $O_i = n_i$인 범주 i의 기대도수 E_i는

$$E_i = np_{i0}, \quad i=1,2,\cdots,k$$

가 된다. 이상의 내용을 정리하면 [표 6.4.2]와 같다.

여기서 귀무가설이 참이라면 $O_i - E_i$는 거의 0에 가까운 값일 것이므로 통계량

$$\sum_{i=1}^{k}(O_i - E_i)^2 = \sum_{i=1}^{n}(n_i - np_{i0})^2$$

은 아주 작은 값이 되어야 한다. 그런데 H_0하에서 검정통계량

[표 6.4.2] 적합도 검정의 자료구조

범주	1	2	$\cdots$	i	$\cdots$	k	합계
귀무가설	p_{10}	p_{20}	$\cdots$	p_{i0}	$\cdots$	p_{k0}	1.0
관찰도수	n_1	n_2	$\cdots$	n_i	$\cdots$	n_k	n
기대도수	np_{10}	np_{20}	$\cdots$	np_{i0}	$\cdots$	np_{k0}	n

$$\chi_0^2 = \sum_{i=1}^{k} \frac{(O_i - E_i)^2}{E_i} = \sum_{i=1}^{n} \frac{(n_i - np_{i0})^2}{np_{i0}}$$

의 분포는 n이 크면 근사적으로 자유도가 $k-1$인 카이제곱분포를 따른다. 따라서 검정의 유의수준이 α로 주어지면

$$P\left(\chi_0^2 \geq \chi_\alpha^2(k-1)\right) = \alpha$$

이므로 χ_0^2의 관찰값이 $\chi_\alpha^2(k-1)$보다 크면 귀무가설 H_0를 기각한다.

예제 6.4.4

어느 고속도로 휴게소에서는 호두과자를 소형, 중형, 선물용의 세 가지 크기로 포장하여 판매할 예정이다. 과거의 판매기록에 의하면 소형 1개가 팔릴 때 중형은 3개, 선물용은 2개가 팔렸다고 한다. 이 휴게소에서는 새로 포장된 호두과자도 과거와 비슷한 비율로 판매될 것인가를 파악하고자 한다. 3가지 크기별로 새로 포장된 과자를 일주일 동안 1,200상자를 시험 판매한 결과 포장의 크기별 판매 수량은 아래 [표]와 같다. 새로 포장된 호두과자의 크기별 판매양상이 변했다고 할 수 있는가?

[표] 새로 포장된 호두과자의 크기별 판매량

소형	중형	선물용	합계
240	570	390	1,200

(풀이)

소형, 중형, 선물용에 대한 과거 판매량의 비는 $1:3:2$이므로 각 크기별 판매비율을 p_1, p_2, p_3라 하면 새로 포장된 호두과자도 과거와 비슷한 비율로 판매될 것이라는 귀무가설은

$$H_0: p_1 = \frac{1}{6},\ p_2 = \frac{3}{6},\ p_3 = \frac{2}{6}$$

이다. 따라서 각 범주에 대한 기대도수는

$$E_1 = 200, \quad E_2 = 600, \quad E_3 = 400$$

이므로 검정통계량의 값은

$$\chi_0^2 = \frac{(240-200)^2}{200} + \frac{(570-600)^2}{600} + \frac{(390-400)^2}{400} = 9.75$$

이고, 검정통계량 χ_0^2의 근사분포가 $\chi^2(2)$이므로 기각역의 경계값은 $\chi_{0.05}^2(2) = 5.991$이 된다. 그런데 χ_0^2의 관찰값이 5.991보다 크므로 유의수준 5%에서 H_0를 기각한다. 즉, 새 포장 호두과자의 크기별 판매양상은 과거의 판매양상과 다른 모습을 보일 것으로 판단된다.

예제 6.4.5

둥글고 노란 완두콩과 모나고 녹색인 완두콩을 교배하였을 때 제 2대에서 둥글고 노란 완두콩(C_1), 둥글고 녹색인 완두콩(C_2), 모나고 노란 완두콩(C_3), 모나고 녹색인 완두콩(C_4)가 나타나는 비는 멘델의 유전법칙에 의하면 9 : 3 : 3 : 1이라고 한다. 두 종류의 콩을 교배하여 제 2대에 나타난 콩을 조사하였더니 다음과 같았다. 멘델의 유전법칙이 옳다고 할 수 있는지를 유의수준 5%에서 검정하여라.

콩의 종류	C_1	C_2	C_3	C_4	합계
관찰도수	897	304	297	102	1600

(풀이)

검정할 귀무가설

"네 종류의 콩의 비가 9 : 3 : 3 : 1이다."

를 수식으로 나타내면

$$H_0 : p_1 = \frac{9}{16},\ p_2 = \frac{3}{16},\ p_3 = \frac{3}{16},\ p_4 = \frac{3}{16}$$

과 같다. 엑셀의 분석결과

범주	관측도수	검정비율	기대도수	χ^2에 대한 기여도
1	897	0.5625	900	0.0100
2	304	0.1875	300	0.0533
3	297	0.1875	300	0.0300
4	102	0.0625	100	0.0400

N	DF	χ^2	p-값
1600	3	0.1333	0.988

에서 검정통계량의 관찰값 $\chi_0^2 = 0.1333$에 대한 유의확률이 0.988로 매우 크므로 귀무가설을 기각할 수 없다. 즉, 멘델의 유전법칙이 틀렸다고 할 만한 뚜렷한 증거가 보이지 않는다.

2. 동일성 검정

i번째 모집단, $i=1, 2, \cdots, r$에서 n_i개의 표본을 추출하고, n_i개의 자료를 범주변수 B의 범주 B_j, $j=1, 2, \cdots, c$에 따라 분류하여 i번째 표본 중 범주 B_j에 속하는 자료의 수를 n_{ij}라 하면 자료 구조는 다음 쪽의 [표 6.4.3]과 같은 형태로 주어진다.

[표 6.4.3]에서 $n_i = n_{i.}$는 고정된 상수로 확률변수가 아니다. 그러나 n_i개의 표본자료에서

[표 6.4.3] 동일성 검정의 자료구조

모집단 \ 범주	B_1	$\cdots$	B_j	$\cdots$	B_c	합계
1	n_{11}	$\cdots$	n_{1j}	$\cdots$	n_{ic}	$n_{1.}$
$\vdots$	$\vdots$	$\cdots$	$\vdots$	$\cdots$	$\vdots$	$\vdots$
i	n_{i1}	$\cdots$	n_{ij}	$\cdots$	n_{ic}	$n_{i.}$
$\vdots$	$\vdots$	$\cdots$	$\vdots$	$\cdots$	$\vdots$	$\vdots$
r	n_{r1}	$\cdots$	n_{rj}	$\cdots$	n_{rc}	$n_{r.}$
합계	$n_{.1}$	$\cdots$	$n_{.j}$	$\cdots$	$n_{.c}$	n

범주 B_j의 관찰도수 n_{ij}들은 확률변수들이고

$$\sum_{j=1}^{c} n_{ij} = n_i = n_{i.}, \quad i=1, 2, \cdots, r$$

이어야 한다. 이제, 모집단 i의 표본자료가 범주 B_j에 속할 확률을 $p_{j|i}$라 하면 이 확률은 모집단 i에서 B_j에 속할 조건부 확률, 즉, $p_{j|i} = P(B_j|i)$이고, $\sum_j p_{j|i}=1$을 만족하여야 한다. 여기서 우리가 검정하려는 것은 각 범주 B_j에 속하는 비율이 모든 모집단에 대하여 동일하다고 할 수 있는가에 대한 것이므로 이를 동일성 검정이라 한다. 따라서 동일성 검정에서의 귀무가설은

$$H_0: p_{j|1} = p_{j|2} = \cdots = p_{j|r}, \quad j=1, 2, \cdots, c$$

가 된다. 위와 같이 설정한 귀무가설이 참일 때 관측 자료가 범주 B_j에 속할 확률은 전체 표본 n개에서 B_j에 속하는 $n_{.j}$개가 차지하는 비율로 추정한다. 즉,

$$\hat{p}_{j|1} = \hat{p}_{j|2} = \cdots = \hat{p}_{j|r} = \frac{n_{.j}}{n}, \quad j=1, 2, \cdots, c$$

이므로 귀무가설이 참일 때 모집단 i에서 범주 B_j에 대한 기대도수 E_{ij}는

$$\hat{E}_{ij} = (\text{모집단 } i\text{의 표본크기}) \times (\text{모집단 } i\text{에서 } B_j\text{에 속할 확률}) = n_{i.} \times p_{j|i} = \frac{n_{i.} n_{.j}}{n}$$

와 같은 식으로 추정한다. 따라서 동일성 검정에 대한 검정통계량은

$$\chi_0^2 = \sum_{i=1}^{r}\sum_{j=1}^{c} \frac{\left(n_{ij} - \hat{E}_{ij}\right)^2}{\hat{E}_{ij}}$$

이고, 그 분포는 근사적으로 $\chi^2\big((r-1)(c-1)\big)$이므로

$$\chi_0^2 \ge \chi_\alpha^2\big((r-1)(c-1)\big)$$

이면 유의수준 α에서 귀무가설 H_0를 기각한다.

예제 6.4.6

어느 식료품 회사에서 새로 개발한 두 통조림 A와 B에 대한 선호도가 지역별로 다른가를 알아보고자 한다. 네 지역에서 시식회를 가진 결과가 다음과 같을 때 지역별로 통조림 A를 좋아하는 사람의 비율이 다르다고 볼 수 있는가? 유의수준 5%에서 검정하여라.

지 역	통조림 A	통조림 B	설문지 응답자
전라도(R_1)	65	53	118
경상도(R_2)	59	76	125
서 울(R_3)	48	42	90
충청도(R_4)	43	49	92
합 계	215	220	435

(풀이)

지역별 통조림 선호도가 동일하다는 귀무가설은

$$H_0: p_{1|1} = p_{1|2} = p_{1|3} = p_{1|4}$$

와 같다. 엑셀의 분석결과를 보면 검정통계량의 관찰값 4.095에 대한 유의확률이 0.251로 0.05보다 매우 크므로 귀무가설을 기각할 수 없다. 즉, 지역별로 통조림 A를 좋아하는 사람의 비율이 다르다는 뚜렷한 증거가 보이지 않는다.

3. 독립성 검정

두 범주변수가 서로 독립이라는 귀무가설이 기각되면 그들 사이에는 어떤 연관성이 있다고 볼 수 있을 것이다. 예컨대, 두 범주변수가 TV의 크기와 성별이라고 하자. 이 때, TV 크기의 선호도와 성별이 무관하여 서로 독립이라면 어떤 사람의 성별을 알고 있다는 것이 그가 선호하는 TV의 크기를 예측하는 데 아무런 도움이 되지 않을 것이고 반대의 경우도 마찬가지이다. 즉, 두 변수는 서로 독립이다.

범주변수 A는 r개의 범주 $A_1, A_2, \cdots, A_r$로, 변수 B는 c개의 범주 $B_1, B_2, \cdots, B_c$로 구분될 때 범주 A_i와 B_j에 모두 속하는 관찰도수를 n_{ij}라 하면 [표 6.4.4]와 같은 $r \times c$ 분할표를 작성할 수 있다. [표 6.4.4]에서 $n_{i.}$는 $n_{i.} = \sum_1^c n_{ij}$로 범주 A_i에 속하는 관찰값의 개수를 나타내고, $n_{.j}$는 $n_{.j} = \sum_1^r n_{ij}$로 범주 B_j에 속하는 관찰값의 도수를 나타내며, n은

[표 6.4.4] 독립성 검정의 자료구조

범주변수		B_1	$\cdots$	B_j	$\cdots$	B_c	합계
A	A_1	n_{11}	$\cdots$	n_{1j}	$\cdots$	n_{ic}	$n_{1.}$
	$\vdots$	$\vdots$	$\cdots$	$\vdots$	$\cdots$	$\vdots$	$\vdots$
	A_i	n_{i1}	$\cdots$	n_{ij}	$\cdots$	n_{ic}	$n_{i.}$
	$\vdots$	$\vdots$	$\cdots$	$\vdots$	$\cdots$	$\vdots$	$\vdots$
	A_r	n_{r1}	$\cdots$	n_{rj}	$\cdots$	n_{rc}	$n_{r.}$
합계		$n_{.1}$	$\cdots$	$n_{.j}$	$\cdots$	$n_{.c}$	n

전체 관측치의 수이다. 여기서 관측치가 범주 A_i와 B_j에 모두 속할 확률을 p_{ij}, 범주 A_i에 속할 확률을 $p_{i.}$, B_j에 속할 확률을 $p_{.j}$라 하면 두 범주변수가 서로 독립이라는 귀무가설은

$$H_0:\ p_{ij}=p_{i.}p_{.j},\quad i=1,2,\cdots,r,\ j=1,2,\cdots,c$$

로 표현된다. 여기서 미지인 $p_{i.}$와 $p_{.j}$는

$$\hat{p}_{i.}=\frac{n_{i.}}{n},\qquad \hat{p}_{.j}=\frac{n_{.j}}{n}$$

로 추정한다. 그리고 귀무가설 $H_0:\ p_{ij}=p_{i.}p_{.j}$가 참이면 p_{ij}는

$$\hat{p}_{ij}=\hat{p}_{i.}\hat{p}_{.j}=\frac{n_{i.}n_{.j}}{n^2}$$

로 추정할 수 있다. 따라서 귀무가설 하에서 범주 A_iB_j에 대한 기대도수 E_{ij}는

$$\hat{E}_{ij}=n\hat{p}_{ij}=\frac{n_{i.}n_{.j}}{n}$$

로 추정하고, 검정통계량은

$$\chi_0^2=\sum_{i=1}^{r}\sum_{j=1}^{c}\frac{\left(n_{ij}-\hat{E}_{ij}\right)^2}{\hat{E}_{ij}}$$

와 같은 식으로 주어진다. 이 검정통계량의 분포는 근사적으로 $\chi^2\left((r-1)(c-1)\right)$이므로

$$\chi_0^2\geq\chi_\alpha^2\left((r-1)(c-1)\right)$$

이면 유의수준 α에서 귀무가설 H_0를 기각한다.

사실, 동일성 검정과 독립성 검정의 자료구조 및 기대도수와 검정통계량을 구하는 식은 모두 동일하다. 단지. 귀무가설의 형태와 자료를 수집하여 범주별로 분류하는 방식이 다를 뿐이다.

예제 6.4.7

다음의 [표]는 309명의 유권자를 대상으로 실시한 여론조사 결과를 지역과 지지후보에 따라 분류한 것이다. 이 자료로부터 지역과 지지후보는 무관하다고 할 수 있는가? 유의수준 5%로 검정하여라.

[표] 유권자 분류표

범주변수		지 역				
		R_1	R_2	R_3	R_4	계
지지후보	C_1	15	21	45	13	94
	C_2	26	31	34	5	96
	C_3	33	17	49	20	119
계		74	69	128	38	309

(풀이)

지역과 지지후보가 무관하다는 귀무가설은

$$H_0: p_{ij} = p_{i.}p_{.j}, \quad i=1,2,3, \; j=1,2,3,4$$

으로 표현된다. 엑셀의 분석결과를 보면 자유도가 6인 검정통계량 χ_0^2의 관찰값 19.178에 대한 유의확률이 0.004로 유의수준 0.05보다 작으므로 귀무가설을 기각한다. 즉, 지역과 지지후보 간에는 어떤 연관성이 존재하여 지역에 따라 지지후보가 다르다고 할 수 있다.

$r\times c$분할표에서 두 범주변수가 서로 독립이라는 귀무가설이 기각될 때 두 범주변수 간의 연관성을 재는 측도로 **분할계수**(分割係數, contingency coefficient)가 있다. 여러 분할계수 중에서 자주 이용되는 분할계수가 **피어슨의 평균제곱분할계수**(Pearson's mean square contingency coefficient)를 소개한다. 피어슨의 분할계수는

$$C = \sqrt{\frac{\chi_0^2}{n+\chi_0^2}}$$

으로 정의한다. 여기서 n은 총 관측치의 수이고 χ_0^2은 $r\times c$분할표에서 독립성 검정에 사용되는 χ^2-통계량이다. 그런데 $q=\min\{r,c\}$라 하면 $\chi_0^2 \le n(q-1)$이므로 다음이 성립한다.

$$0 \le C \le \sqrt{\frac{q-1}{q}} < 1.$$

예제 6.4.8

다음은 랜덤하게 선정한 300명의 소비자를 대상으로 세 가지 유형의 세탁기에 대한 선호도를 조사한 자료이다. 조사자는 대가족인 경우는 대형 세탁기를, 소가족인 경우는 소형 세탁기를 선호할 것으로 생각한다. 조사자의 생각은 타당하다고 할 수 있는가? 유의수준 1%에서 검정하고, 피어슨의 분할계수를 구하여 두 변수의 연관성에 대해 기술하여라.

[표] 세탁기의 가족규모별 용량별 판매량

세탁기 유형	가족 규모			합계
	1~2인	3~4인	5인 이상	
소형	25	37	8	70
중형	10	62	53	125
대형	5	41	59	105
합계	40	140	120	300

(풀이)

가족규모가 구입하는 세탁기의 형태에 영향을 주는가를 판단하기 위한 귀무가설은 두 범주변수가 서로 독립이라는 것으로 다음과 같다.

$$H_0:\ p_{ij}=p_{i.}p_{.j},\quad i=1,2,3,\ j=1,2,3,4$$

엑셀의 분석결과를 보면 검정통계량의 관찰값 $\chi_0^2=58.208$에 대한 유의확률이 0.000으로 유의수준 0.05보다 아주 작으므로 귀무가설을 기각한다. 즉, 가족규모는 소비자들이 구매하는 세탁기의 용량을 결정하는데 영향을 주는 한 요인이라고 할 수 있다.

귀무가설이 기각되었으므로 검정통계량의 관찰값 $\chi_0^2=58.208$을 이용하여 피어슨의 분할계수를 구하여 보면

$$C=\sqrt{\frac{58.231}{300+58.231}}=0.403$$

이고, 분할계수의 상한 값은 $q=\min\{3,3\}=3$이므로

$$\sqrt{\frac{q-1}{q}}=\sqrt{\frac{2}{3}}=0.816\ \sqrt{2/3}=0.816$$

이다. 분할계수 0.403은 연관성이 전혀 없는 0과 완전한 연관성을 나타내는 0.816 사이의 중간 정도에 해당되므로 이는 가족규모와 세탁기의 용량 사이에는 보통 정도의 연관성이 있음을 시사한다.

연 습 문 제

01. 다음과 같은 분산분석표를 완성하고 처리효과에 차이가 있다고 할 수 있는지를 유의수준 1%에서 검정하여라.

요인	제곱합	자유도	평균제곱	F-값
처리	3836.55	4		
오차				
총계	4385.83	29		

02. 세 가지 처리 각각에서 6번 반복하여 실험한 자료가 다음과 같다. 분산분석표를 작성하고 그 결과를 해석하여라.

A_1	A_2	A_3
9.3	10.8	9.9
6.8	10.3	7.9
8.5	8.6	11.0
8.0	7.8	8.8
9.2	8.1	9.2
8.8	9.8	8.4

03. 다음과 같은 이원배치법에 의한 자료를 분석하여 분산분석표를 작성하고 그 결과를 해석하여라.

<table>
<tr><td colspan="2" rowspan="2"></td><td colspan="3">A</td></tr>
<tr><td>A_1</td><td>A_2</td><td>A_3</td></tr>
<tr><td rowspan="6">B</td><td rowspan="2">B_1</td><td>-5</td><td>-8</td><td>-10</td></tr>
<tr><td>-8</td><td>-5</td><td>-8</td></tr>
<tr><td rowspan="2">B_2</td><td>6</td><td>-4</td><td>2</td></tr>
<tr><td>4</td><td>-6</td><td>4</td></tr>
<tr><td rowspan="2">B_3</td><td>8</td><td>-10</td><td>10</td></tr>
<tr><td>10</td><td>-12</td><td>5</td></tr>
</table>

04. 어느 시장조사기관에서 여러 가지 대중매체가 주는 정보의 양을 비교하기 위하여 실험을 계획하였다. 40명의 성인을 랜덤하게 추출하여 철저한 면접을 통해 TV, 신문, 라

디오, 잡지 중 어느 매체를 많이 접하는지에 따라 분류하였다. 다음 표는 최근에 일어난 사건들에 대한 조사 대상자들의 인지도를 측정한 실험에서 얻어진 값들을 나타내고, 값이 클수록 인지도가 높은 것을 의미한다. 이 자료를 이용하여 사람들의 인지도가 대중매체에 따라 다르다고 할 수 있는가? (김우철 외, 2002)

조사대상 대중매체			
TV	신문	라디오	잡지
16	13	18	11
19	14	18	15
25	15	15	11
22	16	14	17
21	15	14	17
15	13	10	13
16	19	18	14
22	16	15	16
21	20	15	13
18	14		11
	11		

05. 발표된 의학통계에 의하면 질병으로 인한 사망자 중 네 가지 주요 질병 A, B, C, D, E에 의한 사망률은 각각 28%, 24%, 19%, 16%, 13%라고 한다. 어떤 병원에서 질병으로 인한 사망자 308명을 분류해 보니 다음 표와 같았다. 이 병원에서의 사망 비율은 발표된 사망 비율과 다르다고 할 수 있는가? 유의수준 5%에서 검정하여라.

질병	A	B	C	D	E	합계
사망자	89	69	52	55	43	308

06. 10대 청소년 480명을 대상으로 인터넷 사용 시 가장 많은 시간을 할애해서 이용하는 서비스가 무엇인지 물었더니 다음과 같은 결과를 얻었다. 가장 많은 시간을 할애해서 이용하는 서비스에 서로 차이가 없다고 할 수 있는가? 유의수준 5%에서 검정하여라.

서비스	e-mail	정보검색	게임	합계
도수	175	92	213	480

07. 작년도 자료에 의하면 어느 대학교의 도서관에서 도서를 대출한 학부 학생들의 학년별 구성비는 1학년 12%, 2학년 20%, 3학년 33%, 4학년 35%였다. 올해 이 도서관에서 도서 대출한 학부생 400명을 랜덤하게 추출하여 학년별 학생수를 조사하였더니 다음과 같았다. 이 도서관에서 도서를 대출한 학부생들의 학년별 구성비가 작년도와 차이가 있다고 할 수 있는가? 유의수준 5%에서 검정하여라.

학년	1학년	2학년	3학년	4학년	합계
학생수	45	83	126	146	400

08. 한 여론조사에서 어느 지역의 유권자 중에서 940명을 임의로 추출하여 연령별로 가장 선호하는 정당을 조사한 결과의 이원 분할표가 다음과 같다. 연령과 선호하는 정당은 무관하다고 할 수 있는가? 유의수준 0.05에서 검정하여라.

정당 / 연령	A	B	C	합계
30 미만	158	53	62	273
30 ~ 49	172	128	83	383
50 이상	95	162	27	284
합계	425	343	172	940

09. S 이동통신사에서는 서울시의 거주지역과 사용하는 이동통신사 간에 관련이 있는지를 알아보기 위하여 휴대폰 사용 고객을 대상으로 조사한 자료가 다음과 같았다. 이 자료에 의하면 거주지역과 이동통신사 사이에 연관성이 있다고 할 수 있는지를 유의수준 5%에서 검정하여라.

이동통신사	강북	강서	강동	강남	합계
S	21	23	33	42	119
K	38	26	26	13	103
L	23	19	16	8	66
합계	82	68	75	63	288

제6장 엑셀 코드

예제 6.2.1

1. 자료 입력 : 열 방향으로 차례로 입력

	A	B	C	D
1	5	9	8	6
2	7	4	6	5
3	9	3	5	7
4	11	10	3	10

2. **데이터>데이터 분석>** 통계 데이터 분석 도구상자> **분산분석: 일원배치법** 클릭, 확인

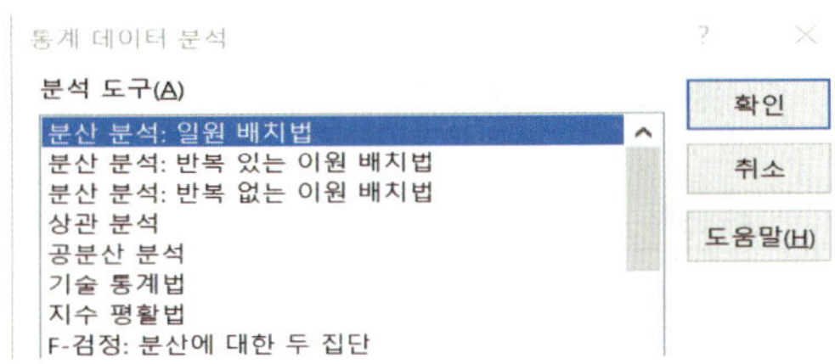

3. 분산분석: 일원배치법 분석 도구상자
   입력 범위의 오른편에 표시된 버튼을 눌러서 자료의 위치를 마이스로 지정,
   자료가 열 방향으로 입력되어 있다는 버튼을 클릭,
   출력 범위을 클릭하고,
   옆의 빨간색 상자로 지정 위치의 버튼을 클릭하여 출력 위치를 지정한다.

4. 출력 결과 : 분산분석표

분산 분석

변동의 요인	제곱합	자유도	제곱 평균	F 비	P-값	F 기각치
처리	20.3489	3	6.78298	0.81758	0.49201	2.84507
잔차	323.558	39	8.29636			
계	343.907	42				

예제 6.2.2

1. 자료 입력 : 열 방향으로 차례로 입력

	A	B	C
1	-34	5	6
2	-20	-4	-9
3	-6	-19	-5
4	-16	-28	4

2. **예제 6.2.1**과 동일한 과정 실행
3. 출력 결과 : 분산분석표

분산 분석

변동의 요인	제곱합	자유도	제곱 평균	F 비	P-값	F 기각치
처리	1220.87	2	610.433	5.173	0.01253	3.35413
잔차	3186.1	27	118.004			
계	4406.97	29				

예제 6.3.1

1. 자료 입력 : 반복이 있는 이원배치 분산분석 자료

   자료의 왼편에 하나 이상의 빈 열들이 존재해야 하며,

   자료의 위쪽에도 빈 행들이 존재해야 한다.

	A	B	C	D
1				
2		79	78	78
3		80	79	77
4		80	80	79
5		81	77	80
6		83	76	81
7		83	75	82

2. **데이터>데이터 분석>** 통계분석 도구상자> **분산분석: 반복 있는 이원배치법** 클릭
   분산분석: 반복이 있는 이원 배치법 도구상자
   입력범위, 표본당 행수, 출력범위 지정
   표본당 행수는 각 처리에서의 반복수를 의미한다.

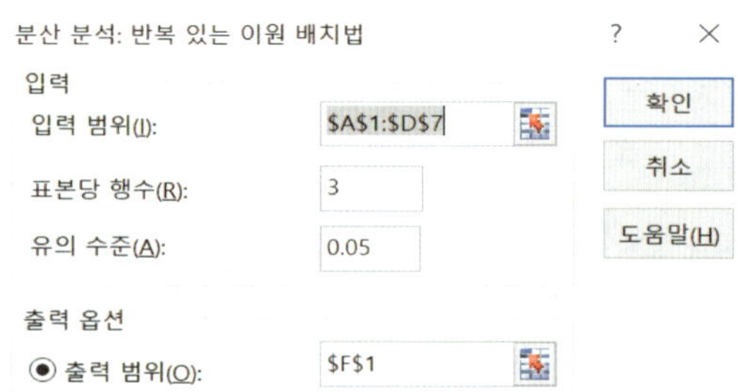

3. 출력 결과물
   ① 분산분석표

분산 분석

변동의 요인	제곱합	자유도	제곱 평균	F 비	P-값	F 기각치
인자 A(행)	3.55556	1	3.55556	3.76471	0.07621	4.74723
인자 B(열)	37	2	18.5	19.5882	0.00017	3.88529
교호작용	34.1111	2	17.0556	18.0588	0.00024	3.88529
잔차	11.3333	12	0.94444			
계	86	17				

   ② 각 처리의 요약치

관측수	3	3	3	9
합	239	237	234	710
평균	79.6667	79	78	78.8889
분산	0.33333	1	1	1.11111

관측수	3	3	3	9
합	247	228	243	718
평균	82.3333	76	81	79.7778
분산	1.33333	1	1	9.19444

예제 6.3.2

1. 자료 입력 : 반복이 없는 이원배치 분산분석 자료

	A	B	C	D	E
1	3	6	4	3	5
2	7	7	7	7	5
3	3	3	3	5	3
4	2	6	5	6	3
5	5	4	6	4	3

E = 8 - E

	A	B	C	D	E
1	3	6	4	3	3
2	7	7	7	7	3
3	3	3	3	5	5
4	2	6	5	6	5
5	5	4	6	4	5

2. **데이터>데이터 분석>** 통계분석 도구상자> **분산분석: 반복 없는 이원배치법** 클릭
   분산분석: 반복이 없는 이원 배치법 도구상자
   입력범위, 출력범위 지정

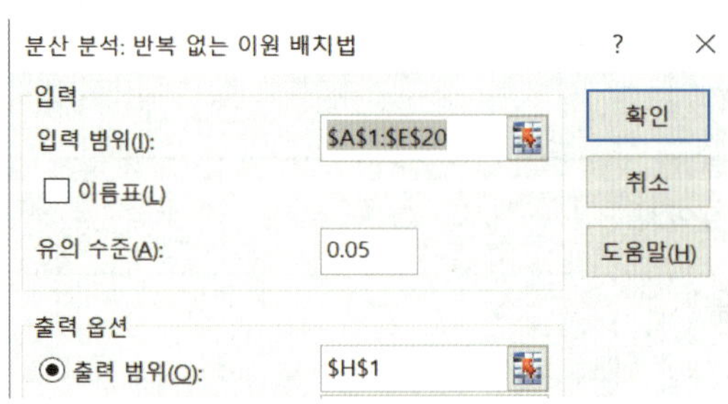

3. 출력 결과물: 분산분석표

분산 분석

변동의 요인	제곱합	자유도	제곱 평균	F 비	P-값	F 기각치
인자 A(행)	39.36	19	2.07158	1.03348	0.43513	1.72503
인자 B(열)	10.06	4	2.515	1.25469	0.29527	2.49205
잔차	152.34	76	2.00447			
계	201.76	99				

예제 6.4.4

1. 자료 입력 : 적합도 검정을 위한 자료 입력

	A	B
1	240	200
2	570	600
3	390	400
4	1200	1200

2. 수식을 입력하여 $(O_1-E_1)^2/E_1$을 구한다. 나머지는 드래그 복사를 통해 구한다.

	D
1	=(A1-B1)^2 /B1

3. 검정통계량과 기각역의 경계치를 구한다.

	F
1	=SUM(D1:D4)
2	=CHISQ.INV(0.95,2)

예제 6.4.5

1. 자료 입력 : 적합도 검정을 위한 자료 입력

	A	B	C
1	897	900	
2	304	300	
3	297	300	
4	102	100	
5	1600	1600	

2. 수식을 입력하여 $(O_1-E_1)^2/E_1$을 구한다. 나머지는 드래그 복사를 통해 구한다.

	E
1	=(A1-B1)^2/B1

3. 검정통계량과 기각역의 경계치, 유의확률을 구한다.

	H
1	-SUM(E1:E4)
2	=CHISQ.INV(0.95,3)
3	=1-CHISQ.DIST(H1,3,1)

예제 6.4.6

1. 자료 입력 : 동일성 검정을 위한 자료 입력, 이원분할표

   여기서 행과 열의 합계가 반드시 가장자리에 구해져 있어야 한다.

	A	B	C
1	65	53	118
2	59	76	135
3	48	42	90
4	43	49	92
5	215	220	435

2. 수식을 입력하여 각 셀의 기댓값을 구한다. 나머지는 드래그 복사를 통해 구한다.

   ① 수식을 E1셀에 입력하고 엔터키를 누른다. 여기서 $ 기호의 위치를 주목하라.

	E	F
1	=$C1*A$5/$C$5	

   ② E1셀을 드래그 복사하여 E1셀부터 F5셀까지 채운다.

	E	F	G
1	58.32184	59.67816	
2	66.72414	68.27586	
3	44.48276	45.51724	
4	45.47126	46.52874	

3. 수식을 입력하여 $(O_1-E_1)^2/E_1$을 구한다. 나머지는 드래그 복사를 통해 구한다.

	I	J
1	=(A1-E1)^2/ E1	

	I	J	K
1	0.76468	0.74731	
2	0.89416	0.87384	
3	0.27811	0.27179	
4	0.13431	0.13126	

4. 검정통계량, 기각역의 경계치, 유의확률을 구한다.

	M
1	=SUM(I1:J4)
2	=CHISQ.INV(0.95,3)
3	=1-CHISQ.DIST(M1,3,1)
4	

예제 6.4.7

1. 자료 입력 : 독립성 검정을 위한 자료 입력, 이원분할표

여기서 행과 열의 합계가 반드시 가장자리에 구해져 있어야 한다.

	A	B	C	D	E
1	15	21	45	13	94
2	26	31	34	5	96
3	33	17	49	20	119
4	74	69	128	38	309

2. 수식을 입력하여 각 셀의 기댓값을 구한다. 나머지는 드래그 복사를 통해 구한다.

① 수식을 G1셀에 입력하고 엔터키를 누른다. 여기서 $ 기호의 위치에 유의하라.

	G	H
1	=$E1*A$4/$E$4	

② G1셀을 드래그 복사하여 G1셀부터 J5셀까지 채운다.

	G	H	I	J
1	22.5113	20.9903	38.9385	11.5599
2	22.9903	21.4369	39.767	11.8058
3	28.4984	26.5728	49.2945	14.6343

3. 수식을 입력하여 $(O_1 - E_1)^2 / E_1$을 구한다. 나머지는 드래그 복사를 통해 구한다.

	M	N
1	=(A1-G1)^2 /G1	

	M	N	O	P
1	2.5063	4.5E-06	0.94358	0.17941
2	0.39401	4.26615	0.83633	3.92342
3	0.71108	3.44859	0.00176	1.96734

4. 검정통계량, 기각역의 경계치, 유의확률을 구한다.

	S	T
1	=SUM(M1:P3)	
2	=CHISQ.INV(0.95,6)	
3	=1-CHISQ.DIST(S1,6,1)	

예제 6.4.8

1. 자료 입력 : 독립성 검정을 위한 자료 입력, 이원분할표

   여기서 행과 열의 합계가 반드시 가장자리에 구해져 있어야 한다.

	A	B	C	D
1	25	37	8	70
2	10	62	53	125
3	5	41	59	105
4	40	140	120	300

2. 수식을 입력하여 각 셀의 기댓값을 구한다. 나머지는 드래그 복사를 통해 구한다.

	F	G	H
1	9.33333	32.6667	28
2	16.6667	58.3333	50
3	14	49	42

3. 수식을 입력하여 $(O_1 - E_1)^2/E_1$을 구한다. 나머지는 드래그 복사를 통해 구한다.

	K	L	M
1	26.2976	0.57483	14.2857
2	2.66667	0.23048	0.18
3	5.78571	1.30612	6.88095

4. 검정통계량, 기각역의 경계치, 유의확률, 피어슨의 평균제곱분할계수를 구한다.

	P
1	=SUM(K1:M3)
2	=CHISQ.INV(0.95,4)
3	=1-CHISQ.DIST(P1,4,1)
4	=SQRT(P1/(300+P1))

제7장
상관분석과 회귀분석

7.1 들어가며

자연이나 사회현상을 설명하기 위해서 여러 변수들을 고려해야 하는 경우가 흔히 있다. 이 때, 우리는

(1) 변수들이 서로 연관되어 있는가?

(2) 연관관계가 있다면 어떤 관계로 얼마나 밀접하게 관련되어 있는가?

(3) 한 변수의 변화로부터 다른 변수의 변화를 예측할 수 있는가?

등에 대하여 관심을 갖게 된다. 위와 같은 문제는 개별 변수를 따로 분석하여 해결할 수 있는 것이 아니고 관련 변수들을 함께 분석해야 한다. 여러 변수에 대하여 수집된 자료를 분석하여 변수들 간의 연관성 여부와 그 관계를 찾아낼 수 있다면 한 변수의 변화로부터 다른 변수의 변화를 예측할 수 있을 것이다. 1.5.3절에서 두 변수 간의 연관관계를 개략적으로 파악할 수 있는 산점도와 몇 가지 기술통계량을 소개하였는데 이 장에서는 두 연속형 변수 간의 선형 연관관계에 대한 상관분석과 변수들 간의 구체적인 함수관계에 대한 회귀분석에 대하여 논의한다.

상관분석((相關分析, correlation analysis)에서는 두 변수 사이의 선형관계에 대한 추론이 주목적이기 때문에 상관관계가 있다고 하여 한 변수의 값으로부터 다른 변수의 값을 예측할 수는 없다. 그러나 어떤 변수가 다른 변수들의 영향으로 그 값이 변한다고 할 수 있다면 **회귀분석**(回歸分析, regression analysis)을 통하여 어떤 변수들의 영향으로 변하는 다른 변수의 값을 예측할 수 있다.

어떤 변수의 변화에 영향을 주는 다른 변수를 독립변수(independent variable) 또는 설명변수(explanatory variable)라 하며, 다른 변수들의 영향으로 변하는 변수를 종속변수(dependent variable) 또는 반응변수(response variable)라 한다. 상관분석에서는 두 변수가 독립변수와 종속변수로 구별되지 않을 수 있지만 두 변수 모두 확률변수들이다. 그러나 회귀분석에서는 종속변수의 변화를 값이 주어진 설명변수들의 변화에 의하여 설명할 수 있는 수학적 모형을 설정하고 그 모형이 주어진 자료에 잘 들어맞고 또한 타당한 것인가를 검정한 다음 추정된 모형을 통하여 예측을 하게 된다.

7.2 상관분석

두 변수 사이에 어떤 관계가 있는가를 알아보고자 할 때 가장 먼저 해야 할 일은 서로 대응하는 자료를 이차원 평면 위에 점으로 나타내는 산점도를 그려보는 것이다. 산점도를 보면 두 변수 사이의 직선관계 여부는 비교적 쉽게 파악할 수 있다. 그러나 직선관계의 강도를 시각적으로 판단하기는 쉽지 않다. 자료를 이용하여 두 양적 변수 사이의 직선관계에 대한 방향 및 강도를 분석하고자 하는 통계적 방법을 상관분석이라 한다.

확률변수 X와 Y의 모상관계수가 ρ인 이변량분포에서 추출한 크기 n인 표본의 관측치를 $(x_1, y_1), (x_2, y_2), \cdots, (x_n, y_n)$이라 할 때, ρ의 추론에는

$$r = \frac{\sum\left(x_i - \overline{x}\right)\left(y_i - \overline{y}\right)}{\sqrt{\sum\left(x_i - \overline{x}\right)^2}\sqrt{\sum\left(y_i - \overline{y}\right)^2}}$$

으로 정의하는 표본상관계수 r을 사용한다.

표본상관계수 r은 $|r| \le 1$인 값인데 r이 1에 가까운 값일수록 두 변수 사이에 강한 양의 상관관계를, -1에 가까운 값일수록 강한 음의 상관관계를 시사한다. 다음은 표본상관계수 r에 관한 성질들이다.

1. **r은 두 양적 변수간의 선형 연관관계를 나타내는 통계량이다.**
   $r > 0$이면 두 변수 간에 양의 선형관계가, $r < 0$이면 음의 선형관계 존재한다.

2. **r은 항상 -1과 1 사이의 값을 갖는다.**
   상관계수는 측정단위가 없는 -1과 1 사이의 숫자이므로 두 변수의 측정단위가 변하여도 상관계수는 변하지 않는다.

3. **r은 산점도에서 점들이 직선 주변에 얼마나 밀집되어 있는가에 대한 측도이다.**
   r은 직선관계의 방향 및 강도를 측정할 뿐이며, 곡선관계나 일반적인 연관성을 측정하지는 않는다. 산점도에서 점들은 $r > 0$이면 기울기가 양인 직선 주변에 흩어져 있고, $r < 0$이면 기울기가 음인 직선 주변에 흩어져 있다. $r = \pm 1$이면 두 변수 사이에 완전한 직선관계가 존재함을 의미하며 관측값들은 모두 직선상에 위치한다. $r = 0$이면 두 변수 간에 직선관계가 없음을 나타낸다. 따라서 r의 절대값이 커질수록 점들이 직선 주변에 가까이 모여들어 분포하는데, [그림 7.2.1]은 이러한 상관계수의 성질을 잘 보여주고 있다.

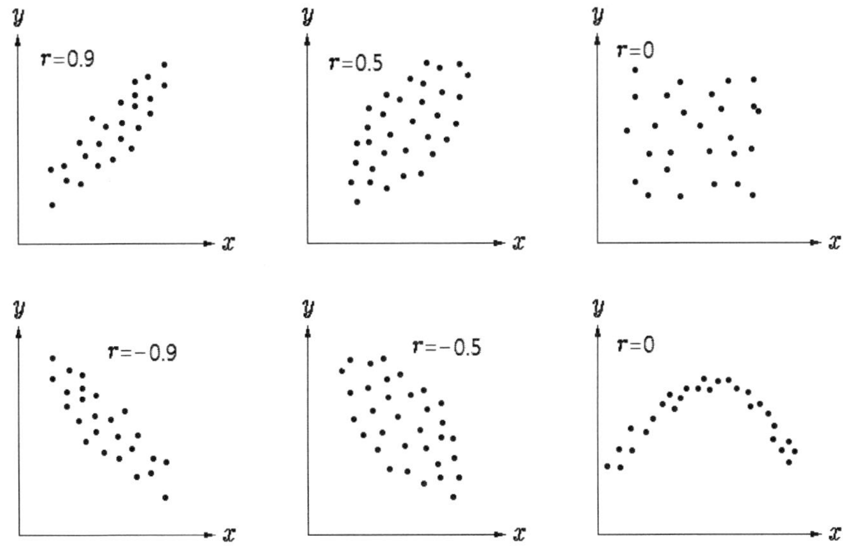

[그림 7.2.1] 여러 유형의 산점도와 표본상관계수의 값

4. r^2은 설명변수 X가 반응변수 Y의 변동을 얼마나 설명할 수 있는가를 나타낸다.

두 변수 사이에 완전한 직선 관계가 존재한다는 것은 한 변수 X의 값이 커지면 다른 변수 Y의 값이 X의 증분에 정확히 비례하여 커지거나 작아짐을 의미한다. 따라서 Y의 변화는 X의 변화에 의하여 완전히(100%) 설명된다. 반응변수 Y의 변동에서 직선 관계에 있는 설명변수 X로 설명할 수 있는 부분을 X의 설명력이라 한다. 설명력은 상관계수의 제곱인 r^2인데 이를 **결정계수**(決定係數, coefficient of determination)라 부른다. r^2은 0과 1 사이의 값이므로 비율로 해석할 수 있다. 예컨대, Y와 X의 표본상관계수 r이 -0.9일 때, Y의 변동을 나타내는 분산의 $100r^2 = 81\%$는 Y와 직선관계에 있는 X에 의하여 설명할 수 있다는 것이다. 물론 r^2은 연관성의 강도를 측정하는 것이지 연관성의 방향을 측정하는 것은 아니다.

5. 표본상관계수도 평균이나 표준편차와 마찬가지로 이상점의 영향을 많이 받는다.

산점도에서 이상점이 발견되면 상관계수의 의미를 해석할 때 주의해야 한다.

한편, 두 변수 각각에 같은 정도로 영향을 주는 제3의 변수가 존재할 때는 표본상관계수 값이 큰 값이어도 두 변수 사이에 직선관계가 없을 수 있다. 예컨대, 범죄발생 건수와 술 소비량 간의 상관계수가 1에 가까운 값이라고 할 때 술 소비량이 늘면 범죄가 많이 일어난다고 말할 수 있는가? 인구가 늘어나면서 범죄발생 건수와 술 소비량이 같이 늘어나서 상관계수가 1에 가까운 값이 나타난 것인지도 모른다. 또한, 표본상관계수가 0에 가까운 값이라고 하여 두 변수 사이에 아무런 연관성이 없다는 의미가 아니고 단지 직선관계에 대한 증거가 없다는 것일 뿐이다.

표본상관계수 r은 모상관계수 ρ의 값에 영향을 받지만 표본이 추출되는 두 확률변수의 확률분포에도 영향을 받는다. 따라서 두 변수 X와 Y의 결합분포를 상관계수가 ρ인 이변량 정규분포로 가정하고 두 변수 사이에 상관관계가 없다고 하는 귀무가설 $H_0: \rho=0$에 대한 대립가설 $H_0: \rho\neq 0$의 검정방법에 대하여 설명한다.

두 변수 X와 Y가 이변량 정규분포를 따르고 $\rho=0$일 때 다음과 같은 검정통계량

$$T_0=\frac{r\sqrt{n-2}}{\sqrt{1-r^2}}$$

의 분포는 $t(n-2)$임이 알려져 있다. 따라서 유의수준 α에서 T_0의 관찰값 t_0가 기각역의 경계값 $t_{\alpha/2}(n-2)$보다 크면(관찰값 t_0에 대한 유의확률이 유의수준 α이하이면) 귀무가설 $H_0: \rho=0$를 기각한다.

예제 7.2.1

다음은 우리나라의 전체 물가등락률과 교통통신비에 대한 물가등락률을 2년 동안 월별로 조사한 자료이다. 월별 물가등락률은 전년도 같은 달을 기준으로 가격의 변동을 백분율로 나타낸 것이다. 첫 번째 값은 전체 물가등락률(x_i)이고 두 번째 값은 교통통신비 물가등락률(y_i)이다. 산점도를 그리고 상관분석을 하여라.

월	1	2	3	4	5	6	7	8	9	10	11	12
x_i	6.4	6.5	5.1	6.8	5.7	4.3	6.4	6.1	3.8	5.9	5.6	3.5
y_i	4.3	7.1	4.9	1.8	6.1	4.6	4.9	6.1	4.2	6.4	6.2	4.2
x_i	5.7	4.9	4.7	5.9	4.2	4.4	6.9	4.7	4.3	7.4	5.1	4.7
y_i	5.7	5.2	6.0	5.9	4.3	7.2	6.4	2.0	6.6	7.5	3.8	7.7

(풀이)

엑셀의 상관분석 결과를 보면 X와 Y의 표본상관계수는 $r=0.186$이고, 유의확률 0.384가 유의수준 0.05보다 크므로 유의수준 5%에서 귀무가설을 기각할 수 없다. 따라서 두 변수 사이에 상관관계는 없는 것으로 판단된다. 그런데 다음 쪽의 [그림 7.2.2]에 제시된 산점도를 보면 (6.8, 1.8)은 이상점으로 생각된다. 따라서 이 점을 제외하고 다시 상관분석을 한 결과를

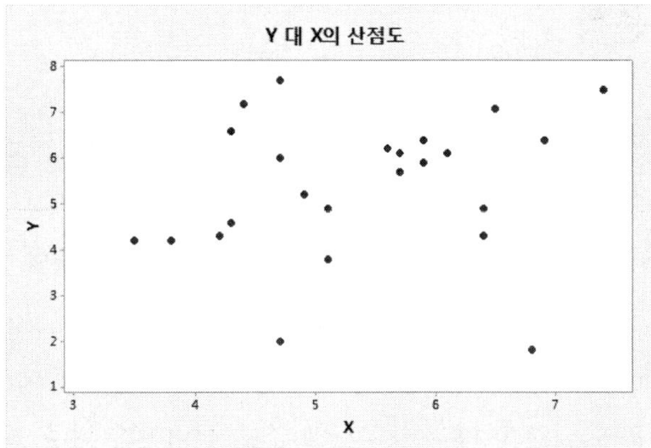

[그림 7.2.2] [예제 7.2.1]의 산점도

보면 표본상관계수가 0.186에서 0.393으로 바뀌어 이상점의 영향을 많이 받음을 알 수 있으며 유의확률을 보면 유의수준 6% 정도에서 $H_0: \rho=0$를 기각할 수 있다. 따라서 이상점을 제외하면 두 변수 사이에 약한 양의 상관관계가 있는 것으로 판단된다.

7.3 단순회귀분석

관심 있는 어떤 변수에 영향을 주는 여러 변수들 간의 관계를 적절한 함수식으로 가정하고 그 관계식을 추정하여 관심 있는 변수의 변화를 예측하고자 하는 통계분석기법을 회귀분석이라 한다. 회귀라는 단어를 사용하게 된 것은 아버지 세대의 키와 아들 세대의 키를 분석한 영국의 과학자 Sir Francis Galton에서 비롯되었다. Galton은 1885년에 발표한 논문 "Regression toward mediocrity in hereditary stature"에서 아버지의 키가 아주 크다고 하여 아들의 키가 아버지만큼 크지 않고 아버지가 아주 작다고 해도 아버지만큼 작지 않은 경향이 있어서 결국은 세대가 거듭 될수록 자손의 키는 "평범한 쪽으로 회귀"한다고 기술하였는데, 이로부터 회귀라는 용어를 사용하게 되었다. 후에, 그는 "평범한 쪽으로 회귀"를 수정하여 "평균으로 회귀(regression toward mean)"한다고 바꿔 말하였으며 덧붙여 이러한 자식 대의 회귀현상은 부모 대에서의 평균에 대한 편차에 비례함을 발견하였다. 이 사실을 수학적으로 표현하면 아버지의 키를 X, 아들의 키를 Y라 할 때, 주어진 X하에서 Y의 조건부 기댓값은 $(X-\mu_X)$에 비례한다는 것이다. 즉,

$$E(Y|X)=c(X-\mu_X)$$

이다. 여기서 c는 적당한 상수이고, μ_X는 X의 평균이다. 바로 이 관계가 두 변수 사이의 회귀분석인 단순선형회귀분석(simple linear regression analysis)의 이론적 기초가 된다.

세대 간의 키에 대한 단순회귀분석에서 두 변수 X와 Y 사이에 회귀관계가 전혀 없다면, 즉, 부모대의 크기가 자식대의 크기와 전혀 연관관계가 없다면, 조건부 기댓값의 오른쪽 식에서 X는 전혀 불필요하다. 이 경우, c'을 적당한 상수라 하면

$$E(Y|X)=-c\mu_X=c'$$

으로 쓸 수 있다. 즉, 부모대의 크기가 자식대의 크기에 전혀 영향을 미치지 못하며 이럴 때 우리는 두 변수 사이에 회귀관계가 없다고 말한다.

회귀분석이란 바로 Galton이 관찰한 것과 같은 현상을 정량화하여

$$Y=f(X)+\varepsilon$$

와 같은 형태의 통계적 모형(statistical model)을 도입하고 여기에 체계적인 통계분석 절차를 추가한 것이다. 이러한 통계모형에서 X는 그 값이 오차 없이 독립적으로 주어지는 변수이므로 독립변수라 하고 Y는 독립변수 X와 오차에 의하여 결정되므로 종속변수라 한다. 회귀분석에서는 종속변수의 변화를 설명하는 변수라는 의미에서 독립변수를 설명변

수라 하며, 종속변수는 설명변수의 변화에 반응하는 변수라는 뜻으로 반응변수라 한다. 일반적으로 반응변수 Y의 변동을 단 하나의 설명변수 X의 선형함수 $\beta_0+\beta_1X$로 설명하기 위한 분석절차를 단순선형회귀분석, 여러 설명변수들의 선형함수 $\beta_0+\beta_1X_1+\cdots+\beta_kX_k$로 설명하기 위한 통계분석 절차를 중선형회귀분석이라 한다.

7.3.1 단순선형회귀모형의 적합

반응변수 Y와 설명변수 X 사이의 통계적 관계는 산점도를 그려봄으로써 가늠할 수 있다. [표 7.3.1]은 1973년부터 1990년까지 우리나라의 1인당 GNP(x)와 자동차 대수(y)에 대한 자료이다. 이 자료에 대한 산점도를 그려보면 [그림 7.3.1]과 같다. [그림 7.3.1]을 보면 약간의 곡선관계가 보이지만 점들이 어떤 직선 주변에 흩어져 나타나 있으므로 두 변수 사이에 대략적으로 직선관계가 있음을 알 수 있다. 이러한 직선관계는 산점도에서 자주 나타나는 관계인데 직선관계가 아닌 경우라도 적절한 변수변환을 통하여 직선관계가 되도록 할 수 있다.

[표 7.3.1] 우리나라의 1인당 GNP(x)와 자동차 대수(y)

x(단위: 만원)	16	22	29	39	49	65	82	96	118
y(단위: 만대)	17	18	19	22	28	38	49	53	57
x(단위: 만원)	133	155	174	191	221	256	302	335	400
y(단위: 만대)	65	79	95	111	131	161	204	266	339

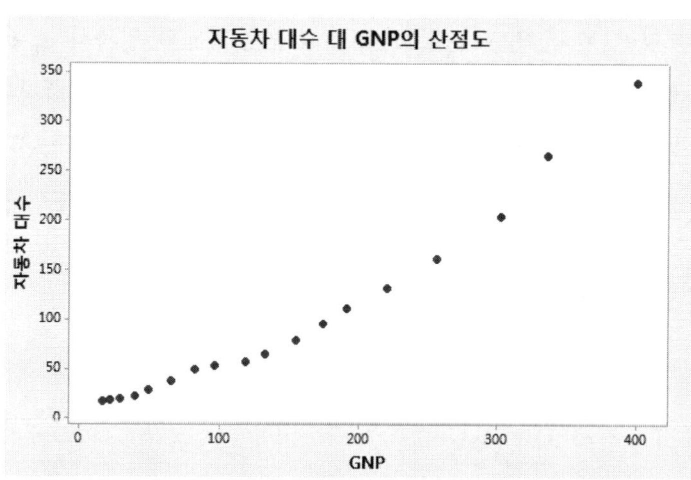

[그림 7.3.1] 1인당 GNP(x)와 자동차 대수(y)의 산점도

변수 y가 오차 없이 변수 x만의 일차식으로 표현된다고 가정하면 두 변수는 절편이 β_0이고 기울기가 β_1인 직선 식

$$y = \beta_0 + \beta_1 x$$

로 정확히 표현될 것이다. 이러한 두 변수의 관계는 변수 x가 한 단위만큼 변할 때 변수 y의 값이 x의 위치와 무관하게 β_1만큼 변하는 것임을 의미한다. 그러나 [그림 7.3.1]의 산점도에서 볼 수 있듯이 모든 점들이 어떤 직선 위에 놓이는 경우는 거의 없다. 이와 같이 관측값이 직선 위나 주변에 흩어져서 나타나는 경우에 두 변수의 관계를 규명하기 위해서는 통계적 개념이 필요하다. 즉, 변수 y의 변동은 x의 변화로 설명할 수 있는 부분 외에 설명할 수 없는 오차 등과 같은 요인에 기인하는 것으로 보고, 이러한 요인에 의한 변동량을 관측할 수는 없지만 어떤 확률적 성질을 갖고 있다고 하는 통계적 개념을 적용하여 문제에 접근하려는 것이다.

반응변수 Y의 변화량은 설명변수 X의 변화로 설명할 수 있는 부분과 X로 설명할 수 없는 오차의 합으로 생각할 수 있다. 이러한 관점에서 X의 변화로 설명되는 Y의 변화량은 X에 비례한다고 가정하고 오차에 대한 확률적 성질을 구체적으로 규정한 통계적 모형을 생각할 수 있다. 설명변수의 x_i값에 대응하는 반응변수의 값 y_i를

$$Y_i = \beta_0 + \beta_1 x_i + \varepsilon_i, \quad E(\varepsilon_i) = 0, \quad Var(\varepsilon_i) = \sigma^2$$

으로 표현되는 확률변수 Y_i의 관측값으로 여기는 모형을 **단순선형회귀모형**이라 한다. 여기서 ε_i들은 평균이 0, 분산이 σ^2으로 동일한 분포를 따르고 서로 독립인 확률변수로 오차항이다.

단순선형회귀모형은 $X = x$일 때 반응변수 Y의 변동을 x의 일차식 $\beta_0 + \beta_1 x$에 의하여 설명하고자 하는 통계모형인데 x만으로 설명되지 않는 Y의 변동 및 측정오차 등을 모두 오차 ε으로 표기하고 있다. 단순선형회귀모형에서 절편 β_0와 기울기 β_1은 회귀계수(回歸係數, regression coefficient)라 부르는 미지의 상수이다. 따라서 β_0와 β_1을 추정하면 단순선형회귀모형은 단 하나의 일차식으로 결정된다.

단순선형회귀모형의 가정에 의하면

$$E(Y_i) = \beta_0 + \beta_1 x_i, \quad Var(Y_i) = \sigma^2$$

이다. 따라서 오차 ε_i들이 서로 독립이고 동일한 정규분포 $N(0, \sigma^2)$를 따른다면 회귀모형으로부터 $X = x_i$일 때 반응변수 Y_i는 평균이 $\beta_0 + \beta_1 x_i$이고 분산이 σ^2인 정규분포를 따르게

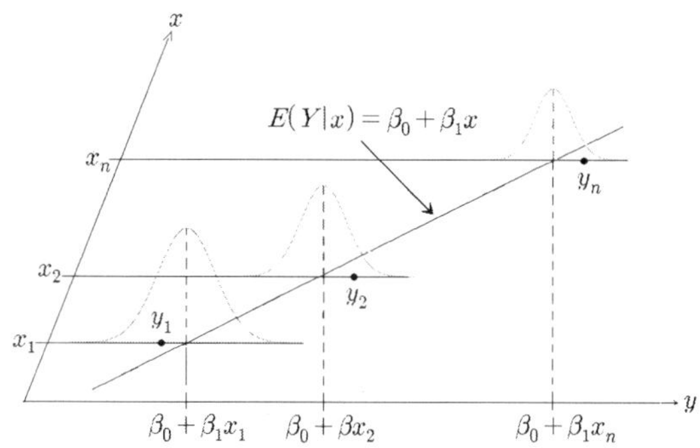

[그림 7.3.2] $Y|x$의 확률분포 $N(\beta_0+\beta_1 x,\, \sigma^2)$와 관측값

된다. 즉,

$$Y_i|x_i \sim N(\beta_0+\beta_1 x_i,\, \sigma^2)$$

이고, y_i는 이 분포에서 관측된 Y_i의 한 값이다. 설명변수의 값 $x_1, x_2 \cdots, x_n$에 대응하는 종속변수 $Y_1, Y_2, \cdots, Y_n$은 서로 독립적으로 추출된다고 가정하고 그 관측값 $y_1, y_2, \cdots, y_n$을 그림으로 나타내면 [그림 7.3.2]와 같다. 따라서 [그림 7.3.2]에서의 관측값 y_1은 평균이 $\beta_0+\beta_1 x_1$인 정규분포에서 관측된 값인데 직선상의 점 $\beta_0+\beta_1 x_1$이 $N(0, \sigma^2)$을 따르는 오차 ε_1에 의하여 변한 것으로 해석할 수 있다.

설명변수 X와 반응변수 Y에 대하여 관측한 자료 $(x_1, y_1), (x_2, y_2), \cdots, (x_n, y_n)$로 그린 산점도에서 자료들이 적절한 직선 주변에 밀집되어 분포하는 것으로 판단되면 X와 Y 사이의 관계를 단순선형회귀모형으로 가정하고, 관측된 자료를 이용하여 미지인 회귀계수 β_1과 절편 β_0를 추정하게 된다. 그런데 선형회귀모형에 자료를 적합한 식

$$y_i = \beta_0 + \beta_1 x_i + \varepsilon_i, \quad i=1, 2, \cdots, n$$

을 모두 만족하는 직선은 구할 수 없으므로 β_0와 β_1을 추정할 적절한 방법이 필요하다.

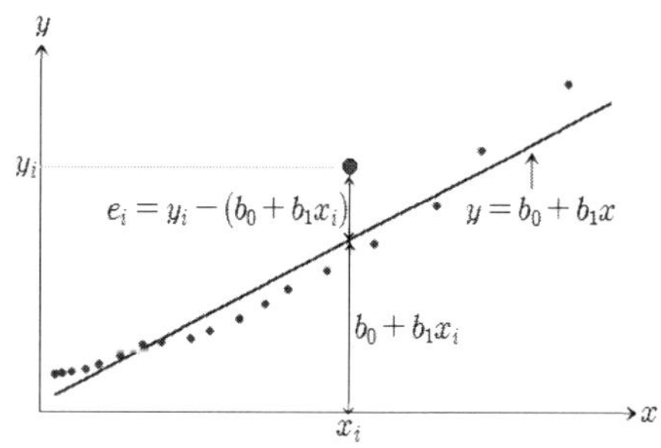

[그림 7.3.3] 산점도와 적합 직선 및 수직거리

앞 쪽의 [그림 7.3.3]은 [그림 7.3.2]의 산점도에 임의의 직선 $y=b_0+b_1x$를 그린 것이다. 이 그림에서 설명변수 x_i에 대응되는 반응변수의 관측값은 y_i이고 직선을 이용하여 x_i에서 추측된 반응변수의 추정값은 $b_0+b_1x_i$가 된다. 여기서 실제 관측값과 직선상의 추정값 간의 수직거리 $e_i=y_i-(b_0+b_1x_i)$를 잔차라 하는데 우리는 n개의 관측값에 대한 잔차들이 전체적으로 최소가 되는 직선을 구하고자 한다. 즉, 잔차의 제곱합이 최소가 되도록 하는 직선을 구하는데 그러한 방법을 **최소제곱법**(least squares method)이라 한다.

최소제곱법에 의하여 β_0와 β_1를 추정하면

$$\hat{\beta}_1=b_1=\frac{s_{xy}}{s_{xx}},\quad \hat{\beta}_0=b_0=\overline{y}-b_1\overline{x}$$

$$s_{xy}=\sum_1^n(x_i-\overline{x})(y_i-\overline{y}),\quad s_{xx}=\sum_1^n(x_i-\overline{x})^2$$

이 된다. 최소제곱추정량을 이용하여 구해지는 직선

$$\hat{y}=\hat{\beta}_0+\hat{\beta}_1x$$

을 최소제곱회귀직선이라 부른다. 최소제곱회귀직선에 의하여 추정된 $\hat{y}_i$는 설명변수 값이 x_i일 때 반응변수 Y_i의 평균 $E(Y_i|x_i)$에 대한 추정값인데 편의상 $\hat{E}(Y_i|x_i)$를 $\hat{y}_i$로 나타내고 있음에 유의하여야 한다.

예제 7.3.1

체중조절 다이어트 식품의 연속 36개월 판매실적에 관한 다음의 자료를 이용하여 광고에 의한 판매촉진 효과를 평가하려고 한다. 최소제곱회귀직선을 구하여라.

번호	판매액	광고비	번호	판매액	광고비	번호	판매액	광고비
1	12.0	15	13	17.3	21	25	16.0	5
2	20.5	16	14	25.3	29	26	20.7	14
3	21.0	18	15	25.0	62	27	26.5	36
4	15.5	27	16	36.5	65	28	30.6	40
5	15.3	21	17	36.5	46	29	32.3	49
6	23.5	49	18	29.6	44	30	29.5	7
7	24.5	21	19	30.5	33	31	28.3	52
8	21.3	22	20	28.0	62	32	31.3	65
9	23.5	28	21	26.0	22	33	32.2	17
10	28.0	36	22	21.5	12	34	26.4	5
11	24.0	40	23	19.7	24	35	23.4	17
12	15.5	3	24	19.0	3	36	16.4	1

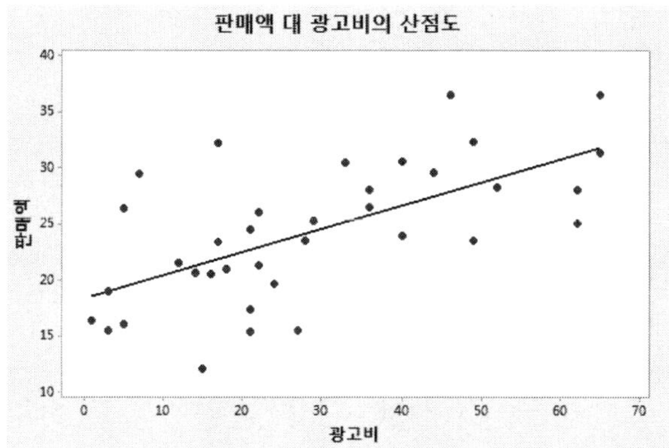

[그림 7.3.4] [예제 7.3.1]의 산점도와 적합 직선

(풀이)

회귀분석에서 첫 번째로 해야 할 일은 산점도를 그려보는 것이다. 산점도를 보고 변수 사이의 관계를 유추하여 분석모형을 설정한다. 엑셀로 회귀선을 표시한 산점도를 그린 [그림 7.3.4]를 보면 주어진 x값에서 y값들의 변동 폭이 약간 크지만 점들이 직선 주변에 분포되어 있으므로 회귀분석모형으로 단순선형회귀모형

$$y = \beta_0 + \beta_1 x + \varepsilon, \quad \varepsilon \sim i.i.d\, \boldsymbol{N}(0, \sigma^2)$$

을 고려한다. 이 모형에 대한 엑셀의 회귀분석 결과로부터 다음과 같은 표

항목	계수	표준오차	t-값	p-값
상수	18.32	1.49	12.31	0.000
광고비	0.2079	0.0438	4.75	0.000

를 작성할 수 있다. 이 표에서 상수항에 대한 계수 18.32가 회귀직선의 절편 β_0에 대한 추정치이고, 광고비 항의 계수 0.2079가 회귀계수 β_1의 추정값이다. 따라서 최소제곱회귀직선은

$$\hat{y} = 18.32 + 0.208x$$

가 된다.

설명변수의 값이 x_i일 때 관측값 y_i와 최소제곱회귀직선에 의한 추정값 $\hat{y}_i$의 차이, 즉,

$$e_i = y_i - (b_0 + b_1 x_i) = y_i - (\hat{\beta}_0 + \hat{\beta}_1 x_i), \quad i = 1, 2, \cdots, n$$

를 **잔차**(residual)라 하는데, 이 잔차 e_i는 단순선형회귀모형에서의 오차항

$$\varepsilon_i = y_i - (\beta_0 + \beta_1 x_i), \quad i = 1, 2, \cdots, n$$

에 대한 추정값으로 간주할 수 있다. 잔차는 그 값이 작을수록 회귀직선에 의한 추정값이 관측값에 잘 적합되고 있음을 의미하는데 이들은 오차항의 분산 σ^2의 크기에 따라 크거

나 작아진다고 할 수 있다. 잔차의 합은 0이므로 잔차들의 제곱합을 이용하여 σ^2을 추정할 수 있다. SSE로 나타내는 잔차들의 제곱합

$$SSE = \sum_1^n e_i^2 = \sum_1^n (y_i - \hat{y}_i)^2$$

은 **잔차제곱합**(residual sum of squares) 또는 **오차제곱합**(error sum of squares)이라 부른다. 한편, 잔차에 대하여

$$\Sigma_1^n e_i = 0, \quad \Sigma_1^n x_i e_i = 0$$

과 같은 선형조건이 성립하므로 n개의 잔차에 대한 제곱합 SSE의 자유도는 $n-2$이다. 따라서 오차분산 σ^2은

$$\hat{\sigma}^2 = \frac{1}{n-2} = \frac{1}{n-2}\sum_{i=1}^n (y_i - \hat{y}_i)^2$$

과 같은 식으로 추정한다. 오차분산의 추정량 $\hat{\sigma}^2$은 **평균제곱오차**(mean squared error)라 부르며 기호 MSE로 나타낸다.

7.3.2 회귀직선에 대한 추론

설명변수 X의 일차식으로 추정된 적합회귀직선에 의하여 반응변수 Y의 변동을 얼마나 설명할 수 있는가를 알아보자. 추정된 회귀직선에 의하여 Y의 변동을 충분히 설명할 수 없다면 그 회귀직선은 별로 쓸모가 없는 것이라 하겠다.

만약 두 변수 사이에 회귀관계가 전혀 없다면 당연히 반응변수의 값은 설명변수 값의 변동 여부에 아무런 영향을 받지 않아야 한다. 단순선형회귀모형에서 설명변수 값의 변화에 따른 반응변수의 변동량은 회귀계수 β_1에 의하여 결정되며 절편 β_0는 반응변수의 변동량과는 무관하다. 따라서 두 변수 사이에 회귀관계가 없다면 설명변수 X의 한 단위 변화에 따른 Y의 변동량을 나타내는 회귀계수 β_1의 값은 0이 되어야 하므로 모형은 $y = \beta_0 + \varepsilon$이고, β_0의 추정량은 $\bar{y}$이므로 적합회귀직선 $\hat{y}$는 $\bar{y}$와 거의 일치하여 $\hat{y} - \bar{y}$는 0에 가깝게 될 것이다. 반대로 회귀관계가 확실히 존재한다면 적합회귀직선과 평균의 차이는 상대적으로 커질 것이다.

관측값 y_i와 y_i들의 평균 $\bar{y}$와의 차이인 총편차 $y_i - \bar{y}$는 다음 쪽의 [그림 7.3.5]처럼

$$y_i - \bar{y} = (\hat{y}_i - \bar{y}) + (y_i - \hat{y}_i)$$

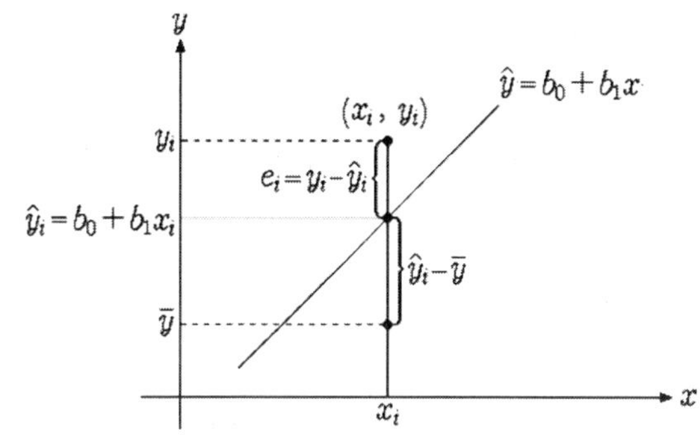

[그림 7.3.5] 총편차의 분해

와 같이 분할할 수 있다. 여기서 $\hat{y}_i-\bar{y}$는 x의 변화에 따른 y의 변화량을 나타내는 것으로 회귀직선에 의하여 설명할 수 있는 편차이고, 잔차 $y_i-\hat{y}$는 오차항에 기인하는 것으로 설명할 수 없는 편차이다. 따라서 회귀직선이 자료에 잘 적합된 것이라면 $y_i-\bar{y}$는 $\hat{y}_i-\bar{y}$와 거의 일치하여야 할 것이다.

n개의 관측값에 대한 총편차의 제곱합은 총편차의 분해식 양변을 제곱하여 합하면

$$\sum_{i=1}^{n}(y_i-\bar{y})^2=\sum_{i=1}^{n}(\hat{y}_i-\bar{y})^2+\sum_{i=1}^{n}(y_i-\hat{y}_i)^2$$

이 된다. 이 식은 총편차의 제곱합이 회귀직선으로 설명되는 편차의 제곱합과 잔차제곱합으로 쪼개지고 있음을 보이고 있다. 총편차의 제곱합은 관측값 y_i들의 변동량을 나타내는 것으로 **총제곱합**(total sum of squares)이라고 하며 기호 SST로 나타낸다. 그리고 회귀직선으로 설명되는 편차의 제곱합은 **회귀제곱합**(sum of square due to regression)이라 부르며 기호 SSR로 표기한다.

관측값들이 평균 수변에 흩어진 정도를 나타내는 총제곱합 SST는 총변동 중에서 회귀선으로 설명할 수 있는 부분인 회귀제곱합 SSR과 회귀선으로 설명할 수 없는 변동을 나타내는 잔차제곱합 SSE의 합으로 표현된다. 따라서 SST 중 SSR이 차지하는 부분이 크다는 것은 회귀직선이 관측결과를 잘 설명해 주고 있음을 의미한다. 총변동에서 회귀선으로 설명할 수 있는 부분은 SST에 대한 SSR의 비율, 즉,

$$R^2=\frac{\mathrm{SSR}}{\mathrm{SST}}=1-\frac{\mathrm{SSE}}{\mathrm{SST}}$$

로 나타내는데 이를 **결정계수**(決定係數, coefficient of determination)라 한다. R^2은 0 이상 1 이하인 값으로 회귀직선의 기여율을 나타낸다. 그리고 R^2은 표본상관계수 r의 제곱

과 같다. 따라서 R^2의 값이 1에 가까울수록 산점도에서 점들이 회귀직선 주변에 밀집되어 있어서 선형회귀모형이 관측결과를 잘 설명해 주고 있음을 나타낸다.

결정계수 R^2의 값이 0에 가깝다면 두 변수 사이의 관계를 선형모형으로 나타내는 것이 적절하지 않음을 의미한다. 산점도에서 점들이 수평선 주변에 퍼져 있어서 특별한 경향을 보이지 않는다면 두 변수 사이에 아무런 관계가 없다고 할 수 있다. 이런 경우에는 R^2이 거의 0에 가까운 값이 되고 두 변수 사이에 다른 적절한 모형을 기대할 수도 없을 것이다. 또한, 산점도에서 점들이 곡선 주변에 띠를 형성하여 분포하고 있으면 R^2이 0에 가까운 값이 된다. 이런 경우는 두 변수 사이에 직선관계를 가정한 선형모형이 부적절함을 의미하며 두 변수 사이의 통계모형으로 비선형모형을 고려해야 한다.

사실, 회귀직선의 설명력을 검토하기에 앞서 회귀직선이 유의미한 것인가를 살펴보아야 한다. 회귀계수의 추론에는 최소제곱추정량의 표본분포가 필요하다. 단순선형회귀모형의 세 가지 가정인 선형성, 등분산성, 독립성에 더하여 오차항이 정규분포를 따른다는 가정을 더하면 추론에 필요한 표본분포를 구할 수 있다. 따라서 통계적 추론에서는 선형성에 대한 가정과 $\varepsilon \sim i.i.d\, \boldsymbol{N}(0, \sigma^2)$이라는 가정의 타당성을 검토해야 한다. 이 문제에 대하여는 7.3.3절에서 논의하기로 하고, 회귀모형에 대한 가정이 타당하다는 전제 하에서 회귀직선의 추론에 대하여 알아보자.

설명변수 x가 반응변수 Y의 변동을 설명하는데 기여한다는 것은 회귀직선의 기울기가 0이 아니라는 것이므로 회귀직선의 유의성 검정은 귀무가설 $H_0: \beta_1 = 0$에 대한 대립가설 $H_1: \beta_1 \neq 0$의 검정과 같다. 이 검정의 검정통계량 F_0에 대하여는 H_0가 참일 때

$$F_0 = \frac{\text{SSR}/1}{\text{SSE}/(n-2)} \sim \boldsymbol{F}(1, n-2)$$

임이 알려져 있다. 따라서 검정통계량 F_0의 관측값 f_0에 대한 유의확률이 주어진 유의수준 α보다 작으면 귀무가설 $H_0: \beta_1 = 0$를 기각한다. 회귀직선의 유의성 검정을 위한 통계량들은 [표 7.3.2]와 같은 분산분석표로 요약된다.

[표 7.3.2] 회귀직선의 유의성 검정을 위한 분산분석표

변동요인	제곱합	자유도	평균제곱	F_0-값	p-값
회귀	SSR	1	MSR = SSR	f_0 = MSR/MSE	$P(F_0 \geq f_0)$
잔차	SSE	$n-2$	MSE = SSE/$(n-2)$		
계	SST	$n-1$			

분산분석표에서 평균제곱은 대응하는 제곱합을 그 자유도로 나눈 값이다. 분산분석표에서 유의확률이 주어진 유의수준 α이하이면 귀무가설 $H_0: \beta_1 = 0$를 기각하고 관측된 자료에 추정된 회귀직선이 잘 적합되는 것으로 해석한다. 그러나 결정계수 값이 작을 때는 Y의 변동을 설명하는데 기여할 수 있는 또 다른 설명변수가 있는가를 살펴보아야 한다.

예제 7.3.2

[예제 7.3.1]의 회귀모형에서 분산분석표를 작성하여 회귀직선의 유의성을 검정하여라.

(풀이)

엑셀의 회귀분석에 의하면 다음과 같은 결과

분산분석

변동요인	자유도	제곱합	평균제곱	F-값	P-값
회귀	1	533.2	533.20	22.54	0.000
오차	34	804.1	23.75		
계	35	1337.3			

모형요약

S	R-제곱	R-제곱(수정)
4.863	39.87%	38.10%

를 작성할 수 있다. 분산분석표에서 귀무가설 $H_0: \beta_1 = 0$를 검정하기 위한 검정통계량의 관찰값 $f_0 = 22.54$에 대한 유의확률 0.000이 아주 작으므로 H_0를 기각한다. 즉, [예제 7.3.1]에서 추정된 회귀직선

$$\hat{y} = 18.32 + 0.208x$$

은 유위수준 1% 미만에서 유의하다. 그러나 결정계수 R^2의 값이 39.87%로 작아서 광고비만으로는 판매액의 변동을 충분히 설명할 수 없으므로 회귀모형에 또 다른 설명변수를 추가한 회귀모형을 고려할 필요가 있다.

한편, $\varepsilon \sim i.i.d\, \boldsymbol{N}(0, \sigma^2)$이면 β_1의 최소제곱추정량 $\hat{\beta}_1$를 표준화한 통계량 T_0에 대하여

$$T_0 = \frac{\hat{\beta}_1 - \beta_1}{\hat{\sigma} / \sqrt{s_{xx}}} \sim \boldsymbol{t}(n-2)$$

임이 알려져 있다. 따라서 $H_0: \beta_1 = 0$의 검정에서 T_0를 검정통계량으로 사용할 수 있다. 사실, 회귀직선의 유의성에 대한 t-검정은 분산분석표를 이용한 F-검정과 동일한 검정이다.

[예제 7.3.1]에 제시된 분석결과를 이용하여 $H_0: \beta_1 = 0$에 대한 t-검정을 해보면 검정통계량 T_0의 관찰값 $t_0 = 4.75$에 대한 유의확률이 0.000으로 아주 작으므로 H_0를 기각하게 된다. 여기서

$$t_0^2 = (4.75)^2 = 22.54 = f_0$$

이고, 회귀직선의 유의성 검정에서 t-검정은 F-검정과 동일한 검정임을 알 수 있다.

귀무가설 $H_0: \beta_1 = 0$의 검정에서 유의할 점은 귀무가설이 기각되지 않는 경우에 종속변수 Y가 독립변수 X에 의하여 설명할 수 없다고 결론을 내려서는 안 된다는 것이다. 왜냐하면, 두 변수 사이에 직선관계가 실제로 존재하지만 주어진 x값의 범위 내에서 직선관계가 나타나지 않았거나 두 변수 사이에 곡선 관계가 존재하여 귀무가설이 기각되지 않을 수 있기 때문이다. 따라서 귀무가설을 기각할 수 없으면 두 변수 사이에 직선관계가 없는 것으로 해석해야 한다.

다음으로 귀무가설 $H_0: \beta_0 = \beta_{00}$의 검정에서는 검정통계량

$$T_0 = \frac{\hat{\beta}_0 - \beta_{00}}{\widehat{\text{s.e}}(\hat{\beta}_0)}$$

의 분포가 $t(n-2)$임이 알려져 있으므로 t-검정을 한다. [예제 7.3.1]에서 $H_0: \beta_0 = 0$에 대한 $H_1: \beta_0 \neq 0$을 검정해 보면 검정통계량의 관찰값 $t_0 = 12.31$에 대한 유의확률이 0.000이므로 유의수준 1% 이하에서 H_0를 기각한다. 즉, 회귀직선의 절편은 0이라고 할 수 없다.

7.3.3 잔차분석

회귀직선이 자료에 잘 적합된 것으로 설명력이 크다고 하여 가정한 선형모형이 타당한 것이라고 말할 수는 없다. 설정한 단순선형회귀모형이 타당한 것인가는 오차항에 대한 가정이 실제 자료에 타당한 것인가로 판단한다. 단순선형회귀모형의 오차항 ε_i에 대한 네 가지 가정은 잔차를 통하여 검토할 수 있다. 잔차의 검토에서 오차항에 대한 가정이 타당하다고 판단될 때 7.3.2절의 추론이 의미가 있게 된다.

오차항 ε_i에 대한 네 가지 가정은 오차들이 정규분포 $\boldsymbol{N}(0, \sigma^2)$을 따르며 서로 독립이라는 것이다. 오차 ε_i는 잔차 e_i로 추정할 수 있으므로 e_i를 ε_i에 대한 관측값으로 생각하여 오차항에 대한 가정을 검토한다.

잔차 e_i는 평균이 0, 분산이 $\sigma^2(1 - h_{ii})$인 정규분포를 따르는 것으로 알려져 있고 h_{ii}는

x_i가 $\bar{x}$에서 멀어질수록 그 값이 커진다. 여기서 중요한 사실은 ε_i의 분포가 $\boldsymbol{N}(0, \sigma^2)$으로 ε_i는 x_i의 값과 관계없이 모두 같은 분산 σ^2을 갖는다는 것이다. 그러나 e_i의 분포는 평균이 0, 분산이 $\sigma^2(1-h_{ii})$인 정규분포이므로 e_i의 분산이 x_i의 값에 따라 변한다. 따라서 e_i 대신 약간 수정한 산차, 즉, e_i를 e_i의 표준오차로 나눈 **스튜던트화 잔차** t_i를 이용하여 오차항에 대한 가정을 검토한다.

잔차를 이용하여 선형회귀모형의 가정을 검토하는 과정을 **잔차분석**(analysis of residual)이라 하는데, 잔차분석은 $(x_1, t_2), \cdots, (x_n, t_n)$을 좌표평면에 표시한 **잔차도**(殘差圖, residual plot)를 이용한다. 잔차도는 설명변수 x_i나 적합값 $\hat{y}_i$를 x축, 잔차 e_i나 스트던튜화 잔차 t_i를 y축으로 하는 좌표평면에 각 관측치에 대응되는 잔차를 표시하여 작성한다. 이렇게 작성된 잔차도는 가정된 모형의 함수관계에 대한 부적당함이나 가정된 등분산성 또는 정규성이 위배됨을 파악할 수 있다.

[예제 7.3.1]의 회귀직선으로 구한 잔차를 이용하여 작성된 잔차도가 [그림 7.3.6]이다. 잔차도는 [그림 7.3.6]과 같이

(i) 잔차들이 전체적으로 0에 대하여 대칭적으로 분포하고,

(ii) 설명변수의 값에 따른 잔차의 산포가 크게 다르지 않으며,

(iii) 점들이 특정한 형태를 띠면서 나타나지 않고,

(iv) 거의 모든 점들이 ±2의 범위 이내에 나타나면

분석모형으로 단순선형회귀모형을 적용하는 것이 타당하다고 할 수 있다.

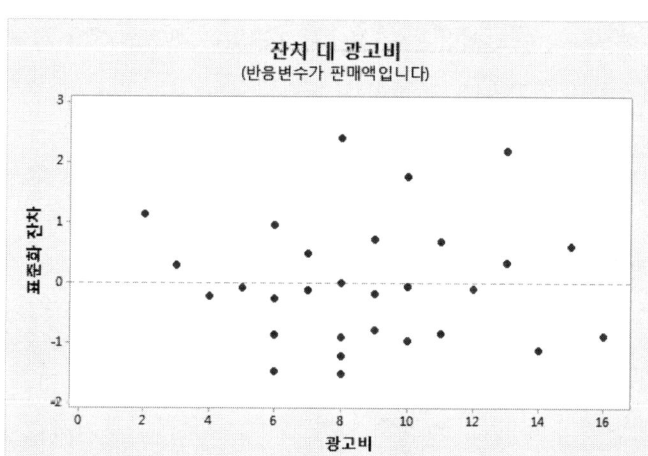

[그림 7.3.6] 타당한 표준화 잔차도

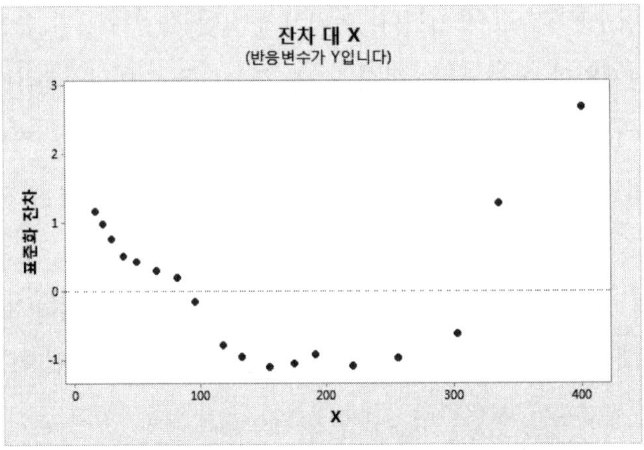

[그림 7.3.7] 연습문제 01번에서의 표준화 잔차도

1. 선형관계 및 이상치 검토

잔차도가 [그림 7.3.7]과 같이 어떤 함수관계가 표출되는 경우에는 가정한 선형모형의 타당성을 의심하지 않을 수 없다. [그림 7.3.7]의 잔차도를 보면 표준화 잔차들이 이차곡선의 형태를 띠면서 나타나고 있음을 알 수 있다. 이와 같이 설명변수의 값에 따른 표준화 잔차들이 특정한 형식을 따라 나타나는 것은 가정한 선형모형이 타당하지 않음을 의미한다. 이런 경우에는 다항회귀모형이나 새로운 독립변수를 고려한 중회귀모형 등을 가정하고 자료를 재분석하여야 한다.

회귀분석에서 이상치는 가정된 모형을 따르지 않는 관측치를 말하는데 단순선형회귀모형의 경우에는 설명변수의 값 x에서의 반응값 y가 평균반응 $\beta_0+\beta_1 x$에서 많이 벗어나거나 x에서 반응변수의 분산이 σ^2보다 아주 큰 경우에 이상치가 발생한다. 표준화 잔차 t_i의 절대값이 2.5보다 큰 관측치는 이상치로 간주할 수 있다. [그림 7.3.7]에서 오른쪽 최상단의 관측치는 이상치로 여겨진다. 이상치로 판명된 관측치는 별도의 검토 분석이 필요하며 때로는 이상치를 제외한 자료들로 다시 분석하기도 한다.

2. 오차의 등분산성 검토

등분산성은 $Var(\varepsilon_i)=\sigma^2$으로 표현되는 오차에 대한 가정이다. 다음 쪽의 [그림 7.3.8]과 같은 잔차도를 보면 x_i의 값이 커짐에 따라 표준화 잔차가 퍼져있는 폭도 증가함을 알 수 있다. 이것은 설명변수 x의 값이 커짐에 따라 오차의 산포가 증가하는 경향이 있으므로 등분산성의 가정에 위배되는 경우로 판단할 수 있다.

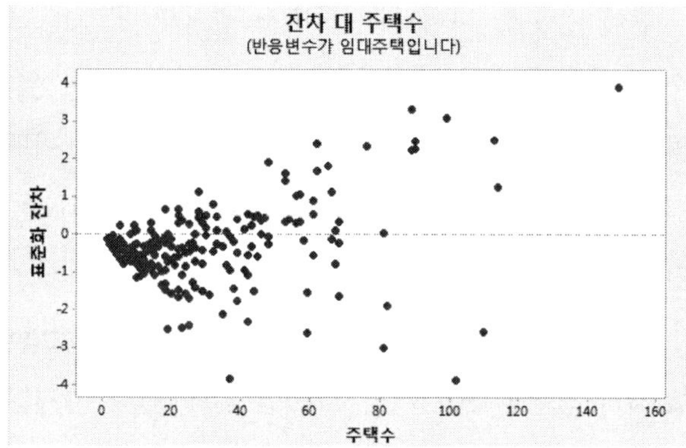

[그림 7.3.8] 등분산성 위배 잔차도

[그림 7.3.8]의 잔차도와 같이 잔차의 분산이 x_i에 비례하여 커지는 경우에는 $\sigma_i^2 = x_i \sigma^2$이라 할 수 있으므로 $w_i = x_i^{-1}$를 가중치로 사용하는 가중회귀분석을 실시하거나 반응변수 y를 변환하여 회귀분석을 실시하면 문제를 해결할 수 있다.

3. 오차의 독립성 검토

회귀모형에서 가장 중요한 가정은 오차 ε_i가 서로 독립이라는 것이다. 실제 문제에서 오차의 독립성을 보장하기 위하여 관측치를 얻는 순서를 랜덤하게 정하는 등의 방법을 사용함으로써 실험을 할 때 각 추출단위가 독립이 되도록 실험을 설계하기도 한다. 그러나 물가나 주식가격과 같이 시간의 흐름에 따라 관측치를 얻게 되는 경우에는 관측치의 순서를 랜덤하게 정할 수 없으므로 오차가 독립이라는 가정이 위배되는 경우가 흔히 발생한다.

잔차도가 [그림 7.3.9]와 같이 시간의 흐름이나 관측 순서에 따라 잔차들의 값이 양수의

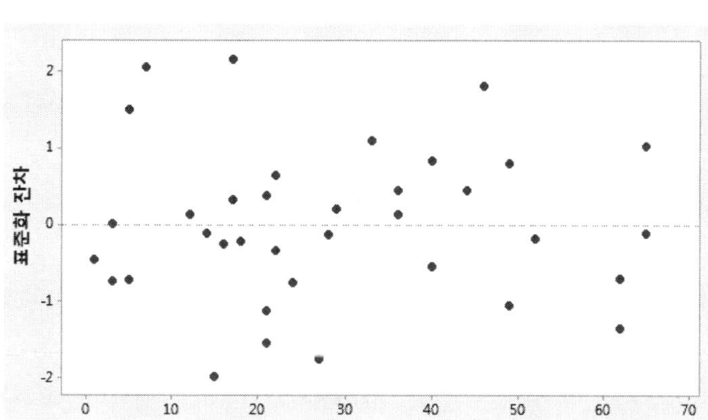

[그림 7.3.9] 자기상관이 있는 표준화 잔차도

값으로 나타나다가 다음에 음수로 나타나는 형태가 반복되는 체계적인 경향을 보인다면 잔차가 시간의 흐름이나 관측의 순서에 영향을 받는 것으로 볼 수 있으므로 독립성의 가장에 위배되는 것으로 판단된다. 또한 잔차의 산점도에서 점들이 어떤 직선을 따라 모여 있다면 e_i는 직전의 e_{i-1}과 상관관계가 있다고 판단되므로 오차의 독립성에 위배된다고 할 수 있다. 사실, 이와 같은 오차 간의 **자기상관**(自己相關, autocorrelation)관계는 잔차도를 통해서 쉽게 파악할 수 있는 것은 아니고 보통은 **Durbin-Watson 통계량**을 이용하여 검정한다. Durbin-Watson 검정통계량 D는 오차항 간에 음의 자기상관이 존재하면 4에 가까운 값을 갖게 되고, 양의 자기상관이 존재할 때는 0에 근접하는 값이 된다. D값이 2에 근접하면 자기상관이 없는 것으로 본다. 오차에 자기상관관계가 있는 것으로 판단되면 시계열 모형을 쓰는 것이 바람직하다.

4. 오차의 정규성 검토

오차의 분포를 파악하는 방법으로 잔차에 대한 히스토그램을 그려서 정규분포를 따른다고 할 수 있는지를 대략적으로 검토할 수 있다. 정규분포는 대칭이라는 성질을 가지고 있으므로 잔차의 히스토그램에서 분포의 모양이 비대칭이라면 오차가 정규분포를 따른다고 보기는 힘들다. 그러나 분포가 대칭이라고 하여 반드시 정규분포를 따른다고 할 수는 없다. 따라서 잔차의 정규성을 파악하는 데에는 [그림 7.3.10]과 같은 정규확률도를 이용한다. 잔차에 대한 정규확률도에서 점들이 직선 주변에 가까이 위치하여 있으면 잔차는 정규분포를 따른다고 할 수 있다. 그러나 점들이 곡선의 형태를 보이거나 직선으로 멀리 벗어나 있다면 잔차가 정규분포를 따른다고 할 수 없다.

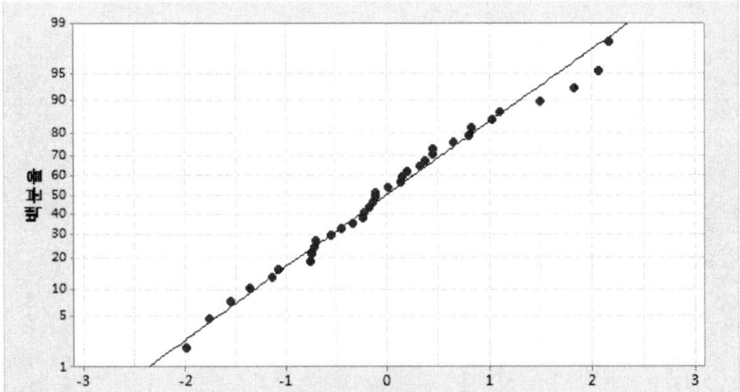

[그림 7.3.10] 정규확률도

정규확률도는 정규분포 분위수 대조도라고도 하는데, x축에 표준화 잔차를 크기 순서로 늘어놓고 y축에 대응하는 정규분포의 백분위수를 나타내도록 xy-평면상에 잔차의 산점도를 그린 그림을 말한다. 만약 n개의 점이 대개 일직선상에 있는 경우 정규성에 대한 가정은 받아들여지지만 직선의 형태를 벗어나 역 S자의 형태를 이루는 경우는 Cauchy분포와 같이 정규분포에 비해 꼬리가 두꺼운 확률분포를 따른다고 할 수 있다. [그림 7.3.10]은 [그림 7.3.7]의 표준화 잔차를 이용하여 그린 정규확률도인데 거의 대부분의 점들이 직선 주변에 가까이 분포하고 있으므로 오차는 정규분포를 따른다고 할 수 있다.

7.4 중회귀분석

두 개 이상의 설명변수를 이용하여 반응변수 Y의 변화를 설명하기 위한 회귀모형을 **중회귀모형**(重回歸模型, multiple regression model)이라 한다. 예컨대, 두 설명변수 X_1, X_2의 값 x_1, x_2에서 관측되는 반응변수 Y_i들에 대하여

$$Y_i = \beta_0 + \beta_1 x_1 + \beta_2 x_2 + \varepsilon_i$$

과 같은 선형관계를 가정한 모형을 **중선형회귀모형**이라 한다. 여기서 β_0와 β_1, β_2는 추정해야 할 회귀계수들이며, ε_i는 평균이 0, 분산이 σ^2인 정규분포를 따르고 서로 독립인 오차항이다. 중선형회귀분석에서 선형관계의 타당성을 검토하기 위하여 자료의 산점도를 그려보는 작업이 반드시 필요하다. 그런데 중회귀분석의 경우는 k개의 변수를 취급하고 있기 때문에 단순회귀와는 달리 자료를 동시에 그래프로 표현하기는 어렵다. 그러나 최소한 x_i와 y_i를 짝으로 하여 xy-평면 위에 산점도를 그려 보아야 한다.

중선형회귀분석에 대해서는 [예제 7.3.1]의 재분석을 통해서 간단히 살펴보도록 한다.

예제 7.4.1

[예제 7.3.1]의 자료에 대한 적절한 선형회귀모형을 구하여라.

(풀이)

[예제 7.3.2]에서 추정된 회귀직선은 가정한 단순선형모형에 잘 적합된다고 할 수 있다. 그러나 독립변수(광고비)의 설명력을 나타내는 결정계수는 39.87%로 광고비만으로는 판매액의 변동을 충분히 설명할 수 없음을 알 수 있었다. 그리고 Durbin-Watson 통계량의 값을 구해보면 1.248로 2보다 상당히 작아서 오차들 간에 자기상관관계가 있는 것으로 보인다. 실제로 다음 쪽에 제시된 잔차도 [그림 7.4.1]을 보면 표준화 잔차들이 그룹을 형성하여 증가 또는 감소 직선 주변에 분포하고 있는 경향을 보이고 있어서 오차항의 독립성을 의심하게 한다. 즉, 추정한 회귀직선이 가정한 선형모형에 잘 적합되고 있지만 설명력이 아주 약하고 오차항이 독립이라는 보장이 없으므로 새로운 설명변수를 추가한 모형을 설정하기로 한다.

당월의 판매액은 당월의 광고비뿐만 아니라 누적된 광고 효과에 의한 전월의 판매량도 영향을 받을 것으로 생각된다. 따라서 다음과 같은 이중 선형모형

$$y_t = \beta_0 + \beta_1 x_t + \beta_2 y_{t-1} + \xi_t, \quad \xi_t \sim i.i.d\ \boldsymbol{N}(0, \sigma^2)$$

을 가정하여 중회귀분석을 실시하기로 한다. 이런 모형을 분석하기 위한 자료는

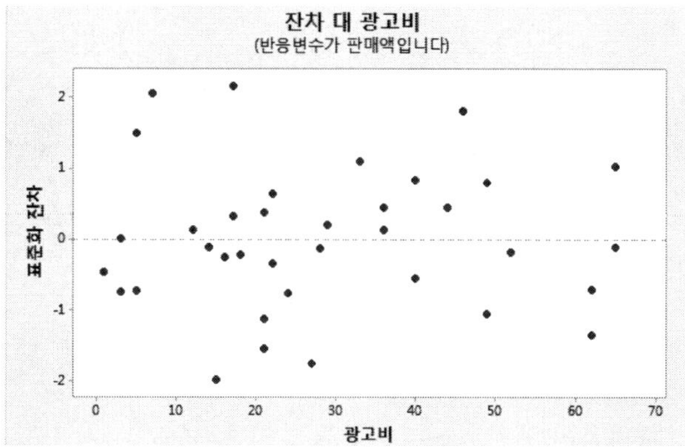

[그림 7.4.1] [예제 7.3.1]의 회귀직선에 대한 잔차도

$$(x_2, y_1, y_2),\ (x_3, y_2, y_3),\ \cdots\ ,\ (x_n, y_n, y_{n-1})$$

이어야 하므로 자료의 첫 번째 관측치는 분석에 사용할 수 없다. 자료를 위와 같은 구조로 바꾸어서 중회귀분석을 실시하면

분산 분석

출처	DF	Adj SS	Adj MS	F-값	P-값
회귀	2	795.43	397.714	32.84	0.000
당월광고비	1	237.98	237.977	19.65	0.000
전월판매액	1	323.55	323.548	26.72	0.000
오차	32	387.50	12.109		
총계	34	1182.93			

와 같은 결과를 얻을 수 있다. 이 분산분석표에서 추정된 회귀직선의 유의성을 검정하기 위한 검정통계량의 관찰값이 32.87이고 이에 대한 유의확률이 0.000이므로 추정된 회귀직선은 가정한 선형모형에 잘 적합된다고 할 수 있겠다. 그런데 결정계수는 62.4%이므로 당월 광고비와 전월 판매액에 의하여 당월 판매액의 변동을 어느 정도는 설명할 수 있어서 가정한 모형은 유용하다 하겠다. 추정된 회귀직선은

계수

항	계수	SE 계수	T-값	P-값
상수	7.45	2.47	3.02	0.005
당월광고비	0.1465	0.0330	4.43	0.000
전월판매액	0.5280	0.102	5.17	0.000

회귀 방정식

당월판매액 = 7.45 + 0.1465 당월광고비 + 0.528 전월판매액

으로부터

$$\hat{y}_t = 7.45 + 0.1465 x_t + 0.528 y_{t-1}$$

이고, β_0, β_1 및 β_2의 유의성 검정에서 유의확률은 모두 0.000이므로 회귀식은 유의하다. 그리고 Durbin-Watson 통계량의 값이 2.026로 2와 거의 같은 값이므로 오차들 간의 자기상관관계는 없는 것으로 판단된다. 실제로 잔차도

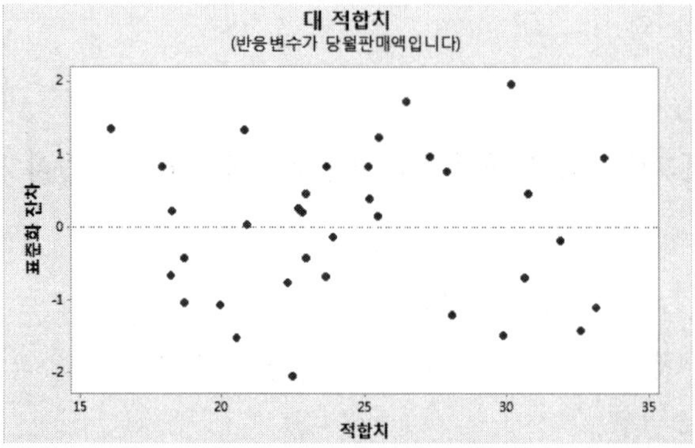

를 보면 오차항의 독립성을 의심할만한 경향이 보이지 않는다. 또, 잔차에 대한 정규확률도

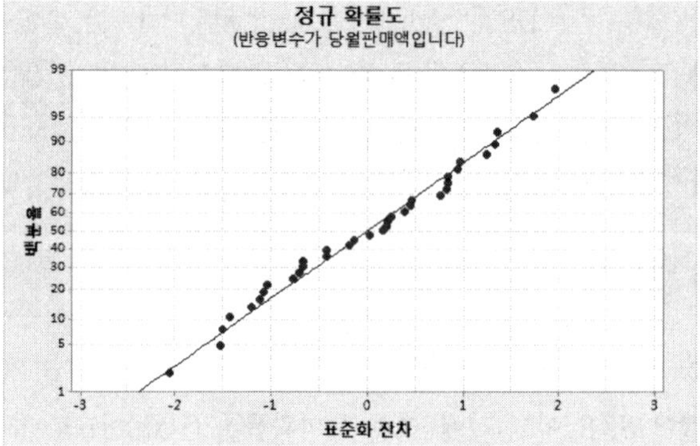

를 보면 잔차는 정규분포를 따른다고 할 수 있다. 이상의 결과를 종합하면 당월의 판매액을 예측할 수 있는 식으로

$$\hat{y}_t = 7.45 + 0.1465 x_t + 0.528 y_{t-1}$$

은 적절한 회귀식이라 할 수 있다.

연 습 문 제

01. [표 7.3.1]의 자료를 이용하여 단순선형회귀분석을 실시하고, 잔차도를 작성하여 모형의 타당성을 검토하여라.

02. 미국에서 흑인과 백인의 교육수준별 주관적 계급의식에 대한 조사를 통해 얻은 자료에 회귀분석을 적용한 결과 아래 그림과 같은 관계를 얻을 수 있었다. 다음 중 이 그림에 대한 설명으로 잘못된 것은 무엇인가? 그림에서 변수 값이 상, 중, 하로 표시된 것은 그림의 편의를 위한 것으로 실제 측정과 분석은 연속변수로 이루어졌다.

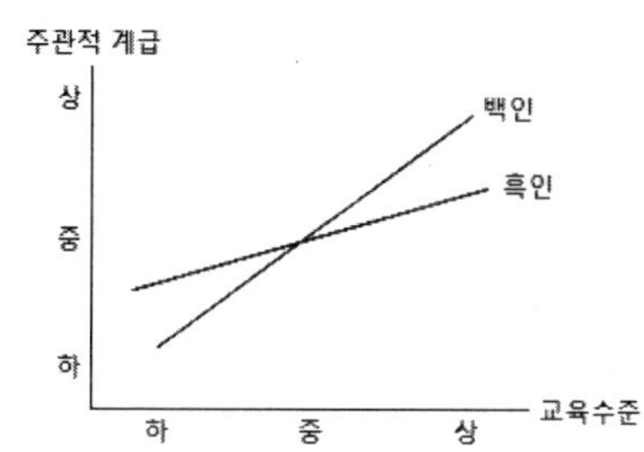

가. 흑, 백 모두 교육수준이 상승함에 따라 주관적 계급의식 역시 높아진다.

나. 흑인의 주관적 계급의식은 중간 이상의 교육수준을 받았을 경우 백인보다 낮지만 그 이하일 경우 백인보다 높다.

다. 교육수준이 흑인의 주관적 계급의식에 미치는 영향의 정도는 백인에 비해 더 낮다.

라. 주관적 계급의식에 대하여 영향을 미치는 독립변수로서 인종과 교육수준 간에는 통계적 상호작용이 존재하지 않는다.

03. 소득은 보통 교육과 비례한다고 한다. 하지만, 우리 사회와 같이 남녀의 직업불평등이 있는 사회에서 소득은 성별에 따라 크게 차이가 난다. 이것을 검정하기 위한 선형회귀모형으로

$$y = \beta_0 + \beta_1 x_1 + \beta_2 x_2 + \beta_3 x_1 x_2 + \varepsilon$$

을 설정하였다. 여기서 y는 100만원 단위의 소득, x_1은 교육년수, x_2는 성별을 나타내는 변수로 남자는 1, 여자는 0의 값을 갖는다. 자료를 분석한 결과 회귀계수의 추정치는 $\hat{\beta}_0 = 6.0$, $\hat{\beta}_1 = 2.5$, $\hat{\beta}_2 = 1.5$, $\hat{\beta}_3 = 0.5$이고 도출된 통계량은 모두 유의하다고 한다. 남, 여 각각의 회귀식을 구하여라.

04. 다음 자료를 이용하여 회귀분석 및 잔차분석을 하고 그 결과를 해석하여라.

(1)

번호	1	2	3	4	5	6	7	8	9	10
x	860	860	848	868	878	867	848	857	841	850
y	567	554	574	587	595	585	545	565	595	585
번호	11	12	13	14	15	16	17	18	19	20
x	831	832	824	822	824	825	834	834	835	874
y	625	629	615	604	632	603	592	617	638	581

(2)

번호	1	2	3	4	5	6	7	8	9	10
x	129	127	125	123	126	127	87	129	149	123
y	39.8	53.7	52.8	47.8	57.5	51.6	79.6	65.1	51.6	48.9
번호	11	12	13	14	15	16	17	18	19	20
x	130	84	135	150	122	128	146	137	150	130
y	37.8	84.7	54.8	48.1	50.2	54.3	54.0	58.8	47.8	35.1

05. 다음 자료를 이용하여 아래에 주어진 문제를 분석하여라.

번호	pH (X_1)	탁도 (X_2)	염소량 (X_3)	약품농도 (X_4)	부식도 (Y)	번호	pH (X_1)	탁도 (X_2)	염소량 (X_3)	약품농도 (X_4)	부식도 (Y)
1	7.93	11.9	19.0	59.8	2.2	16	7.96	9.8	16.5	34.5	12.2
2	8.07	12.9	26.6	59.6	10.3	17	7.87	9.4	15.3	32.4	11.2
3	7.85	11.0	17.0	26.3	19.5	18	7.83	11.0	13.8	56.9	3.2
4	7.98	9.3	15.3	27.4	13.2	19	7.72	4.0	11.8	23.9	5.4
5	7.77	6.4	13.1	51.5	7.2	20	7.67	13.0	24.6	53.9	19.8
6	7.87	7.1	11.9	41.9	23.5	21	7.77	6.0	12.5	35.5	10.6
7	8.07	12.9	26.6	59.6	10.3	22	7.66	4.0	10.1	49.3	9.1
8	7.85	11.0	17.0	26.3	19.5	23	7.48	2.0	7.8	70.9	4.0
9	7.98	9.3	15.3	27.4	13.2	24	7.57	2.0	8.5	81.4	3.5
10	7.89	7.1	13.5	44.9	8.0	25	7.71	4.0	9.8	92.0	1.7
11	7.96	9.8	16.5	34.5	12.2	26	7.60	7.0	11.6	81.8	4.3
12	7.87	9.4	15.3	32.4	11.2	27	8.21	21.4	84.7	68.1	18.7
13	7.83	13.0	17.6	24.9	36.2	28	8.20	26.4	127.4	54.7	19.4
14	7.92	11.4	17.4	37.3	18.9	29	8.20	31.3	38.3	76.3	17.8
15	7.89	7.1	13.5	44.9	8.0	30	7.84	13.4	24.9	72.1	2.6

(1) (X_i, Y), $i=1,2,3,4$의 산점도를 그리고 상관분석을 하여라.

(2) (X_i, Y), $i=1,2,3,4$ 각각에 대하여 단순선형회귀분석을 실시하고 그 결과를 해석하여라. 또, 잔차분석을 통하여 모형의 타당성을 검토하여라.

(3) (X_1, X_2, X_3, X_4)를 독립변수로 한 다중선형회귀분석을 실시하고 그 결과를 해석하여라. 또, 잔차분석을 통하여 모형의 타당성을 검토하여라.

06. [표 7.3.1]의 자료를 이용하여

(1) 중선형회귀모형

$$y=\beta_0+\beta_1 x+\beta_2 x^2+\varepsilon$$

을 가정하고 회귀분석을 한 다음 잔차도를 그려서 모형의 타당성을 검토하여라.

(2) 종속변수를 적절히 변환하여 단순선형회귀분석을 하고 잔차분석을 하여라.

제7장 엑셀 코드

예제 7.2.1

1. 자료 입력 : Column A와 B에 자료 입력

	A	B
1	6.4	4.3
2	6.5	7.1
3	5.1	4.9
4	6.8	1.8

2. 상관계수, 검정통계량, 유의확률

	D
1	=CORREL(A1:A24,B1:B24)
2	=D1*SQRT(22/(1-D1^2))
3	=T.DIST.2T(D2,22)
4	

3. A1 셀부터 B24 셀까지 선택 ⇒ 메뉴줄의 삽입을 클릭 ⇒ 산점도 아이콘 클릭

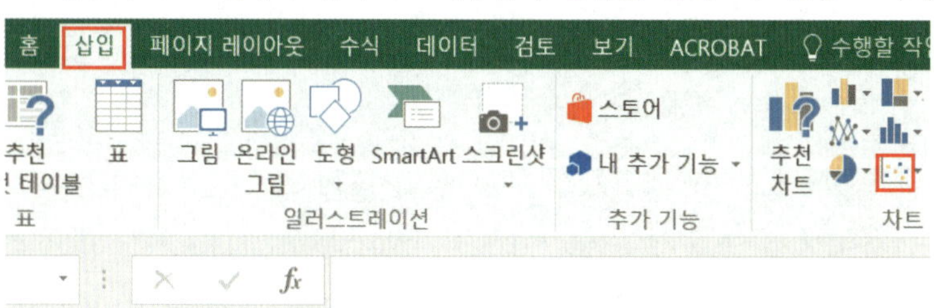

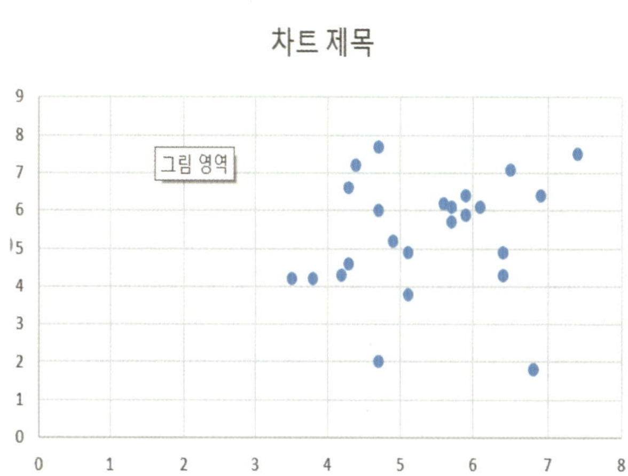

예제 7.3.1

1. 자료 입력 : Column A와 B에 자료 입력

	A	B	C
1	12	15	
2	20.5	16	
3	21	18	
4	15.5	27	

2. 메뉴줄의 **데이터** 클릭 ⇒ **데이터 분석** 아이콘 클릭
   통계 데이터 분석 도구상자에서 **회귀분석** 클릭 후 확인 버튼 클릭

3. Y 변수의 자료 위치와 X 변수 자료 위치를 마우스로 차례로 지정 ⇒
   출력범위 지정 ⇒ **표준잔차** 체크 ⇒ 확인 버튼클릭

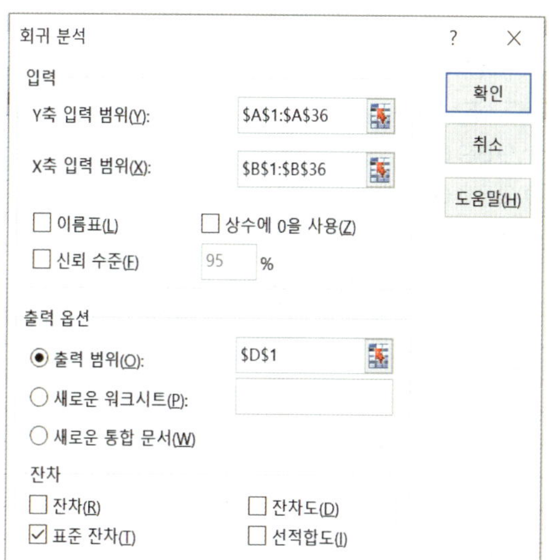

4. 출력 결과물
   ① 회귀계수의 추정에 관한 자료

	계수	표준 오차	t 통계량	P-값	하위 95%	상위 95%	하위 95.0%	상위 95.0%
Y 절편	18.32299	1.488855	12.30676	4.46E-14	15.29727	21.34871	15.29727	21.34871
X 1	0.20786	0.043778	4.748077	3.64E-05	0.118893	0.296827	0.118893	0.296827

② 분산분석표

	자유도	제곱합	제곱 평균	F 비	유의한 F
회귀	1	533.2025	533.2025	22.54423	3.64E-05
잔차	34	804.1473	23.65139		
계	35	1337.35			

③ 결정계수

회귀분석 통계량	
다중 상관	0.631428
결정계수	0.398701
조정된 결	0.381016
표준 오차	4.863269
관측수	36

4. 잔차도

① L1 셀과 M1 셀에 다음과 같이 입력하고
L2 셀부터 L37 셀까지에 설명변수의 자료값을 복사하여 붙여 넣는다.
M2 셀부터 M37 셀까지에 표준잔차값을 찾아서 복사하여 붙여 넣는다.

L	M	N
C3	표준 잔차	
15	-1.96961	
16	-0.23966	
18	-0.22208	

② L1 셀부터 M37 셀까지 지정 ⇒ 산점도 아이콘을 클릭

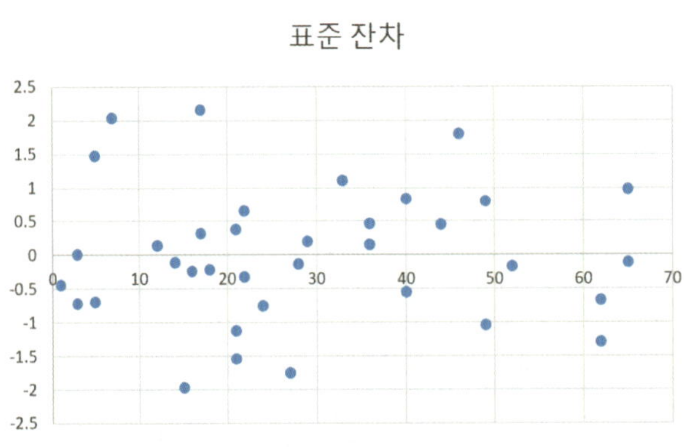

5. 잔차의 정규확률도

① 표준잔차를 복사하여 새로운 시트에 다음과 같이 복사하여 붙여 넣는다.

※ 주의: C1에 붙여 넣는다.

	A	B	C
1			표준 잔차
2			-1.96961
3			-0.23966
4			-0.22208

② 표준잔차를 크기순으로 정렬

C 열의 맨 머리줄 클릭 ⇒ 메뉴줄의 **데이터** 클릭 ⇒ **정렬** 아이콘 클릭

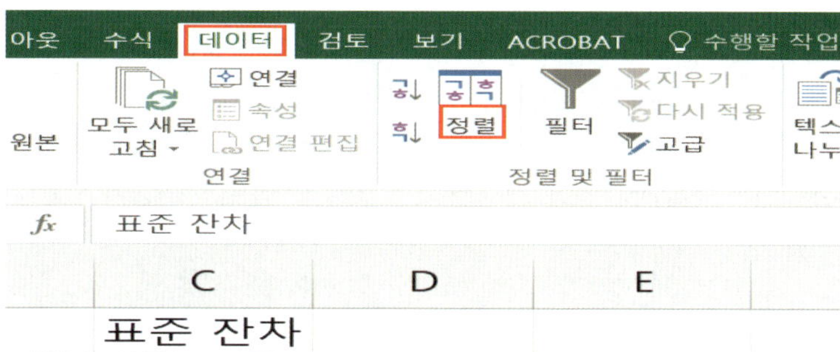

③ 정렬기준 설정 ⇒ 확인 버튼 클릭

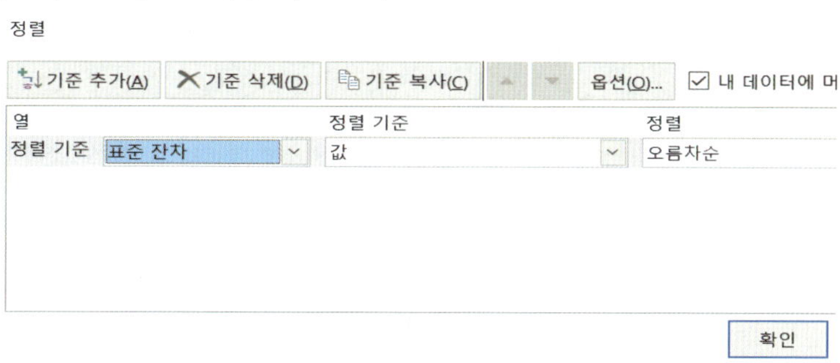

④ A1 셀에 "번호" 입력 ⇒ A2 셀부터 A37 셀까지 1부터 36까지 번호 입력

B1 셀에 "공식" 입력 ⇒ B2셀에는 아래와 같이 입력

B3 셀부터 B37셀까지 B2 셀을 드래그 복사

	A	B
1	번호	공식
2	1	=(A2-3/8)/(36+1/4)
3	2	

⑤ D1셀에 "이론분위수" 입력 ⇒ D2셀에는 아래와 같이 입력

D3 셀부터 D37 셀까지 D2 셀을 드래그 복사

	D
1	이론분위수
2	=NORM.INV(B2,0,1)

⇒

	C	D
1	표준 잔차	이론분위수
2	-1.96961	-2.11438
3	-1.7598	-1.69722

⑥ C1 셀부터 D37 셀까지 지정 ⇒ 메뉴줄의 삽입 클릭 ⇒ 산점도 아이콘 클릭

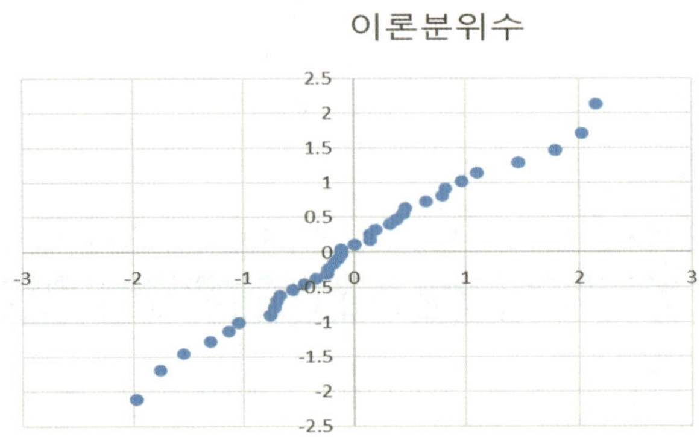

⑦ 점들을 클릭 ⇒ 마우스 오른쪽 버튼 클릭 ⇒ 나타나는 화면에서 추세선 추가 클릭

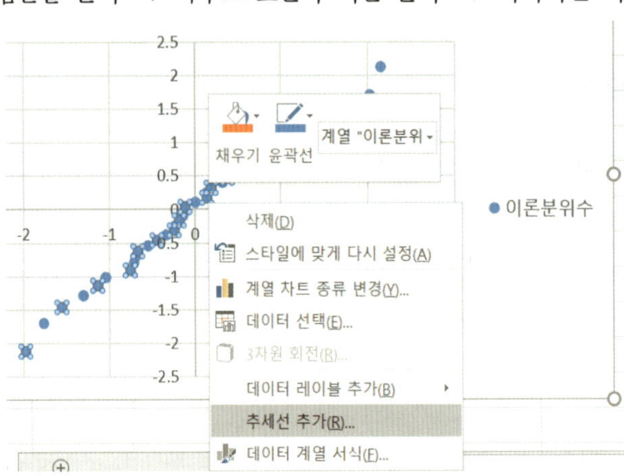

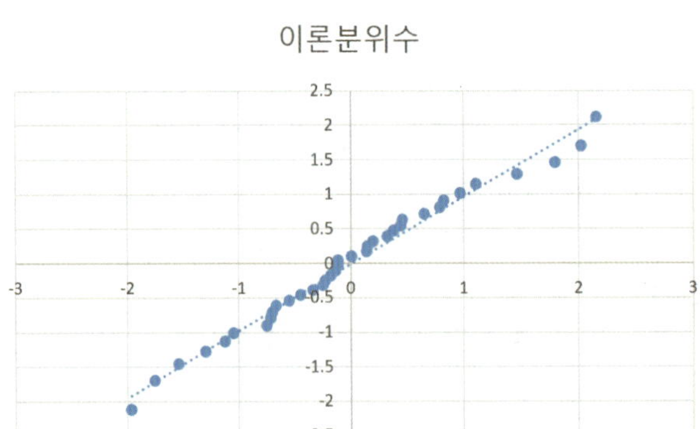

예제 7.4.1

1. y_{t-1}을 설명변수로 추가하여 사용하기 위해 다음과 같이 입력한다.

	A	B	C
1	12	15	
2	20.5	16	=A1
3	21	18	
4	15.5	27	

⇓

	A	B	C
1	12	15	
2	20.5	16	12
3	21	18	20.5
4	15.5	27	21

2. 메뉴줄의 **데이터** 클릭 ⇒ **데이터 분석** 아이콘 클릭
   통계 데이터 분석 도구상자에서 **회귀분석** 클릭 후 확인 버튼 클릭
   회귀분석 도구상자에서 종속변수의 위치, 설명변수의 위치, 출력 위치 저정

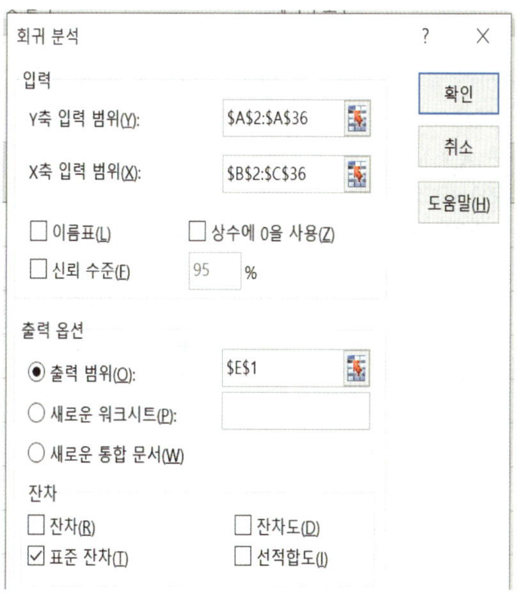

3. 출력 결과물

   ① 회귀계수의 추정에 관한 자료

	계수	표준 오차	t 통계량	P-값	하위 95%	상위 95%	하위 95.0%	상위 95.0%
Y 절편	7.452937	2.467354	3.020619	0.004928	2.427101	12.47877	2.427101	12.47877
X 1	0.146499	0.033047	4.43308	0.000102	0.079185	0.213813	0.079185	0.213813
X 2	0.527595	0.102069	5.169003	1.22E-05	0.319687	0.735503	0.319687	0.735503

② 분산분석표도 출력된다.

	자유도	제곱합	제곱 평균	F 비	유의한 F
회귀	2	795.427	397.7135	32.84321	1.76E-08
잔차	32	387.5027	12.10946		
계	34	1182.93			

③ 결정계수

회귀분석 통계량	
다중 상관:	0.820013
결정계수	0.672421
조정된 결:	0.651948
표준 오차	3.479865
관측수	35

4. 잔차도

① P1 셀과 Q1 셀에 다음과 같이 입력하고
L2 셀부터 L37 셀까지에 종속변수의 예측값을 복사하여 붙여 넣는다.
Q2 셀부터 Q36 셀까지에 표준잔차값을 찾아서 복사하여 붙여 넣는다.

P	Q	R
Y 예측치	표준 잔차	
16.12805	1.295021	
20.90561	0.02796	
22.48789	-2.069895	

② P1 셀부터 Q36 셀까지 지정 ⇒ 산점도 아이콘을 클릭

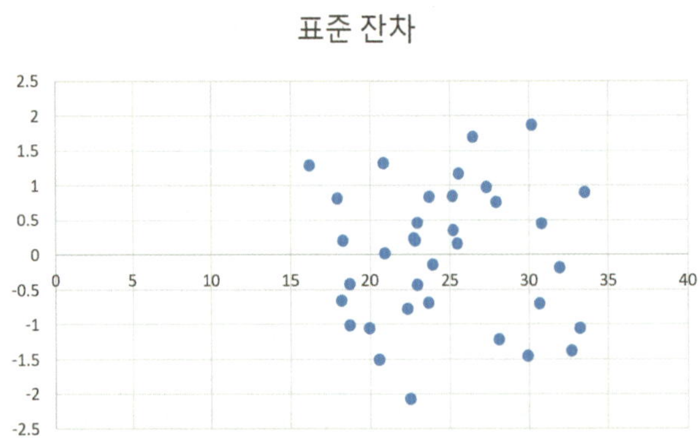

5. 잔차의 정규확률도

① 표준잔차를 복사하여 새로운 시트에 다음과 같이 복사하여 붙여 넣는다.

※ 주의: C1에 붙여 넣는다.

	A	B	C
1			표준 잔차
2			-2.0699
3			-1.49726
4			-1.4467

② 표준잔차를 크기순으로 정렬

C 열의 맨 머리줄 클릭 ⇒ 메뉴줄의 **데이터** 클릭 ⇒ **정렬** 아이콘 클릭

③ 정렬기준 설정 ⇒ 확인 버튼 클릭

④ A1 셀에 "번호" 입력 ⇒ A2 셀부터 A37 셀까지 1부터 36까지 번호 입력

B1 셀에 "공식" 입력 ⇒ B2셀에는 아래와 같이 입력

B3 셀부터 B37셀까지 B2 셀을 드래그 복사

	A	B	
1	번호	공식	표
2	1	=(A2-3/8)/(35+1/4)	-2.069
3	2		-1.497
4	3		-1.446

⑤ D1셀에 "이론분위수" 입력 ⇒ D2셀에는 아래와 같이 입력

D3 셀부터 D37 셀까지 D2 셀을 드래그 복사

	D
1	이론분위수
2	=NORM.INV(B2,0,1)

⇒

	C	D
1	표준 잔차	이론분위수
2	-2.0699	-2.103055
3	-1.49726	-1.683912

⑥ C1 셀부터 D37 셀까지 지정 ⇒ 메뉴줄의 삽입 클릭 ⇒ 산점도 아이콘 클릭

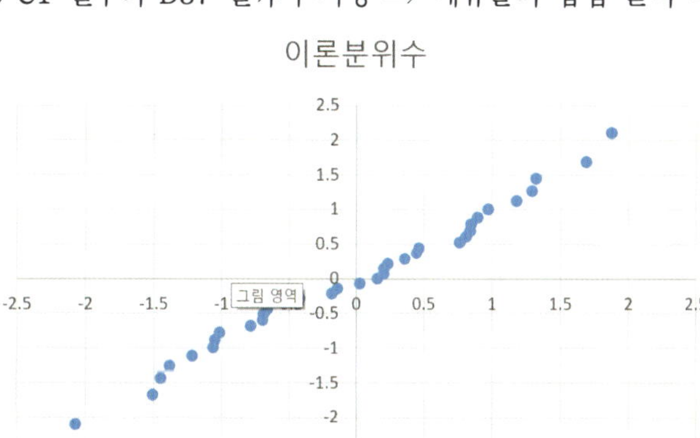

⑦ 점들을 클릭 ⇒ 마우스 오른쪽 버튼 클릭 ⇒ 나타나는 화면에서 추세선 추가 클릭

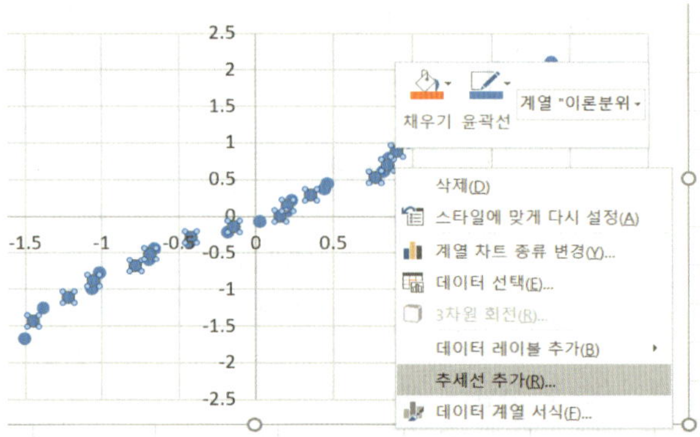

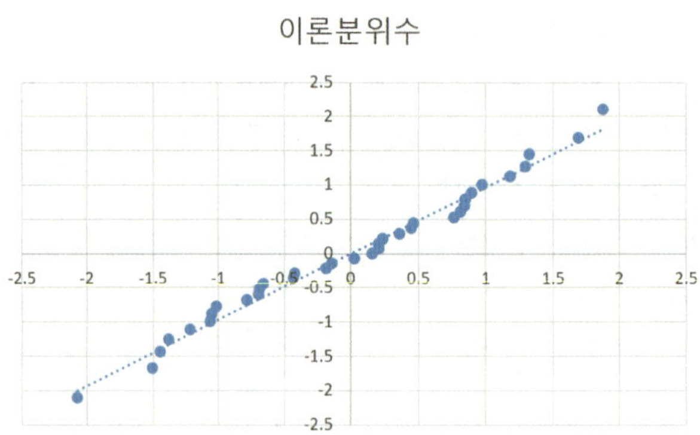

참고문헌

김수택(2017), PSAT 자료해석, 자유아카데미.

김수택(2018), Minitab을 이용한 기초통계, 이레테크.

김수택(2019), 사회조사방법의 이해, 자유아카데미.

김수택, 이계민(2018), 수리통계학 개론, 자유아카데미.

김우철(2015) 외 7인(1996), 일반통계학, 영지문화사.

박성현(1999), 현대실험계획법, 민음사.

전치혁, 정민근, 이혜선(1998), 공학응용통계, 홍릉과학출판사.

허명회(1992), 수량화 방법론의 이해, 자유아카데미.

허명회(2006). 통계적 사고, 교우사.

홍찬식(2007). 통계학, 지인북스.

John Neter and William Wasserman(1974), Applied Linear Statistical Models, Rechard D. Irwin Inc.

Moore, D. S.(2001), Statistics: Concepts and Controversies, 5th ed., W. H. Freeman and Company.

Sheldon Ross(1994), A First Course in Probability, 4th ed., Macmillan Inc.

부록

확률분포표

[표 1] 누적이항분포표: $P(X \leq k) = \sum_{x=0}^{k} \binom{n}{x} p^x (1-p)^{n-x}$

n	k	p = 0.1	0.2	0.3	0.4	0.5
2	**0**	0.8100	0.6400	0.4900	0.3600	0.2500
	1	0.9900	0.9600	0.9100	0.8400	0.7500
	2	1.0000	1.0000	1.0000	1.0000	1.0000
3	**0**	0.7290	0.5120	0.3430	0.2160	0.1250
	1	0.9720	0.8960	0.7840	0.6480	0.5000
	2	0.9990	0.9920	0.9730	0.9360	0.8750
	3	1.0000	1.0000	1.0000	1.0000	1.0000
4	**0**	0.6561	0.4096	0.2401	0.1296	0.0625
	1	0.9477	0.8192	0.6517	0.4752	0.3125
	2	0.9963	0.9728	0.9163	0.8208	0.6875
	3	0.9999	0.9984	0.9919	0.9744	0.9375
	4	1.0000	1.0000	1.0000	1.0000	1.0000
5	**0**	0.5905	0.3277	0.1681	0.0778	0.0313
	1	0.9185	0.7373	0.5282	0.3370	0.1875
	2	0.9914	0.9421	0.8369	0.6826	0.5000
	3	0.9995	0.9933	0.9692	0.9130	0.8125
	4	1.0000	0.9997	0.9976	0.9898	0.9688
	5	1.0000	1.0000	1.0000	1.0000	1.0000
6	**0**	0.5314	0.2621	0.1176	0.0467	0.0156
	1	0.8857	0.6554	0.4202	0.2333	0.1094
	2	0.9842	0.9011	0.7443	0.5443	0.3437
	3	0.9987	0.9830	0.9295	0.8208	0.6563
	4	0.9999	0.9984	0.9891	0.9590	0.8906
	5	1.0000	0.9999	0.9993	0.9959	0.9844
	6	1.0000	1.0000	1.0000	1.0000	1.0000
7	**0**	0.4783	0.2097	0.0824	0.0280	0.0078
	1	0.8503	0.5767	0.3294	0.1586	0.0625
	2	0.9743	0.8520	0.6471	0.4199	0.2266
	3	0.9973	0.9667	0.8740	0.7102	0.5000
	4	0.9998	0.9953	0.9712	0.9037	0.7734
	5	1.0000	0.9996	0.9962	0.9812	0.9375
	6	1.0000	1.0000	0.9998	0.9984	0.9922
	7	1.0000	1.0000	1.0000	1.0000	1.0000

[표 1] 누적이항분포표 계속

n	k	p				
		0.1	**0.2**	**0.3**	**0.4**	**0.5**
8	**0**	0.4305	0.1678	0.0576	0.0168	0.0039
	1	0.8131	0.5033	0.2553	0.1064	0.0352
	2	0.9619	0.7969	0.5518	0.3154	0.1445
	3	0.9950	0.9437	0.8059	0.5941	0.3633
	4	0.9996	0.9896	0.9420	0.8263	0.6367
	5	1.0000	0.9988	0.9887	0.9502	0.8555
	6	1.0000	0.9999	0.9987	0.9915	0.9648
	7	1.0000	1.0000	0.9999	0.9993	0.9961
	8	1.0000	1.0000	1.0000	1.0000	1.0000
9	**0**	0.3874	0.1342	0.0404	0.0101	0.0020
	1	0.7748	0.4362	0.1960	0.0705	0.0195
	2	0.9470	0.7382	0.4628	0.2318	0.0898
	3	0.9917	0.9144	0.7297	0.4826	0.2539
	4	0.9991	0.9804	0.9012	0.7334	0.5000
	5	0.9999	0.9969	0.9747	0.9006	0.7461
	6	1.0000	0.9997	0.9957	0.9750	0.9102
	7	1.0000	1.0000	0.9996	0.9962	0.9805
	8	1.0000	1.0000	1.0000	0.9997	0.9980
	9	1.0000	1.0000	1.0000	1.0000	1.0000
10	**0**	0.3487	0.1074	0.0282	0.0060	0.0010
	1	0.7361	0.3758	0.1493	0.0464	0.0107
	2	0.9298	0.6778	0.3828	0.1673	0.0547
	3	0.9872	0.8791	0.6496	0.3823	0.1719
	4	0.9984	0.9672	0.8497	0.6331	0.3770
	5	0.9999	0.9936	0.9527	0.8338	0.6230
	6	1.0000	0.9991	0.9894	0.9452	0.8281
	7	1.0000	0.9999	0.9984	0.9877	0.9453
	8	1.0000	1.0000	0.9999	0.9983	0.9893
	9	1.0000	1.0000	1.0000	0.9999	0.9990
	10	1.0000	1.0000	1.0000	1.0000	1.0000

[표 1] 누적이항분포표 계속

n	k	p 0.1	0.2	0.3	0.4	0.5
15	0	0.2059	0.0352	0.0047	0.0005	0.0000
	1	0.5490	0.1671	0.0353	0.0052	0.0005
	2	0.8159	0.3980	0.1268	0.0271	0.0037
	3	0.9444	0.6482	0.2969	0.0905	0.0176
	4	0.9873	0.8358	0.5155	0.2173	0.0592
	5	0.9978	0.9389	0.7216	0.4032	0.1509
	6	0.9997	0.9819	0.8689	0.6098	0.3036
	7	1.0000	0.9958	0.9500	0.7869	0.5000
	8	1.0000	0.9992	0.9848	0.9050	0.6964
	9	1.0000	0.9999	0.9963	0.9662	0.8491
	10	1.0000	1.0000	0.9993	0.9907	0.9408
	11	1.0000	1.0000	0.9999	0.9981	0.9824
	12	1.0000	1.0000	1.0000	0.9997	0.9963
	13	1.0000	1.0000	1.0000	1.0000	0.9995
	14	1.0000	1.0000	1.0000	1.0000	1.0000
	15	1.0000	1.0000	1.0000	1.0000	1.0000
20	0	0.1216	0.0115	0.0008	0.0000	0.0000
	1	0.3917	0.0692	0.0076	0.0005	0.0000
	2	0.6769	0.2061	0.0355	0.0036	0.0002
	3	0.8670	0.4114	0.1071	0.0160	0.0013
	4	0.9568	0.6296	0.2375	0.0510	0.0059
	5	0.9887	0.8042	0.4164	0.1256	0.0207
	6	0.9976	0.9133	0.6080	0.2500	0.0577
	7	0.9996	0.9679	0.7723	0.4159	0.1316
	8	0.9999	0.9900	0.8867	0.5956	0.2517
	9	1.0000	0.9974	0.9520	0.7553	0.4119
	10	1.0000	0.9994	0.9829	0.8725	0.5881
	11	1.0000	0.9999	0.9949	0.9435	0.7483
	12	1.0000	1.0000	0.9987	0.9790	0.8684
	13	1.0000	1.0000	0.9997	0.9935	0.9423
	14	1.0000	1.0000	1.0000	0.9984	0.9793
	15	1.0000	1.0000	1.0000	0.9997	0.9941
	16	1.0000	1.0000	1.0000	1.0000	0.9987
	17	1.0000	1.0000	1.0000	1.0000	0.9998
	18	1.0000	1.0000	1.0000	1.0000	1.0000
	19	1.0000	1.0000	1.0000	1.0000	1.0000
	20	1.0000	1.0000	1.0000	1.0000	1.0000

[표 2] 누적포아송분포표: $P(X \leq c) = \sum_{x=0}^{c} \frac{e^{-\mu}\mu^{x}}{x!}$

c	평균(μ)									
	0.5	**1.0**	**1.5**	**2.0**	**2.5**	**3.0**	**3.5**	**4.0**	**4.5**	**5.0**
0	0.60653	0.36788	0.22313	0.13534	0.08208	0.04979	0.03020	0.01832	0.01111	0.00674
1	0.90980	0.73576	0.55783	0.40601	0.28730	0.19915	0.13589	0.09158	0.06110	0.04043
2	0.98561	0.91970	0.80885	0.67668	0.54381	0.42319	0.32085	0.23810	0.17358	0.12465
3	0.99825	0.98101	0.93436	0.85712	0.75758	0.64723	0.53663	0.43347	0.34230	0.26503
4	0.99983	0.99634	0.98142	0.94735	0.89118	0.81526	0.72544	0.62884	0.53210	0.44049
5	0.99999	0.99941	0.99554	0.98344	0.95798	0.91608	0.85761	0.78513	0.70293	0.61596
6	1.00000	0.99992	0.99907	0.99547	0.98581	0.96649	0.93471	0.88933	0.83105	0.76218
7		0.99999	0.99983	0.99890	0.99575	0.98810	0.97326	0.94887	0.91341	0.86663
8		1.00000	0.99997	0.99976	0.99886	0.99620	0.99013	0.97864	0.95974	0.93191
9			1.00000	0.99995	0.99972	0.99890	0.99669	0.99187	0.98291	0.96817
10				0.99999	0.99994	0.99971	0.99898	0.99716	0.99333	0.98630
11				1.00000	0.99999	0.99993	0.99971	0.99908	0.99760	0.99455
12					1.00000	0.99998	0.99992	0.99973	0.99919	0.99798
13						1.00000	0.99998	0.99992	0.99975	0.99930
14							1.00000	0.99998	0.99993	0.99977
15								1.00000	0.99998	0.99993
16									0.99999	0.99998
17									1.00000	0.99999
18										1.00000

c	평균(μ)									
	5.5	**6.0**	**6.5**	**7.0**	**7.5**	**8.0**	**8.5**	**9.0**	**9.5**	**10.0**
0	0.00409	0.00248	0.00150	0.00091	0.00055	0.00034	0.00020	0.00012	0.00007	0.00005
1	0.02656	0.01735	0.01128	0.00730	0.00470	0.00302	0.00193	0.00123	0.00079	0.00050
2	0.08838	0.06197	0.04304	0.02964	0.02026	0.01375	0.00928	0.00623	0.00416	0.00277
3	0.20170	0.15120	0.11185	0.08177	0.05915	0.04238	0.03011	0.02123	0.01486	0.01034
4	0.35752	0.28506	0.22367	0.17299	0.13206	0.09963	0.07436	0.05496	0.04026	0.02925
5	0.52892	0.44568	0.36904	0.30071	0.24144	0.19124	0.14960	0.11569	0.08853	0.06709
6	0.68604	0.60630	0.52652	0.44971	0.37815	0.31337	0.25618	0.20678	0.16495	0.13014
7	0.80949	0.74398	0.67276	0.59871	0.52464	0.45296	0.38560	0.32390	0.26866	0.22022
8	0.89436	0.84724	0.79157	0.72909	0.66197	0.59255	0.52311	0.45565	0.39182	0.33282
9	0.94622	0.91608	0.87738	0.8305	0.77641	0.71662	0.65297	0.58741	0.52183	0.45793
10	0.97475	0.95738	0.93316	0.90148	0.86224	0.81589	0.76336	0.70599	0.64533	0.58304
11	0.98901	0.97991	0.96612	0.94665	0.92076	0.88808	0.84866	0.80301	0.75199	0.69678
12	0.99555	0.99117	0.98397	0.97300	0.95733	0.9362	0.90908	0.87577	0.83643	0.79156
13	0.99831	0.99637	0.99290	0.98719	0.97844	0.96582	0.94859	0.92615	0.89814	0.86446
14	0.99940	0.99860	0.99704	0.99428	0.98974	0.98274	0.97257	0.95853	0.94001	0.91654
15	0.99980	0.99949	0.99884	0.99759	0.99539	0.99177	0.98617	0.97796	0.96653	0.95126
16	0.99994	0.99983	0.99957	0.99904	0.99804	0.99628	0.99339	0.98889	0.98227	0.97296
17	0.99998	0.99994	0.99985	0.99964	0.99921	0.99841	0.99700	0.99468	0.99107	0.98572
18	0.99999	0.99998	0.99995	0.99987	0.99970	0.99935	0.99870	0.99757	0.99572	0.99281
19	1.00000	0.99999	0.99998	0.99996	0.99989	0.99975	0.99947	0.99894	0.99804	0.99655
20		1.00000	1.00000	0.99999	0.99996	0.99991	0.99979	0.99956	0.99914	0.99841
21				1.00000	0.99999	0.99997	0.99992	0.99983	0.99964	0.99930
22					1.00000	0.99999	0.99997	0.99993	0.99985	0.99970
23						1.00000	0.99999	0.99998	0.99994	0.99988
24							1.00000	0.99999	0.99998	0.99995
25								1.00000	0.99999	0.99998
26									1.00000	0.99999
27										1.00000

[표 3] 표준정규분포표

$$P(Z\leq z)=\int_{-\infty}^{z}\frac{1}{\sqrt{2\pi}}e^{-x^2/2}\,dx$$

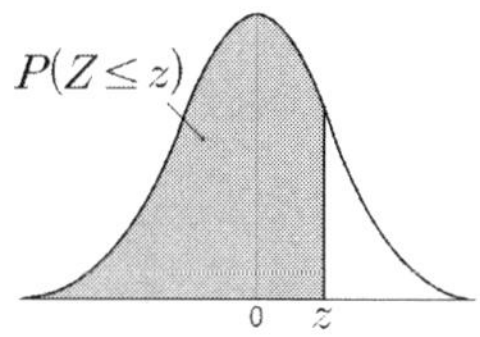

z	0	0.01	0.02	0.03	0.04	0.05	0.06	0.07	0.08	0.09
0.0	0.5000	0.5040	0.5080	0.5120	0.5160	0.5199	0.5239	0.5279	0.5319	0.5359
0.1	0.5398	0.5438	0.5478	0.5517	0.5557	0.5596	0.5636	0.5675	0.5714	0.5754
0.2	0.5793	0.5832	0.5871	0.5910	0.5948	0.5987	0.6026	0.6064	0.6103	0.6141
0.3	0.6179	0.6217	0.6255	0.6293	0.6331	0.6368	0.6406	0.6443	0.6480	0.6517
0.4	0.6554	0.6591	0.6628	0.6664	0.6700	0.6736	0.6772	0.6808	0.6844	0.6879
0.5	0.6915	0.6950	0.6985	0.7019	0.7054	0.7088	0.7123	0.7157	0.7190	0.7224
0.6	0.7258	0.7291	0.7324	0.7357	0.7389	0.7422	0.7454	0.7486	0.7518	0.7549
0.7	0.7580	0.7612	0.7642	0.7673	0.7704	0.7734	0.7764	0.7794	0.7823	0.7852
0.8	0.7881	0.7910	0.7939	0.7967	0.7996	0.8023	0.8051	0.8079	0.8106	0.8133
0.9	0.8159	0.8186	0.8212	0.8238	0.8264	0.8289	0.8315	0.8340	0.8365	0.8389
1.0	0.8413	0.8438	0.8461	0.8485	0.8508	0.8531	0.8554	0.8577	0.8599	0.8621
1.1	0.8643	0.8665	0.8686	0.8708	0.8729	0.8749	0.8770	0.8790	0.8810	0.8830
1.2	0.8849	0.8869	0.8888	0.8907	0.8925	0.8944	0.8962	0.8980	0.8997	0.9015
1.3	0.9032	0.9049	0.9066	0.9082	0.9099	0.9115	0.9131	0.9147	0.9162	0.9177
1.4	0.9192	0.9207	0.9222	0.9236	0.9251	0.9265	0.9279	0.9292	0.9306	0.9319
1.5	0.9332	0.9345	0.9357	0.9370	0.9382	0.9394	0.9406	0.9418	0.9430	0.9441
1.6	0.9452	0.9463	0.9474	0.9485	0.9495	0.9505	0.9515	0.9525	0.9535	0.9545
1.7	0.9554	0.9564	0.9573	0.9582	0.9591	0.9599	0.9608	0.9616	0.9625	0.9633
1.8	0.9641	0.9649	0.9656	0.9664	0.9671	0.9678	0.9686	0.9693	0.9700	0.9706
1.9	0.9713	0.9719	0.9726	0.9732	0.9738	0.9744	0.9750	0.9756	0.9762	0.9767
2.0	0.9773	0.9778	0.9783	0.9788	0.9793	0.9798	0.9803	0.9808	0.9812	0.9817
2.1	0.9821	0.9826	0.9830	0.9834	0.9838	0.9842	0.9846	0.9850	0.9854	0.9857
2.2	0.9861	0.9865	0.9868	0.9871	0.9875	0.9878	0.9881	0.9884	0.9887	0.9890
2.3	0.9893	0.9896	0.9898	0.9901	0.9904	0.9906	0.9909	0.9911	0.9913	0.9916
2.4	0.9918	0.9920	0.9922	0.9925	0.9927	0.9929	0.9931	0.9932	0.9934	0.9936
2.5	0.9938	0.9940	0.9941	0.9943	0.9945	0.9946	0.9948	0.9949	0.9951	0.9952
2.6	0.9953	0.9955	0.9956	0.9957	0.9959	0.9960	0.9961	0.9962	0.9963	0.9964
2.7	0.9965	0.9966	0.9967	0.9968	0.9969	0.9970	0.9971	0.9972	0.9973	0.9974
2.8	0.9974	0.9975	0.9976	0.9977	0.9977	0.9978	0.9979	0.9980	0.9980	0.9981
2.9	0.9981	0.9982	0.9983	0.9983	0.9984	0.9984	0.9985	0.9985	0.9986	0.9986
3.0	0.9987	0.9987	0.9987	0.9988	0.9988	0.9989	0.9989	0.9989	0.9990	0.9990
3.1	0.9990	0.9991	0.9991	0.9991	0.9992	0.9992	0.9992	0.9992	0.9993	0.9993
3.2	0.9993	0.9993	0.9994	0.9994	0.9994	0.9994	0.9994	0.9995	0.9995	0.9995
3.3	0.9995	0.9995	0.9996	0.9996	0.9996	0.9996	0.9996	0.9996	0.9996	0.9997
3.4	0.9997	0.9997	0.9997	0.9997	0.9997	0.9997	0.9997	0.9997	0.9998	0.9998

[표 4] t-분포표

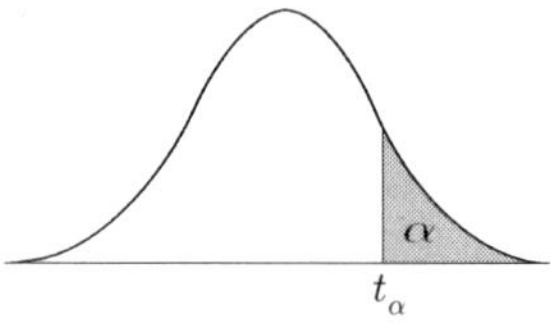

d.f.	α							
	0.25	**0.1**	**0.05**	**0.025**	**0.01**	**0.00833**	**0.00625**	**0.005**
1	1.000	3.078	6.314	12.706	31.821	38.204	50.923	63.657
2	0.816	1.886	2.920	4.303	6.965	7.650	8.860	9.925
3	0.765	1.638	2.353	3.182	4.541	4.857	5.392	5.841
4	0.741	1.533	2.132	2.776	3.747	3.961	4.315	4.604
5	0.727	1.476	2.015	2.571	3.365	3.534	3.810	4.032
6	0.718	1.440	1.943	2.447	3.143	3.288	3.521	3.707
7	0.711	1.415	1.895	2.365	2.998	3.128	3.335	3.499
8	0.706	1.397	1.860	2.306	2.896	3.016	3.206	3.355
9	0.703	1.383	1.833	2.262	2.821	2.934	3.111	3.250
10	0.700	1.372	1.812	2.228	2.764	2.870	3.038	3.169
11	0.697	1.363	1.796	2.201	2.718	2.820	2.981	3.106
12	0.695	1.356	1.782	2.179	2.681	2.780	2.934	3.055
13	0.694	1.350	1.771	2.160	2.650	2.746	2.896	3.012
14	0.692	1.345	1.761	2.145	2.624	2.718	2.864	2.977
15	0.691	1.341	1.753	2.131	2.602	2.694	2.837	2.947
16	0.690	1.337	1.746	2.120	2.583	2.673	2.813	2.921
17	0.689	1.333	1.740	2.110	2.567	2.655	2.793	2.898
18	0.688	1.330	1.734	2.101	2.552	2.639	2.775	2.878
19	0.688	1.328	1.729	2.093	2.539	2.625	2.759	2.861
20	0.687	1.325	1.725	2.086	2.528	2.613	2.744	2.845
21	0.686	1.323	1.721	2.080	2.518	2.602	2.732	2.831
22	0.686	1.321	1.717	2.074	2.508	2.591	2.720	2.819
23	0.685	1.319	1.714	2.069	2.500	2.582	2.710	2.807
24	0.685	1.318	1.711	2.064	2.492	2.574	2.700	2.797
25	0.684	1.316	1.708	2.060	2.485	2.566	2.692	2.787
26	0.684	1.315	1.706	2.056	2.479	2.559	2.684	2.779
27	0.684	1.314	1.703	2.052	2.473	2.553	2.676	2.771
28	0.683	1.313	1.701	2.048	2.467	2.547	2.669	2.763
29	0.683	1.311	1.699	2.045	2.462	2.541	2.663	2.756
30	0.683	1.310	1.697	2.042	2.457	2.536	2.657	2.750
40	0.681	1.303	1.684	2.021	2.423	2.499	2.616	2.704
60	0.679	1.296	1.671	2.000	2.390	2.463	2.575	2.660
120	0.677	1.289	1.658	1.980	2.358	2.428	2.536	2.617
∞	0.675	1.282	1.645	1.960	2.327	2.395	2.498	2.576

[표 5] χ^2-분포표

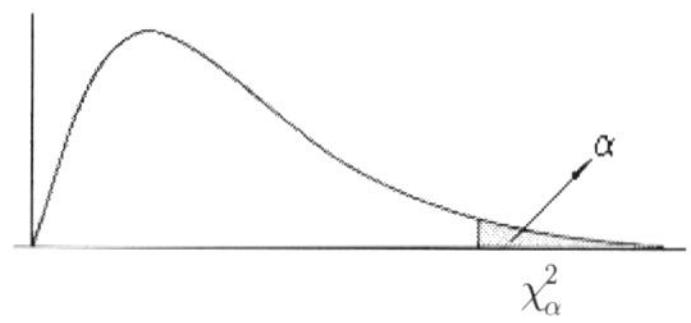

d.f.	α								
	0.99	**0.975**	**0.95**	**0.9**	**0.5**	**0.1**	**0.05**	**0.025**	**0.01**
1	0.0002	0.001	0.004	0.02	0.45	2.71	3.84	5.02	6.63
2	0.02	0.05	0.10	0.21	1.39	4.61	5.99	7.38	9.21
3	0.11	0.22	0.35	0.58	2.37	6.25	7.81	9.35	11.34
4	0.30	0.48	0.71	1.06	3.36	7.78	9.49	11.14	13.28
5	0.55	0.83	1.15	1.61	4.35	9.24	11.07	12.83	15.09
6	0.87	1.24	1.64	2.20	5.35	10.64	12.59	14.45	16.81
7	1.24	1.69	2.17	2.83	6.35	12.02	14.07	16.01	18.48
8	1.65	2.18	2.73	3.49	7.34	13.36	15.51	17.53	20.09
9	2.09	2.70	3.33	4.17	8.34	14.68	16.92	19.02	21.67
10	2.56	3.25	3.94	4.87	9.34	15.99	18.31	20.48	23.21
11	3.05	3.82	4.57	5.58	10.34	17.28	19.68	21.92	24.72
12	3.57	4.40	5.23	6.30	11.34	18.55	21.03	23.34	26.22
13	4.11	5.01	5.89	7.04	12.34	19.81	22.36	24.74	27.69
14	4.66	5.63	6.57	7.79	13.34	21.06	23.68	26.12	29.14
15	5.23	6.26	7.26	8.55	14.34	22.31	25.00	27.49	30.58
16	5.81	6.91	7.96	9.31	15.34	23.54	26.30	28.85	32.00
17	6.41	7.56	8.67	10.09	16.34	24.77	27.59	30.19	33.41
18	7.01	8.23	9.39	10.86	17.34	25.99	28.87	31.53	34.81
19	7.63	8.91	10.12	11.65	18.34	27.20	30.14	32.85	36.19
20	8.26	9.59	10.85	12.44	19.34	28.41	31.41	34.17	37.57
21	8.90	10.28	11.59	13.24	20.34	29.62	32.67	35.48	38.93
22	9.54	10.98	12.34	14.04	21.34	30.81	33.92	36.78	40.29
23	10.20	11.69	13.09	14.85	22.34	32.01	35.17	38.08	41.64
24	10.86	12.40	13.85	15.66	23.34	33.20	36.42	39.36	42.98
25	11.52	13.12	14.61	16.47	24.34	34.38	37.65	40.65	44.31
26	12.20	13.84	15.38	17.29	25.34	35.56	38.89	41.92	45.64
27	12.88	14.57	16.15	18.11	26.34	36.74	40.11	43.19	46.96
28	13.56	15.31	16.93	18.94	27.34	37.92	41.34	44.46	48.28
29	14.26	16.05	17.71	19.77	28.34	39.09	42.56	45.72	49.59
30	14.95	16.79	18.49	20.60	29.34	40.26	43.77	46.98	50.89
40	22.16	24.43	26.51	29.05	39.34	51.81	55.76	59.34	63.69
50	29.71	32.36	34.76	37.69	49.33	63.17	67.50	71.42	76.15
60	37.48	40.48	43.19	46.46	59.33	74.40	79.08	83.30	88.38
70	45.44	48.76	51.74	55.33	69.33	85.53	90.53	95.02	100.43
80	53.54	57.15	60.39	64.28	79.33	96.58	101.88	106.63	112.33
90	61.75	65.65	69.13	73.29	89.33	107.57	113.15	118.14	124.12
100	70.06	74.22	77.93	82.36	99.33	118.50	124.34	129.56	135.81

[표 6] F-분포표

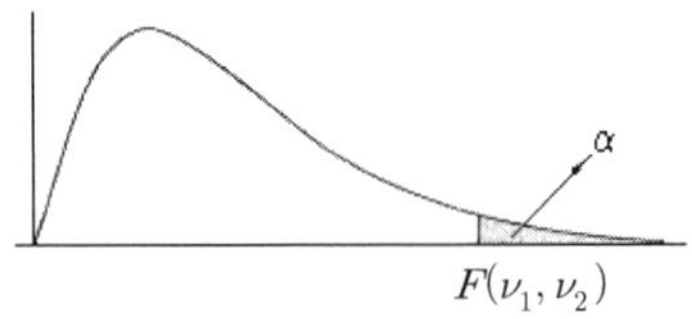

$\alpha = 0.10$

ν_2 \ ν_1	1	2	3	4	5	6	7	8	9	10
1	39.86	49.50	53.59	55.83	57.24	58.20	58.91	59.44	59.86	60.19
2	8.53	9.00	9.16	9.24	9.29	9.33	9.35	9.37	9.38	9.39
3	5.54	5.46	5.39	5.34	5.31	5.28	5.27	5.25	5.24	5.23
4	4.54	4.32	4.19	4.11	4.05	4.01	3.98	3.95	3.94	3.92
5	4.06	3.78	3.62	3.52	3.45	3.40	3.37	3.34	3.32	3.30
6	3.78	3.46	3.29	3.18	3.11	3.05	3.01	2.98	2.96	2.94
7	3.59	3.26	3.07	2.96	2.88	2.83	2.78	2.75	2.72	2.70
8	3.46	3.11	2.92	2.81	2.73	2.67	2.62	2.59	2.56	2.54
9	3.36	3.01	2.81	2.69	2.61	2.55	2.51	2.47	2.44	2.42
10	3.29	2.92	2.73	2.61	2.52	2.46	2.41	2.38	2.35	2.32
11	3.23	2.86	2.66	2.54	2.45	2.39	2.34	2.30	2.27	2.25
12	3.18	2.81	2.61	2.48	2.39	2.33	2.28	2.24	2.21	2.19
13	3.14	2.76	2.56	2.43	2.35	2.28	2.23	2.20	2.16	2.14
14	3.10	2.73	2.52	2.39	2.31	2.24	2.19	2.15	2.12	2.10
15	3.07	2.70	2.49	2.36	2.27	2.21	2.16	2.12	2.09	2.06
16	3.05	2.67	2.46	2.33	2.24	2.18	2.13	2.09	2.06	2.03
17	3.03	2.64	2.44	2.31	2.22	2.15	2.10	2.06	2.03	2.00
18	3.01	2.62	2.42	2.29	2.20	2.13	2.08	2.04	2.00	1.98
19	2.99	2.61	2.40	2.27	2.18	2.11	2.06	2.02	1.98	1.96
20	2.97	2.59	2.38	2.25	2.16	2.09	2.04	2.00	1.96	1.94
21	2.96	2.57	2.36	2.23	2.14	2.08	2.02	1.98	1.95	1.92
22	2.95	2.56	2.35	2.22	2.13	2.06	2.01	1.97	1.93	1.90
23	2.94	2.55	2.34	2.21	2.11	2.05	1.99	1.95	1.92	1.89
24	2.93	2.54	2.33	2.19	2.10	2.04	1.98	1.94	1.91	1.88
25	2.92	2.53	2.32	2.18	2.09	2.02	1.97	1.93	1.89	1.87
26	2.91	2.52	2.31	2.17	2.08	2.01	1.96	1.92	1.88	1.86
27	2.90	2.51	2.30	2.17	2.07	2.00	1.95	1.91	1.87	1.85
28	2.89	2.50	2.29	2.16	2.06	2.00	1.94	1.90	1.87	1.84
29	2.89	2.50	2.28	2.15	2.06	1.99	1.93	1.89	1.86	1.83
30	2.88	2.49	2.28	2.14	2.05	1.98	1.93	1.88	1.85	1.82
40	2.84	2.44	2.23	2.09	2.00	1.93	1.87	1.83	1.79	1.76
60	2.79	2.39	2.18	2.04	1.95	1.87	1.82	1.77	1.74	1.71
120	2.75	2.35	2.13	1.99	1.90	1.82	1.77	1.72	1.68	1.65
∞	2.71	2.30	2.08	1.94	1.85	1.77	1.72	1.67	1.63	1.60

[표 6] *F*-분포표 계속

$\alpha = 0.10$

ν_2 \ ν_1	12	15	20	24	30	40	60	120	∞
1	60.71	61.22	61.74	62.00	62.26	62.53	62.79	63.06	63.33
2	9.41	9.42	9.44	9.45	9.46	9.47	9.47	9.48	9.49
3	5.22	5.20	5.18	5.18	5.17	5.16	5.15	5.14	5.13
4	3.90	3.87	3.84	3.83	3.82	3.80	3.79	3.78	3.76
5	3.27	3.24	3.21	3.19	3.17	3.16	3.14	3.12	3.11
6	2.90	2.87	2.84	2.82	2.80	2.78	2.76	2.74	2.72
7	2.67	2.63	2.59	2.58	2.56	2.54	2.51	2.49	2.47
8	2.50	2.46	2.42	2.40	2.38	2.36	2.34	2.32	2.29
9	2.38	2.34	2.30	2.28	2.25	2.23	2.21	2.18	2.16
10	2.28	2.24	2.20	2.18	2.16	2.13	2.11	2.08	2.06
11	2.21	2.17	2.12	2.10	2.08	2.05	2.03	2.00	1.97
12	2.15	2.10	2.06	2.04	2.01	1.99	1.96	1.93	1.90
13	2.10	2.05	2.01	1.98	1.96	1.93	1.90	1.88	1.85
14	2.05	2.01	1.96	1.94	1.91	1.89	1.86	1.83	1.80
15	2.02	1.97	1.92	1.90	1.87	1.85	1.82	1.79	1.76
16	1.99	1.94	1.89	1.87	1.84	1.81	1.78	1.75	1.72
17	1.96	1.91	1.86	1.84	1.81	1.78	1.75	1.72	1.69
18	1.93	1.89	1.84	1.81	1.78	1.75	1.72	1.69	1.66
19	1.91	1.86	1.81	1.79	1.76	1.73	1.70	1.67	1.63
20	1.89	1.84	1.79	1.77	1.74	1.71	1.68	1.64	1.61
21	1.87	1.83	1.78	1.75	1.72	1.69	1.66	1.62	1.59
22	1.86	1.81	1.76	1.73	1.70	1.67	1.64	1.60	1.57
23	1.84	1.80	1.74	1.72	1.69	1.66	1.62	1.59	1.55
24	1.83	1.78	1.73	1.70	1.67	1.64	1.61	1.57	1.53
25	1.82	1.77	1.72	1.69	1.66	1.63	1.59	1.56	1.52
26	1.81	1.76	1.71	1.68	1.65	1.61	1.58	1.54	1.50
27	1.80	1.75	1.70	1.67	1.64	1.60	1.57	1.53	1.49
28	1.79	1.74	1.69	1.66	1.63	1.59	1.56	1.52	1.48
29	1.78	1.73	1.68	1.65	1.62	1.58	1.55	1.51	1.47
30	1.77	1.72	1.67	1.64	1.61	1.57	1.54	1.50	1.46
40	1.71	1.66	1.61	1.57	1.54	1.51	1.47	1.42	1.38
60	1.66	1.60	1.54	1.51	1.48	1.44	1.40	1.35	1.29
120	1.60	1.55	1.48	1.45	1.41	1.37	1.32	1.26	1.19
∞	1.55	1.49	1.42	1.38	1.34	1.30	1.24	1.17	1.00

[표 6] F-분포표 계속

$\alpha = 0.05$

ν_2 \ ν_1	1	2	3	4	5	6	7	8	9	10
1	161.4	199.5	215.7	224.6	230.2	234.0	236.8	238.9	240.5	241.9
2	18.51	19.00	19.16	19.25	19.30	19.33	19.35	19.37	19.38	19.40
3	10.13	9.55	9.28	9.12	9.01	8.94	8.89	8.85	8.81	8.79
4	7.71	6.94	6.59	6.39	6.26	6.16	6.09	6.04	6.00	5.96
5	6.61	5.79	5.41	5.19	5.05	4.95	4.88	4.82	4.77	4.74
6	5.99	5.14	4.76	4.53	4.39	4.28	4.21	4.15	4.10	4.06
7	5.59	4.74	4.35	4.12	3.97	3.87	3.79	3.73	3.68	3.64
8	5.32	4.46	4.07	3.84	3.69	3.58	3.50	3.44	3.39	3.35
9	5.12	4.26	3.86	3.63	3.48	3.37	3.29	3.23	3.18	3.14
10	4.96	4.10	3.71	3.48	3.33	3.22	3.14	3.07	3.02	2.98
11	4.84	3.98	3.59	3.36	3.20	3.09	3.01	2.95	2.90	2.85
12	4.75	3.89	3.49	3.26	3.11	3.00	2.91	2.85	2.80	2.75
13	4.67	3.81	3.41	3.18	3.03	2.92	2.83	2.77	2.71	2.67
14	4.60	3.74	3.34	3.11	2.96	2.85	2.76	2.70	2.65	2.60
15	4.54	3.68	3.29	3.06	2.90	2.79	2.71	2.64	2.59	2.54
16	4.49	3.63	3.24	3.01	2.85	2.74	2.66	2.59	2.54	2.49
17	4.45	3.59	3.20	2.96	2.81	2.70	2.61	2.55	2.49	2.45
18	4.41	3.55	3.16	2.93	2.77	2.66	2.58	2.51	2.46	2.41
19	4.38	3.52	3.13	2.90	2.74	2.63	2.54	2.48	2.42	2.38
20	4.35	3.49	3.10	2.87	2.71	2.60	2.51	2.45	2.39	2.35
21	4.32	3.47	3.07	2.84	2.68	2.57	2.49	2.42	2.37	2.32
22	4.30	3.44	3.05	2.82	2.66	2.55	2.46	2.40	2.34	2.30
23	4.28	3.42	3.03	2.80	2.64	2.53	2.44	2.37	2.32	2.27
24	4.26	3.40	3.01	2.78	2.62	2.51	2.42	2.36	2.30	2.25
25	4.24	3.39	2.99	2.76	2.60	2.49	2.40	2.34	2.28	2.24
26	4.23	3.37	2.98	2.74	2.59	2.47	2.39	2.32	2.27	2.22
27	4.21	3.35	2.96	2.73	2.57	2.46	2.37	2.31	2.25	2.20
28	4.20	3.34	2.95	2.71	2.56	2.45	2.36	2.29	2.24	2.19
29	4.18	3.33	2.93	2.70	2.55	2.43	2.35	2.28	2.22	2.18
30	4.17	3.32	2.92	2.69	2.53	2.42	2.33	2.27	2.21	2.16
40	4.08	3.23	2.84	2.61	2.45	2.34	2.25	2.18	2.12	2.08
60	4.00	3.15	2.76	2.53	2.37	2.25	2.17	2.10	2.04	1.99
120	3.92	3.07	2.68	2.45	2.29	2.18	2.09	2.02	1.96	1.91
∞	3.84	3.00	2.60	2.37	2.21	2.10	2.01	1.94	1.88	1.83

[표 6] F-분포표 계속

$\alpha = 0.05$

$\nu_2 \backslash \nu_1$	**12**	**15**	**20**	**24**	**30**	**40**	**60**	**120**	∞
1	243.9	245.9	248.0	249.1	250.1	251.1	252.2	253.3	254.3
2	19.41	19.43	19.45	19.45	19.46	19.47	19.48	19.49	19.50
3	8.74	8.70	8.66	8.64	8.62	8.59	8.57	8.55	8.53
4	5.91	5.86	5.80	5.77	5.75	5.72	5.69	5.66	5.63
5	4.68	4.62	4.56	4.53	4.50	4.46	4.43	4.40	4.37
6	4.00	3.94	3.87	3.84	3.81	3.77	3.74	3.70	3.67
7	3.57	3.51	3.44	3.41	3.38	3.34	3.30	3.27	3.23
8	3.28	3.22	3.15	3.12	3.08	3.04	3.01	2.97	2.93
9	3.07	3.01	2.94	2.90	2.86	2.83	2.79	2.75	2.71
10	2.91	2.85	2.77	2.74	2.70	2.66	2.62	2.58	2.54
11	2.79	2.72	2.65	2.61	2.57	2.53	2.49	2.45	2.41
12	2.69	2.62	2.54	2.51	2.47	2.43	2.38	2.34	2.30
13	2.60	2.53	2.46	2.42	2.38	2.34	2.30	2.25	2.21
14	2.53	2.46	2.39	2.35	2.31	2.27	2.22	2.18	2.13
15	2.48	2.40	2.33	2.29	2.25	2.20	2.16	2.11	2.07
16	2.42	2.35	2.28	2.24	2.19	2.15	2.11	2.06	2.01
17	2.38	2.31	2.23	2.19	2.15	2.10	2.06	2.01	1.96
18	2.34	2.27	2.19	2.15	2.11	2.06	2.02	1.97	1.92
19	2.31	2.23	2.16	2.11	2.07	2.03	1.98	1.93	1.88
20	2.28	2.20	2.12	2.08	2.04	1.99	1.95	1.90	1.84
21	2.25	2.18	2.10	2.05	2.01	1.96	1.92	1.87	1.81
22	2.23	2.15	2.07	2.03	1.98	1.94	1.89	1.84	1.78
23	2.20	2.13	2.05	2.01	1.96	1.91	1.86	1.81	1.76
24	2.18	2.11	2.03	1.98	1.94	1.89	1.84	1.79	1.73
25	2.16	2.09	2.01	1.96	1.92	1.87	1.82	1.77	1.71
26	2.15	2.07	1.99	1.95	1.90	1.85	1.80	1.75	1.69
27	2.13	2.06	1.97	1.93	1.88	1.84	1.79	1.73	1.67
28	2.12	2.04	1.96	1.91	1.87	1.82	1.77	1.71	1.65
29	2.10	2.03	1.94	1.90	1.85	1.81	1.75	1.70	1.64
30	2.09	2.01	1.93	1.89	1.84	1.79	1.74	1.68	1.62
40	2.00	1.92	1.84	1.79	1.74	1.69	1.64	1.58	1.51
60	1.92	1.84	1.75	1.70	1.65	1.59	1.53	1.47	1.39
120	1.83	1.75	1.66	1.61	1.55	1.50	1.43	1.35	1.26
∞	1.75	1.67	1.57	1.52	1.46	1.39	1.32	1.22	1.00

찾아보기

저자 소개

金 洙 澤

서울대학교 계산통계학과 이학사, 이학석사
부산대학교 통계학과 이학박사
현: 국립 경상대학교 자연과학대학 정보통계학과 교수
저서: 사회조사분석사 대비: 사회조사방법의 이해, 2019년, 자유아카데미
행렬대수학 for Statistics, 2019년, 자유아카데미
수리통계학 개론, 2018년, 자유아카데미
사회조사방법론, 2015년, 자유아카데미
미적분과 행렬대수, 2013년, 자유아카데미
자료해석, 2012년, 자유아카데미
수리통계학, 2010년, 자유아카데미
표본조사설계, 2010년, 자유아카데미

李 啓 珉

서울대학교 계산통계학과 이학사, 이학석사
서울대학교 통계학과 이학박사
현: 국립 경상대학교 자연과학대학 정보통계학과 교수
저서: 행렬대수학 for Statistics, 2019년, 자유아카데미
수리통계학 개론, 2018년, 자유아카데미
사회조사방법론, 2015년, 자유아카데미
미적분과 행렬대수, 2013년, 자유아카데미
기초통계학, 2010년, 자유아카데미

Excel 기반 기초통계학

저　　자　김수택 · 이계민
발 행 인　김지영
발 행 처　자유아카데미
주　　소　경기도 파주시 회동길 37-42
파주출판도시
전　　화　031-955-1321
팩　　스　031-955-1322
홈페이지　www.freeaca.com
전자우편　main@freeaca.com (대표)
editor@freeaca.com (편집)
crm@freeaca.com (영업)
등　　록　제406-2003-017호, 1980. 7. 12
제1판1쇄　2020년 8월 31일 발행
정　　가　25,000원

저자와의
협의하에
인지생략

ISBN 979-11-5808-275-8 93310